U0958274

海绵钛生产技术丛书

镁热法海绵钛生产

李大成　周大利　刘　恒　编著

北　京
冶金工业出版社
2009

内 容 简 介

本书共有9章，主要从基本原理、工艺流程和主要设备等方面介绍了镁热法海绵钛的生产。首先，从钛冶金发展、钛资源、钛的应用和钛的生产方法开始；接着分别介绍了钛及其重要化合物的性质、富钛料（人造金红石和钛渣）及粗 $TiCl_4$ 的生产（沸腾氯化及熔盐氯化）、粗 $TiCl_4$ 的精制。富钛矿生产涉及人造金红石的生产、钛渣熔炼、钛渣生产工艺流程和主要设备及生产实践，还有钛渣熔炼过程中的物料平衡及热量平衡，并列举了有代表性的生产实例等；然后主要从理论基础、生产准备、生产工艺和主要设备几个方面介绍了镁热还原法生产海绵钛、还原产物的真空蒸馏和海绵钛处理、$MgCl_2$ 的电解和粗镁的精炼等；最后介绍了海绵钛生产中的“三废”处理和工业卫生。

本书可作为钛厂职工的培训教材，也可作为钛业相关工程技术人员的参考书。另外还可以作为高等院校及中专院校有色及稀有金属专业老师和学生的教学用书或参考书。

图书在版编目（CIP）数据

镁热法海绵钛生产/李大成等编著．—北京：冶金工业出版社，2009.1

（海绵钛生产技术丛书）

ISBN 978-7-5024-4761-8

Ⅰ. 镁…　Ⅱ. 李…　Ⅲ. 钛—海绵金属—镁热还原—生产工艺　Ⅳ. TF803.13

中国版本图书馆CIP数据核字（2008）第177266号

出 版 人　曹胜利
地　　址　北京北河沿大街嵩祝院北巷39号，邮编100009
电　　话　(010)64027926　电子信箱　postmaster@cnmip.com.cn
责任编辑　尚海霞　美术编辑　张媛媛　版式设计　张　青
责任校对　王贺兰　责任印制　牛晓波
ISBN 978-7-5024-4761-8
北京兴华印刷厂印刷；冶金工业出版社发行；各地新华书店经销
2009年1月第1版，2009年1月第1次印刷
787mm×1092mm　1/16；16印张；385千字；245页；1-3000册
45.00元
冶金工业出版社发行部　电话：(010)64044283　传真：(010)64027893
冶金书店　地址：北京东四西大街46号(100711)　电话：(010)65289081
（本书如有印装质量问题，本社发行部负责退换）

从书前言

钛及钛合金，由于其优良的理化性质和应用效能，在许多行业都有着广泛的用途。过去因为价格昂贵，钛很长时间主要用于国防军工，民用并不多。近年来，随着我国钛冶炼技术的进步，钛质量提高，生产成本降低，钛的应用领域不断扩大，销售量激增。在这种情况下，老钛厂不断扩产，新钛厂纷纷上马，钛工业呈现出蓬勃发展的趋势。钛行业迅速发展，钛方面的科技图书的需求明显加大。一方面，钛厂职工的培训需要教材；工程技术人员需要参考书；另一方面，很长一段时间以来，由于在高校教育中生产实习次数减少，课程设计和毕业设计取消，基本上都转向做论文，学生工程训练有所削弱，高校有色及稀有金属专业也需要这方面的教材和专著。因此，为适应社会需求和满足高校教学之需，我们编写了《镁热法海绵钛生产》、《海绵钛冶金过程工艺及设备计算》和《热力学计算在海绵钛冶金中的应用》三本书。力图从工艺原理、生产过程及设备方面，从理论和工程相结合的角度，比较全面、深入、定量地介绍和阐明海绵钛的生产。这套书的撰写资料主要来源于三个方面：一是作者长期从事教学、科研工作的经验和资料积累；二是国内外有关钛厂的生产实践；三是有关期刊文献和著作。书稿完成后，先后应邀在攀枝花钢企金沙钛业有限公司和攀钢集团钛业公司向职工、干部和工程技术人员进行了几次讲授，颇受大家欢迎和好评。现正式出版，供读者参考。

在编写这套教材过程中，得到恩师彭少方教授的鼓励和关心，得到攀枝花钢企金沙钛业有限公司汪智德总经理、张建安副总经理的大力支持，万仁述高级工程师也提供了一些资料，在此表示衷心的感谢。同时，对被我们引用了参考文献的著作者们谨致谢忱。这套书能顺利出版，得到了冶金工业出版社的大力支持，在此表示由衷的谢意。

由于水平所限，时间仓促，不足之处在所难免，敬请读者批评指正。

本书除可作为钛厂职工培训教材和高等院校有色冶金专业学生教学用书外，还可供有关工程技术人员、研究设计人员参考。

编著者于四川大学

2008 年 9 月

目　　录

1 概　　论

1.1 钛冶金发展简史

1.1.1 钛的发现及实验室研究

化学元素钛（Ti），于1791年由英国牧师兼业余矿物爱好者W·格列戈尔（William Gregor）在一种黑色的磁铁矿砂中首先发现，它实际上是一种不知名的新元素的氧化物，当时就以发现它的地名墨纳昆城来命名这种氧化物为“墨纳昆”。1795年，德国化学家M·H·克拉普罗特（M. H. Klaproth）在研究矿物金红石时，也从中发现了这种元素。他把这种新元素的氧化物称为“钛土”。几年后证实，从这两种矿物中发现的所谓“墨纳昆”和“钛土”乃是同一种新元素的氧化物，并以希腊神话中的大力神泰坦（Titans）来命名这种新元素为钛（Titanium）。

在很长一段时间内，人们一直把以含钛的磁铁矿精矿为原料，在高炉炼铁时产生的高炉渣中形貌与金属钛有些相像的钛的碳氮化物（Ti（N，C））误认为是金属钛。事实上，到了1825年才由化学家贝齐里乌斯（I. J. Berzelius）用金属钾还原氟钛酸钾（K_2TiF_6）的方法，在实验室第一次制得了真正意义上的金属钛，但其纯度很差，量又很少，不能供研究之需。之后瑞典学者尼尔森和彼得森（Nilson & Petson）又在1887年用钠热还原$TiCl_4$的方法制得了杂质含量（质量分数）小于5%的金属钛。因为量少，杂质多，无法对其理化性质进行研究，因此，对钛的各种性质仍然知之甚少。1895年，Muasana用碳还原TiO_2并随后精炼的方法，制得了杂质含量（质量分数）约2%的金属钛。直到1910年，也就是在发现钛元素120年之后，美国化学家亨特（M. A. Hunter）在前人研究的基础上，再次重复尼尔森和彼得森的方法，在抽除了空气的钢弹中，用钠还原高纯$TiCl_4$，第一次制取了几克纯金属钛，这种纯钛杂质含量（质量分数）为0.5%，热态时具有延性，冷态下却是脆性的。1925年，V·阿克尔（Van Arkel）和D·布尔（De Boer）用在灼热的钨丝上热分解TiI_4的方法，制出了无论在冷态或热状态下都具有优良延展性的纯金属钛。这为钛性质的研究创造了条件。这种制取纯金属钛的方法，因生产效率很低，且成本很高，无法用于大规模工业生产，但它是提纯金属钛的一种有效方法，所以，至今仍被用来小规模生产特殊用途的高钝钛。1938年，卢森堡冶金学家克劳尔（W. J. Kroll）发展了钛的制备技术，发明了在内衬钼的反应器中，在惰性气体氩（Ar）的保护气氛下，用镁热还原纯$TiCl_4$制取金属钛的方法。镁热还原法和钠热还原法为组织钛的工业化生产提供了可能性。从这时起，开始对钛及其合金进行了广泛的研究。又经过10年时间的不断研究和改进，金属钛的生产终于从实验室走向了工业化生产。

1.1.2 钛的工业化生产

1948年9月，美国杜邦公司发布了用克劳尔法（镁热还原$TiCl_4$法）工业生产海绵钛取得成功的消息，其纯度在99%以上。当年美国总共生产了3t海绵钛。至此，终于实现了钛冶金的工业规模生产，开辟了钛冶金工业的新纪元。到1950年秋，供实验用的钛总产量已增加到60t/a。1951年生产量为450t，1957年，美国海绵钛的产量猛增到15.5kt，1981年约为26.3kt，1985年达34kt。2005年降至8.9kt，2006年回升至12.3kt，2007年为14kt，估计2009年以后可产31kt。美国基本上都是采用镁热法生产海绵钛。由于天然金红石资源有限，因此进行了大量用人造金红石代替天然金红石的研究工作。还进行了电解法制取和精炼金属钛的工业试验，钛粉的生产也引起了极大的注意。

日本大阪钛公司于1951年开始在实验室成功地制得了20kg海绵钛，1954年制造了月产50t（每炉1t）的工业生产设备，奠定了日本海绵钛生产的基础。20世纪70年代以来，日本海绵钛生产量不断增加：1975年为7600t，1978年为9200t，1981年为24.80kt，2005年为30.6kt，2006年为39kt，2007年为39.7kt，预计2009年将跃升至60kt，2010年为66kt。日本海绵钛产品大量出口到美国。日本基本上是以金红石精矿和高钛渣为原料，采用镁热还原 $TiCl_4$ 法进行海绵钛生产。今天，日本是世界上海绵钛生产技术最先进、质量最好、经济指标最优的国家。

英国因为镁原料缺乏，因此，过去英国海绵钛生产采取钠热还原法，产量约为2500t/a左右，唯一的一家钛厂（迪赛德厂）1994年关闭后，英国已退出世界海绵钛生产国之列。

在20世纪40年代以前，苏联开始生产钛铁合金和颜料二氧化钛。1947年开始海绵钛生产工艺的研究工作，1950年在苏联国立稀有金属研究所的实验工厂中，进行了金属钛的工业生产试验。与此同时，苏联航空材料研究所（BNAM）也参加了钛生产工艺的研究工作。该所对镁热法生产金属钛的过程，特别是在真空蒸馏纯化海绵钛及电弧熔炼生产致密金属钛方面做了大量的研究。到1952年基本上解决了钛原料的供应问题，从而奠定了钛金属工业生产的基础。1954年2月，在苏联的波多尔斯克化冶厂，用镁热法以工业规模生产出了第一批钛。不久，又在乌克兰扎波罗热市开展了第聂伯镁钛联合企业的设计和建设，1956年6月投产生产了首批海绵钛。1960年，在苏联乌拉尔的别列兹尼科夫镁钛联合企业开始生产海绵钛。1965年在哈萨克斯坦的乌斯季卡缅诺戈尔斯克镁钛联合企业投产。2005年，独联体三国的海绵钛总产量为45.75kt，2006年为56.5kt，2007年为67.5kt，预计到2009年和2010年皆为70kt。1977年，苏联掌握了TГ-90牌号高质量海绵钛的生产。现在，俄罗斯Avisma-VSMPO厂是美国波音和欧盟空客的主要钛产品供应商。

全世界1955年生产钛2万t，1962年猛增到6万t，20世纪70年代达11万t，1990年达13万t，1992年达14万t，2005年为10.195万t，2006年为12.58万t，2007年为17.12万t，预计2009年可达25.1万t，2010年和2011年预计都将达到26.7万t。

我国于1955年在北京有色金属综合研究所（现为北京有色金属研究总院）开始钛生产工艺的研究工作，1958年以10kg/炉的实验室规模制取了第一批海绵钛。1959年在抚顺铝厂扩大至100kg/炉的小规模试生产，为我国海绵钛的生产奠定了基础。在20世纪60和70年代上海第二冶炼厂、湛江化工厂和遵义钛厂相继建立了。现在上海第二冶炼厂、湛江化工厂早已停产，遵义钛厂和抚顺钛厂还在继续生产。目前，还有多家海绵钛厂正在建设和准备建设中。

由上述可以看出，从矿物中发现元素钛到首次在实验室制出金属钛，经历了120年时间，从实验室制得钛到实现工业规模生产又用了近半个世纪时间。钛冶金的发展历程之所以如此漫长，主要是因为钛的化学性质比较活泼，它与氧的化学亲和力很大，而其熔点又高，因此其提取冶炼技术相当困难和复杂。

元素钛虽然发现很早，在地壳中的丰度（克拉克值）也很大，但因其工业冶金到20世纪中叶才实现，工业应用年代又较晚，所以人们没有把它作为普通有色金属看待，而把它称之为“新金属”、“第三金属”，并归类为“稀有高熔点金属”之列（尽管它并不稀有）。又由于钛具有一系列优良特性，且是伴随着军事工业的需要而诞生和发展的，故曾称之为“战略金属”。今天，钛的应用范围和使用量又都有了很大发展，因此又被誉为“现代金属”。

金属钛的工业化生产，从1948年算起，至今不过60年历史，但却成为年产20万t的一个新兴工业门类，发展速度是很快的，大大超过其他有色金属生产的发展速度。过去世界上生产海绵钛的国家有5个（美、日、英、苏、中），目前因英国迪赛德钛公司已于20世纪90年代关闭，加之前苏联的解体，现产海绵钛的国家为6个，总生产能力约20万t/a。其中以独联体的3个国家产能最大，近7万t/a，钛的出口量也最多，其海绵钛产能和钛材加工能力约占世界总能力的1/3左右，在钛的生产及其应用方面有很丰富的经验和研发能力。

我国目前产能虽不很大，到2007年约为40～45kt/a，但我国发展潜力很大。在建钛生产线就有10多条，从发展态势看，估计数年以后钛产量将达15万t/a以上，将会成为世界第一钛生产大国。

2005～2006年世界海绵钛厂生产能力见表1-1。至今海绵钛的世界产量仍很小，根本原因在于成本太高。而成本高的根本原因又在于：

（1）工序多、流程长、生产周期长。从炼钛渣算起到产出海绵钛需时在15～20d以上，单是还原—蒸馏1～3t炉需5～6d；5t炉需8～10d。

（2）能耗太大。镁钛联合企业生产1t海绵钛的电耗在3.5×10^4kW·h以上（其中钛生产与镁电解各占约1/2）。

（3）过程不连续，间歇操作，劳动强度较大。

（4）“三废”较多，处理费用高。

（5）原材料和设备费用贵，一次性投资大（1t海绵钛的建设投资约13万～15万元）。

表1-1 2005～2006年世界海绵钛厂的生产能力

序号	国别	工厂或公司名称	工厂所在地	建厂年份	前两年生产能力/kt·a^{-1}	备注
1	哈萨克斯坦	乌斯季卡缅诺戈尔斯克镁钛联合企业（现名UKTMP）	东哈萨克斯坦	1965	23	全部镁热还原－真空蒸馏
2	俄罗斯	别列兹尼科夫镁钛联合企业（现名AVISMA-VSMPO）	西乌拉尔	1962	28～30	
3	乌克兰	扎波罗热市第聂伯镁钛联合企业（现名ZAPOROZHYE）	南乌克兰	1957	8～9	

续表 1-1

序号	国 别	工厂或公司名称	工厂所在地	建厂年份	前两年生产能力/$kt \cdot a^{-1}$	备 注
4	日本	大阪钛公司（SUMITOMO）	尼崎兵库县	1952～1953	18～24	镁热法真空蒸馏
		东邦钛公司（TOHO）	神奈川县茅崎	1953	12.5～15	镁热法真空蒸馏
5	美国	钛金属公司（TIMET）	内华达州	1951	8.9	镁热法酸浸出
		俄勒冈冶金公司（OREMET）	俄勒冈州	1967	5.4	镁热法氦吹扫
		国际钛公司（现名 ATI 公司）			3.4	
6	中国	遵义钛厂	贵州省遵义市	1969	10	镁热法真空蒸馏
		抚顺钛厂	辽宁省抚顺市	1957	5	镁热法真空蒸馏
总 计					122.2～137	

1.2 钛资源概况

1.2.1 钛在地壳中的分布

钛在地壳（在矿物学和地质学上，地壳厚度假定为16km，主要由岩石圈构成，此外还包括全部水圈和部分大气圈，这与地理学上对地壳的定义有别）中的含量，按摩尔分数计为0.44%，按质量分数（即元素的克拉克值）计为0.60%。

表1-2列出了元素在地壳中的丰度值（质量分数）。表中数值表明：钛在地壳中的含量是十分丰富的，其分布序列占第九位，按金属计为第七位，如按结构金属计，仅次于铝、铁、镁而居第四位，比常见的铜、镍、锡、铅、锌等普通有色金属在地壳中的含量总和还要多十几倍。在岩石、土壤、泥煤、烟煤、砂粒及许多植物中都有钛的存在，动物的骨、血中也含有钛。钛不仅广泛分布于地壳中，而且也广泛地分布在月球、恒星系及陨石中。因此，按其在地壳中的储量而论，钛并不稀有，而是一种储量十分丰富的元素。但由于冶炼技术复杂，工业生产年代较迟，以及产量不是很大等种种原因，钛仍被称为“稀有金属”。

表1-2 元素在地壳中的丰度表

十进位序列	克拉克区间	元素及其丰度（质量分数）/%						
1	>10	O 47.0	Si 29.5					
2	1～10	Al 8.05	Fe 4.65	Ca 2.96	Na 2.5	K 2.5	Mg 1.87	
3	10^{-1}～1	Ti 0.45	H 0.15	Mn 0.1				
4	10^{-2}～10^{-1}	P 0.093	F 0.066	Ba 0.065	S 0.047	Sr 0.034	C 0.02	Zr 0.017
		Cl 0.017	Rb 0.015					

续表 1-2

十进位序列	克拉克区间	元素及其丰度（质量分数）/%					
5	$10^{-3} \sim 10^{-2}$	V	Zn	Cr	Ce	Ni	Cu
		9×10^{-3}	8.3×10^{-3}	8×10^{-3}	7×10^{-3}	5.8×10^{-3}	4.7×10^{-3}
		Nd	Li	La	Y	Nb	Ga
		3.7×10^{-3}	3.2×10^{-3}	2.9×10^{-3}	2.9×10^{-3}	2×10^{-3}	1.9×10^{-3}
		Co	Pb	Th	B	Sc	
		1.8×10^{-3}	1.6×10^{-3}	1.3×10^{-3}	1.2×10^{-3}	1×10^{-3}	
6	$10^{-4} \sim 10^{-3}$	Pr	Gd	Sm	Dy	Tb	Ar
		9×10^{-4}	8×10^{-4}	8×10^{-4}	5×10^{-4}	4.3×10^{-4}	4×10^{-4}
		Be	Cs	Er	Sn	Ta	U
		3.8×10^{-4}	3.7×10^{-4}	3.3×10^{-4}	2.5×10^{-4}	2.5×10^{-4}	2.5×10^{-4}
		Br	As	Ho	Ge	Eu	W
		2.1×10^{-4}	1.7×10^{-4}	1.7×10^{-4}	1.4×10^{-4}	1.3×10^{-4}	1.3×10^{-4}
		Mo	Hf	Tl			
		1.1×10^{-4}	1×10^{-4}	1×10^{-4}			
7	$10^{-5} \sim 10^{-4}$	Lu	Sb	I	Yb	Tm	In
		8×10^{-5}	5×10^{-5}	4×10^{-5}	3.3×10^{-5}	2.7×10^{-5}	2.5×10^{-5}
		Cd					
		1.3×10^{-5}					
8	$10^{-6} \sim 10^{-5}$	Hg	Ag	Se	Os	Pd	He
		8.3×10^{-6}	7×10^{-6}	5×10^{-6}	5×10^{-6}	1.3×10^{-6}	1×10^{-6}
9	$10^{-7} \sim 10^{-6}$	Bi	Pt	Ru	Ne	Au	Ir
		9×10^{-7}	5×10^{-7}	5×10^{-7}	5×10^{-7}	4.3×10^{-7}	1×10^{-7}
		Te	Rh				
		1×10^{-7}	1×10^{-7}				
10	$<10^{-7}$	Re	Kr	Xe	Ra	Pa	Ac
		2×10^{-8}	2×10^{-8}	3×10^{-9}	1×10^{-10}	1×10^{-10}	6×10^{-14}
		Po	Rn				
		6×10^{-14}	7×10^{-16}				

1.2.2 钛矿物的种类及其一般特征

钛是一个十分活泼的元素，可和元素周期表中许多元素发生化合反应，特别是对氧的亲和力非常大。因此，自然界中没有游离态的元素钛存在，而总是与氧结合在一起以二氧化钛和钛酸盐状态存在。钛是一个典型的亲石性元素。地壳中含钛 1%（质量分数）以上的矿物有 80 多种（TiO_2 的质量分数大于 1% 的钛矿物有 140 多种），但主要的钛矿物只有十多种（见表 1-3）。钛最重要的原生矿物是金红石和钛铁矿，具有次要意义的钛矿物还有白钛石、钛磁铁矿、锐钛矿、红钛铁矿和钙钛矿等。实际上，目前只有金红石和钛铁矿适合作金属钛生产和钛白工业的原料，个别国家如美国还用白钛石作氯化原料。一般说来，只有天然金红石和钛铁矿才能富集，形成可供工业开采的矿床。

表 1-3　重要的钛矿物

序号	矿物	化学式	结晶构造	TiO_2 的理论含量（质量分数）/%	密度 ρ /g·cm^{-3}	莫氏硬度	颜色	条痕	磁性
1	金红石	TiO_2	正方晶系	100	4.2～4.3	6～6.5	红褐色	浅褐色	无磁性
2	锐钛矿	TiO_2	正方晶系	100	3.9	5.5～6	褐色	无色	无磁性
3	板钛矿	TiO_2	斜方晶系	100	4.1	5.5～6	黄色到褐色	无色	无磁性
4	钛铁矿	$FeTiO_3$	三方晶系	52.66	4.5～5	5～6	黑色	黑色	弱磁性
5	白钛石	$TiO_2 \cdot nH_2O$	（变质物）	组成不固定	3.5～4.5	4～5.5	灰黄色到褐色		非磁性
6	钙钛矿	$CaTiO_3$	立方晶系	58.75	4.1	5.5	深褐色	灰白色	通常为非磁性矿物
7	榍　石	$CaTiSiO_5$	单斜晶系	40.82	3.5	5～5.5	黄色、褐色、绿色		
8	假板钛矿	Fe_2TiO_5	斜方晶系	33.35	4.39	6.0	赤褐色暗褐色		
9	红钛铁矿	$Fe_2O_3 \cdot 3TiO_2$	六方晶系	60.01	4.25		赤褐色		
10	钛磁铁矿	$FeTiO_3 \cdot Fe_3O_4$	等轴晶系						强磁性
11	赤铁钛铁矿	$FeTiO_3 \cdot Fe_2O_3$	三方晶系						弱磁性
12	钛铁晶石	Fe_2TiO_4 $(2FeO \cdot TiO_2)$	等轴晶系	35.73	3.5～4.0	5～5.5	黑色		强磁性
13	镁钛矿	$MgTiO_3$	三方晶系	66.46	4.03～4.05	5～6	暗褐色		
14	红锰钛矿	$MnTiO_3$		52.97	4.54～4.58	5～6	褐黑色		
15	钙铈钛矿	$CaCeTiO_3$		54～59	4.21～4.88				
16	钙铌钛矿	$CaNbTiO_3$		34.95	4.13～4.26				

自然界中，钛经常与铁共生在一起。TiO_2 可与 FeO、Fe_2O_3 形成连续固溶体，从而形成许多不同配比组成的矿物。其中尤以钛铁矿（$FeTiO_3$ 或 $FeO \cdot TiO_2$）最为重要。钛铁矿中 TiO_2 含量波动很大，这与其成因和自然条件有关。实际上，钛铁矿是 $FeO \cdot TiO_2$ 与其他一些杂质氧化物形成的固溶体，可用通式 $m[(Fe, Mg, Mn)O \cdot TiO_2] \cdot (1-m)[(Fe, Cr, Al)_2O_3]$ 来表示。式中 m 为一小数。白钛石（$TiO_2 \cdot nH_2O$）是一种 TiO_2 含量高的蚀变钛铁矿。西澳大利亚和美国佛罗里达州有大量储藏；印度、斯里兰卡有少量产出。红钛铁矿（$Fe_2O_3 \cdot TiO_2$）产于前苏联的萨摩特干斯克矿床。

1.2.3 钛矿物形成的矿床

钛矿物所形成的矿床可分为岩矿床和砂矿床两大类。

1.2.3.1 *岩矿床*

岩矿床是原生矿床，来源于岩浆，为火成岩矿床。这类矿床储量大，产地集中，往往是共生矿，除钛外常伴生多种有用的金属元素，如铁、钒、钴、镍、铜、锰、铬等。北半球的地区多为岩矿型矿床，如挪威、美国、加拿大、中国及独联体国家的矿床。这类矿床的主要矿物是钛铁矿、钛磁铁矿和钒钛磁铁矿，而金红石矿较少。在这类矿床中，钛矿物常与其他矿物致密共生。与钛铁矿（$FeO \cdot TiO_2$）同晶型且与之共生的矿物有磁铁矿（$FeO \cdot Fe_2O_3$，即 Fe_3O_4）、镁钛矿（$MgO \cdot TiO_2$）、锰钛矿（$MnO \cdot TiO_2$）等。后面两种矿物是由于镁或锰大量置换钛铁矿中的 Fe^{2+} 而形成的。通常在钛铁矿中只有部分 Fe^{2+} 被 Mg^{2+}、Mn^{2+} 置换。原生钛铁矿的特点是 FeO（相对于 Fe_2O_3）含量较高，而 Fe_2O_3 含量相对较低，一般 $Fe^{2+}/Fe^{3+}=2.9 \sim 5.8$；$SiO_2$、$Al_2O_3$、CaO、MgO 等杂质含量高，且矿石结构致密，脉石含量高，可选性差。TiO_2 不易与其他成分分离，选出的精矿 TiO_2 品位较低（一般在 44% ~ 48% 之间），而 MgO + CaO 含量（质量分数）较高（常在 5% ~ 7% 左右），且选矿回收率也较低。钛的岩矿产地往往比较集中，储量也大，可大规模开采。经风化后的岩矿钛铁矿中，低价铁含量相对会降低，而 TiO_2 含量相对增加，如云南砂矿。世界上的大型岩矿钛矿产地有加拿大的 Allerd Lake 矿区；挪威的 Tellenis Mine 矿区；我国攀枝花西部地区的钒钛磁铁矿区。

有一类重要的铁矿资源就是钒钛磁铁矿，由于它储量丰富，并能形成巨大的矿床，从而具有重要的实际意义。下面作一简单介绍。

钒钛磁铁矿是一种多金属元素的复合矿，是以铁、钛、钒为主的多金属共生的磁性铁矿。钒绝大部分和铁矿物呈类质同象赋存在于钛磁铁矿中，选矿时钒的走向主要是随铁精矿流动，高炉炼铁时几乎全部被碳还原成金属钒进入铁水，下一步转炉炼钢时，又被吹炼氧化成 V_2O_5 进入炼钢炉渣中。因此，钒钛磁铁矿已是当今钒生产的主要原料。钛在选矿时的走向，大体是进入钛磁铁矿精矿和留在磁选尾砂中的钛各占一半。铁精矿中的钛在高炉炼铁时绝大部分进入高炉渣。所以高炉渣也是一种重要的钛资源。磁选尾砂中的钛进一步选矿处理，可选出含 TiO_2 45% ~ 48%（质量分数）的钛铁矿精矿，这是目前国内外已大量成功利用的一种提钛原料。由于世界各地区钒钛磁铁矿床的成矿条件不同，其矿物组成和化学成分差别较大；又因其可选性不同，所生产的钛磁铁矿精矿和钛铁精矿中的铁、钛、钒也有很大不同。

世界上钒钛磁铁矿矿藏资源分布较广。现已大量开采并获得利用的，主要有我国四川地区的攀枝花矿、南非的布什维尔德矿、芬兰木斯塔瓦拉、奥坦梅基矿、挪威罗德威矿、智利埃尔罗梅罗尔矿、前苏联卡契卡纳尔矿等。

世界各地钒钛磁铁矿资源储量概况见表 1-4。

表 1-4 世界各地钒钛磁铁矿资源储量概况

国别	矿产地	储量/万 t	铁、钒、钛含量（质量分数）/%			备注
			TFe	V_2O_5	TiO_2	
中国	攀枝花矿区（攀枝花辖区内）	107892.0	16.7 ~ 43.0	0.16 ~ 0.44	7.76 ~ 16.7	已开采利用
	白马矿区（攀枝花辖区内）	120334.0	17.2 ~ 34.4	0.13 ~ 0.15	3.9 ~ 8.2	
	红格矿区（攀枝花辖区内）	35451.1	16.2 ~ 38.4	0.14 ~ 0.56	7.6 ~ 14.0	
	太和矿区（西昌境内）	75120.0	16.6 ~ 18.1	0.16 ~ 0.42	7.7 ~ 17.0	

续表 1-4

国别	矿产地	储量/万 t	铁、钒、钛含量(质量分数)/%			备注
			TFe	V_2O_5	TiO_2	
	卡契卡纳尔矿区	88966.0	16.0 ~ 20.0	0.13 ~ 0.14	1.28	
	中乌拉尔矿区	233260.0	14.0 ~ 38.0	0.19	2.80	
前苏联	斯托依连矿区	255060.0				已开采利用
	别列金矿区	133800.0				
	克拉托姆克夏矿区	76050.0				
	卡恰克矿区	102560.0				
	塞库库纳兰矿区	41935.0		1.73		
	芝瓦考矿区	44636.0		1.76		
	马波奇矿区	54573.0		1.40 ~ 1.70		
南非	斯托夫贝格矿区	4219.0		1.52		已开采利用
	比勒托利亚矿区	259.0	53.0 ~ 57.0	1.80	12.0 ~ 15.0	
	吕斯腾堡矿区	22327.0		2.05		
	诺瑟姆矿区	19722.0		1.80		
	巴位矿		35.0 ~ 40.0	0.45	13.0	
澳大利亚	巴拉姆比矿	1500.0	26.0	0.70	15.0	已开采利用
	科茨矿		25.4	0.54	5.4	
芬兰	奥坦梅基矿	1500.0	35.0 ~ 40.0	0.45	13.0	已开采利用
	木斯塔瓦拉矿	400.0	17.0	0.36	4.1	
挪威	特尔尼斯矿	30000.0	20.0		17 ~ 18	已开采利用
新西兰	北岛西海岸铁砂矿	不详	18.0 ~ 20.0	0.14	4.33	
	阿拉斯加州	1832.0				
美国	纽约州	22.65				未开采利用
	怀俄明州	22.65				
	明尼苏达州	8.10				

前苏联的钒钛磁铁矿储量相当丰富，且开采量也较大。其主要矿床分布在乌拉尔地区。有卡契卡纳尔采选联合公司的古谢沃矿(Гусеогорск，露天开采)，年产铁精矿约 4500 万 t；中乌拉尔采选公司的卡契卡纳尔矿(Качканорск)，年产铁精矿约 760 万 t；第一乌拉尔矿(Первоуральск，露天采矿)等。这些铁精矿是下塔吉尔钢铁厂和邱索夫钢铁厂高炉炼铁的主要原料，也是前苏联生产钒的主要原料。另外，前苏联还有相当多钛含量高的钒钛磁铁矿，可供选别钛精矿，作为电炉冶炼钛渣的原料。

南非的布什维尔德(Bushveld)、罗伊瓦特(Rooiwater)、曼勃拉(Mambula)和尤萨斯温(Ususwane)等地区的火成岩复合矿中均有钒钛磁铁矿床。其中布什维尔德是目前南非提取钒、钛、铁的最主要基地。

挪威的特尔尼斯矿床是欧洲最大的钛矿山，主要用于钛精矿的生产。矿石储量约 3 亿 t。原矿石含 TFe 20%(质量分数)，TiO_2 17% ~ 18%(质量分数)，露天开采，年产矿石 276 万 t，年产钛精矿 30 万 t。钛精矿含 TiO_2 44%(质量分数)，TFe 36%(质量分数)，是生产海绵钛和钛白粉的重要原料。

美国钒钛磁铁矿储量极为丰富，阿拉斯加州、纽约州、怀俄明州、明尼苏达州均有钒钛磁铁矿床，但是至今未予开采利用。

亚太地区，如中国、澳大利亚、新西兰、印度、斯里兰卡等国，都有丰富的钒钛磁铁矿资源。

1.2.3.2 *砂矿床*

砂矿床是次生矿床，属沉积矿床的一种，有海成因和河成因之分。它源自岩矿床，由海浪和河流带到各地，在海岸和河滩附近沉积而成砂矿床，大多分布在南半球的海滩和河滩上。这类矿床的主要钛矿物是金红石和钛铁矿。砂矿型钛矿物在长期形成过程中被风化、侵蚀及地质作用而逐渐富集成矿，其中一些可溶性成分被溶出，同时又夹带其他一些贵重矿物，因此常与独居石、锆英砂等伴生在一起。这类钛矿物的特点是 Fe_2O_3（相对于 FeO）含量较高，杂质成分 SiO_2、Al_2O_3、MgO、CaO 等含量较少；矿物结构比较疏松，容易选别分离出来。精矿品位一般较高，TiO_2 的质量分数多在 50% 以上。

我国广东、海南、广西北海地区及澳大利亚、南非、印度、马来西亚、斯里兰卡等钛矿均属此类砂矿床。

1.2.4 钛矿的储量及其开采

1.2.4.1 *世界钛资源*

按目前的技术和经济水平，具有开采意义的钛资源主要是钛铁矿（包括白钛石）和金红石。按 1980 年的统计数据，以 TiO_2 计，它们的储量，共约 4 亿 t，其中钛铁矿储量约占 93%（质量分数），金红石约占 7%（质量分数）。在钛铁矿储量中，以原生岩矿居多，约占 77%（质量分数），其余为砂矿。金红石储量均为砂矿。另外还有次经济价值的钛资源储量，以 TiO_2 计，共约 7.7 亿 t（其中钛铁矿 6.2 亿 t，占 80.5%，金红石 1.5 亿 t，占 19.5%）。两者总计约 12 亿 t。世界上一些国家（不包括中国）钛资源的储量见表 1-5。

表 1-5 1980 年世界一些国家钛资源的储量（按 TiO_2 计） （万 t）

编号	国家	钛铁矿型资源			金红石型砂矿资源	合计
		岩矿	砂矿	小计		
1	加拿大	9750		9750		9750
2	挪威	7375		7375		7375
3	印度		5000	5000	720	5720
4	前苏联	4800		4800	240	5040
5	澳大利亚		2800	2800	975	3775
6	南非		3250	3250	200	3450
7	美国	1900	1000	2900	200	3100
8	芬兰	630		630		630
9	莫桑比克		540	540	40	580
10	塞拉利昂		55	55	360	415
11	斯里兰卡		270	270	30	300
12	塞内加尔		270	270	30	300
13	马达加斯加		160	160		160

续表 1-5

编　号	国　家	钛铁矿型资源			金红石型砂矿资源	合　计
		岩　矿	砂　矿	小　计		
14	坦桑尼亚		135	135		135
15	马来西亚		135	135		135
16	冈比亚		80	80	20	100
17	巴　西		80	80	5440	5520
18	埃　及		55	55		55
19	利比里亚		30	30	20	50
20	喀麦隆		20	20		20
21	科特迪瓦		15	15		15
22	西班牙		5	5		5
23	日　本		5	5		5
总　计		24455	13905	38360	8275	46635

在世界钛资源中，钛铁矿储量多的国家是加拿大、挪威、南非和印度，其次是美国、澳大利亚、前苏联等；金红石储量多的国家是巴西、澳大利亚、印度、南非和塞拉利昂等。

澳大利亚是世界上最大的钛矿生产国之一，其钛铁矿约占世界产量的30%，金红石约占世界金红石产量的50%。钛铁矿产地主要在西海岸，金红石主要产于东海岸的南威尔士州和昆士兰州。

据最新报道，非洲肯尼亚储藏有巨大的金红石资源。

目前世界对钛矿的年需求量按 TiO_2 计为450万t左右，年开采矿石量约1000万t。

1.2.4.2　我国的钛资源

我国的钛资源十分丰富，储量居世界之首，分布于全国20多个省区的100多个矿区，目前已探明的钛资源储量按 TiO_2 计为9.6亿t左右，占世界已探明总储量的48%。但主要是钛铁矿资源，金红石矿甚少。钛铁矿占我国钛资源总储量的98%，金红石仅占2%。在钛铁矿储量中，原生岩矿占绝大部分(97%)，小部分为砂矿(只占3%)。在金红石型钛资源中，大部分为低品位原生矿，储量占全国金红石资源的86%，砂矿占14%。钛铁矿岩矿产地主要在四川、云南和河北；砂矿产地主要有广东、广西、海南和云南。金红石岩矿主要分布在河南南阳、湖北枣阳和山西代县。中国的钛资源分布(以 TiO_2 计)具体如下：

(1) 攀西地区(钒钛磁铁矿，TiO_2 8.73亿t)；

(2) 会东(金红石岩矿，1740万t)；

(3) 云南武定、富民、禄劝、禄丰、勐海、蒙自、石屏、建水、文山等地，共有矿床30个(钛铁砂矿，5560万t)；

(4) 梧州地区的藤县、岑溪、苍梧等地(钛铁砂矿，TiO_2 600万t)；

(5) 玉林地区的陆川、博白、贵县、玉林等地(钛铁砂矿，TiO_2 500万t)；

(6) 钦州地区的防城、合浦、灵山、钦州等地及北海市、北部湾一带(钛铁砂矿，TiO_2 500万t)；

(7) 湛江、汕头、徐闻等地区；

(8) 海南的文昌、琼海、万宁、陵水、三亚沿海岸线一带共20处(钛铁砂矿，2600万t)；

(9) 湖北枣阳市大阜山(金红石岩矿中 TiO_2 储量557万t，金红石砂矿中 TiO_2 10万t)；

(10) 河南南阳的方城(金红石岩矿，TiO_2 5000万t)，西峡(金红石岩矿，TiO_2 2250万t)，新县(金红石岩矿，TiO_2 81.6万t)；

(11) 陕西的安康镇坪县和大河熊山沟(金红石岩矿，TiO_2 78万t)，商南县(金红石岩矿，TiO_2 150万~200万t)，洋县毕机沟(钒钛磁铁矿，TiO_2 1亿t)，紫阳县(钒钛磁铁矿，TiO_2 1300万t)；

(12) 山西代县碾子沟(金红石岩矿，TiO_2 250万t)；

(13) 河北承德地区(钒钛磁铁矿，TiO_2 2030万t)；

(14) 内蒙古北部磨石山(金红石岩矿与钛铁矿共生，以金红石矿为主，TiO_2 50万t)；

(15) 山东诸城市上崔家沟(金红石岩矿，TiO_2 20万t)；

(16) 安徽大别山南部潜山、太湖一带(金红石岩矿和砂矿，TiO_2 储量达1000万t以上)；

(17) 江苏新沂市、东海县(金红石岩矿，TiO_2 约1.2亿t)

A 川滇地区

四川攀枝花地区是一个超大型的钒钛磁铁矿岩矿储藏区，钛储量占全国储量的90.5%，占世界的35%，已探明储量占世界储量的25%。已探明钒钛磁铁矿约为98亿t，TiO_2 储量约为8.73亿t。该矿区的矿体范围大，以红格矿为中心，南北长约300km，储量达100亿t。伴生的钒、钛量较多，加上其他有益元素共10多种(见表1-6)，综合利用价值大。它是由攀枝花、红格、白马和西昌太和等十几个矿区组成的(见表1-7)。从大地构造位置看，它位于我国川滇南北构造体系的北段攀西大裂谷内。区内安宁河大断裂层由南向北纵贯本区中部。矿床受这个大断裂带所控制，广泛地发育基性、超基性岩体。岩体呈南北分布，向西陡倾斜，岩体规模大小不等，一般长达5~20km。矿石类型为致密块状、浸染状矿石。矿石中的钛矿物主要为粒状钛铁矿、钛铁晶石和少量片状钛铁矿。从矿物可选性来看，粒状钛铁矿可以单独回收，而钛铁晶石和片状钛铁矿很难单独回收。选矿时，从钒钛磁铁矿的选铁尾矿中选出的粒状钛铁矿可供利用。该钛铁矿的特点是结构致密，固溶了较高的氧化镁，因此选出的钛精矿品位较低，MgO 和 CaO 含量较高，给钛的提取冶金带来一定困难。从攀枝花地区开采出的钒钛磁铁矿原矿含 TiO_2 约10%(质量分数)左右，首先经破磨、磁选出铁精矿。铁精矿中 TiO_2 的质量分数约为12%，选矿回收率约为45%。铁精矿去高炉炼铁，产出的高炉渣中 TiO_2 的质量分数约为24%，这种渣目前已堆存约5000万t，而且还在以360万t/a的速度增加。原矿石中大约有一半的 TiO_2 最终进入了高炉渣，因此高炉渣的综合利用具有重要意义。从高炉渣中提钛十分困难，经多年坚持不懈的研究，不论是硫酸法，还是氯化法处理高炉渣都已取得突破性进展。

表1-6 攀枝花钒钛磁铁矿混合原矿中主要有益元素的化学分析

组分	TFe	TiO_2	V_2O_5	Cr_2O_3	Mn	Cu	Co	Ni	Ga	$(Nb,Ta)_2O_5$	Sc	铂族总量 /$g\cdot t^{-1}$
含量(质量分数)/%	31.46	11.28	0.31	0.016	0.248	0.017	0.017	0.011	0.0026	0.0004	微量	0.039~0.027

表 1-7　攀西地区钒钛磁铁矿中 TiO_2 储量及原矿化学组成

矿区	TiO_2 储量 /万 t	原矿化学成分(质量分数)/%										备　注
		TFe	TiO_2	V_2O_5	SiO_2	Al_2O_3	MgO	CaO	S	CoO	NiO	
攀枝花	13906.7	39.80	13.26	0.39	11.90	6.54	5.14	3.06	0.61	0.021	0.024	
白马	16267.9	33.79	7.82	0.35	19.83	6.54	12.21	3.08	0.32	0.022	0.044	
太和	16425.0	33.88	15.78	0.28	11.77	6.69	5.64	3.91	0.69	0.008	0.010	
红格	40749.9	38.38	14.04	0.36	12.40	3.90	9.16	3.75	0.44	0.031	0.134	含 Cr_2O_3（质量分数）0.49% ~ 0.82%，具有综合利用价值
合计	87349											

云南钛资源很丰富，遍及全省许多区县。从大地构造位置看，钛矿区位于我国川滇南北构造体系的南段。已探明的储量十分可观，且大部分属次生内陆砂矿，少部分属原生岩矿。云南的砂矿易采、易选，经简单选矿便可获得质量较好的钛精矿。该矿一般含 TiO_2 48% ~50%（质量分数），钛铁氧化物总量（$FeO+Fe_2O_3+TiO_2$）大于 95%（质量分数），除含 MgO 稍高（质量分数为 1.2% ~2%）外，其他非铁杂质含量较少。故云南钛铁精矿是一种质量较好和应用价值较高的钛精矿。

B　河北地区

河北承德地区也有类似性质的钒钛磁铁矿，储量较小，仅次于攀西矿区。原矿 TiO_2 的平均质量分数为 8%，钛精矿固溶的氧化镁较低，可选得质量较好的钛精矿。

C　沿海地区

广东、广西和海南地区的钛铁矿砂矿品位高、杂质少，采选比较容易，又伴生有锆英石、独居石、磷钇矿、金红石等，综合利用价值高，提取也较容易，但多数伴生有放射性矿物。目前沿海地区钛精矿产量约占全国产量的 1/3 以上。

D　其他地区

此外，在福建、山东及辽宁沿海和江西部分地区也有砂矿钛铁矿资源。我国已发现的几处金红石岩矿床中，湖北枣阳的储量较大，原矿的 TiO_2 平均品位为 2.31%。山西代县碾子沟矿为特大型矿床，是典型的变基性原生矿，TiO_2 平均质量分数为 1.92%。河南南阳方城县柏树岗矿区为典型的沉积变质型矿床，矿区长 26km，远景储量巨大，金红石储量约为 5000 万 t，TiO_2 平均质量分数约为 2.2%，原矿石总储量约达 20 亿 t。河南西峡八庙矿区为透闪石化大理岩夹金红石角闪石片岩，金红石富集在黑云母、角闪石、钛铁矿和钛赤铁矿中，品位约为 2.90%。苏北地区沂东一带变质榴辉岩型成矿带估计储量在 1000 万 t 以上，平均品位为 1.84%。这些矿由于 TiO_2 含量低，结构致密，微粒度嵌布，选矿困难。四川大学金红石课题组针对河南矿进行选矿新工艺的研究，取得突破性进展，为金红石岩矿的开采利用奠定了基础。

我国主要的钛矿资源概况汇总在表 1-8 中。

表 1-8 我国主要的钛矿产地资源概况(以 TiO_2 计)

省 区	矿产地	钛矿类型	表内储量/万 t	表外储量/万 t	合 计/万 t	占全国钛储量的比例/%
四 川	攀枝花矿区	钒钛磁铁矿	10838.7	2867.8	13706.5	
	白马矿区		4550.5	4541.1	9092.2	
	太和矿区		14875.3	8855.4	23670.7	
	红格矿区		25654.0	15106.3	40760.3	
	小 计		55858.5	31371.2	87229.7	90.54
云 南	富民矿区 武定矿区	钛铁矿砂矿	1088	58	1146	1.19
河 北	承德矿区	钒钛磁铁矿岩矿	1801	229	2030	2.10
河 南	南阳矿区	金红石岩矿	4487.38 (原生矿)	1239.3 (风化矿)	5726.68	
湖 北	枣阳地区	金红石岩矿	559	6	565	0.59
山 西	代 县	金红石岩矿			250	
广 东	湛江、汕头、陆丰等矿区	钒钛磁铁矿	88	974	1062	
		钛铁矿砂矿	620	9	629	
		金红石砂矿	90.3	8	98.3	
		高钛金红石砂矿	9	2	11	
	小 计		807.3	993	1800.3	1.87
广 西	北海、钦州、玉林、苍梧等地区	钛铁矿砂矿	639	69		
		金红石砂矿	0.3			
	小 计		639.3	69	708.3	0.73
海 南	文昌、清澜、万宁、南港、沙笔、乌扬等地区	钛铁矿砂矿	1913	643	2556	2.65

我国钛资源的特点是：资源丰富，储量大，分布广；但原生矿多，砂矿少；钛铁矿多，金红石矿少；贫矿多，富矿少；共生矿多，单一矿少。由于钛矿品位低、矿物组成复杂，又因为采选技术水平不太高、管理落后、投资不足等原因，致使钛资源综合利用水平低、资源浪费严重。目前国内有采选厂 80 多家，规模小而分散。国内年需求量为 60 万 t(以 TiO_2 计)，而年产钛铁精矿约 80 万 t(TiO_2 约 40 万 t)，每年尚有 20 万 t 的缺口靠进口解决。

从矿床中开采出来的钛矿石，TiO_2 含量较低，脉石成分高，不能直接用于冶金和化工处理生产金属钛和钛白。因此必须预先进行选矿处理，选得的精矿才是后续化工、冶金处理的原料。

1.2.5 国内外钛精矿的化学组成

世界上一些主要钛资源国家所产钛精矿典型的化学组成见表 1-9。我国钛资源按地区分布情况见表 1-10。我国主要钛矿产地钛铁精矿的化学成分见表 1-11。我国天然金红石精矿及钛铁矿精矿的冶金部部颁标准分别见表 1-12 和表 1-13。国外钛精矿总量的 92% 左右用于生产钛白，约 3% 用于金属钛的生产，其余约 5% 用于电焊条药皮、搪瓷、碳(氮)化钛、合金添加剂等。

表 1-9　世界上一些主要钛资源国家所产钛精矿典型的化学组成（质量分数） （%）

成分	金红石					钛铁矿精矿（砂矿）						钛铁矿精矿（岩矿）			
	澳大利亚（东海岸）	南非	斯里兰卡	前苏联	印度	澳大利亚	南非	印度	斯里兰卡	马来西亚	前苏联	加拿大	挪威	美国	前苏联
TiO_2	95.2	95.75	96.8	93.2	95.5	54.2	49.7	60.3	54.6	53	60.3	36.6	44.5～45.5	45.2	48.75
FeO	0.9			1.8（ΣFe）	2.0	24.0	36.6	9.7	18.1	33.6		29.5	33.5～34.5	37.5	45.9
Fe_2O_3	1.0	0.40	0.89			18.0	11.1	24.8	23.2	8.7	25.88	26.5	12～13	7.1	
SiO_2	0.2	0.69	0.64	2.0	0.74	0.50		1.4	1.5	0.36	1.2	2.5	2.5～3.0	3.7	3.3
Al_2O_3	0.02	1.25	0.16	1.1	0.50	0.85		1.6	1.18		2.0	3.0	0.5～0.7	2.1	0.5
CaO	0.07	0.04		0.22	0.01	0.01			0.08		0.17	0.5	0.2～0.3	0.1	1.1
MgO	0.18	0.04			0.03	0.16		0.84	0.85		0.9	3.2	4.5～5.5	2.6	1.3
MnO	0.008			0.18	0.01	1.60			0.37	4.0	0.85	0.16	0.2～0.3	0.2	
K_2O+Na_2O		0.20										0.35			
Cr_2O_3	0.6	0.66		0.27	0.11	0.03	0.19	0.14	0.07	0.05	1.36	0.1	0.075		
V_2O_5	0.01	0.63		0.11	0.55	0.15	0.29	0.26	0.09	0.02	0.12	0.36	0.15～0.17	0.2	
P_2O_5	0.8	0.12	<0.001		0.07	0.02		0.17	<0.01	0.085		0.015	0.03		
ZrO_2	0.2		0.38	2.5	1.02	0.04			0.02		0.33				
S	0.1	0.03			0.02	0.01					0.30	0.25～0.30	0.04	0.3	
C	0.03												0.055	0.02	
U + Th						<0.009							<0.0003		
非铁杂质总量	2.22	3.66	1.18	6.38	3.06	3.50	6.23	4.41	4.17	4.52	7.23	5.78	8.25～10.17	9.22	6.2

金红石品位高、杂质少，约66%用于氯化法钛白生产，22%用于电焊条涂料，8%用于生产金属钛，其余4%用于化工、冶金的原料。钛铁精矿的品位较低，目前绝大部分用于钛白生产，且大部分是用于硫酸法钛白生产；另一部分富集成人造金红石或钛渣等富钛料，作为氯化法或硫酸法钛白生产的原料。

1.3 金属钛的应用

钛(包括钛合金)作为一种新金属，由于它具有一系列优异特性，如密度小(只有钢的57%)、强度高(比强度大)、耐高温性能好(直到500℃都有较高的机械强度)、抗腐蚀性优等，因此其应用范围和应用量近年来都有了很大发展，现已被广泛用于航空航天、舰艇、石油、化工、轻工、食品、电力、核电站、海水淡化、制盐工业、娱乐运动器材等许多领域。因而又有“全能金属”、“现代金属”和“21 世纪的金属”的美称。

从金属钛的消费结构看，美国、欧洲和俄罗斯，钛材的60% ~70%主要用于航空航天业，民用工业相对较少；而日本和我国则恰恰相反，民用工业钛材消费量约占85% ~90%，航空航天工业用材仅占10% ~15%(见表1-14 和图1-1)。前些年，我国钛材的国内市场占有率在85%以上，小部分出口到欧美及东南亚地区。随着我国钛工业的快速发展，出口量必将大幅增加。电力、能源、轿车工业、建材业、高尔夫球杆、眼镜架、钓鱼竿、拐杖等民用器材方面的需求量还会持续增长。

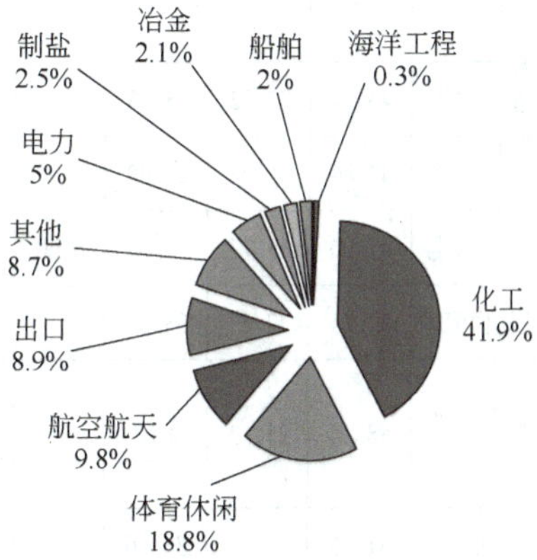

图1-1 2004 ~2005 年国产钛材在不同领域的应用比例

表1-10 我国钛资源按地区分布情况(质量分数) (%)

地区	金红石总储量	钛铁矿总储量	原生钛铁矿总储量(按 TiO_2 计)
华北	18.01		2.69
东北		0.06	0.12
华东	2.92	3.27	0.03
中南	78.09	81.37	0.23
西南		14.40	96.49
西北	0.98		0.44

表1-11 我国主要钛矿产地钛精矿的化学成分

省区	精矿产地		钛精矿化学组成(质量分数)/%												
			TiO_2	TFe	FeO	Fe_2O_3	MnO	CaO	MgO	SiO_2	Al_2O_3	V_2O_5	S	P	非铁杂质总量
四川	攀西矿		45.50 ~ 48.50	30.00 ~ 33.50	30.00 ~ 35.00	5.00 ~ 8.00	0.20 ~ 0.80	0.70 ~ 2.00	5.00 ~ 6.50	2.00 ~ 4.00	1.30 ~ 2.50	0.06 ~ 0.10	0.10 ~ 1.00	0.003 ~ 0.10	11 ~12
	实例：攀矿	-1号	>47.00	30.58	34.27	5.55	0.65	0.75	6.12	<3.0	1.34	0.095	<0.019	<0.0049	11.98
		-2号	45.88	30.94	34.86		0.64	0.84	6.11	2.73			0.81	0.015	11.15
		-3号	47.10	31.28	33.58		0.43	0.98	5.43	3.23			0.23	0.014	10.31
		-4号	46.82	30.79	31.31		0.60	1.14	5.17	3.38			0.42	0.06	10.77
		-5号	47.74	31.75	33.93	7.66	0.75	1.16	4.60	2.64	1.20	0.10	约0.20	0.01	10.66
	西昌太和矿		45.50	29.79	30.02	9.02	0.415	0.415	5.17	2.90	2.75				11.65

续表 1-11

省区	精矿产地		钛精矿化学组成(质量分数)/%												
			TiO_2	TFe	FeO	Fe_2O_3	MnO	CaO	MgO	SiO_2	Al_2O_3	V_2O_5	S	P	非铁杂质总量
云南	富民矿	-1号	51.04	30.69	25.00	16.01		1.41	0.93	4.34	1.02				7.79
		-2号	49.85	35.06	36.50	9.58	0.75	0.24	1.99	0.86	0.23	0.12	约0.02	约0.01	4.22
	武定矿		48.68	36.44	36.78	10.97		<0.05	1.18	0.67	0.60	0.22	约0.01	约0.01	2.74
河北	承德矿	-1号	46~48	30.83	20~40		0.7~0.9	0.5~1.0	0.7~0.8	1.5~2.1	0.7~0.8	1.0	0.1~0.5	0.01~0.04	5~7
		-2号	45.77	33.92	38.55			0.38	1.32						1.70
		-3号	47.86	35.03	20.40		0.80	0.75	1.25	1.80	0.75				4.35
		-4号	47.00	35.77	40.95	5.60	0.85	0.81	1.54	1.67	1.23	0.14	约0.3	0.063	6.60
广西	北海内河矿		52.35	32.67	38.86		1.73	微量	微量	0.68	0.45		0.01	0.034	2.90
	北海氧化砂矿		58.35	25.13	9.08		1.43	0.39	微量	0.76	0.79		0.01	0.03	3.41
	钦州矿		51.75		35.46	9.14	2.81		0.99	0.54	0.16				4.50
	藤县矿	-1号	51.31	36.00	38.03	9.22	1.32			0.80	0.76				2.88
		-2号	49.83	36.01	36.88	10.50	1.39	0.32	0.12	1.45	0.34				3.62
	苍梧矿		50.38		40.39	5.94	2.66	微量	0.73	1.03	0.16				4.58
广东	湛江矿		51.76	30.29	24.4	16.08	2.66	0.34	0.05	0.82	0.79		0.01	0.017	4.69
	陆丰矿		50.70	31.97	24.11		2.64	0.56	0.20						3.40
海南省	文昌、清澜矿	-1号	50.77	33.65	35.17	8.88	2.31	0.38	0.10	0.94	0.36		0.01	0.028	4.13
		-2号	50.09	32.94	35.03		2.54	0.34	0.20						3.08
	万宁矿	-1号	49.03	35.60	36.03	10.71	2.23	1.00	0.10	0.50	1.13		0.01	0.016	4.99
		-2号	50.35	34.07	35.46	10.71	2.26	0.67	0.10	0.50	1.13				4.66
	南港矿		49.70	35.73	36.28	10.77	2.16	0.11	0.37	1.37	0.35				4.36

表 1-12　我国天然金红石精矿标准(YB 839—87)　(%)

级别	TiO_2	杂质			水分	粒度
		P	S	Fe_2O_3		
一级品	≥93.0	≤0.02	≤0.02	≤0.5	≤1.0	砂矿产品应全部通过 0.18mm 筛；原生矿产品应全部通过0.25mm筛
二级品	≥90.0	≤0.03	≤0.03	≤0.8	≤1.0	
三级品	≥87.0	≤0.04	≤0.04	≤1.0	≤1.0	
四级品	≥85.0	≤0.05	≤0.05	≤1.2	≤1.0	

表 1-13 我国钛铁矿精矿标准（YS/T 351—2007） （%）

品级	TiO_2	$TiO_2+FeO+Fe_2O_3$	杂质①			备 注
			CaO + MgO	P	Fe_2O_3	
一级	≥52	≥94	≤0.5	≤0.030	≤10	产品呈粉状，粒度在 149 ~ 420μm（120 ~ 40 目）的部分应不小于 78%，粒度小于 74μm（200 目）的部分不能超过 10%，供需双方也可协商
二级	≥50	≥93	≤1.0	≤0.050	≤13	
三级 A	≥49	≥92	≤1.5	≤0.050	≤17	
三级 B	≥48	≥92	≤2.0	≤0.050	≤17	
四级	≥47	≥90	≤2.5	≤0.050	≤17	
五级	≥46	≥88	≤7.0	≤0.050	≤13	

① 水分质量分数不大于 0.5%。

表 1-14 世界各国金属钛的消费结构 （%）

应用领域 \ 国家和地区	美 国	俄罗斯	欧 洲	日 本	中 国
航空航天	70 ~ 80	60	60	10	10 ~ 15
其他工业部门	20 ~ 30	40	40	90	85 ~ 90

钛及其合金应用领域的扩大和应用量的增加，取决于钛价格的降低。过去钛的价格太高，阻碍了它在民用工业部门的推广应用。现在情况已有很大改变。在我国，钛价高不只因为它的提炼技术复杂，而且因为过去规模太小。据估计，企业产能如在现在基础上扩大 7 ~ 10 倍，则可使钛价降低 50% 以上。所以，扩大生产能力和研发新工艺，是降低钛价、扩大用途、增加用量的重要措施和发展方向。如钛-钢复合板和钛-钢双金属复合管的研制成功，使成本和售价大大降低，从而在石油、化工、制盐、制碱、冶金、海洋工程中得到广泛应用。

钛（及其合金）在各个领域的应用实例见表 1-15。

表 1-15 钛（及其合金）在各领域的应用举例

部 门	应 用 举 例
1 在航空、航天及军事工业上的应用	
航空工业	飞机结构质量的 1% ~ 10%、发动机质量的 2% ~ 20% 要用钛合金，所以有人把钛称为“太空金属”。如美国 F-15 战斗机，每架用钛半成品 30t（因加工成材率低，最终成品 5t）；2007 年装备空军的 F-22 型高速战机，每架用钛量约为机体总质量的 42%；制造 1 架隐形战略轰炸机 B-1B，需钛材近 90t；民航客机波音 777，使用的钛占机体总质量的 10%，达到 57t；美国空军、海军，计划到 2008 年共建造军用飞机 3000 架，以每架用钛 10t 计，钛需求量就达 3 万 t。在飞机制造业中主要用于：机翼、管道、蒙皮和机身骨架、连接件、发动机、尾锥、喷管、弹射舱、防火壁、装配夹具、蜂窝结构、整流罩、隔框、主起落架大梁、力矩环主装置、紧固螺帽和锁紧部件，在大型锻件上钛可与铝合金竞争
航天工业	我国从“东方红”卫星上天到“神舟”飞船发射成功，以及新型战机问世，这其中都有钛合金的贡献。主要用于：飞船船舱、蒙皮、后舱壁和地板构件、结构骨架、液体燃料储箱、高压容器、制动火箭主起落架、登月舱及推进系统、人造卫星外壳、翼、推力构件、油压配管用钛合金制造火箭的二级和三级发动机的机体，液体燃料的储罐、喷嘴，极细的钛粉可用作火箭燃料等

续表 1-15

部　门	应 用 举 例
火箭、导弹	外壳、喷嘴、火箭发动机机体、高压容器、液体燃料储箱、机翼
兵器工业	兵器工业中，使用钛材可使武器轻型化，便于携带、空运和空投。主要制造：炮筒、车辆、装甲板、防弹背心、头盔、雷达三角支架、坦克天窗、钛制喷火器、防弹衣等。MIA2 主战坦克每辆用钛 1t；155mm 轻型榴弹炮每门用钛 3t
Ⅱ　在化工、冶金工业中的应用	
化学工业	“十五”期间，我国对氯碱、纯碱和化肥 3 个行业扩建提产就用了钛材约 1830t。主要用于：乙醛设备(槽、热交换器和反应器)，丙酮设备(各种配管)，醇类、顺丁烯二酐生产设备，对钛酸设备(反应器、搅拌轴)，尿素肥料设备(合成塔)，大化肥尿素生产 CO_2 气提塔中的一些零部件；湿氯气冷却器，染料设备(换热器、废液处理装置)，氯碱工业中的钛泵、钛阀、钛风机及氯碱电解阳极板和离子膜电解槽等；氯酸盐和次氯酸钠电解阳极板，纯碱生产中的蒸氨塔冷却器，国内各纯碱厂已用钛材约 2000t，其中，20 世纪 80 年代我国三大纯碱厂的建设就用了 410t 钛材；醋酸生产设备(氧化塔、换热器、催化剂再生罐、精馏塔等)，硝酸生产设备(换热器、反应器、蒸馏装置)，硫酸生产设备(接触含氧化性物质的稀硫酸设备，如换热器、高压釜)，盐酸生产用作浓度小于 5%(质量分数)的接触设备(泵、喷射器)，真空制盐设备(预冷器、容积为 200 ~ 400m^3 的蒸发器、预热器，换热面积为 700 ~ 1000m^2 的加热室、泵等)，蒸发器可保证 20 年不坏；炼焦设备(吸滤器、结晶器、冷凝器等)，氯化铵浓缩器
石油化工	广泛用于石油精炼和脱丁烷、脱硫、脱丙烷等工艺设备(塔顶冷凝器和反应塔、蒸馏塔、冷却器及各种热交换器)。我国石化工厂 ϕ1200m、H20m 的氧化塔，成酐釜，695m^2 的冷凝器，156m^2 和 58.9m^2 的冷却器等都使用钛材制造
造纸工业	搅拌器、漂白塔、加热锅、换热器、吸收塔塔板支撑件、漂白剂的制备设备，钛特别适合在有氯和二氧化氯的环境中工作
化纤、纺织工　业	作为丙烯基、密胺、精纺尼龙、涤纶等的生产设备，对苯二甲酸反应器、连续漂白机
冶金工业	在湿法冶金中，如上冶、云冶、沈冶、金川公司、葫芦岛锌厂等企业，率先在铜电解、镍电解、铅锌冶炼、贵金属提炼中使用钛材，制作钛种板、钛加热器、钛反应釜等，获得了极大成功。不仅解决了腐蚀问题，而且提高了产品质量，取得了显著的经济效益和社会效益。各种牌号的钛材现已在湿法冶金中普遍推广应用。具体举例如下：锌冶炼设备(浸出设备，包括浸出槽、储液槽、泵，以及电解锌、镉、铟的电解槽和换热器、烟气净化装置、除尘器、风机等)，钒冶炼中输送钒酸铵液的泵和阀，高炉炉体周围的冷却系统(各种冷凝器、冷却器和热交换器)，氧化铝生产用运输稀硫酸管道，二氧化锰电解用阳极，代替过去的铅合金和石墨阳极。钛阳极耐腐蚀，强度高，寿命长，提高了产品质量，降低了生产成本，拆装剥板易机械化操作。制取 ZrO_2 和 $ZrOCl_2$ 设备(真空过滤器和搅拌器)，电解铜箔用阴极辊和电解槽，电镀工业及铝表面处理设备(钛制板式热交换器、薄膜蒸发器、装入阳极顶端的网篮，电发热体、挂具和塔槽等)，提取钨酸的蒸发锅，钛-钢复合板制造钼渣盐酸分解槽，湿法冶金提取贵金属设备(泵、加热盘及黄金氰化浸出容器，装硫酸和盐酸、硫脲溶液的树脂交换柱及换热器等)，镁和钛氯化作业中烟气净化系统设备(风机、捕集器、洗涤器等)，铜冶炼设备(电解槽、热交换器、洗涤塔、阴极母板和用于制备硫酸和硫酸盐的设备系统)，镍冶炼设备(加热器、过滤设备、阴极母板等)，钴电解中用钛板作种板及钴冶炼烟气净化系统设备(风机叶轮、泵等)，生产 V_2O_5 工艺中的加热器，汞冶炼的冷凝器，稀土和锆冶炼的反应器、萃取器。钛材制造的泵叶轮、泵壳、泵轴套、风机、搅拌器桨叶、喷嘴、钛阀、钛管、钛压滤机、钛筛板、钛丝阴极线、阴极板和始极片母板等已获得普遍应用

续表 1-15

部 门	应 用 举 例
Ⅲ 在海洋、舰艇和热能工业中的应用	
船舶制造	潜水艇和深海潜水调查船(耐压壳体、耐压容器、通气排气管、通海管路、甲板、热交换器、冷却器、发动机零部件、升降装置、发射装置、声学装置、阀、锚)，全钛型深海潜艇具有无磁性、下潜深(达 900m)、航速快、噪声小、维修次数少等优点(前苏联 1972 年就制造了一艘全钛型核潜艇，后来又制造了近 20 艘核潜艇，每艘耗海绵钛 3000 ~ 9000t 不等)。制造船用海水淡化装置，救难艇(壳体、各种仪表装置)，军舰、游艇和消防艇等船只(壳体、螺旋桨推进器等)，油船和运输船(透平的主冷凝器和碳酸钠冷却器、蒸气喷射空调机和热交换器)
能源工业	火力发电厂和核电站用冷凝器、汽轮机叶片、地热开采用换热器和管道、废热回收用换热器、核反应堆泵用 TiNi 材以及核原料储罐。地热开发、钻井用钛管，使用寿命超过 15 年，而碳钢管只有 1 年
海水淡化	热交换器、管道、连接件、盐水加热器
海洋事业	海上石油用采集酸性气体管道，钻采海底石油用提升管和阀门，海洋温差发电用热交换器，海洋钻井平台的换热器和阀门、泵。钛材用于海洋事业中，有的使用寿命可达 50 年
其 他	地质勘探中的电缆测井。2007 年 7 ~ 8 月的北极争端中，俄罗斯在北极地区 2000 多米深的海沟中插上了一面 1m × 1m 的俄罗斯国旗，就是用钛材制作的
Ⅳ 在体育器材、医疗器材及其他方面的应用	
体育器材	网球、羽毛球的球拍；高尔夫球的球杆长柄和棒头；垒球棒和曲棍球棒；击剑用的面罩；登山用的冰杖、登山钉、螺钉；钓鱼用的绕线架；滑雪用的把手、滑雪板；旅行用自行车的车身、各零部件；足球鞋的底钉；赛车零部件等
医疗器材	因其无毒、质轻、比强度高，具有极好的生物相容性和耐腐蚀性，因此钛和钛合金是理想的医用金属材料，可用作植入人体的植入物。如：人工骨、人工关节头、金属缝线、心脏起搏器等医疗和外科器械；镶牙，齿列矫正器，人造齿根；辅助器械的假手、假脚、轮椅；保健用的碱离子水制造装置用电极。我国每年对钛合金人工关节的需求量超过 5000 套
耐久消费品	仪表，钛手表，饰物外表的钛金和 TiN(金黄色)涂层，刻蚀金属画，打印机用打印锤、打印轮，照相机的机身、快门；诺基亚新款高价手机 Nokia 8910 的外壳就是用钛合金制造的，显得漂亮而高贵；计算机(硬盘盘片，鼠机的指示器和显卡等)；音响器中的支架、拾音器支臂、扩音器振动板；眼镜的眼镜架，剃须刀、钛烟灰缸、打火机、理发剪；装饰品，壁挂(蚀刻版面)、台历、领带别针、垂饰；厨具和餐具(刀、匙、叉、筷、锅、铲、器皿等)；钛酒具；文房用具(如全钛金属笔、钛笔筒)；拐杖，钛宝剑；工艺美术品方面的钛鸡、钛奖杯、钛球、钛雕塑品等
环境卫生	污水污泥处理装置、废水废气处理装置、放射性废弃物储藏装置、粪便处理装置
渔 业	浮动消波堤用的连接螺栓、螺母；用于水族馆中的水槽、温度计保护管、热交换器；养殖渔业用的养殖笼、热交换器；渔业加工用的蒸烤鱼盘、冷冻库
交通工具	汽车、摩托赛车用部件(曲轴、连杆、悬簧、螺栓、螺母等。2002 年全球汽车用钛量达 1100t，近年用量有了更大的增长，2008 年已达 5000t)；磁悬浮列车、氦贮存器。钛材在接近液氦的低温下性能仍然良好
建 筑	用作室内管道的温水用管道；屋顶板材(北京国家大剧院和杭州大剧院的穹顶和幕墙就是用 0.3mm 厚度的钛薄板复合材料盖成的，两座建筑共用钛板约 220t。现在世界上有上百个建筑物使用了钛材，尤以日本最多)；照明器具的反射板

续表 1-15

部　门	应　用　举　例
食　品	食品和医药的加工设备和运输容器，食品、泡菜、番茄酱生产的换热器，咸奶酪容器，包括加盐和醋及调味汁的容器
疗　养	温泉用热交换器
V　在特种功能材料方面的应用	
涉及还原性介质（如盐酸、甲酸、草酸等）的化工部门	耐蚀钛合金，如钛镍、钛钼、钛钯、钛钌、钛钽等合金，可用于制造接触还原性介质的各种设备、管路等
功能材料	钛及其合金既是优良的结构材料，又是重要的功能材料。TiNb 超导材料、TiNi 记忆合金、TiFe 贮氢材料等。超导材料主要用于高能物理、核聚变、磁流体发电、高速磁悬浮列车等许多领域；TiFe 类及 TiMn 类合金作为贮氢材料，用来储存氢气，回收废氢，分离净化氢气等，可做成便携式高纯氢源，氢燃料储存器已用于汽车上；TiNi 记忆合金可用来制作汽车用发动机和线圈、弹簧、汽化器、管接头及传动装置、医疗用矫形器件、热水供应器和净化器的“记忆”装置。我国国家天文台的空间太阳望远镜及极紫外望远镜的许多结构件就是用钛制造的。 在真空工程中，作溅射真空泵的阴极板，钛升华真空泵中的钛丝

图 1-2 是前苏联用钛制造的一些设备。我国制造的钛加工材和设备如图 1-3 所示。

a　　*b*　　*c*　　*d*

图 1-2　前苏联用钛制造的一些设备

a—蒸发器；*b*—圆盘真空过滤机；*c*—热交换器；*d*—氯化器

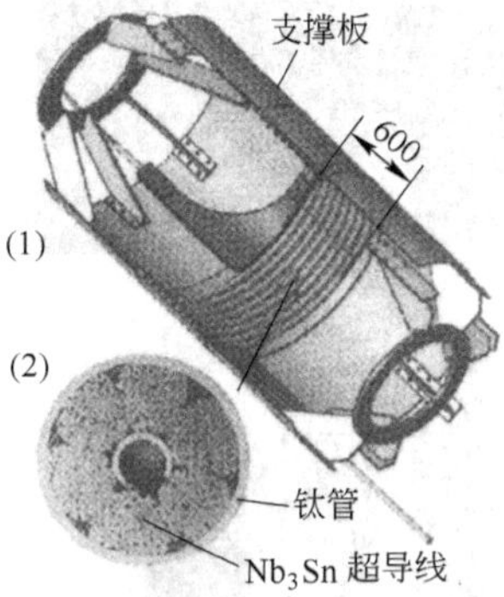

(1)－超导体剖面图； (2)－内部视图

全钛型城市雕塑——乾坤球(坐落在河北邢台市中心广场，总高6m，用钛量2.5t)

TB8钛合金导风罩(航空用)

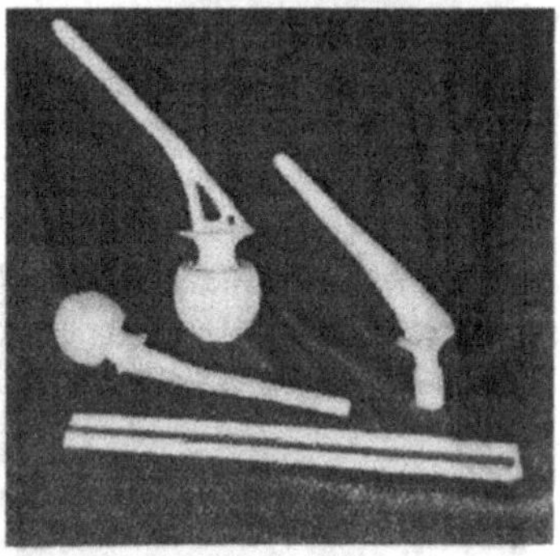

钛制人工关节

钛合金齿轮

船舶用钛合金设备(Ⅰ)

钛合金管式换热器

钛合金框架

耐压球壳

板式换热器

船舶用钛合金设备(II)

钛镍形状记忆合金加工材(丝、板、棒)

正在施工中的国家大剧院穹顶和幕墙
(0.3mm钛薄板,穹顶30000m^2,钛复合板总质量为368t;幕墙15820m^2,用钛36t)

图 1-3　我国生产的一些钛加工材及制造的一些钛设备

1.4　金属钛的生产方法简介

钛的提取冶金复杂而困难，流程长，能耗大，因此成本高、价格贵。如果从采矿开始到加工制成可供使用的各种型材，其工艺过程主要步骤为：

钛矿床→[采矿]→[选矿]→金红石精矿→[氯化]→
　　　　　　　　　　　→钛铁精矿→[富集]→富钛料→[氯化]→

粗 $TiCl_4$→[精制]→精 $TiCl_4$→[金属热还原]→[蒸馏或酸浸]→海绵钛→[熔铸]→

钛及钛合金锭→[型材加工]→钛材或钛零部件(供各领域应用)

上述步骤中，如果原料是天然金红石，则不经富集步骤而直接进行氯化。

历史上许多冶金工作者曾对制取金属钛的各种方法进行过研究，对各种可能的途径进行了探索试验。以含 TiO_2 的富钛料为原料制取金属钛的可能途径很多，已研究过的方法概括在图 1-4 中。而获得大规模工业应用的方法主要是 $TiCl_4$ 镁热还原—真空蒸馏法(简称镁热法或克劳尔法)。钠热还原法(简称钠法或亨特法)虽有某些优点，也曾被采用，但该法生产的海绵钛质量始终不如镁热法海绵钛，因此近年来钠法逐渐减少，而镁热还原—真空蒸馏法已占据主导地位，本书以后各章主要介绍镁热还原—真空蒸馏法生产海绵钛。

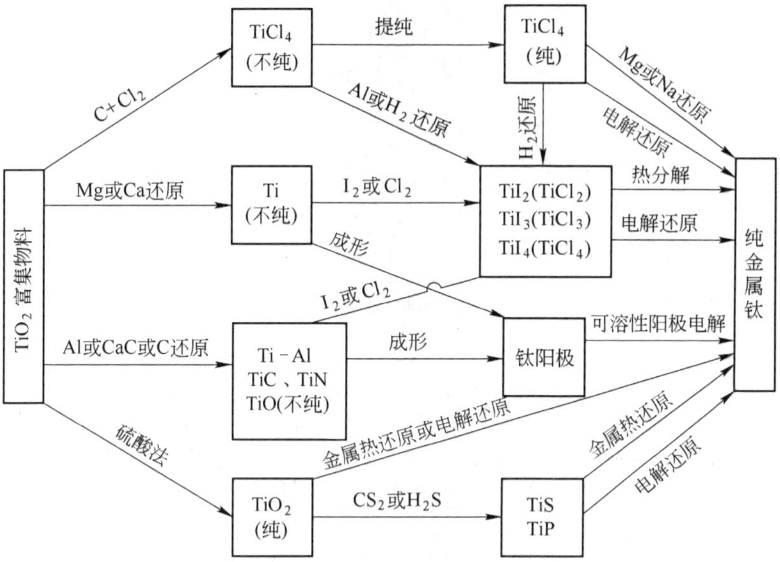

图 1-4 制取金属钛的各种可能途径

镁热还原—真空蒸馏法制取海绵钛的原则性流程如图 1-5 所示。海绵钛是一种中间产品，可在市场上交易。但因海绵钛还含有 C、N、O 等许多杂质，硬度大，不易加工成材，因此一般不能直接利用，还需进一步熔炼提纯，生产致密金属钛(及其合金)，并进一步加工成各种型材，如管、板、棒、环及其他异形材等，才能供其他工业部门使用。钛材除纯钛外，目前世界上已能生产近 30 种牌号的钛合金。其中应用最广的有 Ti-6Al-4V(合金牌号为 TC4)、Ti-6Al-6V-2Sn-0.5Cu-0.5Fe(合金牌号为 TC10)、Ti-6Al-2Sn-4Zr-2Mo-0.1Si 等。

图 1-6 为钛材加工生产的流程图。表 1-16 列出了 2000～2006 年这 7 年世界主要钛材生产地区的情况。

表 1-16 2000～2006 年世界主要钛材生产地区情况 (kt/a)

国别和地区	独联体各国	美 国	日 本	中 国	欧 洲	总 计
2000 年	7	20	12	2	5	46
2001 年	7	23.6	14.4	4.72	5	54.7
2002 年	7	16.2	14.5	5.48	5	48.18
2003 年	15	15	13.8	7.08	5	55.88
2004 年	20	21	17.4	8.513	5	71.9

续表 1-16

国别和地区	独联体各国	美 国	日 本	中 国	欧 洲	总 计
2005 年	22	22	17.5	10.0	10.0	81.5
2006 年	24	28	17.3	14.0	14.0	97.3

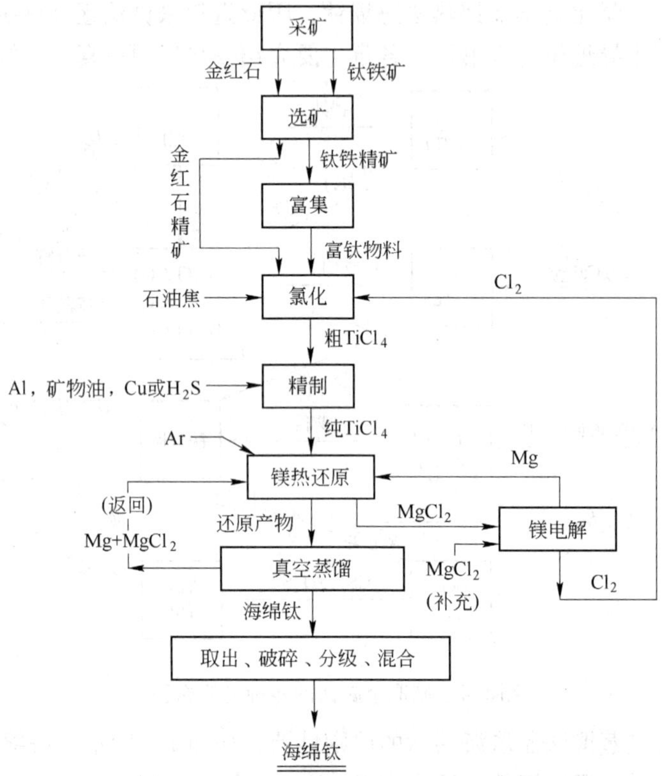

图 1-5　镁热还原法生产工艺流程简图

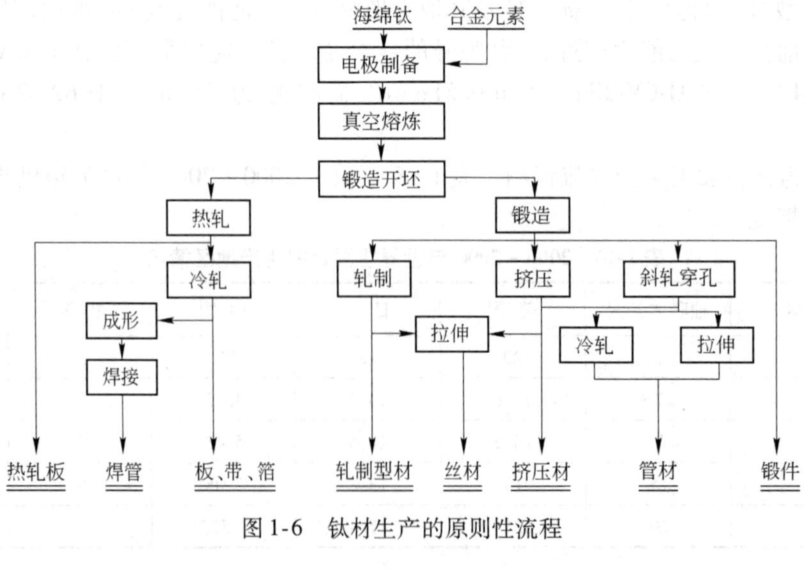

图 1-6　钛材生产的原则性流程

从表 1-16 可以看出，目前世界钛材加工生产大国主要是美国和日本，其产量约占世界钛材总量的 70%，其次是俄罗斯、乌克兰、哈萨克斯坦等独联体国家。随着钛冶金技术的不断发展和完善、生产成本的逐渐下降，如果采用新方法、新工艺使钛及钛合金的价格降到比不锈钢贵得不多，其世界年产量和年用量有可能增加到 50 万 t 甚至上百万吨。目前钛价是不锈钢的 6 ~ 8 倍，如果降到不锈钢的 2 ~ 4 倍，由于钛的优良性能及使用寿命长，就会有广大的用户和广阔的市场。作为一种理想的金属材料，可以预计，崛起的“第三金属”在 21 世纪将有飞速的发展。

2　钛及其重要化合物的性质

2.1　钛的性质

钛是元素周期表中第四周期第Ⅳ族的副族元素，即$Ⅳ_B$族元素。钛、锆、铪组成钛副族，因此，它们在性质上有许多相似之处，如原子的外电子层构型相同(都为d^2s^2)，原子半径相近，化学性质相似，彼此可形成无限固溶体等。钛与相邻$Ⅲ_B$族的钪、钇和V_B族的钒、铌、钽，因原子最外层电子数相同，只是次外层电子数不同，性质上也有某些近似之处，钛也可与这些元素形成无限固溶体。在自然界产出的钛矿物中，也经常伴生有这些元素。

致密金属钛呈银白色，外观似不锈钢；钛粉呈深灰色。其原子的电子构型为$1s^22s^22p^63s^23p^63d^24s^2$。钛的熔点高，密度小(只有钢的57%)，强度大(等于钢)，易加工成形，且具有优异的耐腐蚀性能。因而是一种很有应用价值的金属。

2.1.1　金属钛的物理性质和热力学性质

钛的物理性质和热力学性质见表2-1。

表2-1　金属钛的物理性质和热力学性质

原子序数	22
相对原子质量	47，88
稳定同位素的相对原子质量	46，47，48，49，50
原子半径/nm	0.145
摩尔原子体积 $/m^3\cdot kg\cdot mol^{-1}$	10.8×10^{-3}
晶体结构： α-Ti(<882.5℃) β-Ti(>882.5℃)	 密排六方晶系 体心立方晶系
晶格参数/nm： α-Ti β-Ti	 $c=0.46832\pm0.00004$ $a=0.29504\pm0.00004$ $c/a=1.5873$ $a=0.328\pm0.0003$
晶型转变温度 (α-Ti→β-Ti)	高纯钛为882.5℃;工业纯钛由于含有一定量的杂质,为900~950℃
相变热$/kJ\cdot mol^{-1}$	4.99

相变体积增量/%	5.5
密度$/g\cdot cm^{-3}$ α-Ti(25℃) β-Ti (885℃) (1000℃) 液体钛(1668℃)	 4.505 4.35 4.30 4.11
可压缩性 $/cm^2\cdot kg^{-1}$	0.8×10^{-6}
熔点/℃	高纯钛(碘化钛法)：1670±10 工业纯钛：1660±10
熔化潜热$/kJ\cdot mol^{-1}$	20.92
沸点/℃	3262
蒸发潜热$/kJ\cdot mol^{-1}$	428.86
升华潜热$/kJ\cdot mol^{-1}$	471.80
电子输出功/eV	4.05±0.1
超导临界温度/K	0.38~0.4(<0.5)
磁导率$/H\cdot m^{-1}$	1.00004

续表 2-1

磁化率 >200K α-Ti(20℃) β-Ti(900℃)	 顺磁性 $(3.2 \pm 0.4) \times 10^{-6}$ 4.5×10^{-6}
电阻率/Ω·m 高纯钛(20℃) 工业纯钛(20℃)	 4.20×10^{-7} 5.56×10^{-7}
传声速度/$m \cdot s^{-1}$	4975
热中子俘获截面/b ($1b = 10^{-28} m^2$)	5.8 ± 0.4
弹性模量(293K)/MPa	1.08×10^5
泊松比	0.34~0.405
线膨胀系数(20~300℃)/K^{-1}	7.35×10^{-6}
热导率(工业纯钛)/$W \cdot (m \cdot K)^{-1}$ $t > 0$℃时 $T = 373 \sim 900K$ 范围的平均值 $T = 293 \sim 298K$ 时	 $\lambda = 17.5 - 4.6 \times 10^{-3} t + 7.5 \times 10^{-6} t^2 + 4.2 \times 10^{-12} t^4$ $\bar{\lambda} = 17.1$ 22.08
液体钛的表面张力/$N \cdot m^{-1}$	1.588(或 $1588 dyn \cdot cm^{-1}$)
液体钛的运动黏度(1730℃)/$m^2 \cdot s^{-1}$	8.9×10^{-5}
摩尔定压热容/$J \cdot (mol \cdot K)^{-1}$ α-Ti(298~1155.5K) β-Ti(1155.5~1941K) 液体钛	 $C_{p,m} = 22.1 + 1 \times 10^{-2} T$ $C_{p,m} = 19.8 + 7.9 \times 10^{-3} T$ $C_{p,m} = 35.5$
蒸气压/kPa 固体钛：293K 时 298~1933 1155~1933K 液体钛：1933~3575K 1933~3575K	 7.76×10^{-10} $\lg p = -3.593 \times 10^3 T^{-1} - 0.900 \lg T + 0.0813 \times 10^{-3} T + 4.324$ $\lg p = -3245.2 T^{-1} - 0.121 \lg T + 1.753$ $\lg p = -2.970 \times 10^3 T^{-1} + 1.214$ $\lg p = -3085.6 T^{-1} - 0.0878 \lg T + 1.561$
熵/$J \cdot (mol \cdot K)^{-1}$： 298K 时的标准熵 α-Ti(>160K) β-Ti 液体钛	 $S_{298}^{\ominus} = 30.5$ $S_T^{\ominus} = 39.0 + 0.33T - 5390 T^{-1}$ $S_T^{\ominus} = 34.2 + 0.41T - 6.3 \times 10^{-6} T^2$ $S_T^{\ominus} = 55.8 + 0.0062T - 2.7 \times 10^{-6} T^2$

2.1.2 钛的化学性质

在较高温度下，钛可与许多元素和化合物发生反应。图 2-1 表示钛与元素周期表中元素相互作用的情况。由图可见，可分为五种情况：

第一种情况，钛与同族元素锆、铪在所有浓度和温度范围内都能生成无限固溶体(形成 Ti-Zr、Ti-Hf 合金)；

第二种情况，邻族元素钪、钒、铌、钽、铬、钼、钨、铀与 β-Ti 形成无限固溶体，但与 α-Ti 形成有限固溶体(形成 Ti-Sc、Ti-V、Ti-Nb、Ti-Ta、Ti-Cr、Ti-Mo、Ti-W、Ti-U 合金)；

第三种情况，钛与锰、铁、钴、镍、铝、锡、镓、硼、硅、铜、铋、锕、钍、氢、氮、碳等形成有限固溶体和化合物(形成 Ti-Mn、Ti-Fe、Ti-Co……等二元系合金)；

第四种情况，钛与卤素和硫、硒、碲等氧族元素形成离子化合物，在工业生产中，$TiCl_4$ 是镁(及钠)热还原制钛的原料，TiI_4 是热离解法制高纯钛的原料；

第五种情况，钛与惰性气体、碱金属、碱土金属、稀土元素(钪除外)和镁等不发生相互作用(正因为钛不与惰性气体反应，在金属热还原法制钛时，氩被用作保护气氛；而钠、镁用作还原剂，将钛从 $TiCl_4$ 中还原出来，获得金属钛）。

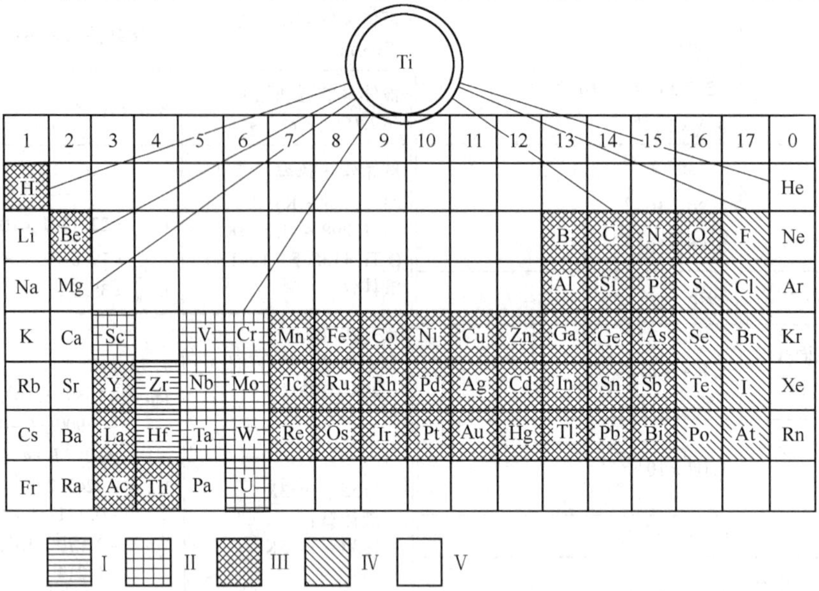

图 2-1　钛与元素周期表中各元素的相互作用

Ⅰ—与钛形成连续固溶体的元素；Ⅱ—与 β-Ti 形成无限固溶体，而与 α-Ti 形成有限固溶体的元素；
Ⅲ—与钛形成有限固溶体和化合物的元素；Ⅳ—与钛形成离子化合物的元素；
Ⅴ—不与钛相互作用的元素

钛在最重要、最稳定的化合物中呈四价。钛是变价元素，它易形成三价和二价的化合物。一价的钛化合物大多不稳定。

在 -196～500℃温度范围内，钛在空气中具有很高的抗腐蚀能力。当加热到 400～500℃时，钛表面形成一层化学稳定性很高的氧化物-氮化物保护膜，膜结构与钛相似，能紧密地与基体钛结合在一起，起到防止钛进一步被氧化的作用。钛能耐氧化性介质和氯化物盐溶液的侵蚀，对许多酸、碱溶液、海水和工业腐蚀气氛具有优良的耐腐蚀性能。钛在沸点以下的任何浓度的硝酸中均不被腐蚀。

致密金属钛在通常条件下是稳定的。但在高温下钛的化学活性很高，可与卤族元素、氧、硫、碳、氮、氢、水蒸气、一氧化碳、二氧化碳和氨等发生强烈反应。在较低温度（100～200℃）下，钛可与 F_2、Cl_2、Br_2、I_2 相互作用生成易挥发的化合物。钛容易被氢氟酸溶解。室温下钛在稀硫酸（约 5% H_2SO_4（质量分数））、稀盐酸（5%～10% HCl（质量分数））中相当稳定，随着酸的浓度和温度的增加，钛的腐蚀速度增加。当在盐酸或硫酸中加入少量氧化剂（如 HNO_3、$KMnO_4$、K_2CrO_4、$FeCl_3$、Cl_2、铜盐等）时，可显著降低钛的腐蚀率。

下面首先介绍一下工业纯钛。

工业纯钛可承受锻造、轧制、挤压等压力加工。在力学性能和化学性能方面工业纯钛与不锈钢相似。

我国根据杂质含量（质量分数）的不同将工业纯钛分为四种牌号：TA0，TA1，TA2 和 TA3。

工业纯钛的化学成分见表2-2。

表2-2 工业纯钛的化学成分(GB/T 3620.1—1994)

牌 号	主要成分 Ti	杂质含量(质量分数)/%						
		Fe	C	N	H	O	其他 单一	其他 总和
TA0	余量	≤0.15	≤0.10	≤0.03	≤0.015	≤0.15	≤0.1	≤0.4
TA1	余量	≤0.25	≤0.10	≤0.03	≤0.015	≤0.20	≤0.1	≤0.4
TA2	余量	≤0.30	≤0.10	≤0.05	≤0.015	≤0.25	≤0.1	≤0.4
TA3	余量	≤0.40	≤0.10	≤0.05	≤0.015	≤0.30	≤0.1	≤0.4

工业纯钛可加工成板、带、箔、管、棒等各种形式的型材。我国宝鸡有色金属加工厂生产的产品种类及尺寸范围见表2-3。

表2-3 我国宝鸡有色金属加工厂生产的工业纯钛产品种类及尺寸范围

产品种类	状 态	尺 寸 范 围
板 材	R、M	厚0.3~30mm，宽400~3000mm，长6000mm以下
带、箔材	M	厚0.01~0.04mm，宽120mm以下；厚0.05~0.3mm，宽300mm以下
管 材	R、M	ϕ210mm以下(挤压成形)
管 材	M	ϕ110mm以下(冷轧—退火)
棒 材	R、M	ϕ200mm以下
丝 材	M	ϕ0.2~6mm
锻 件	R、M	各类饼环及其他形式的铸件
铸 件	铸态	质量35kg以下的各类泵、阀

注：R为热加工；M为退火状态。

钛的抗腐蚀能力一般优于不锈钢，它比常用的不锈钢强15倍，使用寿命比不锈钢长15倍以上。

一般说来，在还原性介质，如盐酸、甲酸、草酸等介质中，由于钛的氧化膜不稳定，易遭破坏，因而在这种情况下纯钛并不耐腐蚀，而一些耐腐蚀钛合金，如钛镍、钛钼、钛钌、钛钯、钛钽等合金则有优良的耐腐蚀性能(见表2-4)。

表2-4 几种耐蚀钛合金与工业纯钛耐蚀性能的比较

溶液浓度(质量分数)/%	温度/℃	耐蚀性/mm·a⁻¹ 工业纯钛	Ti-0.2Pd	Ti-10Mo	Ti-15Mo-5Zr
25% NaCl	沸腾	0	0	0	
25% $AlCl_3$	沸腾	50.8	0.0254	0	
30% $FeCl_3$	沸腾	0.0254	0	0.127	
5% HCl	沸腾	28.5	0.28	0	0.102
10% HCl	室温	0.11	0.002		
10% HCl	50	4.11	0.015		
10% HCl	75		0.08		
20% HCl	室温	0.41	0.04	0	0
20% HCl	50	12.5	6.67		
20% HCl	沸腾	127	19.56	0.13~0.25	35.56
25% HCl	室温	0.59	0.055		
30% HCl	室温	1.92	0.087		

续表 2-4

溶液浓度（质量分数）/%	温度/℃	耐蚀性/mm·a^{-1}			
		工业纯钛	Ti-0.2Pd	Ti-10Mo	Ti-15Mo-5Zr
20% HCl+1% $FeCl_3$	沸腾	2.80	2.92	38.10	
5% H_2SO_4	沸腾	36.6	0.169	0	
10% H_2SO_4	室温	0.11	0.014		
10% H_2SO_4	50	3.67	0.125		
20% H_2SO_4	室温	0.407	0.002		
20% H_2SO_4	50	14.8	0.499		
30% H_2SO_4	50		1.72		
40% H_2SO_4	室温	2.91	0.234	0	
40% H_2SO_4	50		2.98		
40% H_2SO_4	沸腾	330.2		0.051~0.254	
60% H_2SO_4	室温	2.19	6.65		
80% H_2SO_4	室温	7.04	8.05		
98% H_2SO_4	室温	1.67	1.05		
65% HNO_3	室温	0.051	0	0	
65%~68% HNO_3	沸腾	0.032~0.51	0.033	1.27	5.84
10% $H_2C_2O_4$	100	88.9	122	0.038	

Ti-0.2Pd 合金的牌号为 TA9，其名义成分为 0.15%~0.20%（质量分数）Pd。加入少量贵金属钯后，不仅大大提高了钛在还原性介质中的耐蚀性，同时也改善了它在氧化性介质中的耐蚀性能。尤其是在高温高浓度的各种氯化物溶液中，Ti-0.2Pd 合金的抗蚀能力是首屈一指的，且其加工性、焊接性和成形性也都很好。这种合金的化学成分见表 2-5。

表 2-5　Ti-0.2Pd 合金（TA9）的化学成分

合金元素	Pd	Fe	Si	C	N	O	H	Ti
含量（质量分数）/%	0.20（最大）	0.30（最大）	0.15（最大）	0.1（最大）	0.05（最大）	0.20（最大）	0.015（最大）	余量

微细钛粉具有爆炸性。海绵钛和钛粉有较大的活性表面，着火可燃烧。

钛的一个重要特性是能强烈吸收 O_2、N_2、H_2 等气体。钛与 O_2、N_2 的作用是不可逆的，因此钛是一种良好的吸气剂，常被用于真空技术和炼钢工业。钛吸 H_2 具有可逆性，在真空下加热到 800~900℃时所吸的 H_2 可解吸出来。钛吸收气体后会变硬、变脆，塑性降低。但致密金属钛在 400℃以下只在表面有轻微的吸气现象，常温下在空气中是稳定的。

碳和含碳气体与钛在高温下反应可生成 TiC。

2.1.3　钛的力学性能

钛的力学性能不仅取决于化学成分，而且与所承受的机械加工及热处理方法有关。不同方法生产的钛，由于所含杂质量不同，在力学性能上有着明显的差异。

可锻钛具有优良的力学性能（强度、屈服点、极限强度等）。钛的比强度（强度与密度比）高于铁和铝。比纯铁大 1 倍，比纯铝高约 5 倍。钛作为结构金属，曾被称为“未来的钢铁”。其力学性能介于优质钢和高强度轻合金之间，优于一系列高熔点金属和耐热合金。纯钛的拉伸强度为 0.27 ~ 0.63GPa（27 ~ 63kg/mm^2），一般钛合金为 0.7 ~ 1.2GPa（70 ~ 120kg/mm^2）。钛的抗压强度与其拉伸强度相近似，而剪切强度一般为拉伸强度的 60% ~ 70%，承压屈服强度约为拉伸强度的 1.2 ~ 2.0 倍。在大气中，经加工和退火的钛及钛合金的抗疲劳极限是拉伸强度的 50% ~ 65%。高纯金属钛具有很低的强度和很高的塑性。其伸长率可达 60% 以上；断裂强度极限为 0.22 ~ 0.26GPa（22 ~ 26kg/mm^2）。

硬度是判断海绵钛质量的基本参数之一。优质工业纯钛的布氏硬度一般小于 120。钛的硬度越高，质量越差。微量杂质会使钛的硬度显著增高，可塑性明显降低。当同时存在几种杂质时对钛硬度的影响基本上是加和性的。杂质对钛布氏硬度增加的影响如图 2-2 所示。影响最大的元素有 N、O、C、Fe 等。

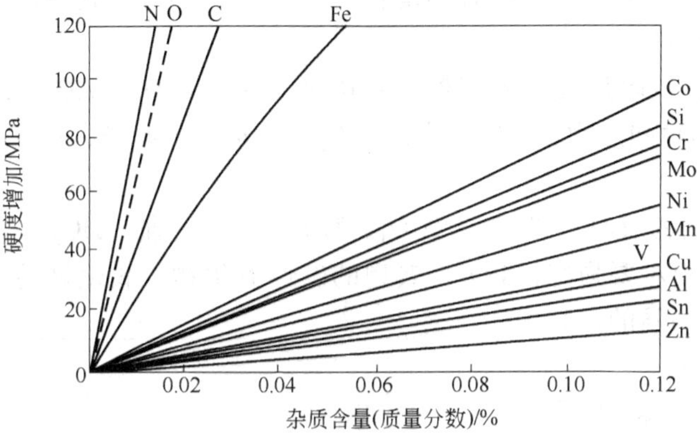

a

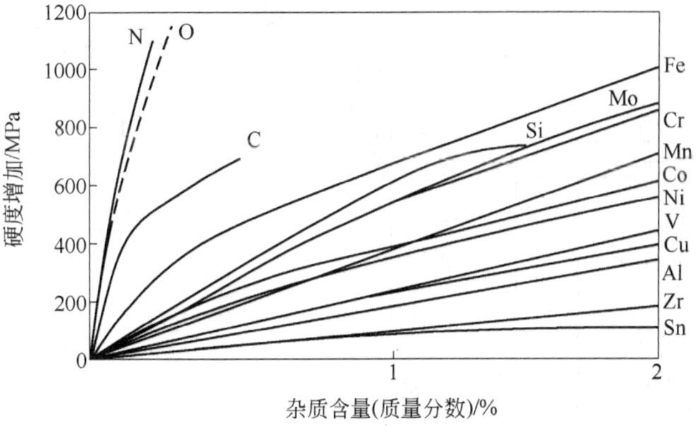

b

图 2-2 一些杂质含量（质量分数）对钛硬度的影响

a—杂质含量（质量分数）为 0 ~ 0.12%；*b*—杂质含量（质量分数）为 0 ~ 2%

钛和钛合金在低温下仍能保持其力学性能。某些钛合金在 -253℃ 下仍具有足够的韧性，此种性能被用来制造盛装液态气体（如液氮、液氦、液氢等）的容器。

在高温下许多钛合金仍能保持室温下的性能，一般钛合金的长期使用温度达

400 ~ 500℃。

2.2　钛的重要化合物的性质

2.2.1　氧化物

钛的氧化物主要有 TiO_2、Ti_3O_5、Ti_2O_3、TiO。Ti-TiO_2 系的状态图如图 2-3 所示。图 2-4表示 Ti-O 系中不同价态的钛氧化物及 Ti（O）固溶体的标准吉布斯自由能变化与钛中氧的质量分数的关系（以 1mol O_2 为基准）。

图 2-4 表明，任何一种还原剂，即使它能够克服氧对 TiO_2、Ti_3O_5、Ti_2O_3 甚至 TiO 的亲和力，但是由于溶解在金属钛相中的氧（即 Ti-O 固溶体）的亲和力，仍然不能将纯钛还原出来。因此，那种不考虑溶液相的简略的热化学计算，有时候是会失败的，还原反应的实际完成程度会比计算所预料的小。镁和锂能够还原氧化钛，生成含氧 2%（质量分数）的钛，但是它们无法克服接近纯钛溶液相（Ti（O）固溶体）时因 $\Delta\bar{G}_{O_2}$ 迅速增大而产生的亲和力。在这种情形下，只有钙是有效的，在 1000℃，氧在钛中的相应平衡浓度为 0.07%（质量分数）。

由图 2-3 可见，钛除形成三种简单的氧化物 TiO_2、Ti_2O_3、TiO 外，在氧化物 TiO_2—Ti_2O_3 间还能形成多种同系物。其通式为：Ti_nO_{2n-1}，n = 3，4，5，…，10，其中有重要意义的是 Ti_3O_5。

钛氧化物的碱性按 TiO_2、Ti_3O_5、Ti_2O_3、TiO 的顺序增强。TiO_2 是两性氧化物，但酸碱性都很弱，碱性相对要强些；TiO 是典型的碱性氧化物。氧化物的还原性是按 Ti_3O_5、Ti_2O_3、TiO 的顺序增强的，其中 TiO 是一种强还原剂。

钛氧化物的主要性质见表 2-6。

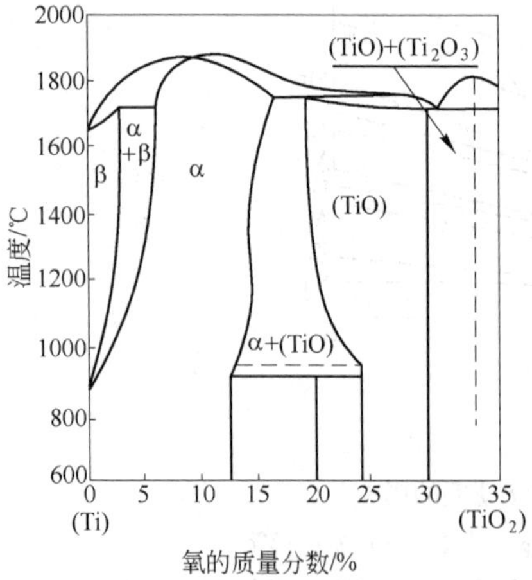

图 2-3　Ti-TiO_2 系状态图

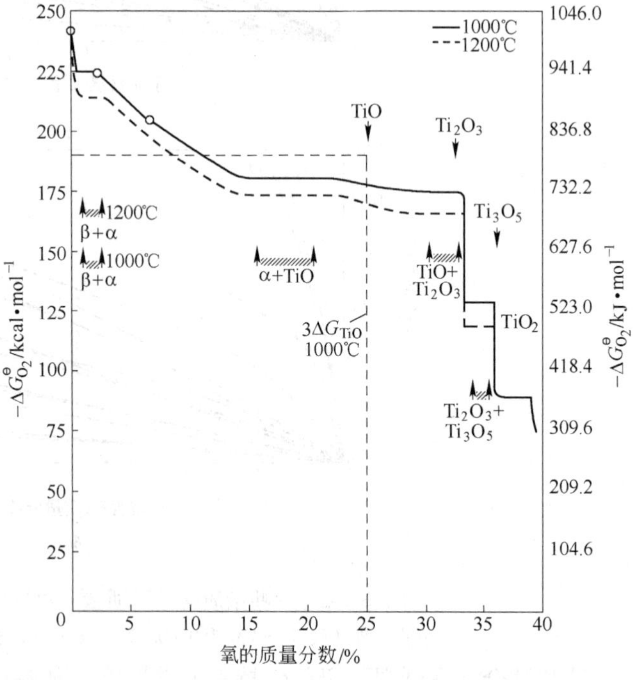

图 2-4　Ti-O 系中不同价态的钛氧化物及 Ti（O）固溶体的标准吉布斯自由能变化与钛中氧的质量分数的关系

表 2-6 钛氧化物的物理性质及热力学性质

性质		TiO_2 金红石型	TiO_2 锐钛矿型	Ti_3O_5	Ti_2O_3	TiO
外观特征		白色粉末		蓝黑色粉末	紫黑色粉末	金黄色
晶 系		四方晶系		菱形晶系	斜方晶系	立方晶系
晶格常数/nm	a	0.458	0.378	0.975	0.515	0.424
	c	0.295	0.949	0.944	0.136	0.424
相对分子质量		79.9	79.9	223.7	149.8	63.9
密度/$g \cdot cm^{-3}$		4.21 ~ 4.24	3.9 ~ 4.15	4.21	4.486	4.93 ~ 5.53
折射率		2.71	2.52	—	—	—
电导率 /$\Omega \cdot cm^{-1}$	室温	10^{-13} ~ 10^{-14}				
	500℃		5.5×10^{-8}			
	1000℃	0.12				
熔点/℃		1850 ~ 1860	高温时转变为金红石型	—	1840 ~ 1860	1722
沸点/℃		约 3000		—	—	—
热离解温度/℃		2000 ~ 2230		—	—	—
相变点/℃		645（锐钛矿型→金红石型）		152（α→β）	175（α→β）	966 ~ 990（α→β）
莫氏硬度		6 ~ 7	5.5 ~ 6	—	—	—
转变热 /$kJ \cdot mol^{-1}$	熔化潜热	64.9 ± 10.5	64.9 ± 10.5	—	—	58.6 ± 6.3
	沸点时的蒸发热	581.4	581.4	—	—	563.4 ~ 581.8
离解热		—	—	—	—	670
相变热		—	—	9.38 ± 0.84	0.92 ± 0.21	—
摩尔定压热容 $C_{p,m}$①/$J \cdot (mol \cdot K)^{-1}$	a	72.04	71.74	149.6（α） 174.13（β）	30.59（α） 145.17（β）	44.24（α） 49.6（β）
	b	4.52×10^{-3}	4.1×10^{-3}	123.48×10^{-3}（α）	$224.03 \times 10^{[illegible]}$（α）	$13.00 \times 10^{[illegible]}$（α）
	$-c$	15.02×10^5	14.65×10^5	—	42.69×10^5（β）	7.78×10^5（β）
$-\Delta H_{298}^{\ominus}/kJ \cdot mol^{-1}$		916.7 ~ 944.4	916.7 ~ 944.4	2444.6 ~ 2456.8	1519.5 ~ 1536.3	518.6 ± 12.5
$-S_{298}^{\ominus}/J \cdot (mol \cdot K)^{-1}$		95.4 ~ 182.9	95.4 ~ 182.9	265.8	283.8	95.4
$-\Delta G_{298}^{\ominus}/kJ \cdot mol^{-1}$		861 ~ 889.1	861 ~ 889.1	2302.3 ~ 2315.3	1432.8 ~ 1448.3	489.4 ~ 490.2

① $C_{p,m} = a + bT + cT^2$。

2.2.1.1 二氧化钛（TiO_2）

TiO_2 是一种多晶型氧化物，它有三种晶型：锐钛矿型、板钛矿型和金红石型。图 2-5 表示 TiO_2 的三种形态。在自然界中，锐钛矿和金红石以矿物形式存在，但很难找到板钛矿型的矿物。因为板钛矿型晶型不稳定，在成矿时的高温下会转变成金红石型。板钛矿可人工合成，它不具有太大的实用价值。在晶体化学中，按照鲍林关于离子晶体结构的第三

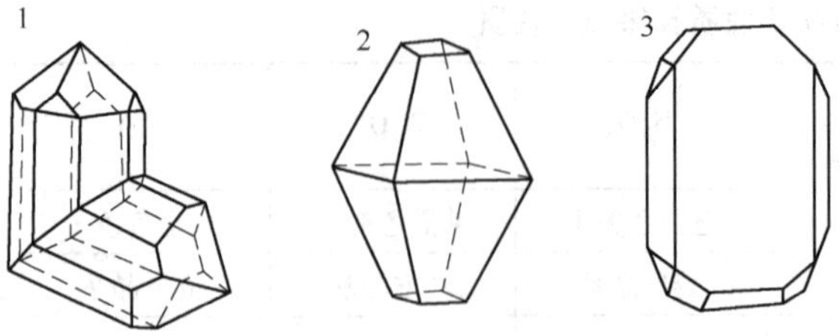

图 2-5　二氧化钛结晶形态图
1—金红石型；2—锐钛矿型；3—板钛矿型

规则：当配位多面体共棱，特别是共面时，晶体结构的稳定性会降低。这是因为与其共角顶时相比，共棱和共面时其中心阳离子之间的距离缩短，从而使得斥力增加，稳定性降低。如果在几种晶型中，都是共棱不共面，则其稳定性随共棱数目的增加而降低。Ti^{4+} 离子的配位数为 6，它构成［TiO_6］八面体，Ti^{4+} 位于八面体的中心，O^{2-} 位于八面体的六个角顶，每一个 Ti^{4+} 被 6 个 O^{2-} 包围。TiO_2 三种变体的晶体结构都是以［TiO_6］八面体为基础的。但［TiO_6］八面体在金红石、板钛矿和锐钛矿三种变体中的共棱数不同，分别为 2、3 和 4。所以三种晶型结构中以金红石最稳定，其他两种晶型升高到一定温度都将转变成金红石型结构。这也是在自然界中，天然金红石普遍存在，锐钛矿较少有，板钛矿更是罕见的原因。

锐钛矿和金红石两种变体的晶体结构分别如图 2-6 和图 2-7 所示。纯 TiO_2 是白色粉末，加热到高温时略显黄色。工业生产的 TiO_2 俗称钛白粉，是重要的白色颜料，被誉为“白色颜料之王”，不论是锐钛型钛白，还是金红石型钛白，应用都很广泛。

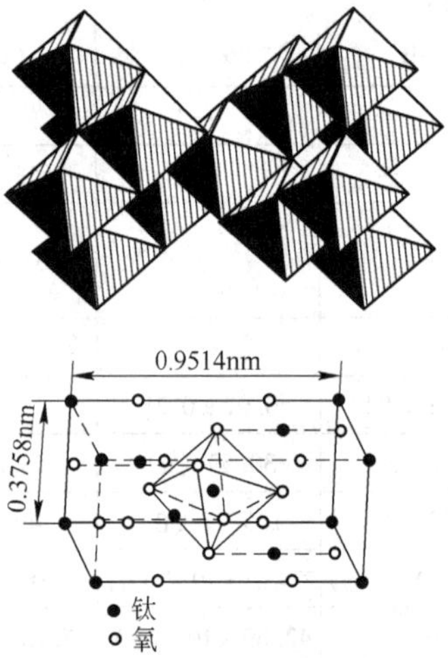

图 2-6　锐钛型 TiO_2 晶体结构

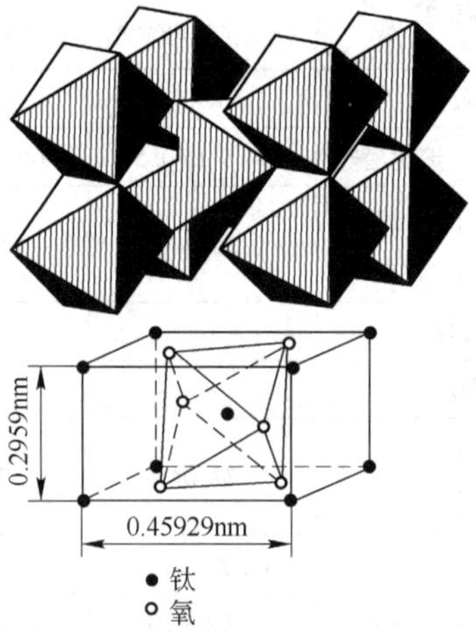

图 2-7　金红石型 TiO_2 晶体结构

TiO_2 的热稳定性较大，加热至 2200℃ 以上时，才会部分热分解放出 O_2 并生成 Ti_3O_5，进一步加热转变成 Ti_2O_3。

TiO_2 中 O—Ti 键结合力很强，因而 TiO_2 具有较稳定的化学性质。TiO_2 实际上不溶于水和稀酸，在加热条件下能溶于浓 H_2SO_4、浓 HCl 和浓 HNO_3，也可溶于 HF 中。在酸性溶液中，钛以 Ti^{4+} 离子或 TiO^{2+}（钛酰基）阳离子形式存在。在硫酸法钛白生产过程生成的钛液中，就同时含有 $Ti(SO_4)_2$ 和 $TiOSO_4$。

TiO_2 与强碱共熔可得到钛酸盐，如 K_2TiO_3、Na_2TiO_3，其他钛酸盐还有 $BaTiO_3$、$FeTiO_3$、$ZnTiO_3$ 等。

TiO_2 在有还原剂 C 存在的条件下，加热至 800～1000℃时，可被 Cl_2 氯化成 $TiCl_4$，这是工业生产 $TiCl_4$ 的主要方法。

TiO_2 在高温下能被 H_2 和一些活泼金属，如 K、Na、Ca、Mg、Al 等还原，但常常还原不彻底，从而生成低价钛的氧化物或 Ti(O)固溶体。这也就是为什么工业规模生产不用 TiO_2 而用 $TiCl_4$ 作原料来制取金属钛的原因。在高温下，TiO_2 也可与 NH_3、CS_2、C 作用生成相应的 TiN、TiS_2 和 TiC。TiO_2 在高温条件下也可与一些有机物，如 CH_4、CCl_4、C_2H_5OH 等发生反应，但无太大的实际意义。

2.2.1.2 五氧化三钛（Ti_3O_5）

在 1200～1400℃温度下用 C 还原 TiO_2，或是在 1400～1450℃下加热 $TiO+2TiO_2$ 或 Ti_2O_3 的混合物，均可得到 Ti_3O_5。具有实际意义的是，在电炉中用 C 还原熔炼钛铁精矿制钛渣时，以 Ti_3O_5 为基体的黑钛石是钛渣中的一种重要成分。

2.2.1.3 三氧化二钛（Ti_2O_3）

Ti_2O_3 可在 1100～1200℃下用 H_2 还原 TiO_2，或在 1350～1400℃下用 C 还原 TiO_2 制得。

Ti_2O_3 具有弱碱性和还原性。在空气中，Ti_2O_3 加热到很高温度时，将转变成 TiO_2。Ti_2O_3 微溶于水。在加热条件下可溶于硫酸，形成三价钛的紫色硫酸盐溶液：

$$Ti_2O_3 + 3H_2SO_4 \xlongequal{} Ti_2(SO_4)_3 + 3H_2O \qquad (2\text{-}1)$$

在用酸溶性钛渣生产硫酸法钛白时，因钛渣中含有部分 Ti_2O_3，因而酸解钛液因含有少量 Ti^{3+} 离子而呈较深的颜色。

2.2.1.4 一氧化钛（TiO）

TiO 可由 TiO_2 和金属 Ti 粉混合，在真空条件下，于 1550℃时加热制得。也可用 C 或金属 Mg、Al 在高温下还原 TiO_2 制得。TiO 可作为乙烯聚合反应的催化剂。

TiO 不溶于水，与 H_2SO_4 或 HCl 反应放出 H_2，形成三价钛盐：

$$2TiO + 3H_2SO_4 \xlongequal{} Ti_2(SO_4)_3 + H_2\uparrow + 2H_2O \qquad (2\text{-}2)$$

$$2TiO + 6HCl \xlongequal{} 2TiCl_3 + H_2\uparrow + 2H_2O \qquad (2\text{-}3)$$

在沸腾的 HNO_3 中，TiO 被氧化成 TiO_2：

$$TiO + 2HNO_3 \xlongequal{} TiO_2 + 2NO_2 + H_2O \qquad (2\text{-}4)$$

TiO 可与 F_2、Cl_2、Br_2 等反应形成四价钛的化合物，例如：

$$2TiO + 4F_2 \xlongequal{} 2TiF_4 + O_2 \qquad (2\text{-}5)$$

$$TiO + Cl_2 \xlongequal{} TiOCl_2 \qquad (2\text{-}6)$$

TiO 在空气中加热至 800℃，被氧化成 TiO_2。TiO 与 TiC、TiN 可形成连续固溶体。

2.2.2 卤化物及氯氧化物

钛与卤素生成易挥发的高价钛卤化物。另外，也可生成二价和三价的钛卤化物。钛的卤化物及氯氧化物主要有 $TiCl_4$、$TiCl_3$、$TiCl_2$、$TiOCl_2$、TiOCl、TiI_4。它们在钛冶金中具有重要意义。

2.2.2.1 四氯化钛（$TiCl_4$）

常温下纯 $TiCl_4$ 是无色透明、密度较大的液体，在空气中易挥发冒白烟，有强烈的刺激性气味。$TiCl_4$ 分子结构呈正四面体形，钛原子位于正四面体中心，4 个顶角点为氯原子。Ti—Cl 间距为 0.219nm，Cl—Cl 间距为 0.358nm。$TiCl_4$ 呈单分子存在，属非极性分子（偶极距为零），分子间相互作用较弱。这正是 $TiCl_4$ 沸点低，蒸发潜热不很大的原因。$TiCl_4$ 不离解为 Ti^{4+} 离子，在含有 Cl^- 离子的溶液中可形成 $[TiCl_6]^{2-}$ 络阴离子。$TiCl_4$ 固体是白色晶体，属于单斜晶系。$TiCl_4$ 主要物理参数如下：

晶格参数	$a=0.970$nm，$b=0.648$nm，$c=0.975$nm，$\beta=102°40'$
熔点/℃	−23.2
熔化潜热/kJ · mol^{-1}	9.966
沸点/℃	135.9
蒸发潜热/kJ · mol^{-1}	35.773
液体蒸发焓/kJ · mol^{-1}	$\Delta H=54.5-0.048T$
10～100℃温度范围内 $TiCl_4$（液）的平均比热容 /J · $(g \cdot K)^{-1}$	0.85
临界温度/℃	365
临界压力/MPa	4.57
临界密度/g · cm^{-3}	0.565
固体密度/g · cm^{-3}	2.06（194K）
线膨胀系数/K^{-1}	9.5×10^{-4}（273K）；9.7×10^{-4}（293K）
导热系数/W · $(m \cdot K)^{-1}$	0.085(293K)；0.0928(323K)；0.108(372K)；0.116(409K)
磁导率/H · m^{-1}	8.55
磁化率	-2.87×10^{-7}
折射率	1.61（293K）
介电常数/F · m^{-1}	2.83（273K）；2.73（297K）

表 2-7 列出了 $TiCl_4$ 的其他一些物理性质。表中数据是按下列公式计算并换算成法定单位后得到的：

$TiCl_4$ 密度（g/cm^3）与温度（℃）的关系：

$$d=1.7606-0.00169t-7.3\times10^{-7}t^2-2\times10^{-9}t^3$$

黏度（Pa · s）与温度（℃）的关系：$\eta=\dfrac{1}{98.64+1.101t}\times0.1$

表面张力（mN/m）与温度（℃）的关系：

$$\gamma=35.28-0.1255t+5\times10^{-5}t^2+4\times10^{-8}t^3$$

蒸气压（Pa）与温度（K）的关系：$\lg p=\left(7.683-\dfrac{1964}{T}\right)\times133.3224$

表 2-7　液体 $TiCl_4$ 的主要物理性质

温度 t/℃	密度 ρ/g · cm^{-3}	黏度 η/Pa · s	表面张力 γ /N · m^{-1}	蒸气压 p/kPa
−10	1.7774	1.141×10^{-3}	36.54×10^{-3}	0.219
0	1.7609	1.014×10^{-3}	35.28×10^{-3}	0.411

续表 2-7

温度 t/℃	密度 ρ/g · cm^{-3}	黏度 η/Pa · s	表面张力 γ /N · m^{-1}	蒸气压 p/kPa
10	1.7436	0.912×10^{-3}	34.03×10^{-3}	0.745
20	1.7265	0.829×10^{-3}	32.79×10^{-3}	1.273
30	1.7092	0.759×10^{-3}	31.56×10^{-3}	2.118
40	1.6917	0.701×10^{-3}	30.34×10^{-3}	3.411
50	1.6740	0.651×10^{-3}	29.14×10^{-3}	5.344
60	1.6561	0.607×10^{-3}	27.95×10^{-3}	8.183
70	1.6380	0.569×10^{-3}	26.78×10^{-3}	12.159
80	1.6197	0.536×10^{-3}	25.62×10^{-3}	17.656
90	1.6011	0.506×10^{-3}	24.48×10^{-3}	25.113
100	1.5823	0.479×10^{-3}	23.37×10^{-3}	35.067
110	1.5632	0.455×10^{-3}	22.13×10^{-3}	48.073
120	1.5438	0.433×10^{-3}	21.01×10^{-3}	64.849
130	1.5242	0.414×10^{-3}	19.90×10^{-3}	86.278
135	1.5142	0.404×10^{-3}	19.35×10^{-3}	98.606

$TiCl_4$ 对热很稳定，在 136℃沸腾而不分解；在 2500K 下只部分分解；在 5000K 高温下才能完全分解为钛和氯。

$TiCl_4$ 与某些氯化物能无限互溶生成连续溶液，如 TiCl-$SiCl_4$、$TiCl_4$-$VOCl_3$ 等，这在工业生产中给 $TiCl_4$ 的精制提纯带来一定困难。

$TiCl_4$ 遇水发生激烈反应，生成偏钛酸沉淀并放出大量反应热：

$$TiCl_4 + 3H_2O \xlongequal{\quad} H_2TiO_3 + 4HCl \tag{2-7}$$

在 300～400℃温度下，$TiCl_4$ 蒸气与水蒸气发生水解作用生成 TiO_2：

$$TiCl_4\ (g)\ + 2H_2O\ (g)\ \xlongequal{\quad} TiO_2 + 4HCl \tag{2-8}$$

有人曾对 $TiCl_4$（g）的水蒸气水解制钛白进行过研究，但腐蚀严重，因而未形成工业化。

$TiCl_4$ 与 O_2（或空气中的 O_2）在高温下反应生成 TiO_2：

$$TiCl_4 + O_2 \xlongequal{\quad} TiO_2 + 2Cl_2 \tag{2-9}$$

这个反应是工业上氯化法制钛白的基础。

$TiCl_4$ 在高温下可被 H_2 还原。H_2 浓度越大，温度越高，则还原能力越强：

$$2TiCl_4 + H_2 \xlongequal{500 \sim 800℃} 2TiCl_3 + 2HCl \tag{2-10}$$

$$TiCl_4 + H_2 \xlongequal{650 \sim 850℃} TiCl_2 + 2HCl \tag{2-11}$$

将温度提高到 1000℃以上，并有大量过剩 H_2 条件下，可被还原成金属钛：

$$TiCl_4 + 2H_2 \xlongequal{>1000℃} Ti + 4HCl \tag{2-12}$$

但此反应并不用于工业上制钛，因为高温下 HCl 对设备腐蚀严重，H_2 耗量大并有燃爆危险，所得钛也含有大量氢杂质。

$TiCl_4$ 可被一些活泼金属（如 Na、K、Mg、Ca、Al 等）还原生成海绵钛，这是工业上用金属热还原法生产海绵钛的基础：

$$TiCl_4(g) + 4Na(l) \xrightarrow{130\sim150℃} Ti + 4NaCl \quad (2\text{-}13)$$

$$TiCl_4 + 2Mg \xrightarrow{>750℃} Ti + 2MgCl_2 \quad (2\text{-}14)$$

$TiCl_4$ 可剧烈地吸收 NH_3 并放出大量热，随着时间的延长，能不断地饱和并生成 $TiCl_4 \cdot 4NH_3$。

纯 $TiCl_4$ 在常温下对铁几乎不腐蚀，因此可用钢和不锈钢制造储槽、高位槽等容器。但在200℃以上时则有较大腐蚀性。当温度高于850～900℃时，它们之间有明显的相互作用。

2.2.2.2　三氯化钛（$TiCl_3$）

常温下 $TiCl_3$ 为紫红色晶体粉末，晶体结构属菱形晶系，晶格常数 $a=0.682$nm，$\alpha=53°20'$；25℃时的密度为2.656g/cm³；随制备方法不同，可得到α-、β-、γ-、δ-四种不同的变体；熔点为730～920℃。

无水 $TiCl_3$ 可用某些还原剂还原 $TiCl_4$ 制得。H_2 还原 $TiCl_4$ 的反应按式2-10进行，该反应可逆，如果不断排出反应产物则还原反应就容易进行。用Na、Mg、Ti粉末还原 $TiCl_4$ 的反应分别为：

$$TiCl_4 + Na \xrightarrow{270℃} TiCl_3 + NaCl \quad (2\text{-}15)$$

$$2TiCl_4 + Mg \xrightarrow{400℃} 2TiCl_3 + MgCl_2 \quad (2\text{-}16)$$

$$3TiCl_4 + Ti \xrightarrow{400\sim600℃} 4TiCl_3 \quad (2\text{-}17)$$

工业上 $TiCl_3$ 是在温度高于136℃、有 $AlCl_3$ 存在的条件下，用铝还原的方法制备的：

$$3TiCl_4 + Al \xrightarrow[AlCl_3]{>136℃} 3TiCl_3 + AlCl_3 \quad (2\text{-}18)$$

反应产物实际上是 $3TiCl_3 \cdot AlCl_3$ 的紫红色固体络合物，经物理、化学方法分离出较纯的 $TiCl_3$，再长时间研磨，使从γ-型转变成具有催化活性的δ-型，在聚丙烯生产中是一种重要的催化剂。

在 H_2 或惰性气体保护下，将金属Ti（最好是Ti粉）溶于盐酸，可制得 $TiCl_3$ 的水溶液。$TiCl_3$ 性质活泼，可与其他物质发生反应。

$TiCl_3$ 在 O_2 中加热被氧化，甚至燃烧：

$$4TiCl_3 + O_2 = 3TiCl_4 + TiO_2 \quad (2\text{-}19)$$

$TiCl_3$ 在 H_2 气流中可还原成 $TiCl_2$：

$$2TiCl_3 + H_2 = 2TiCl_2 + 2HCl \quad (2\text{-}20)$$

$TiCl_3$ 在空气中会潮解，并溶于水中，若慢慢蒸发其水分，能得到紫色的 $TiCl_3 \cdot 4H_2O$ 或 $TiCl_3 \cdot 6H_2O$ 结晶水合物。$TiCl_3$ 能溶于乙醇和酸中。在酸性溶液中能逐渐被空气中的 O_2 氧化，也能被 Fe^{3+}、$Cr_2O_7^{2-}$、VO_3^- 等氧化。

在高温下 $TiCl_3$ 与HCl反应：

$$2TiCl_3 + 2HCl(g) = 2TiCl_4 + H_2 \quad (2\text{-}21)$$

在加热条件下，$TiCl_3$ 可被碱金属或碱土金属还原：

$$TiCl_3 + 3Na = Ti + 3NaCl \quad (2\text{-}22)$$

$TiCl_3$ 中的钛是中间价态，它不够稳定，在高温下可离解，发生歧化反应，这是低价氯化物的重要特征之一。在真空条件下，加热到 500℃ 以上，则发生如下歧化反应：

$$2TiCl_3 = TiCl_2 + TiCl_4 \tag{2-23}$$

2.2.2.3 二氯化钛（$TiCl_2$）

$TiCl_2$ 在常温下是黑褐色粉末，晶体结构属六方晶系；25℃时的密度为 3.13g/cm³；其化学性质活泼，能与多种元素和化合物反应。

$TiCl_2$ 在 O_2 或空气中加热时被氧化（有时燃烧），反应为：

$$2TiCl_2 + O_2 = TiCl_4 + TiO_2 \tag{2-24}$$

$TiCl_2$ 与 Cl_2 或 $TiCl_4$ 的反应分别为：

$$TiCl_2 + Cl_2 = TiCl_4 \tag{2-25}$$

$$TiCl_2 + TiCl_4 = 2TiCl_3 \tag{2-26}$$

在高温下，$TiCl_2$ 与 HCl（g）反应：

$$2TiCl_2 + 2HCl\ (g) = 2TiCl_3 + H_2 \tag{2-27}$$

$$TiCl_2 + 2HCl\ (g) = TiCl_4 + H_2 \tag{2-28}$$

在加热条件下，$TiCl_2$ 与碱金属发生下列反应：

$$TiCl_2 + 2Na = Ti + 2NaCl \tag{2-29}$$

此反应是两段钠还原法制海绵钛时第二段还原的基础。

在真空条件下加热至 800℃ 以上，$TiCl_2$ 发生歧化反应：

$$2TiCl_2 = Ti + TiCl_4 \tag{2-30}$$

2.2.2.4 二氯氧钛（$TiOCl_2$）

$TiOCl_2$ 是一种淡黄色、具有吸湿性的片状结晶，晶体结构属立方晶系；密度为 2.45g/cm³；137℃时的蒸气压为 140Pa。

$TiOCl_2$ 是一种不稳定的化合物，只有在室温下干燥空气中才能稳定存在。加热到 180℃时开始分解为 TiO_2 和 $TiCl_4$：

$$2TiOCl_2 \xlongequal{>180℃} TiO_2 + TiCl_4 \tag{2-31}$$

在高温下，$TiOCl_2$ 与氧反应生成 TiO_2 和 Cl_2：

$$2TiOCl_2 + O_2 = 2TiO_2 + 2Cl_2 \tag{2-32}$$

$TiOCl_2$ 在沸水中水解成偏钛酸：

$$TiOCl_2 + 2H_2O = H_2TiO_3 + 2HCl \tag{2-33}$$

$TiOCl_2$ 溶于盐酸和硫酸。在 $TiCl_4$ 中的溶解度很小，并随温度的升高而增加。由于 $TiOCl_2$ 在 $TiCl_4$ 中的饱和溶解，致使 $TiCl_4$ 的沸点升高约 2℃。在 $TiCl_4$ 中 $TiOCl_2$ 的 Ti^{4+} 可被 Al^{3+} 离子置换：

$$TiOCl_2 + AlCl_3 = AlOCl + TiCl_4 \tag{2-34}$$

$TiOCl_2$ 可按以下反应制备：

$$TiO + Cl_2 = TiOCl_2 \tag{2-35}$$

$$TiCl_2 + Cl_2O = TiOCl_2 + Cl_2 \tag{2-36}$$

$$2TiO_2 + MgCl_2 \xlongequal{1500℃} TiOCl_2 + MgTiO_3 \tag{2-37}$$

过量的 $TiCl_4$ 蒸气与 TiO_2 反应也生成 $TiOCl_2$：

$$TiCl_4 + TiO_2 = 2TiOCl_2 \tag{2-38}$$

$TiCl_4$ 在水蒸气中水解的产物通常总存在一些 $TiOCl_2$。当 $TiCl_4$ 与空气接触或氯化温度低于 600℃时，容易生成 $TiOCl_2$。因此，粗 $TiCl_4$ 中往往含有少量的 $TiOCl_2$。

2.2.2.5　一氯氧钛（TiOCl）

TiOCl 是一种带褐色的金黄色结晶，晶体结构属菱形晶系。

在真空条件下加热，TiOCl 分解：

$$3TiOCl = Ti_2O_3 + TiCl_3 \tag{2-39}$$

在空气中加热被氧化：

$$4TiOCl + O_2 = 3TiO_2 + TiCl_4 \tag{2-40}$$

在潮湿空气中，TiOCl 被氧化和水解：

$$4TiOCl + O_2 + 6H_2O = 4H_2TiO_3 + 4HCl \tag{2-41}$$

在 600℃时，$TiCl_3$ 与水蒸气作用便生成 TiOCl：

$$TiCl_3 + H_2O = TiOCl + 2HCl \tag{2-42}$$

另外，以下反应也生成 TiOCl：

$$3TiCl_3 + Fe_2O_3 = 3TiOCl + 2FeCl_3 \tag{2-43}$$

$$2TiCl_3 + TiO_2 = 2TiOCl + TiCl_4 \tag{2-44}$$

2.2.2.6　四碘化钛（TiI_4）

TiI_4 是在 100 ~ 200℃温度下，碘蒸气与钛粉作用制得的：

$$Ti + 2I_2 = TiI_4 \tag{2-45}$$

所生成的 TiI_4 在 400 ~ 1100℃温度下，可发生如下反应生成低价碘化钛：

$$TiI_4 + Ti = 2TiI_2 \tag{2-46}$$

$$TiI_2 + TiI_4 = 2TiI_3 \tag{2-47}$$

温度高于 1100℃，TiI_4 可直接分解为金属钛和碘：

$$TiI_4 = Ti + 2I_2 \tag{2-48}$$

以上各反应是钛的碘化物热离解制备高纯钛的化学基础。

2.2.3　碳化物、氮化物、硼化物及氢化物

钛的碳化物为 TiC，氮化物为 TiN，硼化物为 TiB_2，氢化物为 TiH_2、TiH。

2.2.3.1　碳化钛（TiC）

TiC 是一种带金属光泽的钢灰色粉末；它具有导热性、导电性，其导电性随温度升高而降低，故表现出金属性；它是一种高硬度、高熔点的化合物，硬度仅次于金刚石，莫氏硬度为 9，显微硬度为 28.5GPa（$2850kg/mm^2$）。

TiC 晶体结构属 NaCl 型正方晶系，晶格常数 $a = 0.4173nm$；密度为 $4.915g/cm^3$。

在 H_2 中将 TiC 加热至大于 1500℃时，发生逐渐脱 C 现象。在 1200℃以上温度，TiC 与 N_2 反应，形成可变组成的 Ti（C，N）。

TiC 块体在 800℃时被 O_2 氧化的速度很慢，但粉末状 TiC 在 O_2 中于 600℃下便可燃烧生成 TiO_2 和 CO_2：

$$TiC + 2O_2 = TiO_2 + CO_2 \tag{2-49}$$

在 1200℃时与 O_2 反应，生成 TiO_2 和 CO：

$$2TiC + 3O_2 = 2TiO_2 + 2CO \tag{2-50}$$

TiC 不与水作用，但在大于 700℃的温度下可与水蒸气作用：

$$2TiC + 6H_2O\ (g) \xrightarrow{>700℃} 2TiO_2 + 2CO + 6H_2 \tag{2-51}$$

TiC 不与 CO 作用，但与 CO_2 在 1200℃时发生反应：

$$TiC + 3CO_2 = TiO_2 + 4CO \tag{2-52}$$

TiC 不溶于盐酸和碱液，但溶于硝酸和王水。

TiC、TiN 和 TiO 具有同型的晶格和相同的晶格参数，故它们彼此间可形成一系列的连续固溶体。

制取 TiC 的方法有多种。在大于 1600℃温度条件下，用（$C + H_2$）或（$CO + H_2$）的混合物与 $TiCl_4$ 反应可生成 TiC：

$$TiCl_4 + C + 2H_2 = TiC + 4HCl \tag{2-53}$$

$$TiCl_4 + CO + 3H_2 = TiC + 4HCl + H_2O \tag{2-54}$$

熔融的金属钛（1800 ~ 2400℃）可与 C 直接作用生成 TiC。工业上一般是在真空和高温（>1800℃）条件下用 C 还原 TiO_2 的方法来制备 TiC：

$$TiO_2 + 3C \xrightarrow{>1800℃} TiC + 2CO \tag{2-55}$$

TiC 是已知碳化物中最硬的碳化物，是生产硬质合金的重要原料。WC-TiC 合金、WC +（WC-Mo_2C-TiC）固溶体、TiC-TaC 合金等是重要的高硬、高耐磨切削材料。TiC 具有热硬度高、摩擦系数小、热导率低等特点，因此含有 TiC 的切削刀具具有更高的切削速度和更长的使用寿命。一般具有 TiC 涂层的 WC 刀具有更优良的切削性能（用在真空条件下，于 1000℃以上的高温下，使 $TiCl_4$ 与 CH_4 反应的方法进行物件的涂层）。

以 TiC 或 Ti（C，N）为原料，用氯化法制取 $TiCl_4$ 时，氯化温度低（约 400 ~ 500℃），反应速度快，放热量大，氯化反应能自热进行。这是钛铁精矿及含 TiO_2 高炉渣高温碳氮化—低温氯化工艺的化学基础。但是，碳氮化过程要求温度很高，耗电量大，过程难以连续化作业。在用钛铁精矿为原料碳氮化时，还原生成的生铁与固体 Ti（C，N）分离也不完全。这些难题还需进一步研究解决。

2.2.3.2 氮化钛（TiN）

TiN 外观似金属；随组成变化和分散程度，TiN 呈现出亮黄色至黄铜色；与 TiC 一样，TiN 也非常坚硬（莫氏硬度为 9，显微硬度为 21.6GPa，即 2160kg/mm^2）；熔点很高（2930℃）；密度为 5.21g/cm^3（250℃时）；导电性能良好；在温度小于 1.2K 时，TiN 具有超导性，在电介质表面镀上一层 TiN 薄层，电介质便成为半导体。

在常温下 TiN 相当稳定。在真空下加热时部分地分解放出氮而形成比 TiN 含 N 量少的升华物。TiN 不与 H_2 作用。TiN 能在 O_2 中或空气中燃烧生成 TiO_2：

$$2TiN + 2O_2 = 2TiO_2 + N_2 \tag{2-56}$$

在温度大于 1200℃时反应速度较快，先生成白色的 TiO_2，经一定时间后，由于形成复杂的 Ti（N，O）固溶体，则白色消失，变成黑色。

TiN 与 Cl_2 在加热条件下反应生成 $TiCl_4$：

$$2TiN + 4Cl_2 = 2TiCl_4 + N_2 \tag{2-57}$$

TiN 不与冷水作用，但与热的水蒸气发生反应：

$$2TiN + 4H_2O\ (g) = 2TiO_2 + 2NH_3 + H_2 \tag{2-58}$$

TiN 对稀酸稳定（HNO_3 除外）；在强氧化剂存在下可溶于氢氟酸和盐酸；加热条件下 TiN 可溶于浓硫酸；在加热条件下，TiN 与碱溶液或熔融碱作用析出 NH_3 和 H_2。

TiN 不与 CO 反应，可缓慢与 CO_2 作用生成 TiO_2：

$$2TiN + 4CO_2 = 2TiO_2 + N_2 + 4CO \tag{2-59}$$

TiN 可用多种方法制备。在 800 ~ 1400℃温度下，Ti 可直接与 N_2 作用生成 TiN，如粉末钛或熔融钛在过量 N_2 中燃烧，反应速度会很快：

$$2Ti + N_2 = 2TiN \tag{2-60}$$

TiO_2 + C 的混合物在 N_2 气流中加热至高温也生成 TiN：

$$2TiO_2 + 4C + N_2 = 2TiN + 4CO \tag{2-61}$$

在高温的金属表面上（如 1450℃的钨丝上）将 $N_2 + H_2$ 混合物与 $TiCl_4$ 反应，进行 TiN 涂层：

$$2TiCl_4 + N_2 + 4H_2 = 2TiN + 8HCl \tag{2-62}$$

在铁表面上制备 TiN 涂层可不用 H_2：

$$2TiCl_4 + N_2 + 4Fe = 2TiN + 4FeCl_2 \tag{2-63}$$

TiN 硬度大，耐磨性和耐蚀性好，外观呈金黄色，颜色很美，其涂镀层作为假金作装饰用（市场上一些所谓镀金手表实际上涂镀的是 TiN 层）。在硬质合金工业中，TiN 作表面强化涂层或直接用作硬质合金材料及用作制造熔炼金属的坩埚材料。

2.2.3.3　硼化钛（TiB_2）

钛的硼化物很多，有 Ti_2B、TiB、TiB_2 等，均为灰黑色粉末。其中以 TiB_2 最为重要。TiB_2 价键结合力强，熔点高、硬度大、导热性和导电性好；晶体结构属六方晶系，a = 0.3026nm，c = 0.3213nm；密度为 4.5g/cm^3，熔点为 2980℃，莫氏硬度为 9，显微硬度为 29GPa（2900kg/mm^2）。

TiB_2 热稳定性好，常温下很稳定，高温下也具有优良的抗氧化性能，使用温度可达 2000 ~ 3000℃。它具有优良的耐磨和耐蚀性能，其耐酸性能好。在碱中或 Cl_2 气氛中加热到高温时会被侵蚀，在常温下会被氟腐蚀。

TiB_2 是一种新型陶瓷材料，主要用作惰性气氛或真空中的高温发热体材料。以 TiB_2 为基的工程陶瓷烧结体可以制造高硬度、高韧性的切削刀具、管坯拉模、高压喷嘴等。TiB_2 是最好的铝电解槽专用阴极材料，但它存在强度低、脆性大的缺点。TiB_2 的二元系和三元系复合陶瓷材料，如 TiB_2-Ti（C，N）复合材料，在一定程度上可克服这些缺点，改善材料性能。

2.2.3.4　一氢化钛（TiH）

TiH 是灰色粉末，具有金属光泽；晶体结构属立方晶系；晶格常数 a = 0.311nm，c = 0.0502nm；密度为 3.79g/cm^3。

TiH 加热可分解为 Ti 和 H_2，在 640℃时其分解压达 0.1MPa（即约 1atm 或 760Torr）。在空气中加热到 350℃以上时，TiH 燃烧发出浅蓝色火焰，这是因为析出的 H_2 燃烧之故，加热至 800 ~ 900℃时，所析出的 Ti 也剧烈燃烧。TiH 在水和非氧化性稀酸中是稳定的。TiH 具有还原性，与氧化剂作用，易被氧化成四价钛的化合物。

TiH 可通过 H_2 与 Ti 的直接作用而制得；也可通过以下反应来制取：

$$2TiCl_4 + 8NaH = 2TiH + 8NaCl + 3H_2 \quad (2\text{-}64)$$

这个方法制得的 TiH 是无金属光泽的黑色粉末。

2.2.3.5 二氢化钛（TiH_2）

TiH_2 实际上是 $TiH_{1.8} \sim TiH_{1.99}$的固溶体，属非化学计量化合物。它仅在高于 400℃ 和大于 0.1MPa 的 H_2 气氛中稳定存在。小于 400℃ 时实际上是以 TiH_2-TiH 的固溶体形式存在。在 Ti-H 体系中得到的氢化钛，其含氢量总是小于 TiH_2 中的含氢量。TiH_2 是灰褐色粉末，外观似金属。有两种变体，大于 37℃ 为正方晶系，小于 37℃ 为面心四方晶系。当加热至 800～1000℃ 时可分解为 Ti 和 H_2；在空气中加热至该温度时则剧烈燃烧。

TiH_2 对水、稀酸、氧化剂等的作用与 TiH 相似。

其制备方法，一是在高温下 Ti 与 NH_3 直接反应而得：

$$5Ti + 2NH_3 = 3TiH_2 + 2TiN \quad (2\text{-}65)$$

二是用 CaH_2 与 TiO_2 反应制备：

$$TiO_2 + 2CaH_2 = TiH_2 + 2CaO + H_2 \quad (2\text{-}66)$$

TiH_2 受热分解放出 H_2，是一种贮氢剂，常作为纯氢源。TiH_2 很脆，利用此特性可制备 Ti 粉，被称为氢化—脱氢法。TiH_2 还可用于焊接材料。

2.2.4 钛的无机盐和有机化合物

钛的无机盐，如 $Ti(SO_4)_2$、$TiOSO_4$、钛酸钾、钛酸镁、钛酸锌、钛酸锶、钛酸锰、钛酸镍、钛酸钙、钛酸铝、钛酸铁、氟钛酸钾等，前两者在硫酸法钛白生产过程、分析化验中常遇到。其他无机钛酸盐在新型无机材料、电子陶瓷材料、复合材料、保温材料等领域应用广泛。

钛的有机化合物，特别是钛酸乙酯、钛酸丁酯、钛酸异丙酯等常常是合成钛酸酯偶联剂、高纯 TiO_2 超微粉的原料。

3 富钛料（人造金红石和钛渣）生产

自然界中产出的钛矿石，通常经选矿富集成两种精矿：天然金红石精矿和钛铁矿精矿。前者 TiO_2 品位高（质量分数一般在93%～95%以上），杂质含量少，是钛冶金和钛白生产的优质原料。但其储量有限，价格也贵。不能将其作为主要原料形态，特别是在建设大规模的钛厂时更要注意到这点。后者 TiO_2 的质量分数较低（大多在45%～60%左右），铁氧化物和其他杂质氧化物总量较高，如果直接入炉氯化，势必大大增加氯耗，且使氯化过程复杂化，增加了收尘、淋洗分离作业的困难性，同时影响 $TiCl_4$ 的质量。所以钛铁矿精矿不宜直接氯化，而应通过不同的方法处理富集成人造金红石或熔炼成钛渣等"富钛料"才能作为氯化原料（参见表3-1、表3-10和表3-11）。因此，人造金红石生产及钛渣熔炼作为氯化原料的准备阶段，是钛冶金和氯化法钛白生产必不可少的一步。

3.1 人造金红石的生产

迄今经过研究或已获得工业应用的人造金红石制取方法主要有：选择性氯化法、还原—锈蚀法、酸浸出法等，下面分别加以介绍。这些方法所生产的人造金红石产品的化学组成见表3-1。

表3-1 不同方法生产的人造金红石的化学组成（质量分数） （%）

成分	选择性氯化法	还原—锈蚀法	稀硫酸浸出法	BCA稀盐酸循环浸出法	选—冶联合稀盐酸加压浸出法	稀盐酸流态化浸出法	QIT的UGS渣工艺
TiO_2	96.30	92.00	96.10	94.00	>94.00	87～90	约95
TFe		3.6			1.71		
FeO							
Fe_2O_3	0.65		1.30	2.5			
SiO_2	0.73	0.70	0.50	1.2	3.03		
Al_2O_3	0.91	0.70	0.40	0.5	0.5		
CaO	<0.01	0.03	0.01	0.003	0.13		
MgO	0.08	0.15	0.07	0.02	0.21		
MnO	0.05	2.0	0.03				
V_2O_5	<0.1		0.20	0.15			
Cr_2O_3	<0.01		0.15	0.10			
ZrO_2	0.24						
S		0.15	0.01		0.021		
P_2O_5	<0.02		0.07				
C		0.15					
生产（或试验）厂家	日本三菱金属公司、我国江门电化厂、遵义钛厂	澳大利亚西钛公司、加拿大、我国湖南株洲东风冶炼厂	日本石原产业公司	美国克尔·麦吉公司莫比尔厂	四川自贡东升冶炼厂	重庆天原化工厂	

3.1.1 选择性氯化法

钛铁精矿中各组分与氯的反应能力是不同的。例如，在有还原剂碳存在时，在850~950℃温度下，精矿中各组分与Cl_2作用的顺序依次为：$CaO>MnO>FeO$（转变为$FeCl_2$）$>V_2O_5>MgO>Fe_2O_3$（转变为$FeCl_3$）$>TiO_2>Al_2O_3>SiO_2$。因此通过控制配碳量或预氧化使FeO转变成Fe_2O_3，氯化时可使位于TiO_2前的那些组分优先氯化，并使铁以$FeCl_3$形式挥发出来；而钙、镁、锰等的氧化物则转变为$CaCl_2$、$MgCl_2$、$MnCl_2$等氯化物形式，它们虽难于挥发而残留在不被氯化的TiO_2中，但在下一步可通过水洗分离除去，从而得到人造金红石产品。

选择性氯化法生产人造金红石的原则性流程如图3-1所示。日本三菱金属公司按此流程首先研制成功，建成月产1000t人造金红石的实验工厂。美国C. F. Braum公司也用挪威钛铁矿（TiO_2的质量分数为39%~40%，$CaO+MgO$的质量分数约为2%）做过实验，获得含$TiO_2$97%以上的人造金红石产品。

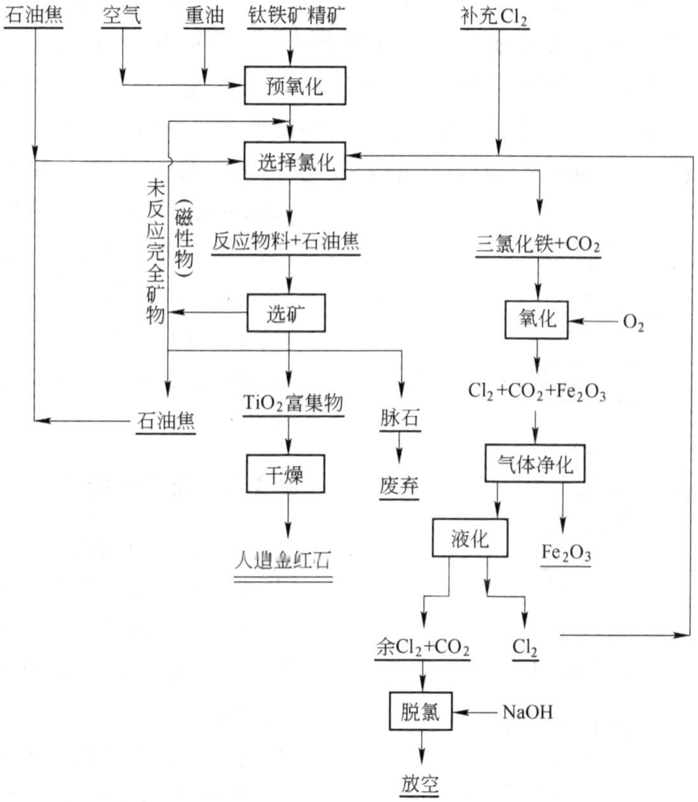

图3-1 选择性氯化法生产人造金红石工艺流程

预氧化的目的在于使精矿中的FeO成分先氧化成Fe_2O_3，在氯化时直接转变成易挥发除去的$FeCl_3$蒸气，从而避免经过挥发性小、易破坏沸腾操作的$FeCl_2$阶段，同时在预氧化时使矿石晶格松动从而有提高铁选择性氯化率的作用。

预氧化时的反应为：

$$2FeO \cdot TiO_2 + 0.5O_2 = Fe_2O_3 \cdot TiO_2 + TiO_2$$

选择氯化时的主要反应为：

$$Fe_2O_3 \cdot TiO_2 + 3C + 3Cl_2 = TiO_2 + 2FeCl_3 + 3CO$$

和

$$Fe_2O_3 \cdot TiO_2 + 1.5C + 3Cl_2 = TiO_2 + 2FeCl_3 + 1.5CO_2$$

选择氯化时的影响因素有：反应温度、配碳量、精矿来源及其成分和矿粒大小等。

从沸腾炉中挥发出来的 $FeCl_3$ 蒸气经冷凝收尘后，在氧化炉内氧化再生成 Cl_2 气，经加压冷冻提高浓度后返回氯化炉，达到循环利用的目的：

$$2FeCl_3 + 1.5O_2 = Fe_2O_3 + 3Cl_2$$

尾气经碱洗脱除余 Cl_2 后排空。

用组成（质量分数/%）为 TiO_2 53.9、FeO 19.9、Fe_2O_3 19.5、MnO 1.78、SiO_2 1.5、Al_2O_3 1.31、Cr_2O_3 0.04、V_2O_5 0.12、ZrO_2 0.04、P_2O_5 0.1 的钛精矿制得了表 3-1 所列的人造金红石。

我国广东江门电化厂在 20 世纪 70～80 年代曾用两广矿进行了工业试验，最终得到 TiO_2 的质量分数为 92% 的人造金红石，回收率为 95%。遵义钛厂也在 ϕ450mm 的沸腾炉中，用两广海滨砂矿做了工业实验。炉子排出料中 TiO_2 品位在 85% 以上，回收率达 88.5%～96.5%，经摇床选后得 TiO_2 的质量分数为 90% 左右的人造金红石。铁的选择性氯化率在 94.5%～95.5% 之间。氯化炉的生产率为人造金红石 10.5～12t/（m^2·d）。$FeCl_3$ 蒸气用两台 ϕ1800mm × 6500mm 的收尘冷却器收集作为商品出售。尾气用两台 ϕ800mm × 6000mm 的尾气吸收塔处理。

1980 年北京有色金属研究总院等单位用攀枝花矿按此法进行试验，制得的人造金红石品位为 83%，CaO + MgO 的质量分数仍较高，技术难度较大，经济上不合理。

3.1.2　还原—锈蚀法

还原—锈蚀法是最先由澳大利亚提出和研制成功，并在工业上得到应用的一种方法。国外称为“Becher 还原—锈蚀法”。澳大利亚在 20 世纪 60～70 年代用此法先建成一座 1 万 t/a 的人造金红石厂，后来扩建成了 3 万 t/a。加拿大于 1972 年建成一座 2 万 t/a 的工厂。图 3-2 表示其原则性工艺流程。

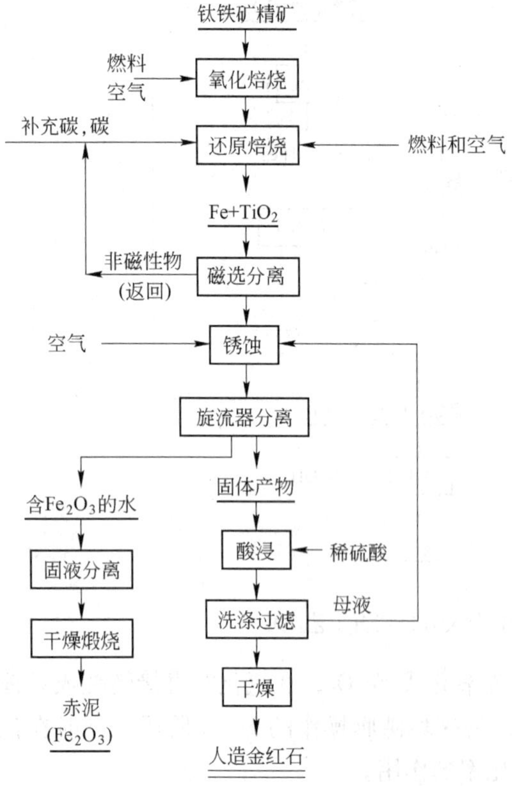

图 3-2　还原—锈蚀法生产人造金红石的原则性流程

此法主要过程是：将含 58%～63%（质量分数）TiO_2 的钛铁精矿砂矿首先氧化焙烧，然后用无烟煤将矿中的氧化铁全部深度还原为金属铁，冷却后磁选分离出非磁性的焦煤返回利用，再在酸化水溶液中使铁锈蚀，接着用旋流器或摇床选分离人造金红石和赤泥（氧化铁）。

预氧化时形成的假板钛矿，使 Fe^{2+} 转变成 Fe^{3+}：

$$2FeO \cdot TiO_2 + 0.5O_2 = TiO_2 + Fe_2O_3 \cdot TiO_2$$

预氧化的作用是使原矿中的铁由低价转变成高价时得以活化，并可在下一步提高铁的还原速度和还原率，减少烧结现象的发生。

预氧化在 ϕ1500mm × 15000mm 的回转窑内进行，烧重油（或天然气、煤气），窑尾（进料端）温度 450℃，窑头（落料端）温度 1030℃。氧化后矿中 FeO 的质量分数约为2% ~5%。

预还原在 ϕ2400mm × 30000mm 的回转窑中进行。用煤作燃料和还原剂。在窑炉中还原过程分两步进行：

第一步是在 1000 ~ 1200℃温度下使假板钛矿重新转变为钛铁矿：

$$Fe_2O_3 \cdot TiO_2 + TiO_2 + CO = 2FeTiO_3 + CO_2$$

第二步是在低于 1100℃温度下将钛铁矿还原成金属铁并游离出 TiO_2：

$$FeTiO_3 + CO = Fe + TiO_2 + CO_2$$

窑炉中要维持还原性气氛。落料区温度不大于 1200℃。还原后的物料在筒外壁喷淋冷却水的回转冷却筒中迅速冷至室温。为避免空气进入引起金属铁被再氧化，冷却圆筒落料口应维持微正压（5 ~ 10Pa 或 0.5 ~ 1.0mmH_2O）。

冷却料经双层回转筛筛选出大于 0.991mm（+16目）的碳返回还原用，小于 0.991mm（-16 目）的料进磁选机，选出的非磁性部分为碳和灰分的细粉，弃之。磁性部分为还原钛铁矿，去锈蚀处理。

还原料中的金属铁呈网状微孔结构，颗粒内部表面积很大。在含 15 ~ 20g/L 的 NH_4Cl 溶液（初始 pH 值为 6 ~ 7，NH_4Cl 起电化腐蚀催化剂的作用）中充气搅拌浸出。此时，金属铁粒作为微电池的阳极发生电化学腐蚀：

$$2Fe = 2Fe^{2+} + 4e$$

矿粒外部作为微电池的阴极区产生 OH^- 离子：

$$O_2 + 2H_2O + 4e^- = 4OH^-$$

Fe^{2+} 从孔隙中扩散到颗粒表面，与 OH^- 离子结合形成 $Fe(OH)_2$。总反应式为：

$$2Fe + O_2 + 2H_2O = 2Fe(OH)_2$$

$Fe(OH)_2$ 又被氧化成水合三氧化二铁析出：

$$2Fe(OH)_2 + 0.5O_2 = Fe_2O_3 \cdot H_2O \downarrow + H_2O$$

锈蚀温度可达 80℃（靠锈蚀反应放热维持），锈蚀时间 13 ~ 14h。锈蚀毕，在四级旋流器中逆流分离并洗涤。分离出的人造金红石中铁氧化物质量分数小于 0.2%，TiO_2 回收率为 98% ~99.5%。再经 2% 的稀硫酸溶液酸浸处理除去残留的铁和锰。干燥后得人造金红石产品，其组成见表 3-1。氧化铁部分经浓密机增稠后泵到尾矿，填弃之，不用；或干燥煅烧制成铁红副产品。

我国湖南株洲东风冶炼厂在 20 世纪 70 ~ 90 年代进行了 2000t/a 规模的工业试验，用广西北海矿为原料，得到 TiO_2 的质量分数为 90%，回收率为 87% 的人造金红石。所得氧化铁红质量差，无销路。

还原—锈蚀法流程简单，消耗试剂少，用电省，成本低，无污染，这些是其最大的优点。但不宜处理高钙镁矿。目前澳大利亚三家工厂采用此法，总产能达93万t/a。

3.1.3 稀硫酸浸出法

日本石原法生产人造金红石是弱还原—废稀硫酸浸出脱杂法。即以石油焦为还原剂对钛精矿（印度高品位氧化砂矿）进行弱还原，在900～1000℃温度下将矿中高价铁还原成低价铁（$Fe_2O_3 \rightarrow FeO$），还原率达90%以上。在冷却窑中冷至80℃，选出残焦。还原矿用硫酸法钛白生产中产生的22%～23%（质量分数）的废稀硫酸在0.2MPa压力、120～130℃下热压浸出，加TiO_2水合胶体溶液作晶种，加速并提高脱铁率，且减少细颗粒产品。酸浸反应为：

$$FeO \cdot TiO_2 + H_2SO_4 = TiO_2 \downarrow + FeSO_4 + H_2O$$

一次浸出不完全的矿物质，其密度大于金红石TiO_2，容易沉降分离出来返回还原或二次浸出。固液分离（带式真空过滤）、洗涤、煅烧得产品（煅烧温度为900℃）。固液分离后的$FeSO_4$滤液（当然还含有Ca、Mg、Mn、Al等其他杂质），用NH_3中和法进一步处理，得化肥硫氨，水合氧化铁用作炼铁原料。反应为：

$$2FeSO_4 + 4NH_3 + (n+2)H_2O + 0.5O_2 = 2(NH_4)_2SO_4 + Fe_2O_3 \cdot nH_2O$$

工艺流程如图3-3所示，所用原料和产品见表3-2。

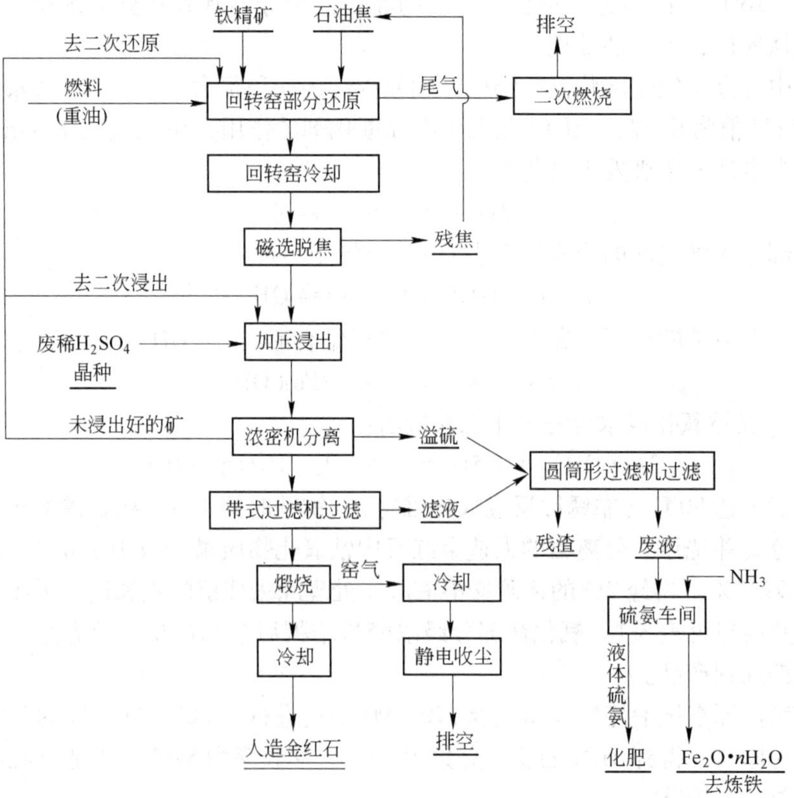

图3-3 稀硫酸浸出法生产人造金红石工艺流程

表 3-2 日本石原法所用原料和产品的典型成分（质量分数） （%）

成 分	原 料	产 品	
	印度钛精矿	普通人造金红石	焊条用人造金红石
TiO_2	59.62	96.1	95.9
FeO	9.47		
Fe_2O_3	24.62	1.7	1.85
Al_2O_3	1.32	0.46	0.35
Cr_2O_3	0.16	0.15	0.18
CaO	0.09	0.01	0.01
MgO	0.28	0.07	0.05
MnO	0.48	0.03	0.03
P_2O_5	0.14	0.17	0.05
V_2O_5	0.2	0.20	0.21
SiO_2	0.7	0.50	0.48
ZrO_2	0.86	0.15	0.16
SO_3		0.03	0.03

生产规模：人造金红石 4.8 万 t/a。

浸出设备：立式搅拌反应器，尺寸为 ϕ2.0m ×（2.5 ~ 2.8）m，钢壳，内衬耐酸砖，共 4 台。

操作条件：浸出剂为含 22% ~23%（质量分数）H_2SO_4 的废酸，温度为 130℃，压力为 0.13 ~0.2MPa（约 1.3 ~2kg/cm²），浸出过程温度通入水蒸气维持，当酸度降至 10%（质量分数）H_2SO_4 时，停止浸出。

还原窑：ϕ3.7m ×50m，窑内高温还原区为 850 ~900℃，产品煅烧温度为 900℃。

此方法的特点是：

（1）有效的利用硫酸法钛白生产排除的废稀硫酸，采用低浓度、低温度酸浸，产品成本低；

（2）对过程中的“三废”集中处理，基本无污染；浸出后废酸液（含较多 $FeSO_4$ 和 100g/L H_2SO_4）可用多种方法处理，可予以综合利用；

（3）过程总回收率为 91%。产品人造金红石品位高（TiO_2 的质量分数大于 95%），杂质少，粒度与天然金红石相似，是氯化法钛白生产的优质原料。除部分自用外，还部分出口（如出售给美国 SCM、Keer McGee 公司），由于质量好深受用户好评。但是，此法不宜处理高钙镁矿。

2000 年，我国北京有色金属研究总院开展了用硫酸法钛白生产中产生的废酸处理攀枝花矿制人造金红石的扩大试验，产品的 TiO_2 含量（质量分数）大于 88%。存在的问题是：硫酸浸出效果比盐酸差，反应速度较慢，浸出时间长，钛精矿 TiO_2 品位越低工艺越复杂。

3.1.4 BCA 稀盐酸循环浸出法

美国贝尼莱特公司（Benilite Corporation of America）发明的 BCA 稀盐酸循环浸出法被

公认为是制取人造金红石的一种先进方法，被多家工厂采用，在20世纪70年代，总生产能力就已达到40万t/a以上。美国克尔·麦吉公司在阿拉巴马州莫比尔厂建成一座10万t/a的BCA法人造金红石工厂，其原则性流程如图3-4所示。

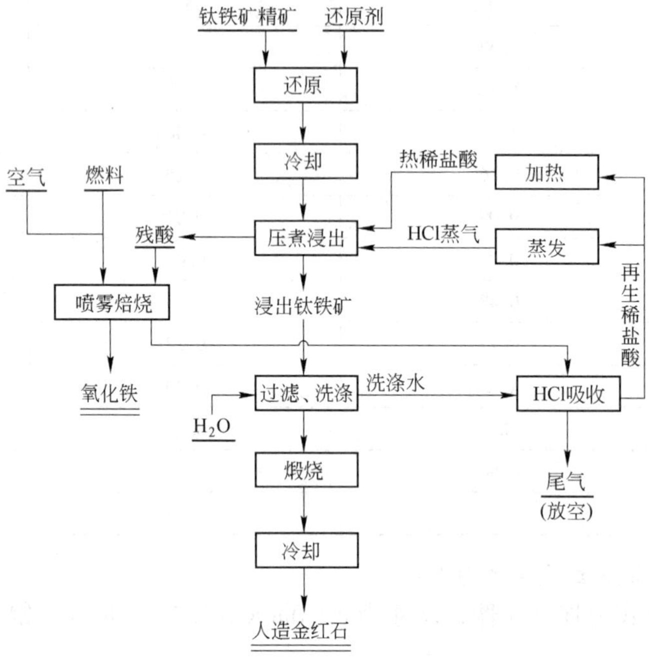

图3-4　稀盐酸循环浸出法生产人造金红石工艺流程

BCA法主要工序有：还原、酸浸、过滤、煅烧的废酸再生。

含$TiO_2$58%～61%、$Fe_3O_3$30%、FeO 3%（质量分数），其他氧化物杂质6%的钛铁砂矿，经计量后加入ϕ3.5m×50m的回转窑中，用6号重油作还原剂（用量为矿重的3%～6%）进行还原焙烧，在850℃温度下可将90%的Fe_2O_3还原成FeO，还原率为80%～95%。加入矿中2%左右的硫有加速还原反应的作用。还原尾气被风机抽出，经收尘和燃烧炉烧除CO后，由烟囱放空。还原后的高温物料由窑头落入ϕ2.5m×12m的冷却圆筒中，筒外喷淋冷水将物料冷至93℃左右，进储料仓备用。还原物料成分（质量分数）：$TiO_2$58%～61%，Fe_2O_3降至4%，FeO升至26%左右，其他杂质氧化物9%。

还原物料在ϕ6.1m直径的压煮球中用18%～20%（质量分数）的再生稀盐酸进行两段浸出。每次加矿量45t，稀盐酸64.4m^3。浸出温度为143℃，压力约为0.246MPa（表压，相当于2.46kg/cm^2）。浸出温度靠通入的稀盐酸蒸气带入的热量和反应放热维持。这样避免了用水蒸气加热引起的浸出液变稀、酸度降低的问题。浸取器转速为1r/min。一个浸出周期总时间约为9h。借内压排除母液后，再加入约45m^3稀盐酸进行二次浸出约8.5h。待排除二次浸出液后，加入约57m^3水，转动洗涤0.5h，排除洗液后，用水将矿浆从卸料孔冲入矿浆槽，再去带式真空过滤机过滤洗涤。两段浸出周期总共21h，矿酸比约为0.3∶1。

滤饼送入ϕ3.5m×50m回转窑中喷重油，在870～980℃温度下干燥煅烧。煅烧尾气经旋风收尘、水洗后烟囱放空。洗水去稀酸回收系统吸收HCl。煅烧产品进入ϕ3m×15m

回转圆筒冷却至65℃，入成品料仓，包装出售。最终产品人造金红石成分（质量分数）为：TiO_2 92.5% ~96%，$Fe_2O_3$1.5% ~2.5%，其他杂质氧化物2.0% ~5.0%。

浸出母液主要含 $FeCl_2$、过量余酸和少量其他杂质氯化物。在喷雾焙烧中在650℃分解回收稀盐酸返回浸出用。吸收 HCl 后的尾气由钛风机抽至烟囱排空。焙烧产物含 $Fe_2O_3$86%，$TiO_2$4%，其他杂质氧化物1%，杂质氯化物9%，去填埋或供炼钢、制水泥等用。人造金红石产品是优质氯化原料，也可粉碎制成钛黄粉颜料，称为 BCA-Hi-TOX 产品。

克尔·麦吉公司的莫比尔厂有 ϕ6.1m 压煮球 11 台（1 台备用），单台生产能力为 1 万 t/a，设备示意图如图 3-5 所示。

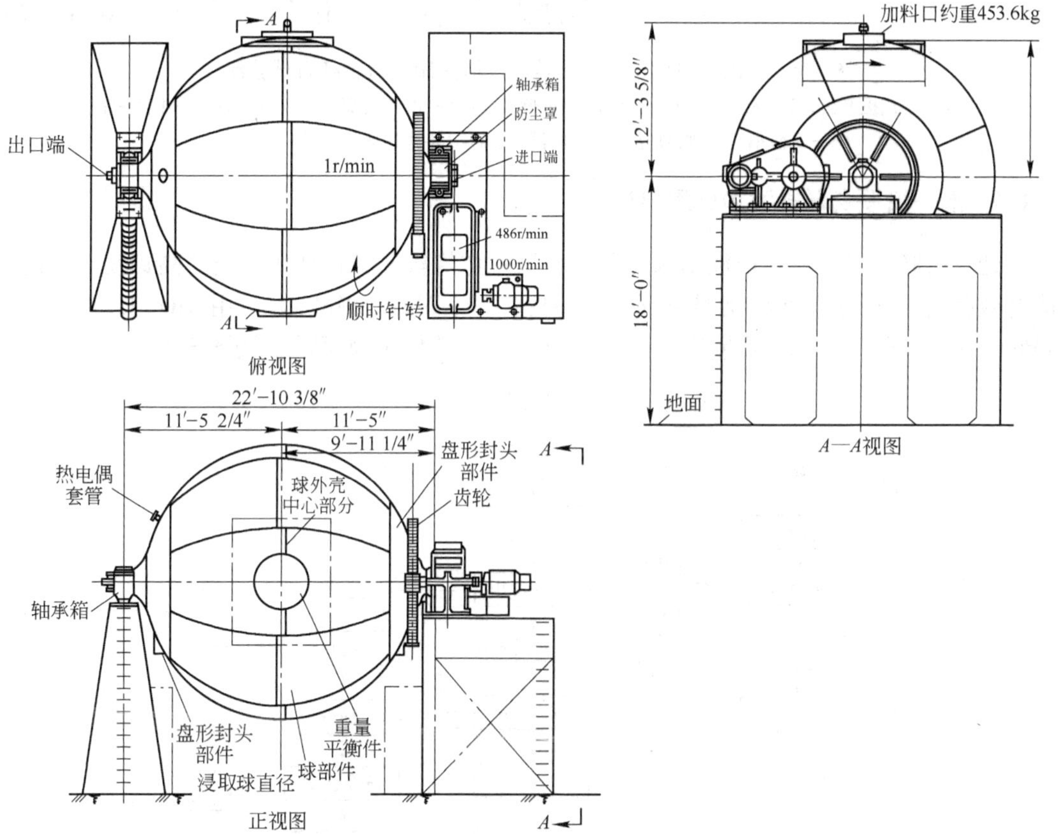

图 3-5 克尔·麦吉公司的莫比尔厂压煮浸出球设备示意图

钢制外壳内衬 3 层硬橡胶，再衬 2 ~3 层耐酸瓷砖，用呋喃树脂胶泥勾缝。

我国化工部涂料工业研究所与海口化工一厂合作，于 20 世纪 70 年代对稀盐酸浸出法做过常压浸出的扩试工作，取得了良好效果。试验流程如图 3-6 所示。

3.1.5 浓盐酸浸出法

浓盐酸浸出法又叫华昌法。印度德兰加德拉化学公司引进美国技术，于 1970 年在萨赫巴拉沙建成一座 2.5 万 t/a 的人造金红石厂，后来扩建到 6t/a 生产能力。它与稀盐酸浸出法无本质差别，只不过是用浓盐酸作浸出剂而已。

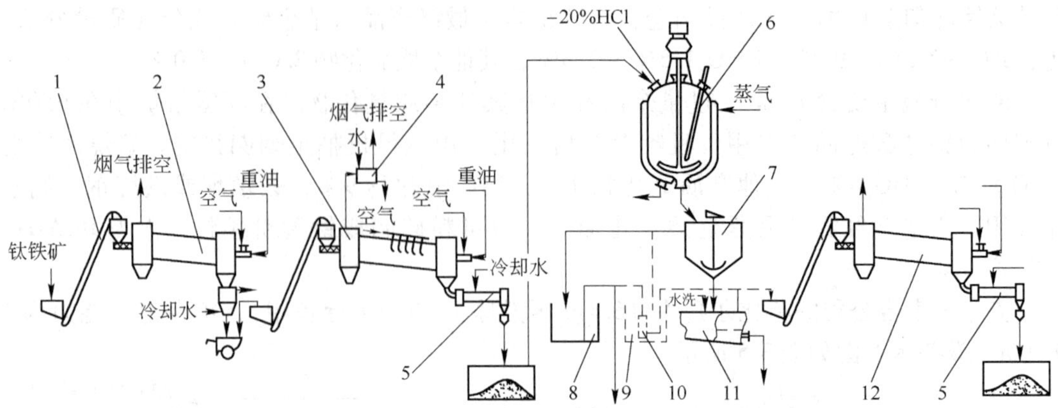

图 3-6　我国海口化工一厂稀盐酸浸取法制人造金红石试验流程

1—斗式提升机；2—氧化窑；3—还原窑；4—除尘室；5—冷却转筒；6—浸取罐；7—中间槽；8—沉降槽；9—叶滤槽；10—叶滤片；11—斗式过滤机；12—灼烧窑

3.1.6　选—冶联合稀盐酸加压浸出法

选—冶联合稀盐酸加压浸出法特别适合处理像攀枝花钛铁精矿一类的高钙镁矿。此法能有效除去矿中的各种酸溶性杂质如 FeO、CaO、MgO、MnO 等，用 TiO_2 质量分数为 45% ~48%，CaO + MgO 质量分数为 6% ~8% 的钛铁精矿为原料，按图 3-7 和图 3-8 所示

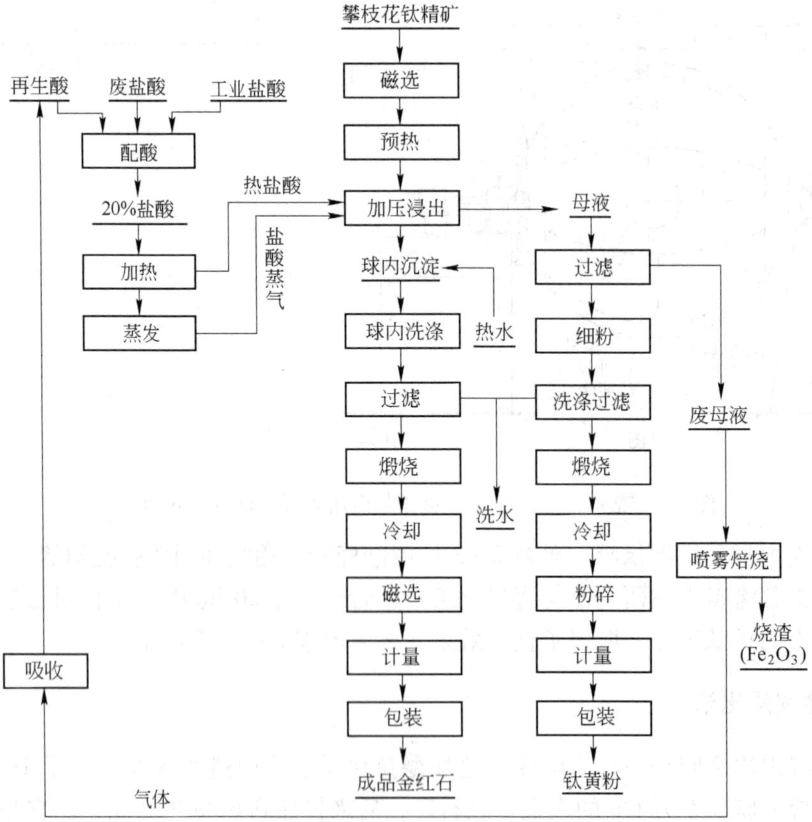

图 3-7　选—冶联合稀盐酸加压浸出法原则性流程图

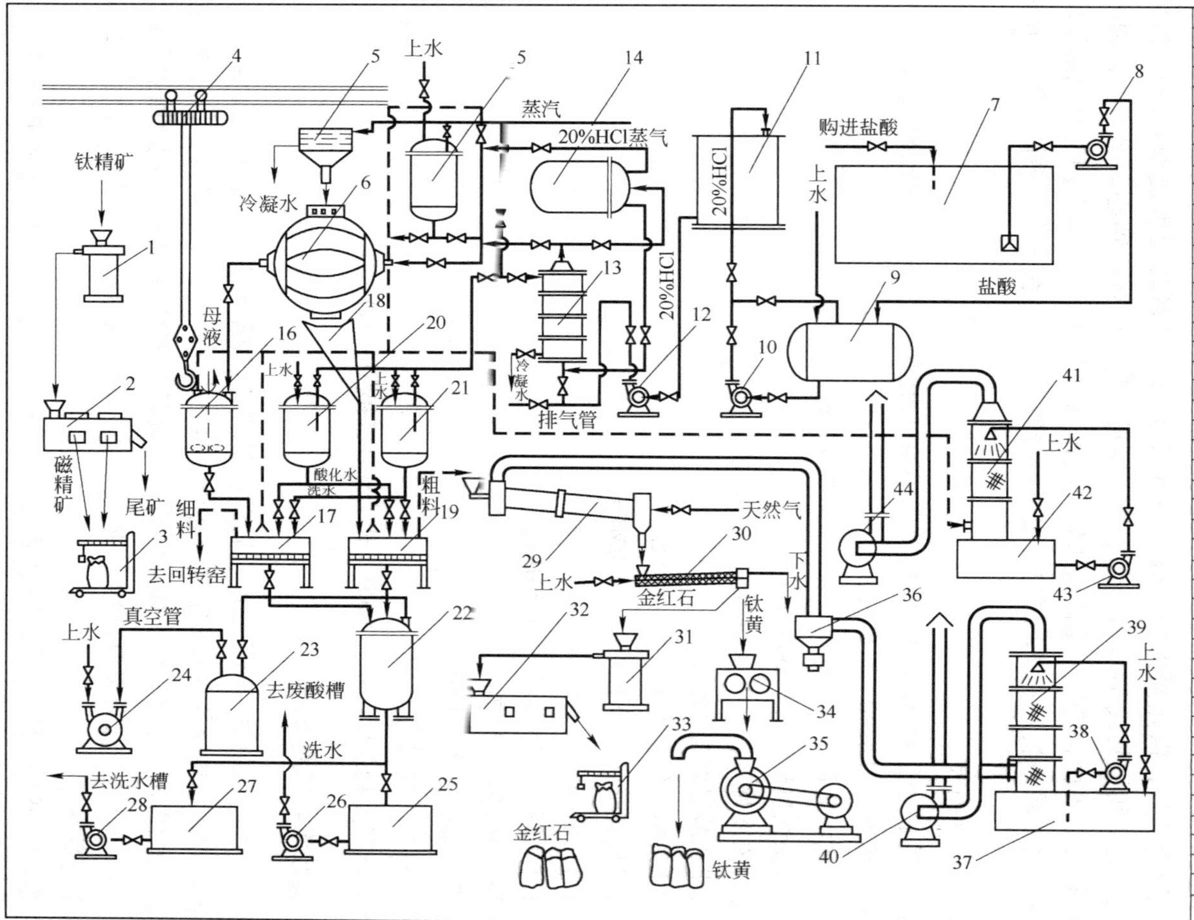

编号	设备名称	型号、规格	材料
44	排风机	4-62No 6	硬聚氯乙烯
43	循环水泵	50Fs-6-25	玻璃钢
42	循环水池	2000×1500×1000	砖衬玻璃钢
41	淋洗塔	ϕ1150×4000	砖衬玻璃钢
40	风机	4-62No 6	硬聚氯乙烯
39	淋洗塔	ϕ700×3000	法奥里特
38	循环水泵	ZBA-6	玻璃钢
37	循环水池	6500×2300×1000	砖衬玻璃钢
36	收尘器	600×600×500	砖衬玻璃钢
35	粉碎机	离心式ϕ300	砖衬玻璃钢
34	对辊压碎机	SGZ-70型	砖衬玻璃钢
33	磅秤	200kg	砖衬玻璃钢
32	磁选机	双盘干式CPR-5	碳钢
31	筛分机	YJZ-500	铝材
30	螺旋冷却器	ϕ200×7000	不锈钢
29	回转炉	ϕ1000×10000	钢衬耐火砖
28	洗水泵	50Fs-6-25	玻璃钢
27	洗水储槽	2000×1750×1000	砖衬瓷砖
26	母液泵	50Fs-6-25	玻璃钢
25	母液储槽	2000×1750×1000	砖衬瓷砖
24	水环真空泵	Sz-3	碳钢
23	缓冲罐	ϕ800×1200	陶瓷
22	母液扬液器	ϕ1250×1750	钢衬胶
21	热洗水槽	V=3m^3	钢衬胶
20	酸化水槽	V=3m^3	搪瓷罐
19	粗料过滤器	2200×1500×500	法奥里特
18	粗料漏槽	自制	钢衬胶
17	细料过滤槽	2200×1500×500	法奥里特
16	中间槽	V=3m^3	法奥里特
15	热洗水槽	V=3m^3	法奥里特
14	汽液分离器	ϕ1800×2000	搪瓷罐
13	盐酸加热器	JXZ-03,A=12m^2	石墨
12	盐酸泵	40WS-50	玻璃钢
11	盐酸高位槽	ϕ2500×3000	碳钢衬胶
10	盐酸泵	2BA-6	玻璃钢
9	配酸槽	ϕ1500×2800	碳钢衬胶
8	盐酸泵	2BA-6	玻璃钢
7	盐酸储槽	3000×2350×1840	砖衬玻璃钢
6	浸取球	ϕ3000,V=10m^3	钢衬瓷砖
5	精矿预热器	ϕ1200×700	钢衬瓷砖
4	电动葫芦	Q=1t,h=18	钢衬瓷砖
3	磅秤	200kg	钢衬瓷砖
2	磁选机	双盘干式CPR-5	碳钢
1	筛分机	YJZ-500	铝料

工艺设备流程一览表

图 3-8 选—冶联合稀盐酸加压浸出法工艺设备流程一览表

流程处理，可生产出 TiO_2 品位在92%以上的人造金红石。

选—冶联合稀盐酸加压浸出法的基本工艺过程与BCA法相同，所不同的是取消了预还原，增加了前磁选和后磁选两步作业步骤。之所以不用预还原，是因为攀矿是原生矿，钛铁精矿是从选铁尾砂中选别出来的，它的低价FeO多，高价 Fe_2O_3 少，矿的酸溶性好，在较高温度下直接加压酸浸，铁和其他杂质的浸出率较高。又因为钙、镁、铝、硅的氧化物在钛精矿中是以石英和硅酸盐形式存在，如斜长石、钛辉石、硅酸盐等，它们是非磁性或弱磁性矿物，增加前磁选可分离除去它们，使钛精矿中 TiO_2 的质量分数提高2%～3%。

煅烧落窑料经后磁选，可进一步除去浸出时不能分解的具有弱磁性的钛辉石（TiO_2 无磁性），使金红石品位增加约2%，提高到94%左右。全流程 TiO_2 回收率约为98%。自贡东升冶炼厂压煮球直径 ϕ6m 和 ϕ3m 各1台。

浸出球保温性好，散热损失少。球壳外表温度45℃（环境温度夏季室温约28℃）。稀盐酸蒸气进料管用钽管或Ti-0.2Pd合金管。加料、排料管皆由轴心进出球内，轴密封材料为聚四氟乙烯垫片。快开人孔盖供加矿、放料和检修用。盖与酸介质的接触面用耐酸玻璃钢制成，密封圈为氯丁橡胶，可定时更换。盐酸加热器为块孔式不透性石墨，用蒸汽加热。

工艺技术条件如下：

（1）前磁选磁场强度/Oe：粗选3500～5000（相当于278662～398089A/m）；扫选4500～9000（相当于358280～716560A/m）；

（2）矿酸比：钛精矿：稀盐酸 = 1（t）：3.4（m^3）；

（3）入球矿预热温度大于60℃；

（4）盐酸浓度为18%～20%（质量分数）；

（5）入球热酸温度为105±2℃；

（6）入球盐酸蒸气温度为150～170℃；

（7）入球盐酸蒸气压力为0.35～4.0MPa；

（8）浸出反应温度为140～145℃；

（9）浸出反应压力为0.25～0.35MPa；

（10）浸出反应时间为7h；

（11）煅烧温度为900±50℃；

（12）窑内停留时间为1h；

（13）后磁选磁场强度/Oe：14000（相当于1114650A/m）。

3.1.7 稀盐酸流态化浸出法

重庆天原化工厂采用的是预氧化—流态化常压稀盐酸浸出法，建成了一套5000t/a人造金红石的装置，主要设备有回转窑和流态化浸出塔。此法同样用攀矿浸出，所得人造金红石品位比压煮浸出法要低一些，TiO_2 的质量分数只有87%～90%，且氯化时活性也要差一些。每生产1t人造金红石耗20%（质量分数）HCl的稀盐酸5.67t，天然气216m^3，TiO_2 回收率为90%。

稀盐酸浸出法的主要缺点是：用鲁塞纳（Ruthner）喷雾焙烧法回收盐酸能耗大，约70%的热量消耗在水的蒸发潜热上；所得焙烧产物 Fe_2O_3 没有什么用途；另外就是腐蚀比较严重。

生产人造金红石的另外两种方法是:

（1）QIT 公司的 UGS 工艺，是将索雷尔渣再用稀盐酸浸出除钙、镁，TiO_2 品位可由 80% 提高到 95%，该工艺是 QIT 的专利技术。

（2）攀钢与中南大学合作进行了使富钛料高档化的研究。关键点是回转窑还原过程中使铁晶粒长大，通过磨选工艺将铁变成高附加值的铁粉，再磁选分离得铁粉和钛渣，钛渣再酸浸脱钙镁制取高品位人造金红石。

3.2　钛渣熔炼

前已述及，钛铁精矿直接用于氯化是不合理的。因此，在氯化前应把它预处理制取各种富钛料。其中，人们最感兴趣的富集方法是电炉熔炼钛渣的方法。钛渣作氯化原料的一个显著优点是，在含相同 TiO_2 量情况下，钛渣的价格大约只有天然金红石的$\frac{1}{2}$，人造金红石的$\frac{2}{3}$ ~ $\frac{1}{2}$。因而原料成本低。另一个优点是，因它含有部分低价氧化钛和少量 FeO，它们氯化时的发热量大，可维持氯化反应自热进行。

3.2.1　钛渣熔炼概况

电炉熔炼法是富集 TiO_2 的经典的、成熟的方法。钛铁精矿中的主要杂质是铁的氧化物，全铁的质量分数为 30% ~35%（按 FeO + Fe_2O_3 计为 40% ~48%），其他杂质（CaO、MgO、Al_2O_3、MnO 等）的质量分数约为 5% ~15%，由于铁含量太高，所以用钛铁矿直接氯化制取 $TiCl_4$ 比较困难。因为当钛铁精矿氯化时，其中的铁也被氯化成价格不高、销路不广的氯化铁，这样必然消耗大量氯气，且因生成的氯化铁量太多，要分离它并从中回收利用氯也很麻烦。因此在氯化前需预先将钛铁精矿转变成富钛料。富集高钛物料实际上就是最大限度地除去铁的氧化物，并附带地除去部分其他杂质。从钛铁精矿中富集 TiO_2 的方法很多，如盐酸浸出法、还原—锈蚀法、电炉法等，如 3.1 节所述。各种方法的比较列于表 3-3 中。其中电炉法具有生产流程短，设备处理能力大，副产生铁易于回收利用和“三废”少并易于治理，电炉煤气（采用密闭电炉时）可回收利用，厂房占地面积小等优点，因此在电力资源丰富的地区，电炉法受到极大的重视和得到迅速的发展。一些厂家的电炉设备都向着密闭、大型、自动化方向发展。大型密闭式电炉电极消耗少，过程无噪声，实现机械化作业，自控水平高，改善了劳动条件，更是一种先进的钛渣生产方法。例如加拿大魁北克铁钛公司从 1944 年开始研究，到 1958 年建成了 2 万 ~9 万 kV · A 的密闭电炉 8 台，年产含 TiO_2 70% ~75%（1984 年后已提高到 80%）的酸溶性钛渣 80 万 t，畅销世界 50 多个国家，是目前世界上最大的钛渣工厂。1978 年，南非理查兹湾公司引进魁北克技术，兴建了两台 6.86 万 kV · A 的矩形电炉，年产含 TiO_2 85% 的钛渣 39.9 万 t。其次，前苏联、印度、日本、澳大利亚和挪威也有钛渣生产。我国的钛渣工业系 20 世纪 50 年代后期开始研究，发展到现在也有相当的生产规模和一定的技术水平。国内外电炉法熔炼钛渣的情况见表 3-4。

表 3-3　钛铁矿富集方法比较

方法		湿法			干法	
		稀盐酸浸出法	硫酸浸出法	还原—锈蚀法	电炉熔炼法	选择氯化法
反应试剂		稀盐酸含 18% ~20%（质量分数）HCl	稀硫酸含 20% ~23%（质量分数）H_2SO_4	少量的 NH_4Cl	无烟煤（或焦炭、石油焦）	氯气和焦炭
钛铁矿预处理		预氧化—弱还原焙烧		氧化—强还原焙烧	不必预处理，或预氧化，或预还原焙烧	
可除去的杂质		Fe、Mn、Mg、Ca 和部分 Al		Fe	Fe 和部分杂质	Fe、Mn 等
产品粒度		基本保持原矿粒度		基本保持原矿粒度	不保持原矿粒度	基本保持原矿粒度
铁的存在形式		$FeCl_3$，也可转变成 Fe_2O_3	$FeSO_4$，也可转变成 Fe_3O_4	Fe_2O_3（铁红）	Fe（生铁）	$FeCl_3$，也可转变成 Fe_2O_3
副产品铁的利用		炼铁原料或建筑材料着色剂		生铁原料或建筑材料着色剂	炼钢原料	出售 $FeCl_3$ 或 Fe_2O_3作炼铁用
工业应用情况		工业生产规模（10 万 t/a 人造金红石）	工业生产规模（10 万 t/a 人造金红石）	工业生产（70 万 t/a 人造金红石）	工业生产	半工业生产
举例	厂家	美国克尔·麦吉公司莫比尔厂澳大利亚墨菲矿业公司	日本石原公司	澳大利亚西钛公司（Tiwest）	加拿大魁北克铁钛公司（QIT）和南非 RBM 公司，独联体三国和中国的钛厂	日本三菱金属矿业公司
	原矿品位 TiO_2（质量分数）/%	51.7	59.6	≥54	34.3（QIT）47（RBM）	53.9
	成品（人造金红石或钛渣）品位 TiO_2（质量分数）/%	96.2	96.1	>92	原来 70% ~72%（1984 年后提高到 80%）（QIT）85%（RBM）	96.3
备注		可有效除去 CaO、MgO、Al_2O_3、MnO 杂质，获得高品位人造金红石。HCl 可回收循环利用。设备腐蚀严重，HCl 回收能耗大	用硫酸法钛白生产的废酸浸出适宜处理高品位砂矿，不宜处理高钙镁矿	污染少，成本低，只适合处理高品位砂矿，不能处理高钙镁矿	QIT 渣主要用作硫酸法钛白生产的原料；RBM 渣用于硫酸法和氯化法生产钛白的原料。除去非铁杂质能力差，电耗大	工业上未采用

表 3-4 国内外电炉熔炼法生产钛渣的情况

项 目		加拿大 QIT	南 非 RBM	挪 威 TTI	前苏联	中 国
电炉类型		矩形密闭式	矩形密闭式	圆形密闭式	圆形半密闭或密闭式	圆形敞开式
电炉功率/MV · A		24	68.6	33	5 ~ 16.5	6.3
钛渣生产能力 /万 t · a^{-1}		110	90	20 ~ 30	约 20	
钛铁矿种类		原生矿	砂 矿	砂 矿（从澳大利亚进口）	砂 矿	砂 矿
钛铁精矿组成（质量分数）	TiO_2/%	35.4	49	54	58 ~ 64	50 ~ 60
	FeO/%	45 ~ 55	22.5			35 ~ 38
	其他/%	6 ~ 8	4 ~ 5			2.5 ~ 3.0
钛渣组成（质量分数）	ΣTiO_2/%	80	85	90	约 90	92 ~ 94
	FeO/%	10 ~ 12	9 ~ 10			4 ~ 5
	其他/%	14 ~ 20	7 ~ 8			5 ~ 6
还原剂种类		无烟煤	无烟煤	无烟煤	无烟煤	石油焦
单 耗	还原剂 /t · t^{-1}	0.13 ~ 0.15	0.15		0.14	0.14 ~ 0.15
	电极 /kg · t^{-1}	石墨电极 25 ~ 30	石墨电极 25 ~ 30		石墨电极或自溶电极 24	自熔电极 65 ~ 75
	电能 /kW · h · t^{-1}	2000 ~ 2200	2400	2000	2000 ~ 2400	2800 ~ 3400
TiO_2 回收率/%					90 ~ 92	88 ~ 90
钛渣用途		硫酸法钛白的原料	硫酸法和氯化法钛白的原料	氯化法钛白的原料	熔盐氯化的原料	沸腾氯化生产 $TiCl_4$ 和生产人造金红石的原料
备 注		连续加料，间歇放料、软硬件技术先进，正在新建高钛渣工厂	软硬件技术先进，已扩大了生产能力	过去用本国原生矿生产硫酸法钛白的原料	采用先进的软件技术，$TiCl_4$ 供生产海绵钛和钛白用	正在研究密闭式电炉

2006 年世界钛渣生产总产能 250 万 t/a，实际产量 180 万 t/a 左右。我国钛渣产能约 8 万 ~9 万 t/a，实际产量只有 4 万 ~5 万 t/a。前些年我国钛渣生产厂有几十家，有钛渣电炉 20 多台，电炉总容量 52.6MV · A，一般都是小功率敞口式电炉，最大 6300kV · A，大部分 500 ~3200kV · A。设备和生产工艺落后，能耗大，环境污染严重，劳动条件差，产品质量不稳定，已有半数转产或停产。2004 年攀钢引进了 25.5MV · A 的大型半密闭电炉，情况有所变化。

电炉法生产的钛渣根据其品位和用途不同可以分为两种类型：

第一种，低品位钛渣，含 TiO_2 <90%、FeO8% ~12%（质量分数），具有很好的酸溶性，供硫酸法生产钛白用，所以这种渣也称“酸溶性”钛渣（有些品位低于90%的钛渣也可用于氯化）。

第二种，高品位钛渣，含 $TiO_2$90% ~95%、FeO3% ~4%（质量分数），供氯化法生产 $TiCl_4$ 和氧化焙烧生产人造金红石用。

3.2.2 电炉还原熔炼钛渣的原理

3.2.2.1　钛铁矿的还原熔炼过程

钛铁矿的基本成分是偏钛酸铁 $FeO \cdot TiO_2$，它实际上是以 $FeTiO_3$ 晶格为基础的多组分复杂固溶体，可表示为：$m[(Fe,Mg,Mn)O \cdot TiO_2] \cdot n[(Fe,Al,Cr)_2O_3]$，$m+n=1$。也有少量游离态的铁氧化物，当配有适当比例的固体碳作还原剂投入高温电炉熔炼时，铁的氧化物被选择性还原，主要的化学反应及相应反应的标准吉布斯自由能变化见表3-5。

表3-5　钛铁矿及铁氧化物碳还原反应的标准吉布斯自由能变化

化学反应及其标准吉布斯自由能变化 $\Delta G_T^{\ominus}$/J·(mol·K)$^{-1}$	开始反应温度/K(℃)①
$FeO_{液} + C = Fe + CO$ $\Delta G_{T,(1)}^{\ominus} = 12.1 \times 10^4 - 132.9T$　(3-1)	910(673)
$2/3(FeO \cdot TiO_2) + C = 2/3Fe + 1/3[Ti_2O_3]_{FeO \cdot TiO_2} + CO$ $\Delta G_{T,(2)}^{\ominus} = 17.4 \times 10^4 - 157.2T$　(3-2)	1107(834)
$2(FeO \cdot TiO_2) + C = FeO \cdot 2TiO_2 + Fe + CO$ $\Delta G_{T,(3)}^{\ominus} = 17.7 \times 10^4 - 157.8T$　(3-3)	1122(849)
$5/6(FeO \cdot TiO_2) + C = 5/6Fe + 1/10Ti_5O_9 + CO$ $\Delta G_{T,(4)}^{\ominus} = 15.6 \times 10^4 - 142.1T$　(3-4)	1098(825)
$FeO \cdot TiO_2 + C = Fe + TiO_2 + CO$ $\Delta G_{T,(5)}^{\ominus} = 16.1 \times 10^4 - 144.6T$　(3-5)	1113(840)
$3/4(FeO \cdot TiO_2) + C = 3/4Fe + 1/4Ti_3O_5 + CO$ $\Delta G_{T,(6)}^{\ominus} = 18.5 \times 10^4 - 157.2T$　(3-6)	1177(904)
$2/3(FeO \cdot TiO_2) + C = 2/3Fe + 1/3Ti_2O_3 + CO$ $\Delta G_{T,(7)}^{\ominus} = 19.6 \times 10^4 - 154.6T$　(3-7)	1268(995)
$1/2(FeO \cdot TiO_2) + C = 1/2Fe + 1/2TiO + CO$ $\Delta G_{T,(8)}^{\ominus} = 23.6 \times 10^4 - 165.1T$　(3-8)	1429(1156)
$2/3[FeO \cdot TiO_2] + C = 2/3Fe + 1/3Ti_2O_3 + CO$ $\Delta G_{T,(9)}^{\ominus} = 23.7 \times 10^4 - 160.1T$　(3-9)	1480(1207)

①括号内数字表示℃。

如果钛铁矿中配碳量过多，在高温条件下，还可能发生生成 TiC、TiN 的化学反应。在高温还原条件下，又有 Fe(液)相共存，也会还原出少量金属 Ti 溶于铁液中。

根据化学反应式3-1 ~式3-9的标准吉布斯自由能 $\Delta G^{\ominus}$-T 关系式，计算出不同温度下

的 $\Delta G_T^\ominus$ 值（或直接查热力学数据表得 $\Delta G_T^\ominus$ 值）并绘出 $\Delta G_T^\ominus - T$ 关系图如图 3-9 所示。由图 3-9 可以看出，在高温下 $FeO \cdot TiO_2$ 还原反应可以自发进行，温度越高，还原反应越容易向右进行。但是，由于各反应热力学性质的差异，生成不同价态钛氧化合物还原反应由易到难的顺序是：

$$TiO_2 \rightarrow Ti_5O_9 \rightarrow Ti_3O_5 \rightarrow Ti_2O_3 \rightarrow TiO \rightarrow TiC\ (\text{或}\ TiC(N)) \rightarrow Ti(Fe)$$

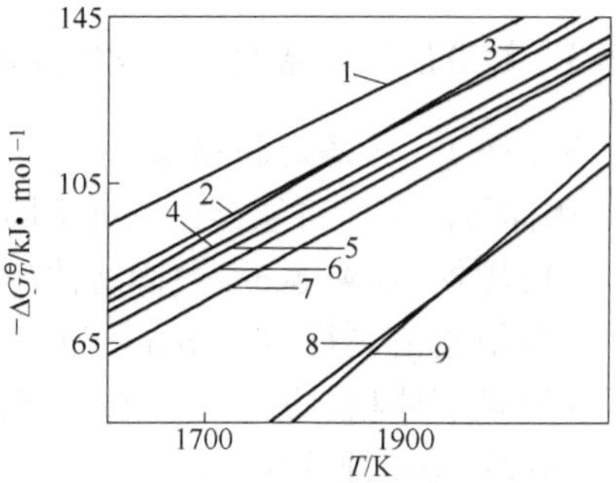

图 3-9 钛铁矿固碳还原反应的标准吉布斯自由能变化与温度的关系（$-\Delta G_T^\ominus$-T）

1—式 3-1；2—式 3-2；3—式 3-3；4—式 3-4；5—式 3-5；6—式 3-6；7—式 3-7；8—式 3-8；9—式 3-9

钛铁矿中的游离 Fe_2O_3、Fe_3O_4 和 FeO 在电炉还原熔炼条件下是比较容易被还原的。生产实际中还原熔炼作业是在约 2000K（1727℃）左右的高温下进行的，也有生成 TiC、TiN 和 Ti 的可能性。少量 Ti 熔于铁水成 FeTi 合金。在适当配 C 量情况下，由于热力学竞争关系，钛渣中 TiO_2 量最多，低价氧化钛量随价数降低而依次减少，生成 TiC、TiN、Ti 的量最少。杂质 MgO、CaO 和 Al_2O_3 不被还原全部进入钛渣，SiO_2、MnO、V_2O_5 会不同程度地被还原成 Si、Mn、V 溶于铁相中。在高温反应区，主要发生碳的直接还原，如表3-5中各反应式。当炉料疏松，有孔隙，还原反应生成的 CO 气体沿料层上升，使炉料加热，对 Fe_2O_3、Fe_3O_4 和 FeO 也有还原作用，生产中要注意利用这一优势，以降低还原剂用量和电能消耗。还会有少量 C 溶于铁水成为渗碳体。

3.2.2.2 成渣过程和渣铁分离

固体碳还原钛铁矿的最终产物有三种：

（1）还原性气体，逸出炉口后从烟囱排除或收集利用；

（2）碳质量分数为 1.5% 左右的生铁或称“半钢”；

（3）富集有钛的各种氧化物（TiO_2、Ti_3O_5、Ti_2O_3、TiO）的渣，称为钛渣。

纯净的 TiO_2、Ti_3O_5、Ti_2O_3 和 TiO 具有较高的熔点，分别为 1870℃、1774℃、1839℃和 1750℃。而 TiC 和 TiN 的熔点更高，分别为 3150℃ 和 2930℃。但是在高温熔炼状态下，一出现液相，这些高熔点氧化物就与熔体中的 MgO、CaO、Al_2O_3、SiO_2 和残存的 FeO 产生造渣反应，生成熔点为 1600～1700℃ 的钛渣。所以，钛渣中各种价态的钛氧化物及杂质氧化物并不是独立存在的，它们只是作为钛渣化学组成的一种分析形态。而实际存在形态是另一回事。它们彼此形成固溶体，在炉渣冷却后形成成分复杂的化合物。其中主要是黑钛石，它是在 Ti_3O_5 晶格基础上形成的，钛在黑钛石中以各种不同的价态（Ti^{4+}、Ti^{3+} 和 Ti^{2+}）存在。钛渣的实际组成比此更复杂。渣中其他成分还有以 CaO 和 SiO_2 为主的玻璃体相和硅酸盐相，以及少量的 Fe、FeS、TiC(N) 等。钛渣的矿物组成在很大程度上取决于过程温度。低价钛氧化物，特别是 Ti_2O_3 对矿物组成有较大影响。

熔化状态下的生铁和钛渣借助于密度的显著差异而分层，铁在下层，渣在上层。分离不彻底而混在渣中的小铁珠可以在出炉冷却后，采用破碎、磁选的方法除去，从而得到化学成分符合要求的钛渣。

3.2.3　钛渣的物相结构、化学组成及主要物理性质

3.2.3.1　钛渣的物相结构

固体钛渣中，可能存在三种不同的矿相结构，但以黑钛石相为主：

(1)黑钛石(Аносовит)固溶体相，具有 Ti_3O_5 型结构；

(2)塔基洛夫石(Тагировит)固溶体相，具有 Ti_2O_3 型结构；

(3)玻璃体相，嵌于上两种固溶体之间。

黑钛石是一种具有 Ti_3O_5 形式的高温变体，它可表示为 $TiO \cdot 2TiO_2$ 和 $Ti_2O_3 \cdot TiO_2$，其中 TiO、Ti_2O_3 可被其他杂质氧化物置换，并相互形成固溶体，因而钛渣可用以下通式表示：$m[(Ti, Mg, Mn, Fe) \cdot 2TiO_2] \cdot n[(Ti, Al, Cr, Fe)_2O_3 \cdot TiO_2]$，式中，$m + n = 1$。

塔基洛夫石是以 Ti_2O_3 为基的固溶体$[FeO \cdot TiO_2]_{Ti_2O_3}$，考虑到离子的同晶取代性质，则其通式可表示为：$m[(Fe, Mg, Mn, Co, Ni, Ti)O \cdot TiO_2] \cdot n[(Al, Cr, Sc)_2O_3]$，式中，$m+n=1$。

3.2.3.2　钛渣的化学组成

前苏联研究人员对某地产钛精矿在熔炼过程中钛渣的化学成分和电导率变化情况做了详细的研究。结果分别见表 3-6 和表 3-7。

表 3-6　由某地钛精矿熔炼工业钛渣过程中钛渣化学组成的变化情况

熔炼过程中不同时间的取样号	在熔炼过程中不同阶段钛渣的主要化学成分(质量分数)/%				
	FeO	$TiO_2$①	Ti_2O_3	TiO	低价钛氧化物合计
1②	23.90	63.40	—	—	—
2	14.94	73.88	9.72	4.16	13.88
3	12.90	75.50	17.53	2.02	19.57
4	13.11	80.50	19.80	3.20	23.00
5	10.67	81.00	20.38	4.29	24.67
6	9.45	81.00	23.04	1.60	24.64
7	9.47	85.50	26.64	2.56	29.20
8	6.03	87.50	24.48	5.44	29.92
9	3.77	89.85	25.77	4.26	30.03

①钛渣中的低价氧化钛已全部折算成了 TiO_2；

②为初始钛精矿原料。

表 3-7　由某地钛精矿熔炼工业钛渣过程中钛渣电导率的变化情况

熔炼过程中不同时间的取样号	在不同温度（℃）下钛渣的电导率/$\Omega^{-1} \cdot cm^{-1}$						
	1200	1300	1400	1500	1600	1700	1800
1①	25.5	31.0	25.9	25.5	34.2	39.6	59.2
2	48.4	52.9	60.6	61.9	69.3	57.7	53.3
3	53.1	52.6	60.2	67.4	71.8	59.8	59.3
4	84.4	87.1	92.0	101.3	97.6	84.3	81.3
5	62.6	59.3	67.1	82.5	82.5	80.2	75.3
6	85.1	87.7	92.8	116.1	129.5	136.0	106.1
7	101.0	104.1	105.1	117.2	123.9	126.5	105.0
8	83.1	87.6	96.1	116.3	136.7	132.8	118.7
9	110.0	116.0	119.7	152	179.5	179.5	171.5

注：本表中取样号与表 3-6 中取样号相同。

①为钛精矿原料。

每炉熔炼时间5～6h。随着熔炼过程的进行，钛渣中FeO的质量分数由最初精矿中的23.9%（1号样）降至最终钛渣中的3.77%（9号样）；而钛氧化物总的质量分数ΣTiO_2（钛渣中低价钛氧化物已换算成了TiO_2）从初始精矿中的63.4%增加到了最终钛渣中的89.85%，其中低价钛氧化物（特别是Ti_2O_3）随还原过程的进行而增加，高价TiO_2含量将减少。

3.2.3.3 钛渣的主要物理性质

从钛精矿熔炼得到的工业钛渣是很复杂的多元体系，因为其低价氧化钛的含量和性质很不稳定，因此要确定其化学组成和矿物组成是比较困难的。

有鉴于此，采取人工配制合成钛渣的办法来研究钛渣的一些基本性质。前苏联的一些学者对合成钛渣的熔度、黏度和电导率与钛渣组成之间的关系进行了系统的研究。需指出的是，它们首先研究了钛渣中各种价态的氧化钛对钛渣性质的影响。低价氧化钛对钛渣熔炼工艺起着非常重要的作用。

他们用化学纯的TiO_2、MgO、CaO、Al_2O_3和SiO_2作为制取合成渣的原料，实验工作在特殊结构的仪器中，在氩气气氛中进行。当熔体黏度达到0.5Pa·s时测定熔化温度，将所有研究结果绘制成图。

图3-10～图3-14为不同组成钛渣的熔度等温线图。

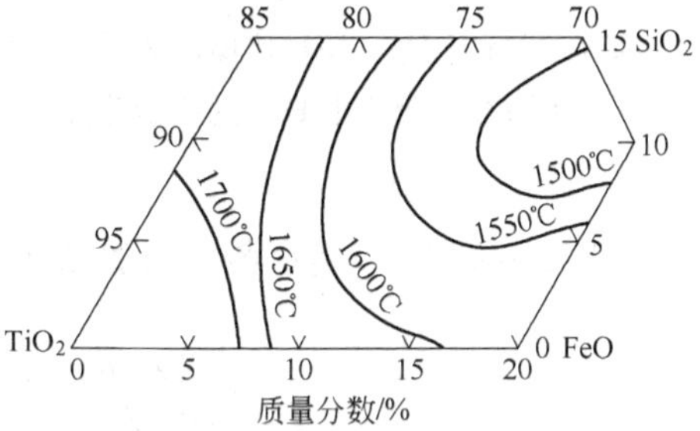

图3-10 TiO_2-SiO_2-FeO三元系的熔度等温线

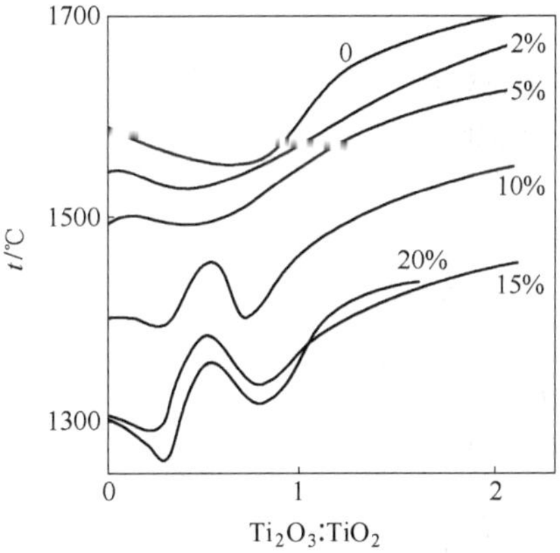

图3-11 SiO_2-Al_2O_3-Ti_2O_3-CaO-FeO-MgO多元系渣（含4% SiO_2、2% Al_2O_3、2% MgO）的熔度与渣中低价钛氧化物（Ti_2O_3：TiO_2）的比值及氧化钙的质量分数的关系（图中曲线上数据0～20%表示CaO的质量分数）

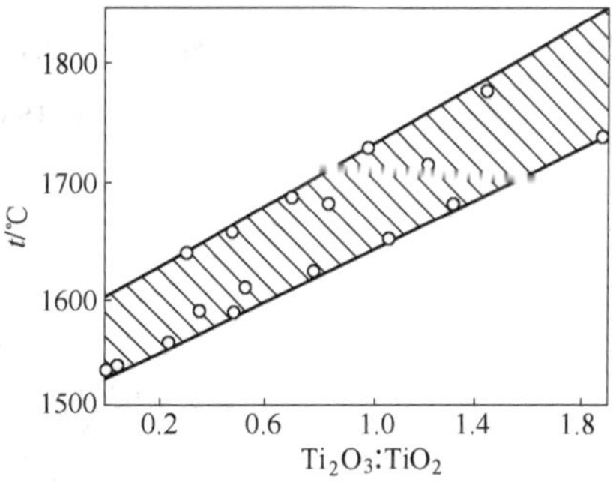

图3-12 钛渣（含质量分数为5%的FeO）的熔化温度与Ti_2O_3：TiO_2比值的关系

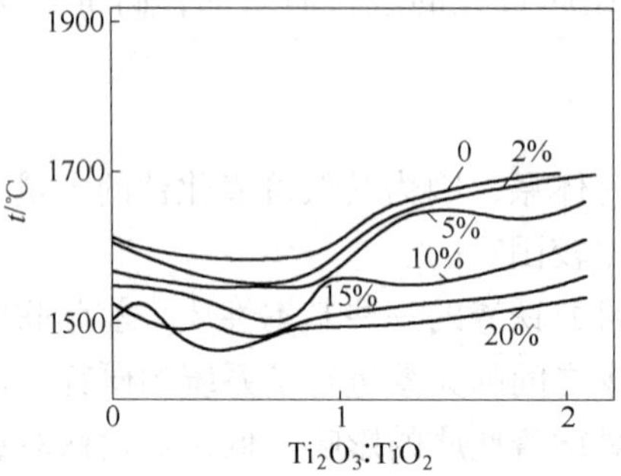

图 3-13　钛渣（含 4% SiO_2、2% Al_2O_3、2% MgO）的熔度与 Ti_2O_3: TiO_2 比值的关系（曲线上数据表示渣中 FeO 的质量分数）

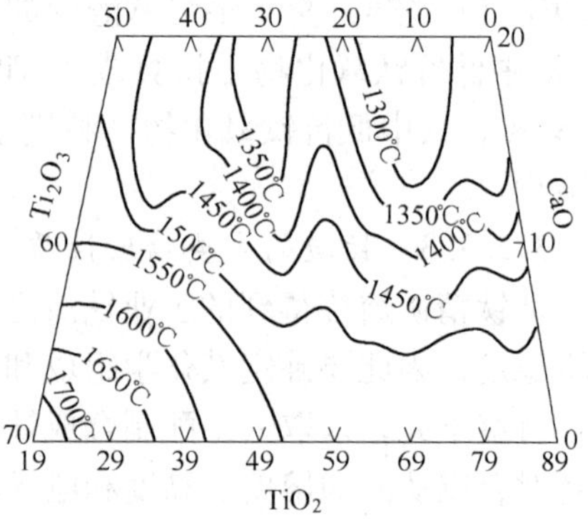

图 3-14　TiO_2-SiO_2-Ti_2O_3-Al_2O_3-CaO-FeO-MgO 多元系（含 4% SiO_2、2% Al_2O_3、3% FeO、2% MgO）的熔度等温线

图 3-15 ~ 图 3-17 表示各种组成钛渣的等黏度曲线。

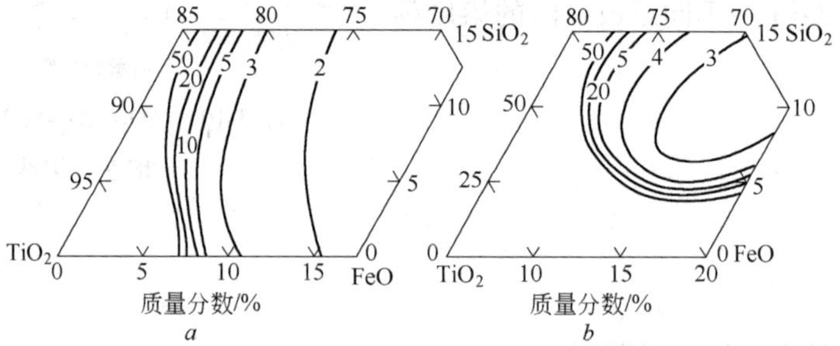

图 3-15　TiO_2-SiO_2-FeO 三元系在 1650℃（*a*）和 1550℃（*b*）的等黏度曲线

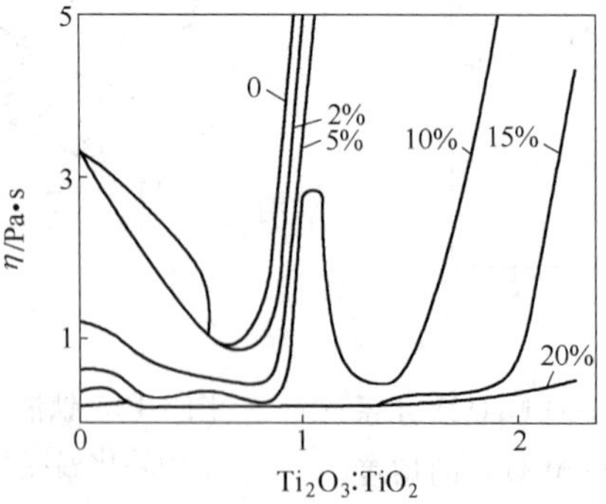

图 3-16　钛渣（含 4% SiO_2、2% Al_2O_3、2% MgO）黏度与渣中 Ti_2O_3: TiO_2 比值的关系（曲线上数据表示 FeO 的质量分数）

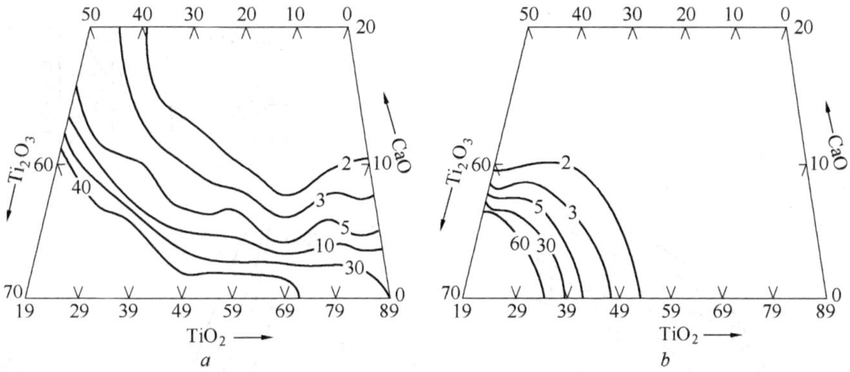

图 3-17 TiO_2-SiO_2-Al_2O_3-Ti_2O_3-CaO-FeO-MgO 系钛渣（含 4% SiO_2、2% Al_2O_3、3% FeO、2% MgO）在 1500℃（*a*）和 1600℃（*b*）时的等黏度曲线

图 3-18 ~ 图 3-23 为各种情况下钛渣的电导率。

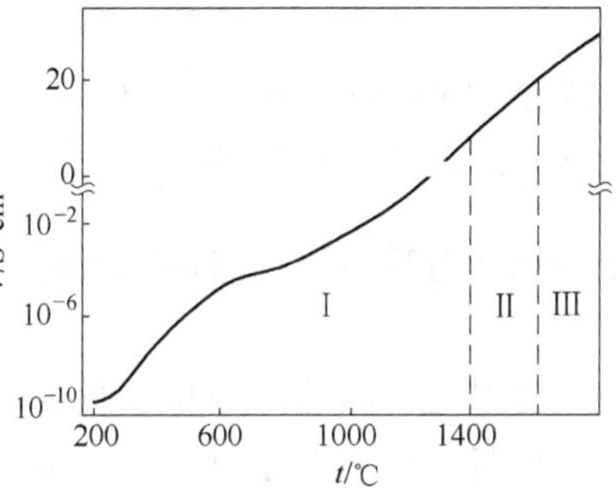

图 3-18 钛精矿的电导率在各熔炼期的变化情况

Ⅰ—精矿的加热期；Ⅱ—中间黏滞状态；Ⅲ—熔融状态期

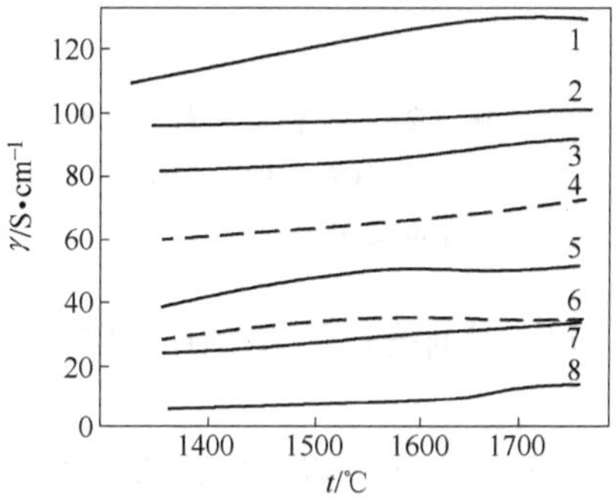

图 3-19 钛渣（含 3% FeO、3% SiO_2、2% Al_2O_3）的电导率与温度的关系

1—0% CaO；2—2% CaO；3—4% CaO；4—4% MgO；5—6% CaO；6—10% MgO；7—10% CaO；8—15% CaO

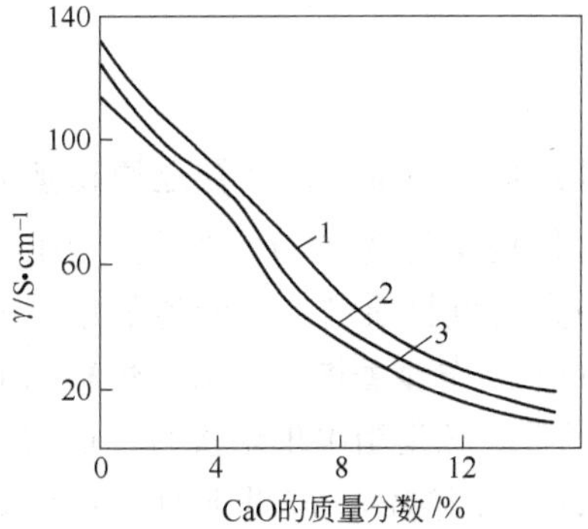

图3-20 高钛渣的电导率与渣中 CaO 的质量分数的关系

1—1750℃；2—1550℃；3—1350℃

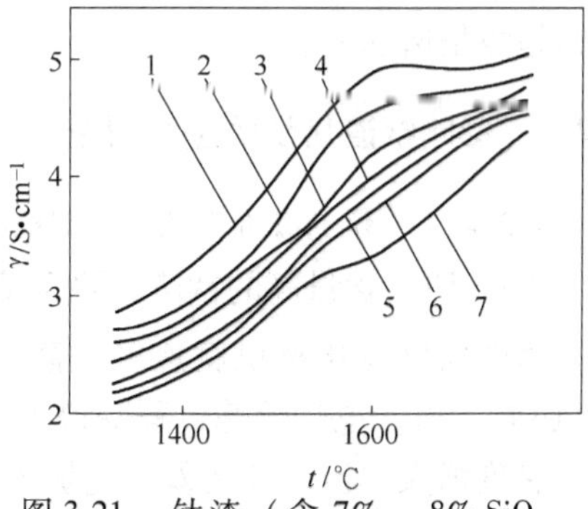

图 3-21 钛渣（含 7% ~ 8% SiO_2、39% ~ 45% TiO_2、9% ~ 10% Al_2O_3、9% ~ 10% MgO 和 22% ~ 25% CaO）的电导率变化与温度的关系（曲线上数字为 FeO 的质量分数）

1—5%；2—3.5%；3—2%；4—8%；5—10%；6—12%；7—15%

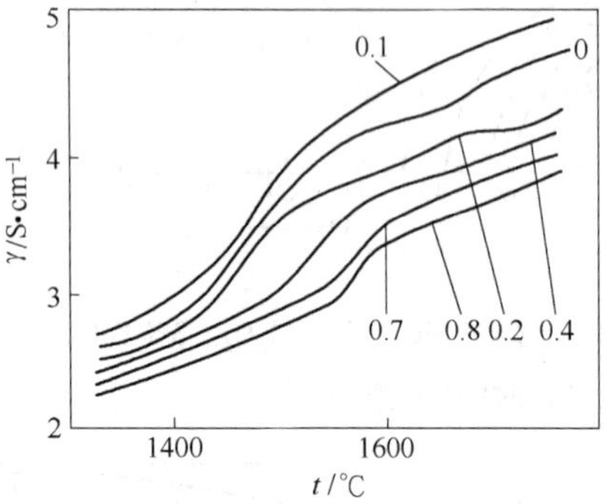

图 3-22　钛渣电导率与温度和 Ti_2O_3: TiO_2 比值（曲线上数字）的关系

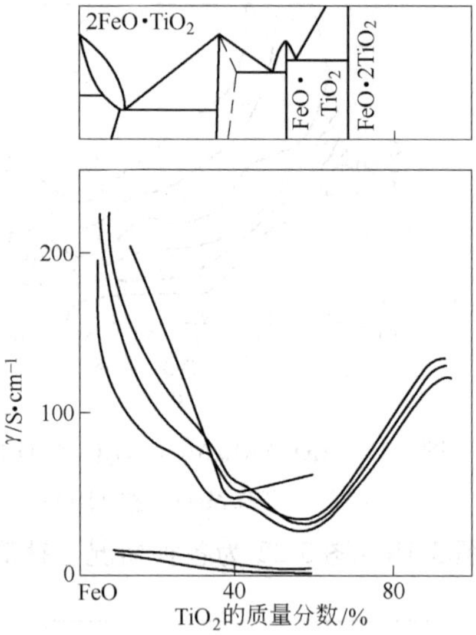

图 3-23　FeO-TiO_2 系电导率等温线（同时表示出了 FeO-TiO_2 的状态图）

以上是对合成钛渣的研究结果。表 3-7 表示熔炼工业钛渣过程中不同时间测得的电导率值。

从这些图表可以看出，钛渣熔度的变化规律是：随体系中 ΣTiO_2 和 Ti_2O_3 含量的增加（特别是随还原度 Ti_2O_3/TiO_2 比值的增加），钛渣的熔度升高；在一定还原度下，熔度随 CaO 和 FeO 含量的增加而降低。

钛渣黏度的变化规律是：黏度随 ΣTiO_2 和低价氧化钛含量的增加而增加；随渣中 FeO 含量的减少而增加。

钛渣电导率的变化规律是：随温度的升高而升高；随 CaO 含量及 FeO 含量的增加而减少。随还原过程的进行，FeO 含量减少，ΣTiO_2 和低价氧化钛含量增加，钛渣的电导率总的趋势是增加的。

3.2.4　影响钛渣熔炼的主要因素

3.2.4.1　钛的低价氧化物对熔炼的影响

生产 TiO_2 含量高的钛渣，要求渣中 FeO 能较彻底地还原。然而，FeO 被还原得愈完全，钛的低价氧化物也就愈多，甚至出现碳氮化钛，这种现象称为“过还原”。当出现“过还原”时，电炉熔炼过程变得十分困难。首先是渣中高熔点物质增加，使渣的熔点升高，黏度增大，流动性变差，电炉出渣困难。其次是渣的电导率显著提高，渣与炉料的电导率差异增大，使电炉受电困难和不均匀，配电操作难度大。三是当出现熔渣后，钛的低价氧化物促进渣中生成 FeO · $2TiO_2$-Ti_3O_5 和 FeO · TiO_2-Ti_2O_3 固溶体，降低 FeO 活度，致使进一步还原困难；欲得到高品位钛渣，需要延长液相还原时间和提高还原温度。上述情况的困难性，造成炉产能下降和电耗升高。因此，提高钛渣品位与熔炼过程的困难性是极为矛盾的，正确的解决途径是：

（1）选择适宜的钛渣成分。因为钛渣的还原度（Ti_2O_3/TiO_2 的比值）直接影响钛渣电炉熔炼的技术经济指标，所以，过高的还原度和全部彻底地还原渣中的 FeO 是不合理的。图 3-24 表示熔炼过程中钛渣化学组成的变化与能耗的关系。可以看出，随着熔炼过程的进行，钛渣中 FeO 含量减少（曲线3 所示），TiO（曲线2）和 Ti_2O_3（曲线1）增加，特别是 Ti_2O_3 含量增加很快；与此同时能耗也迅速增加。图 3-25 表示钛渣熔炼成本（曲线1）和下一步氯化时 $TiCl_4$ 的成本（曲线2）与渣中 FeO 渣还原度的关系。由图可见，随着还原深度的增加（即 $FeO_渣$ 减少），钛渣熔炼的单位成本增加，而氯化作业时 $TiCl_4$ 的单位成本降低。所以，在钛渣熔炼与 $TiCl_4$ 制取之间，要有一个合理的平衡点，以使两步作业的技术经济指标都达到比较理想的状态。严格控制还原度，使渣中低价的 Ti_2O_3 的质量分数为 30% ~35%，残留的 $FeO_渣$ 在 3% ~4% 之间比较合适。应根据原料成分和工艺过程碳损失情况，准确地在炉料内配入适当比例的碳还原剂，并控制好还原时间和熔炼温度，就能熔炼出品质优良，且技术经济指标合理的钛渣。

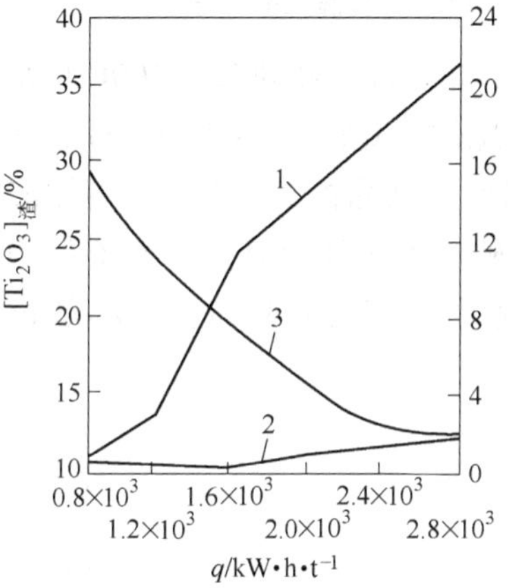

图 3-24 熔炼过程中钛渣化学组成的变化与单位能耗的关系
1—Ti_2O_3；2—TiO；3—FeO

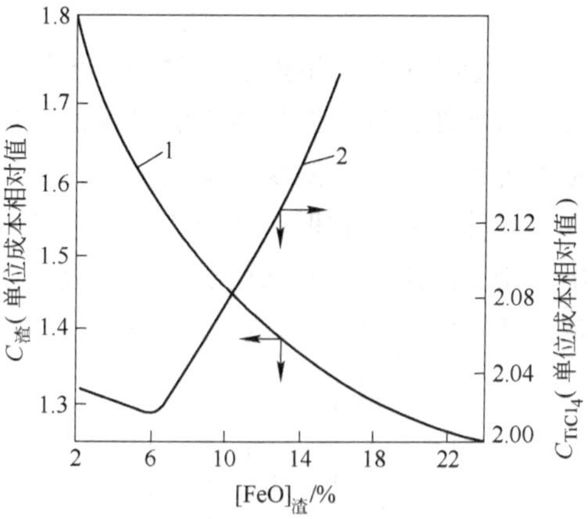

图 3-25 钛渣熔炼单位成本 C 和氯化时 $TiCl_4$ 单位成本与还原深度的关系
1—钛渣；2—$TiCl_4$

（2）采用高效熔炼的生产工艺，如炉料预还原，或是制团后再入电炉熔炼，强化钛铁矿熔点（1370℃）以下的固相还原，减少液相还原。

（3）选用电气参数匹配合理的电炉设备和良好的电气工作制度，以及掌握熟练的操作技术，实现高温快速熔炼。

3.2.4.2 温度制度的影响

由 FeO-TiO_2 二元系状态图（见图 3-26）可见，随着钛铁矿（FeO · TiO_2）逐渐被还原，生成的渣系中 FeO 量减少，TiO_2 量增加，渣系的熔点迅速升高。

用无烟煤作还原剂时，在小于 1100℃ 的较低温度下，还原速度的控制步骤是化学反应区；在 1100 ~1300℃ 间为过渡区；在大于 1300℃ 的高温下控制步骤为扩散控制（见图 3-27）。熔炼作业的实际温度一般在 1400 ~1750℃ 范围，处于扩散控制区。为了避免过还原，作业温度最好在低温度下进行，使之处于固态还原的化学反应控制区。可以通过将配料计算确定的总碳量中的一部分碳留在后期造渣阶段才加入炉内的办法来降低前期还原阶段物料的熔化温度。

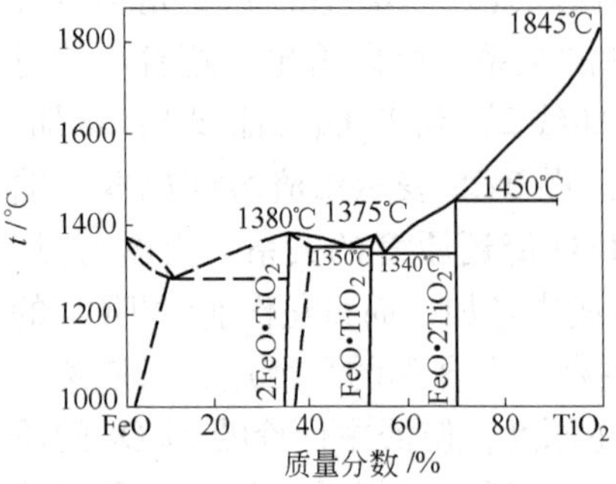

图 3-26　FeO-TiO$_2$ 系状态图

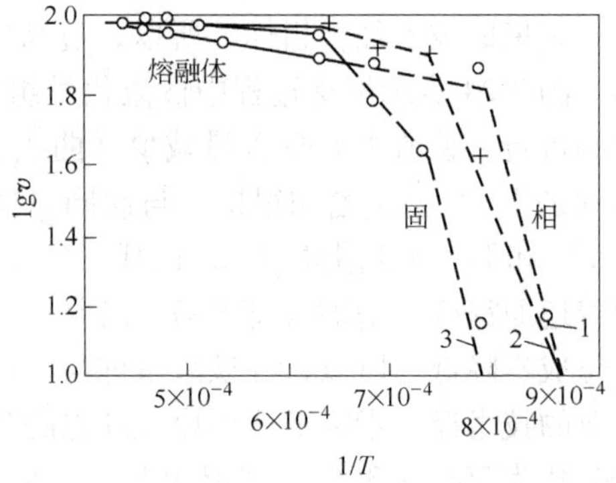

图 3-27　氢（1）、丙烷-丁烷（2）及无烟煤（3）还原红钛铁矿中铁氧化物的反应速度与温度的关系

钛渣处于完全熔融状态时黏度较低，通常在(30 ~ 100) × 10^{-3}Pa · s(即 30 ~ 100CP)左右，流动性很好；但当熔渣温度降低至熔点附近时，黏度将剧增(见图 3-28 和 3-29)。这是因为钛渣的析晶温度范围很狭窄，温度接近熔点时，少量固体结晶析出，悬浮在熔体液相中，使之变得黏稠。在熔炼高品位 TiO_2 的高钛渣时，此种现象尤为明显，从而给放渣出炉带来困难。为顺利出炉，可在放渣前的一个短时间内提温使熔渣过热，过热度(超过钛渣熔点的温度)一般为 50 ~ 100℃。

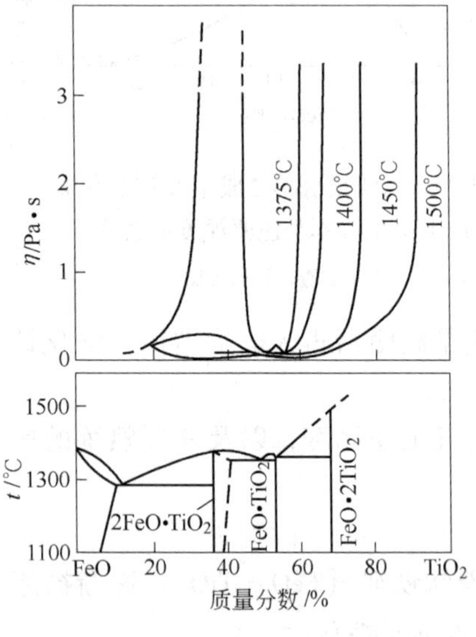

图 3-28　FeO-TiO$_2$ 系熔体的黏度变化

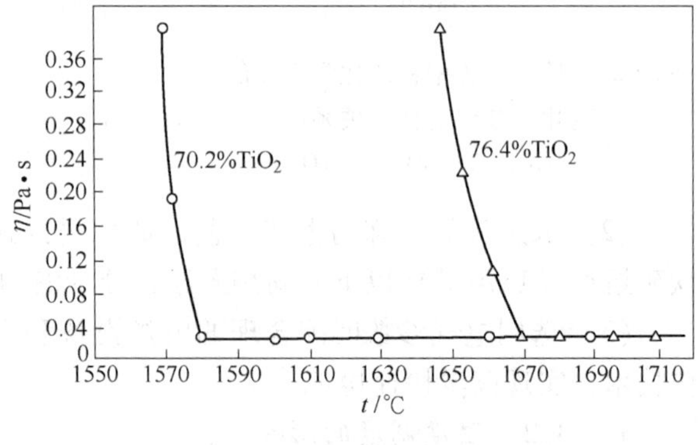

图 3-29　钛渣的黏度与温度的关系

3.2.4.3　还原剂种类和配入量的影响

常用的还原剂是无烟煤、焦炭和石油焦。如果碳矿比过大，会增大熔渣的还原度，渣中低价钛氧化物增多，导致黏度和电耗增加。如碳矿比过小，则配碳量不足，达不到需要的还原度，这也是不希望的。此时可补碳调整，延长作业时间，结果会降低产量。所以，应选择适当的配碳比，以达到良好的技术经济指标。

3.2.4.4 炉体结构和电气制度的影响

熔炼钛渣时，在电极周围会形成钛渣的熔池，熔池属高温区，适当提高炉膛高度可增加熔池的深度，炉子的生产能力也会随之而增加。

适当提高炉电压，有利于提高电能利用系数，降低单位电耗，并相应提高炉产能。拉长电弧，可提高电弧区的电能利用率，并使被炉气带出的粉尘量减少，金属回收率提高。但另一面会导致热辐射损失增加。因此应有一个合理的操作电压范围。

3.2.4.5 精矿性质的影响

不同矿源的矿物结构常常区别很大。如海滨砂矿和沉积砂矿，矿物结构比较疏松，还原熔炼时，反应速度快。而岩矿矿物结构致密，反应阻力大，还原熔炼就比较困难。如经过预氧化和/或预还原等预处理措施，破坏其致密结构，便可提高还原熔炼的速率。当然，这会增加工序和处理费用。

精矿成分也对还原过程有一定影响。许多文献指出，钛渣中含5%的CaO可以改善钛铁矿的熔炼性能。CaO是良好的助熔剂，可使渣的熔点降低，黏度变小；电导率下降，电炉受电良好；还可以破坏 $FeO \cdot 2TiO_2\text{-}Ti_3O_5$ 和 $FeO \cdot TiO_2\text{-}Ti_2O_3$ 固溶体，使FeO易于还原。MgO也具类似作用。所以 $w(CaO + MgO)$ 为6%左右的原生钛铁矿比 $w(CaO + MgO)$ 小于1%的钛铁矿具有较好的熔炼性能。高钙镁钛精矿的熔炼性能是比较好的，但高钙镁渣只适合熔盐氯化，不宜沸腾氯化。

因为，作为氯化法特别是沸腾氯化生产 $TiCl_4$ 的原料，钛渣中含有过多的CaO和MgO将给氯化工艺造成许多困难。因此，生产高品位钛渣，要严格地限制CaO和MgO的含量，其最佳原料是钛铁砂矿，熔炼时不外加CaO或MgO作助熔剂；而含CaO和MgO较高的原生钛铁矿适宜于生产“酸溶性”钛渣和熔盐氯化的钛渣。

3.2.4.6 熔炼工艺制度的影响

合理的熔炼工艺制度很重要。各工艺参数应相互协调，匹配得当。如对于大型密闭电炉，采用连续加料方式，熔炼好坏就与其合理的布料技术密切相关，这就要在炉盖上设计多个加料口，并控制好每个加料口的加料量和加料速度。同时加料速度与电功率之间也要相互匹配适当。

3.3 钛渣生产工艺流程

钛渣生产流程取决于炉料预处理工艺。炉料预处理的方法有预氧化、预还原和制团。制团工艺根据所选用的黏结剂不同（煤沥青或是纸浆废液），其工艺流程又略有区别。经预处理的炉料入电炉熔炼，分离金属铁，制得合格钛渣。如果粉料入炉，就不需要制团。

采用何种生产流程，应根据当地的资源情况来考虑，最终依据综合技术经济指标的优劣来选定。比如，用预还原炉料生产钛渣，具有炉况稳定和单位电耗低的特点，大型密闭电炉生产和在电力资源供应紧张的地区应侧重于预还原工艺。炉料预氧化有很好的脱硫效果，含硫高的钛铁矿宜采用预氧化工艺，不但可以制得含硫低的钛渣，也可得到含硫低的副产生铁，易于回收利用，降低成本。炉料制团工艺技术成熟，流程简单通用，本节将重点介绍。

制团工艺的黏结剂，既可用煤沥青，也可以用纸浆废液（相对密度为1.25）。但是纸浆废液带进 SO_4^{2-} 沾污炉料，副产生铁含硫较高利用困难，同时熔炼过程中，炉料结壳疏松，容易塌料翻渣，影响钛渣质量的提高和给操作带来困难。因此，在搞好安全通风的前提下，国内大多数厂家都采用煤沥青作黏结剂。但前苏联普遍采用纸浆废液作黏结剂。

作为熔炼钛渣的炭素还原剂，要求含较高的固定碳和较低的灰分；还要具有很好的化学活性以及较大的电阻率。国内的钛渣工厂几乎都选用资源易得、含固定碳较高的石油焦或冶金焦作还原剂。国外钛厂多用无烟煤。还原剂在使用前还要加工成一定的粒度组成，增加与钛铁矿接触的表面，促进固相还原反应。

以钛铁精矿、石油焦和煤沥青为原料，采用制团工艺预处理炉料生产钛渣的原则性流程如图 3-30 所示，制团工艺的设备流程示意图如图 3-31 所示。

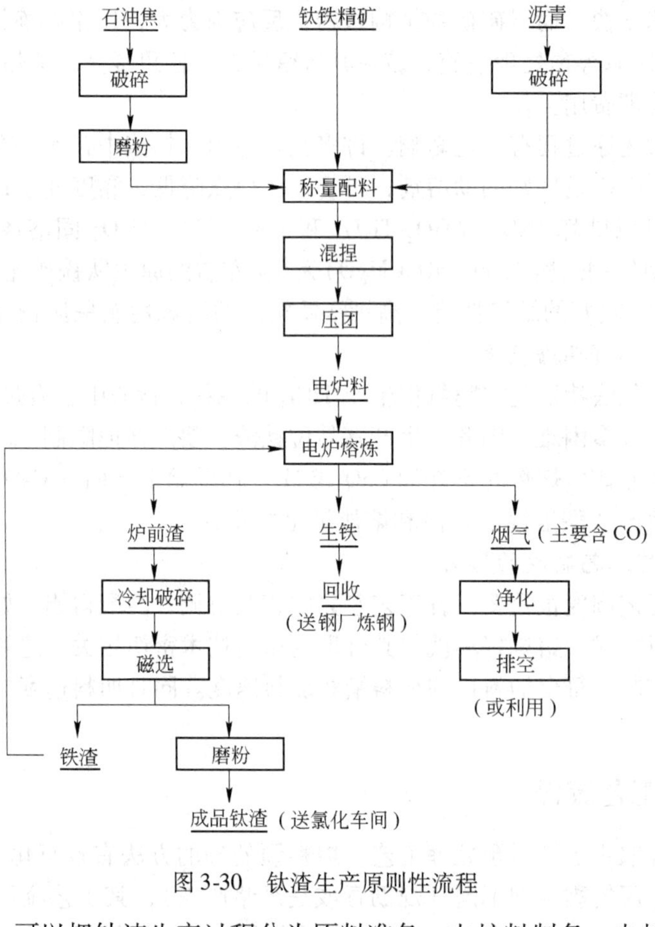

图 3-30　钛渣生产原则性流程

从流程图中，可以把钛渣生产过程分为原料准备、电炉料制备、电炉熔炼和成品渣加工四大工序。在生产高品位钛渣时，各工序的技术要求叙述如下。

3.3.1　原料准备

（1）钛铁精矿。化学成分应符合国家标准（参见表 1-13），粒度组成为 0.370 ~ 0.147mm（40 ~ 100 目）。

（2）石油焦。化学成分见表 3-8，使用时的粒度组成为：0.246 ~ 0.109mm（ −60 ~ +140 目）的占 50%，小于 0.109mm（ −140 目）的占 50%。

（3）沥青。化学成分见表 3-8，软化温度为 75 ~ 95℃，使用时的粒度小于 15mm。

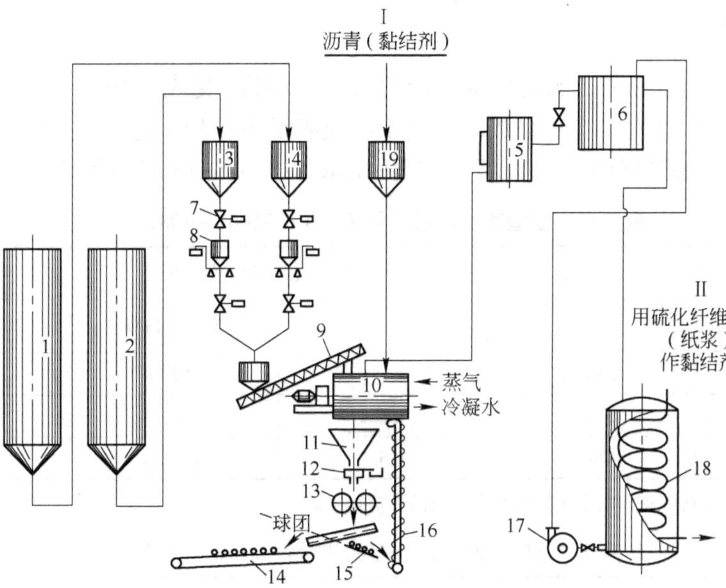

图 3-31 制团工艺设备流程示意图

1，2—分别为钛精矿和石油焦的储槽；3，4—矿、焦加料斗；5，6—硫化纤维碱液（纸浆废液）高位槽和计量槽；7—阀门；8—配料秤；9—螺旋送料机；10—混捏锅；11—料斗；12—阀；13—对辊压团机；14—成品皮带运输机；15—细料运输机；16—细料提升机；17—泵；18—蛇管加热器；19—沥青料斗

表 3-8 石油焦及沥青化学成分（质量分数） （%）

组 分	固定碳	挥发分	灰 分	水 分
煅烧焦	>95	<1	<1.5	<2
3 号焦	>85	<12	<1	<2
沥 青	30~40	55~75	<0.5	<5

3.3.2 电炉料制备

（1）炉料含碳量与配料计算的含碳量相比较，允许误差为±2%。

（2）成团率不低于 70%。

（3）球团冷却后，从 2m 高处自由抛落三次不碎裂。

3.3.3 电炉熔炼

熔炼的炉前渣化学成分应满足表 3-9 要求。

表 3-9 炉前渣的化学成分（质量分数） （%）

级 别	TiO_2	ΣFe
一级品	≥96	<3.5
二级品	≥94	<4

3.3.4　成品渣加工

炉前钛渣加工为成品渣，其化学成分应符合国家标准(见表3-10)，表3-11列出了我国不同矿源熔炼得的钛渣的实际组成。粒度组成应满足下一步工艺要求。如用于沸腾氯化法生产 $TiCl_4$，钛渣的粒度组成为0.175~0.084mm(−80~+180目)的不小于80%。

表3-10　我国高钛渣质量标准(ZBH 31001—1987)

品　级	化学组成(质量分数)/%			
	ΣTiO_2	ΣFe	MgO + CaO	MnO_2
一级品	≥94.0	≤3.0	≤1.0	≤4.5
二级品	≥92.0	≤4.0	≤1.5	≤4.5
三级品	≥80.0	≤5.0	≤11.0	≤4.5

注：攀枝花钛铁精矿熔炼得到的高钙镁渣符合三级品钛渣标准。

表3-11　不同矿源生产钛渣的化学组成(质量分数)　(%)

精矿品位和高钛渣组成		原料钛精矿产地				
		广西北海	海南	四川攀枝花	河北承德	云南富民
钛精矿 TiO_2 品位		61.65	48.67	47.74	47.00	49.85
钛渣组成	ΣTiO_2	94.35	92.4	82.63	90.6	94.0
	FeO	4.36	3.0	4.08	3.0	2.70
	CaO	0.28	1.41	1.11	1.47	0.41
	MgO	0.40	0.36	7.40	2.78	3.20
	SiO_2	0.88	0.92	3.88	2.23	1.02
	Al_2O_3	1.25	1.87	2.04	2.23	0.45
	MnO	1.90	3.53	0.80	1.38	0.85

3.4　钛渣生产的主要设备

3.4.1　破碎磨粉设备

石油焦、沥青、钛渣的粗碎一般采用颚式破碎机。石油焦和钛渣的中碎用反击式锤碎机，磨粉用干式球磨机或是雷蒙磨。

3.4.2　电炉料制备设备

（1）配料秤。通常采用机械秤(如磅秤、弹簧秤、配料车)计量各种物料，精度为±0.5%。

（2）混捏锅。采用蒸汽间接加热的专用混捏锅，其规格为500L、1000L等。工作原理如图3-32所示，锅体四周墙板和底板都是中空的，其上设有蒸汽入口和出口，锅内有双螺旋搅刀，搅刀固定在转轴上通过减速器与电动机相连。按比例称量好的原料一批一批地从进料口加入锅体内，在蒸汽加热和搅刀的强力搅动翻转下，沥青软化并与钛铁矿精矿、石油焦粉混合均匀，随后从出料口排出。

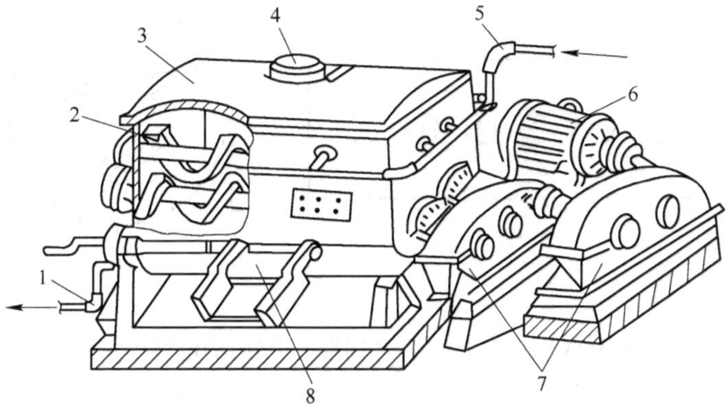

图 3-32　混捏锅
1—蒸汽出口；2—搅刀；3—锅体；4—加料口；5—蒸汽进口；
6—电动机；7—减速器；8—出料口

3.4.3　电炉设备

钛渣生产在我国虽已有三十多年的历史，但电炉设备的研制尚未形成系列，国内几种熔炼钛渣电炉的技术参数见表 3-12。

表 3-12　国内几种钛渣熔炼电炉的技术性能

项　目 ＼ 序　号		1	2	3	4
变压器功率/kV·A		400	400	1800	6300
常用二次侧电压/V		95	88	152	150
二次侧电流/A		2434	2627	6830	24280
电　极	类　型	自焙	石墨	石墨	自焙
	直径/mm	300	200	400	750
电极极心圆直径/mm		750	500	1000	1800
炉膛内径/mm		1500	1400	2500	4360
炉膛深度/mm		800	1180	1100	2000

国内外的厂家多采用敞口式或半密闭式、密闭式矿热电炉熔炼钛渣。电炉设备包括炉体、供电系统及电气仪表、电极把持器（分悬臂式和悬挂式）、电极下放装置、电极升降机构、水冷系统、加料设施和防护措施等。根据电炉变压器功率不等，炉形又有所区别，一般小型电炉为三电极呈正三角形排列的圆形炉，大型电炉多为六电极一线排列的长方形电炉，如图 3-33 所示。大中型矿热电炉也有圆形密闭炉。现以我国某厂 6300kV·A 三相自焙式电极敞口电炉为例，概略介绍电炉的主要设备，如图 3-34 所示。

3.4.3.1　炉体

炉体结构如图 3-35 所示。由炉壳、炉衬和出铁口、出渣口（小型炉通常只有一个放料口）构成。全部重量承重在基础上。外壳用锅炉钢板铆焊制成，底部平放在工字钢上。内

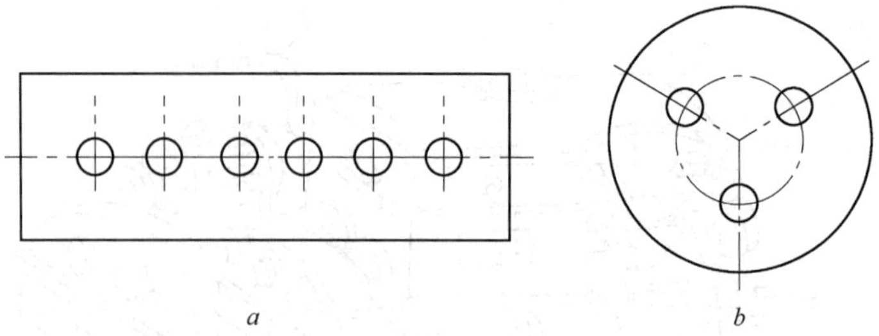

图 3-33　矩形电炉(*a*)和圆形电炉(*b*)的电极排布

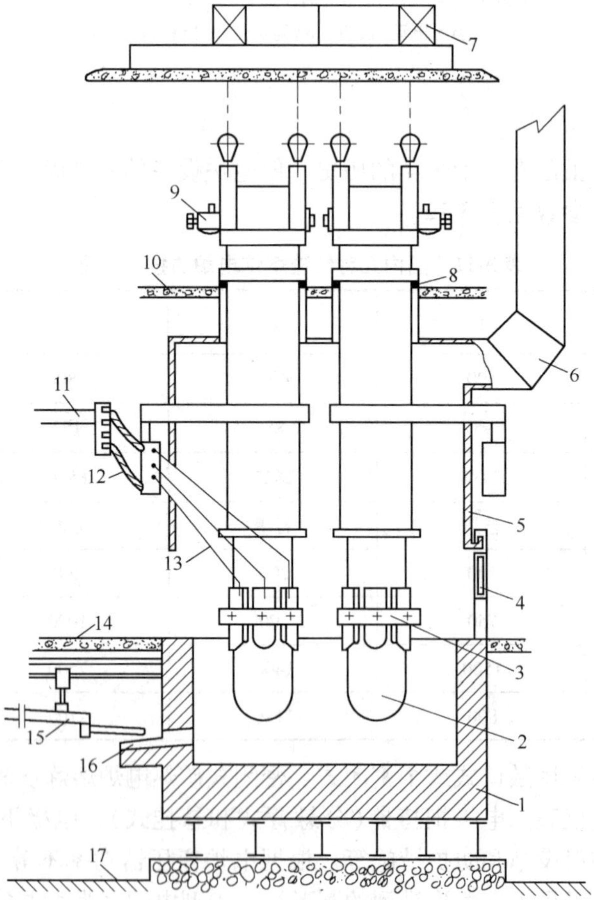

图 3-34　熔炼钛渣的敞口式电炉

1—炉体；2—电极；3—电极把持器；4—隔热水冷壁；5—炉罩；6—烟囱；7—电极升降装置及支架；8—炉顶密封绝缘装置；9—电极下放制动装置；10—三楼工作面；11—铜硬母线；12—铜软母线；13—水冷导电铜管；14—二楼工作面；15—电弧烧穿器；16—炉口；17— 一楼工作面

衬是耐火材料，由于操作温度不低于1800℃，所以耐火材料的选择十分关键。目前，镁质耐火砖、高铝耐火砖和炭素材料在钛渣炉上都有应用。炭素材料不会带入杂质沾污钛渣，这是其优点，但价格贵。高铝砖价格便宜，经济适用。炉膛的几何尺寸，包括炉膛直径、深度、极心圆直径等，对炉内电流密度和热量分布影响很大，是电炉设计的重要参数。电极下部周围是主要反应区。在这里，电能通过电弧和电阻形式转变成热能供给热量。炉体结构设计合理，砌体材料选择适当，合理的工艺参数和电气制度是延长炉体寿命的基本保障。炉体大修周期长的3～4年，短的只有半年。

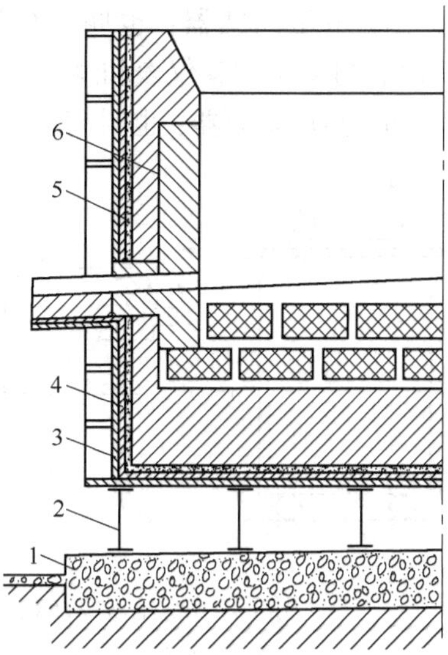

图3-35　炉体结构

1—混凝土基础；2—工字钢；3—炉壳；4—石棉板；5—填料层；6—耐火材料

耐火材料的砌筑要有严格的要求，砖缝不超过2mm。新砌筑的炉子先用木柴烘烤，然后送电烘烤。要有升温曲线，控制电力负荷逐渐提高温度，驱除耐火材料中的水分和挥发物，使其均匀膨胀，并让砖缝填料烧结。炉底通风冷却和测温，这样有助于改善炉衬的工作条件，延长炉衬的使用寿命。

为了用电安全，避免触电事故，电炉必须设置接地装置。对于大型矿热电炉，通常是在两根电极之间下面的炉底砌体内埋设铜片或钢带，并从炉底或侧墙引出导线接地。

3.4.3.2　供电系统

和其他铁合金炉一样，钛渣电炉的供电原理如图3-36所示。

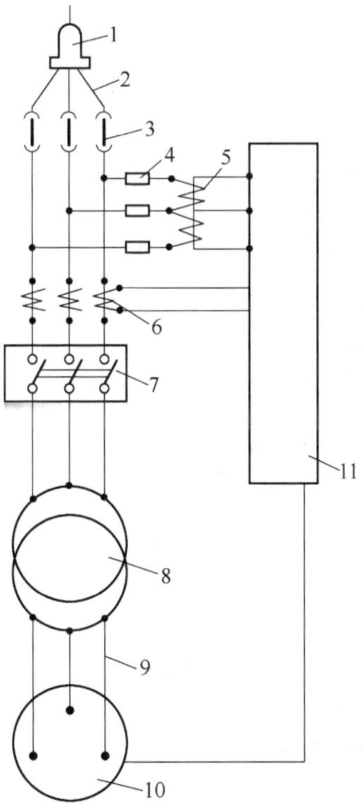

图3-36　电炉的供电原理

1—电缆；2—高压母线；3—高压隔离开关；4—高压熔断器；5—电压互感器；6—电流互感器；7—高压断路器；8—电炉变压器；9—二次短网；10—电炉炉体；11—控制仪表

电炉供电系统包括开关站、炉用变压器、母线等供电设施和继电保护设施。

（1）高压母线：或称汇流排，它的作用是把电流汇集起来再分配出去。

（2）高压隔离开关：或称闸刀，作用是检修时用以隔开电源。

（3）高压断路器：通常多采用油式负荷开关，但也有使用真空型负荷开关的，其性能允许带负荷跳闸2000次，更适合于钛渣熔炼工艺的特点。它的作用是能在高压电路带有负荷的情况下闭合或是切断电路，在短路时能自动切断短路电流。

（4）电流互感器：也叫“CT”，它的作用是把大电流变成小电流（二次侧电流一般是5A），再供给测量仪表和继电保护装置。

（5）电压互感器：也叫“PT”，它的作用是把高电压变成低电压（二次侧电压为100V），再供给测量仪表和继电保护装置。

（6）高压熔断器：也叫高压保险器，它是一种保安设备，可以保护电压互感器。

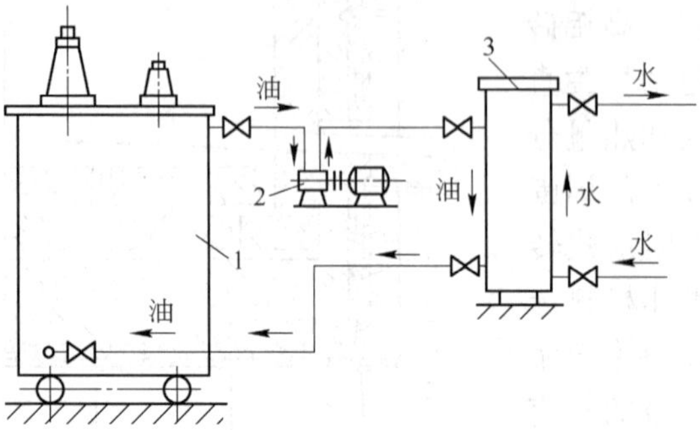

图 3-37　变压器冷却系统图

1—变压器；2—油泵；3—冷却器

（7）电炉变压器：它的作用是把高电压小电流的三相交流电变成低电压大电流，供给电炉能量。为了适应不同熔炼条件，变压器设有若干个电压等级，使低压侧有多级电压可供选用。变压器在运行中铁芯和线圈要产生热量，需要降温冷却，使其温度不超过 60℃，一般采用强制油循环水冷却系统效果较好，如图 3-37 所示。

（8）短网：或称短线路，如图 3-38 所示。它的作用是把变压器输出的电能送至电极上。其组成包括导电铜排（硬母线）、铜软线（软母线）和导电铜管。短网在电极上的接线方式有三种，如图 3-39 所示。

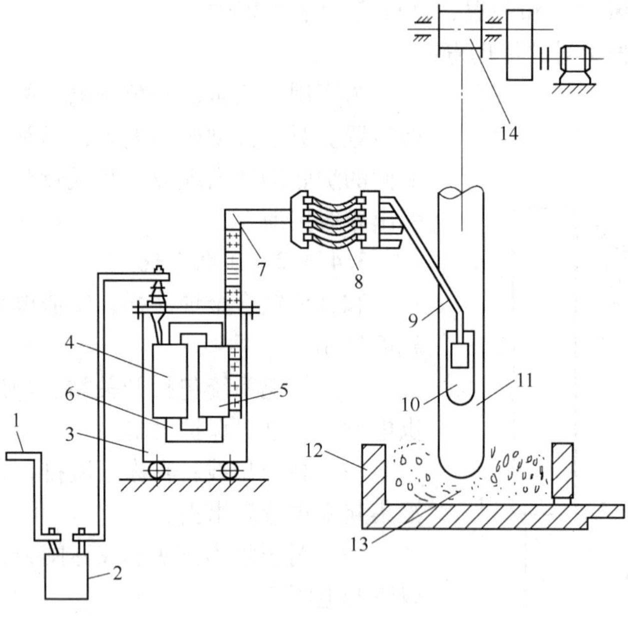
图 3-38　电炉短网示意图

1—高压母线；2—负荷开关；3—电炉变压器外壳；4—高压线圈；5—低压线圈；6—铁芯；7—铜排；8—软铜线；9—导电铜管；10—铜瓦；11—电极；12—炉体；13—熔池；14—电极升降装置

3.4.3.3　电极系统

电极系统由电极、电极把持器、电极升降装置、压放装置等几部分构成。

A　电极

电极的作用是把电能变成热能，供熔炼之用。电极分石墨电极、炭素电极和自焙电

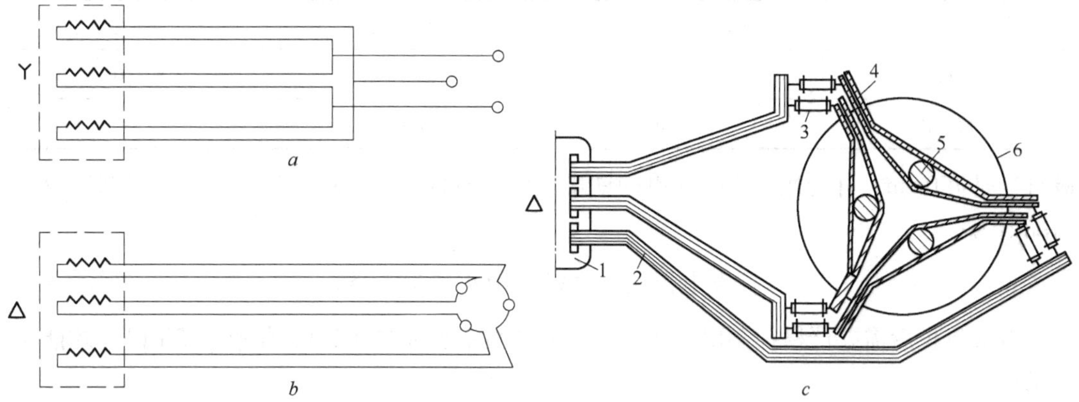

图 3-39 短网在电极上的不同接线方式
1—变压器；2—母线束；3—绝缘子串；4—电极的固定载流部分；5—电极；6—电炉

极，技术性能见表3-13。三种电极在钛渣电炉上都有应用。大型电炉电极直径较大，一般采用自焙式电极。

表 3-13 三种电极的技术性能

性 质	石墨电极	炭素电极	自焙电极
假密度/g·cm^{-3}	1.5~1.6	1.5~1.6	1.5~1.6
真密度/g·cm^{-3}	2.2	1.9~2.0	1.8~1.9
抗压强度/MPa	≥16	≥20	15~20
抗拉强度/MPa	≥15	≥6.5	
热导率(20℃时)/W·(m·K)$^{-1}$	34.89	23.26	
在空气中开始氧化温度/℃	600	400~500	
电阻率/Ω·m	(9~14)×10^{-6}	(42~55)×10^{-6}	(50~70)×10^{-6}

自焙式电极由电极糊和电极壳组成。电极壳的结构如图3-40所示，用薄铁板制作，用于电极成形和保护电极糊不被氧化。同时，在电极糊烧结前，还使电极具有一定的导电性和机械强度。电极糊通常采用标准牌号的电极糊，其化学成分见表3-14。由于工艺上的特点，熔炼钛渣的自焙电极，其烧结速度较消耗速度小得多，所以在电极制备和使用上都有不同于普通铁合金熔炼的技术要求。例如：6300kV·A钛渣电炉，自焙电

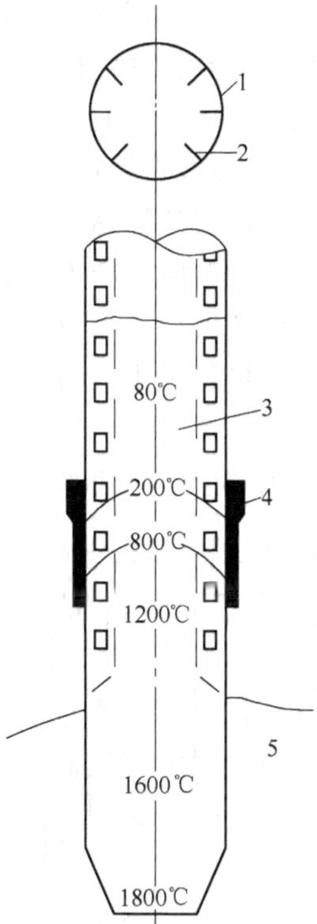

图 3-40 自焙电极结构和温度分布示意图
1—电极壳；2—筋片；3—电极糊；4—铜瓦；5—炉料

表 3-14　电极糊和底糊的化学成分（质量分数）　(%)

成　分	固定碳	挥发分	灰　分
电极糊	>74	14 ~ 16	8 ~ 10
底　糊	>80	8 ~ 10	

极直径是750mm，外壳用1.25mm厚的铁皮制作，有内肋片7块、宽200mm。电极糊材料的配方为：

标准电极糊：底糊 = 100：(20 ~ 25)

电极放长后需要严格控制电力负荷（不超过额定负荷的1/3），焙烧0.5h以上才能正常工作。

如前所述，钛渣的电导率大，熔炼过程又经常翻渣使电极短路，电流不稳定。因此通常选用阻抗压降不小于12%的电炉变压器，或是在变压器高压侧串接电抗器，以限制短路电流和保护变压器。但是串接电抗器后，线路阻抗增大，又将引起阻抗压降增加和功率因数下降，实践中要正确解决这一矛盾。

B　电极把持器

电极把持器的结构应保证铜瓦与电极接触良好，使电流均匀分布在电极上，以减少电阻热损失并保证电极烧结良好。同时保证下放电极方便和容易检修。因为该装置处于高温区工作，还需要通水冷却。它的主要部件是电极夹持环、铜瓦和把持筒。

a　电极夹持环

电极夹持环是为了夹紧电极，分环式和钳式。大中型电炉多使用环式。要求夹持装置能使铜瓦对电极产生0.1MPa($1kg/cm^2$)的压力。

环式夹持环可以分为螺钉顶紧夹持环、锥形夹持环和弹簧压紧夹持环。现代大型电炉自焙电极还采用径向液压式夹紧把持器。

螺钉顶紧夹持环如图3-41所示，是由两个半环、顶压螺栓及螺帽组成。半环是铸钢件，内部中空，通水冷却。在放下电极时，需要用长管式套筒板子松开螺栓，劳动强度大。

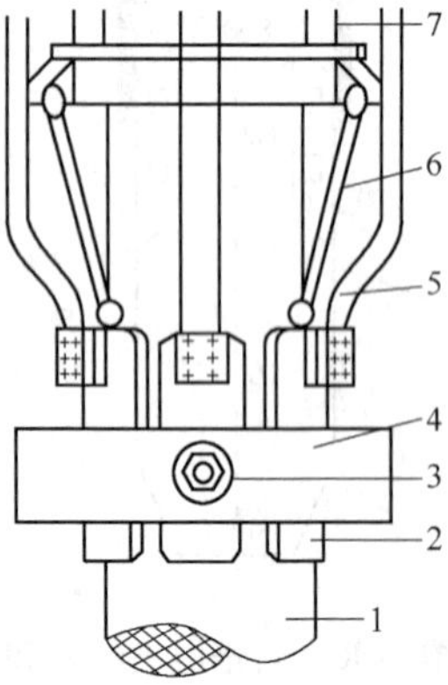

图 3-41　螺钉顶紧夹持环

1—电极；2—铜瓦；3—顶紧螺栓；4—夹紧半环；5—导电铜管；6—吊筋；7—把持筒

锥形夹持环是现代化电炉上通常采用的电极夹紧装置，其工作原理如图3-42所示。铜瓦上有楔铁，圆环的内侧有与楔铁锥度相同的圆锥面。吊杆上升，所产生的锥面压力经铜瓦传递到电极上，使电极被夹紧。要放松电极，只要吊杆下降到一定位置就可以了。吊杆的上升和下降，主要靠机械或是液压活塞杆的动作来实现。目前大多数厂家都采用液压传动装置，因此又称“油压—锥形环。”

现在大中型钛渣电炉的自焙电极多采用组合式把持器电极技术。组合式把持器的主要结构由压放装置、电极壳、接触装置等组成。通过伸出电极壳外的筋片夹紧电极和导电，取代了传统电极把持器的铜瓦。而且它采用的电极壳也不同于传统的电极壳，结构比较特殊且复杂。

组合式把持器的优点是：电极壳的电流分布佳，改善了电极的烧结，减少了电极硬断事故；适用性强，可用于不同功率、不同电极直径的矿热炉；由于结构设计合理，导电元件的使用寿命成倍提高；日常维护费用大大降低，设备开工率明显提高。缺点是：它只适用于自焙电极矿热炉，不能用于石墨电极；制造电极壳的设备复杂，要求较高；把持器的冷却水路曲折、复杂，需用软化水；电极只能下放，不能倒拔等。

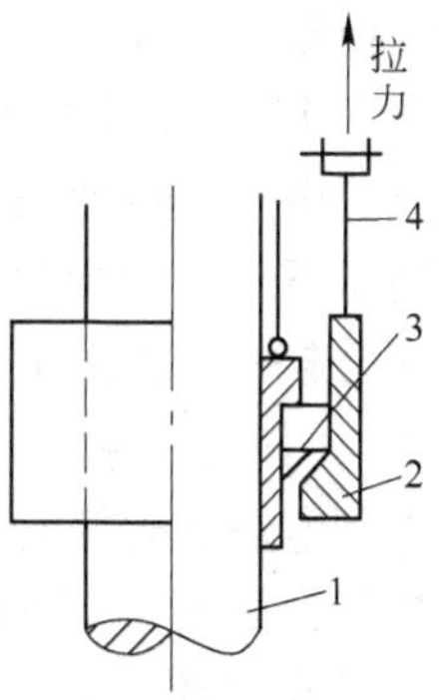

图 3-42 锥形夹持环原理

1—电极；2—锥形环；3—铜瓦；4—锥形环吊封挂升降装置

b 铜瓦

根据各厂铸造条件不同，铜瓦采用青铜、紫铜、黄铜、铜铬合金(铬的质量分数为5%)等材料铸造。铜瓦的结构要方便维修更换。它的内部有中空水道或埋铸水管，可通水冷却；高和宽要适应电极的烧结条件，一般高度等于电极直径，宽度取决于铜瓦的数量。直径大于900mm的电极，其铜瓦数量不少于8块；直径小于900mm的电极，其铜瓦数量为2~6块。两铜瓦间的距离为20~30mm。

电极烧结带是整个电极强度最薄弱的环节，铜瓦对电极应有足够的夹持力。要求铜瓦对电极的抱紧力为0.05~0.15MPa(约0.5~1.5kg/cm^2)。波纹管和膜式压力环可保证每块铜瓦与电极紧密接触。用仪表监测每块铜瓦与电极的接触压力，一旦出现异常可以及时报警。

c 把持筒

把持筒是用4~10mm厚的钢板制成的圆筒，其内径比电极大100~150mm。它的作用是悬挂夹紧环和保护电极壳。

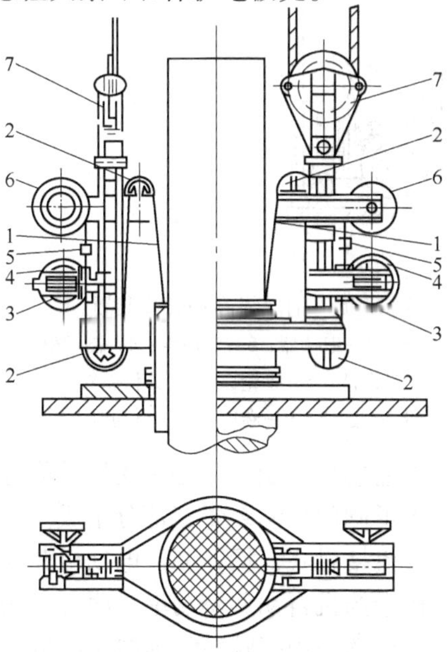

图 3-43 钢带吊挂式电极制动装置

1—钢带；2—生铁瓦；3—卡头；4—操纵轮；5—限制块；6—滚筒；7—滑车

大型钛渣电炉采用的组合式把持器是没有铜瓦和把持筒的。

C 电极制动装置

电极在生产过程中不断地被消耗，所以要定时地放下电极，以保持电极工作端(铜瓦以下的电极)长度。为了控制电极放下的长度和防止电极自行下滑，直径较大的电极还设有电极制动装置。图3-43是钢带吊挂式电极制动装置，在自焙式电极的电炉上普遍应用。它被固定在电极把持筒的上口钢架子上。厚0.8~2.5mm、宽75~150mm的钢带一端被焊接在电极壳的两侧，另一端绕过两块生铁瓦后被卡头卡住，电极便被悬挂吊在把持筒内。放下电极前，将限制块紧固在钢带上，以使限制块与卡头之间保持一定的距离(即放下电极的长度)。放下电极时，松开电极夹持环和操作操纵轮使卡头松开，电极根据自重下降，待限制块与卡头相碰，电极就不再下降，最后操作操纵轮使卡头夹紧和上紧电极夹持环，完成电极放下操作。

图3-44为弹簧闸瓦式电极液压自动压放装置，其电极的放下操作依靠液压控制系统来完成。电极的压放操作程序是：上抱闸松开—上抱闸升起—上抱闸抱紧—下抱闸松开—上抱闸压下—下抱闸抱紧。如果电极需要倒拨，操作程序是：上抱闸抱紧—下抱闸松开—上抱闸升起—下抱闸抱紧—上抱闸松开—上抱闸下降。

D　电极升降装置

小型电炉的电极升降装置包括卷扬机、钢丝绳（或链条）、滑车（或链轮）支架及电器驱动装置，如图3-45所示。电极卷扬机由电动机、减速器、齿轮等组成。开动卷扬机，电极被提升或者下降，借以控制电极插入炉料中的深度，调整电炉变压器的功率输出。电极的升降速度一般为0.6m/s左右。为了保证电极在规定的行程范围内安全升降，还装有限位开关，控制升降的极限位置。

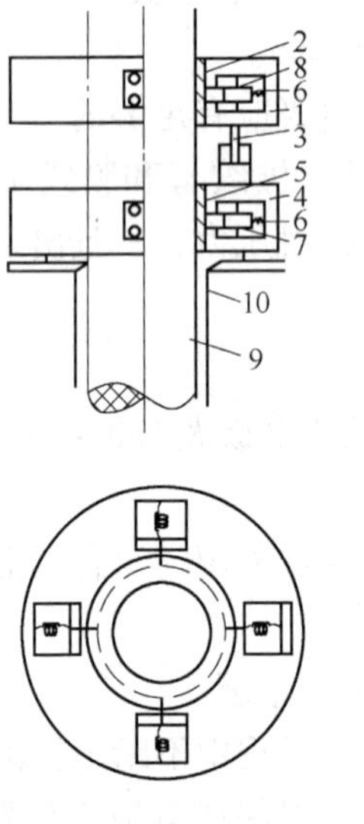

图3-44　弹簧闸瓦式电极液压自动压放装置

1—上抱闸；2—上闸瓦；3—升降油缸活塞；4—下抱闸；5—下闸瓦；6—弹簧；7—下抱闸油缸活塞；8—上抱闸油缸活塞；9—电极；10—电极把持筒

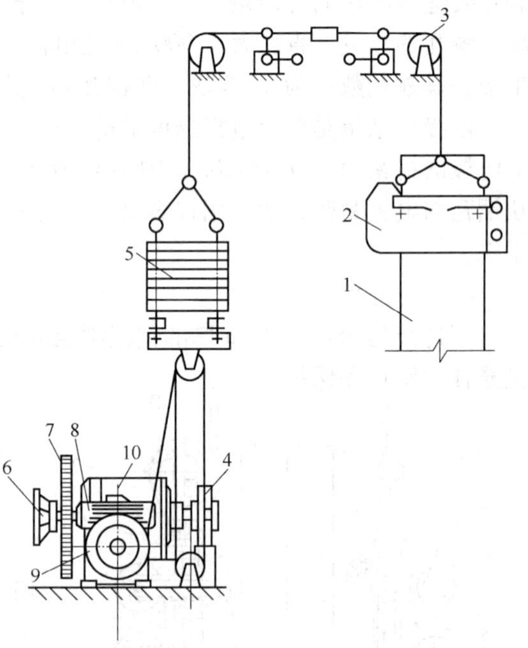

图3-45　钢丝绳卷扬升降装置

1—电极；2—把持器；3—定滑轮；4—制动器；5—平衡锤；6—手轮；7—开式齿轮对；8—减速机；9—卷筒；10—电动机

大中型钛渣电炉自焙电极升降装置不是采用传统的卷扬机控制，而是采用比较先进的液压系统控制。液压系统由泵站、电极压放盘装置和烟道阀门控制装置三部分组成。

电炉变压器输出功率调整的方法，老式的方法是交流接触式，操作交流电动机驱动电极卷扬机；比较先进的是可控硅—直流电动机驱动电极卷扬机自动调整功率。两种方法比较，后者具有调整及时、功率较恒定的特点，变压器的功率利用率较高。国内钛渣电炉普遍采用后者。

3.4.3.4　电炉的电气仪表装置

电气仪表是用来保证生产顺利进行，并使电气设备得到更好利用的监测手段。仪表主要安装在高压开关柜和操作台上。

A　高压开关柜的仪表装置

高压开关柜的仪表装置中，最重要的是过负荷和短路的继电保护装置，前者用于保护工作短路（电极与熔料接触），后者是保护故障短路。继电保护仪表一般采用具有反时限特性的GL11型或GL15型过流继电器。电炉继电保护原理如图3-46所示。

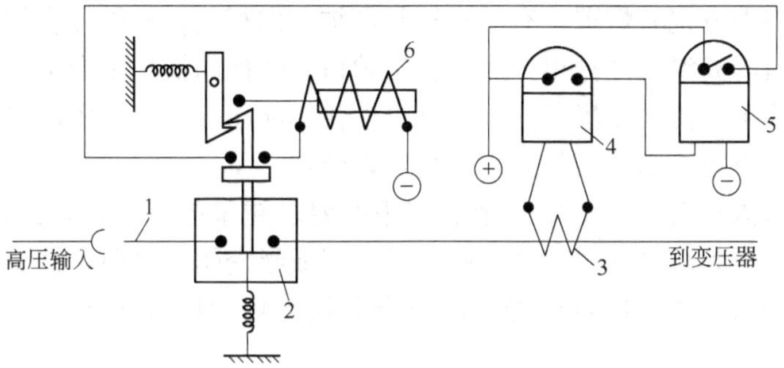

图3-46　电炉继电保护原理

1—高压线路；2—负荷开关；3—电流互感器；4—过流继电器；
5—中间继电器；6—跳闸磁力线圈和铁芯

其次，高压开关柜还装有测量变压器一次侧电流和电压的电流表、电压表。电流表和电压表都串接在电流互感器和电压互感器的二次侧电路里。各种预警信号装置（高温信号、瓦斯信号、事故跳闸信号、接地信号、欠压信号）也都安装在高压开关柜上。

B　操作台上的仪表装置

电流表：一般控制电炉变压器高压侧电流，也有的控制低压侧电流。

电压表：用于测量变压器低压侧的电压（也称二次电压或工作电压）。

功率表：它指示炉子使用功率的瞬时值。

功率因数表（$\cos\phi$）：有功功率与视在功率之比称为功率因数。无功功率愈大，功率因数愈低，因此要求操作时尽可能地减小无功功率。

有功电度表：是一种用来测量用电量的仪表，单位是“度”，一度电的含义就是1kW的电功率使用1h，即1度电＝1kW·h。

另外，操作台上还装有电极升降的电气操作开关和限位信号、电极吹风机的工作信号；具有液压传动装置的电炉在操作台上还装有液压传动系统信号。

3.4.3.5　电极水冷系统

电极把持器附近的温度有时达到1100～1500℃，因此夹持环、铜瓦、导电铜管都要通水冷却。冷却水进口温度不高于30℃，出口温度不高于50℃。对于自焙式电极，在铜瓦上部至把持筒下口约600mm的高度上设有冷却水箱，防止电极过早烧结。

电炉的冷却水管集中排列，每根进水管都有阀门控制进水量，还装有进水管的总阀门，利于操作和检修。回水流入集水槽，利于操作人员观察回水流出情况，要求冷却水畅流不漏。水管进入炉内前的一段都装有胶管与炉外水管相连接，便于电极上升下降不折断水管，也起到绝缘的作用。

3.4.3.6　加料系统

粉料加料系统是由料仓、加料管、给料机等设备组成的。料管的直径、数目、料管的分布，料管距炉口的距离等参数与熔炼渣型和炉料特性有关。这些参数决定炉料在炉内的分布状况。用沥青作黏结剂制成的团块炉料，主要靠手工加料。炉料通过特设在炉顶上的加料管道落到炉膛内，随后用人工使其分布均匀。

3.4.3.7　烟罩及防护措施

电炉体的上部设有烟罩，烟罩与炉子烟囱相连接，将电炉产生的大量废气和粉尘排出厂房之外。出炉口上方也有烟罩，有的直接与电炉烟囱相连，有的接在抽风机上，再外加烟囱把熔体出炉时的高温气体排出厂房外。出炉口和炉前的操作平台上，设置有轴流式风机，以加强通风除尘，使操作场所的空气含尘量在 2mg/m^3 以下。凡是在有热辐射能危及到工人健康的操作点上，都装有隔热水冷壁加以防护。

近年来，随着国家对工业卫生和余热利用的要求越来越高，敞口式电炉炉气除尘和余热利用的研究被提到重要地位，炉型趋向于密闭或半密闭。目前，钛渣电炉烟气净化比较成熟的方案是干法收尘，即烟气经沉降室分离粗粒炉尘后进入冷却器，再经布袋收尘器，然后排空。

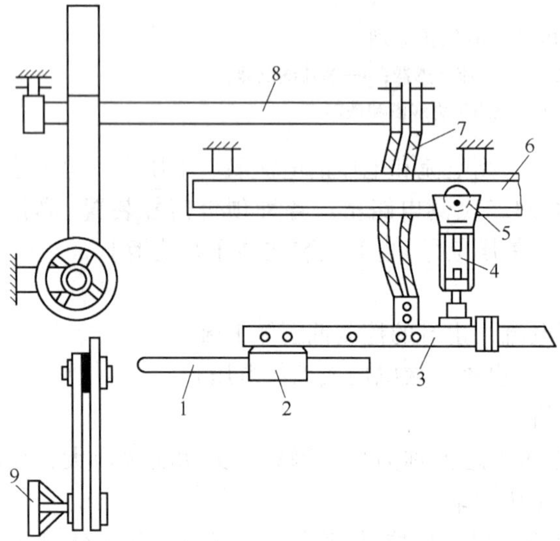

图 3-47　电弧烧穿器

1—石墨电极棒；2—电极卡头；3—支架及导电铜板；4—升降调节螺丝；5—滑车；6—导轨；7—铜软母线；8—导电铜板；9—闸刀操作轮

3.4.4　烧穿器和渣包

3.4.4.1　烧穿器

烧穿器用来烧穿出炉口。钛渣电炉出口以电弧烧穿为主，氧气烧穿为辅。电弧烧穿器（见图 3-47）与变压器低电压侧出线中的一相相连，电压为该相炉底间的电压。

3.4.4.2　渣包

渣包用于炉前盛放从电炉内放出的高温熔体，让钛渣和生铁在其内分离冷却。外壳用钢板焊制，内衬耐火材料。耐火材料可选用炭素块、石墨块、电极糊捣固烧结；也有用黏土砖、镁砖砌筑的。在使用时里面还要垫一层 50 ~ 100mm 厚的钛渣。

3.4.5　磁选设备

炉前钛渣磁选处理一般采用皮带磁选机或者是圆盘式磁选机，可以连续操作，机械化程度较高。

3.5　钛渣生产实践

3.5.1　原料准备

凡运进车间的钛铁矿、石油焦和沥青，都要经筛分和磁选，除去石块、铁块和杂物，以避免硬块杂物损坏混捏机和压团机。进入车间的钛铁精矿经提升运输机被送到配料仓备用。沥青用颚式破碎机破碎至小于 15mm 的块度，再输送到配料仓备用。大于 150mm 块度的石油焦由颚式破碎机粗碎至小于150mm的块度，随后再经反击式锤碎机中碎至粒度小于20mm。小于20mm的石油焦粒最后通过磨粉设备细磨后入配料仓备用。

3.5.2 电炉料制备

下面按团块加料情况介绍电炉料制备。

3.5.2.1 配料

A 配料计算按经验公式进行

把钛铁矿、石油焦粉和沥青按一定比例准确称量混合叫做配料。三种原料的配比应根据原料成分和炉料所需的实际配碳量 $Q_{实}$(kg)来确定：

$$Q_{实}=Q_{理}\times(1+K_{过})$$

式中 $Q_{理}$——按照100kg钛铁矿中所含 Fe_2O_3 和FeO被100%还原为金属铁所需要的理论配碳量；

$K_{过}$——考虑到熔炼过程中 SiO_2、MnO、V_2O_5 等杂质少量还原所需碳量以及工艺过程中碳的机械损失的过剩系数。

$K_{过}$ 由实践确定，一般为0.2~1。熔炼较低品位的钛渣、碳损失小的工艺过程、采用碳质炉衬和自焙式电极熔炼时取下限；熔炼较高品位的钛渣、碳损失大的工艺过程、采用耐火砖炉衬和石墨电极熔炼时取上限。

沥青的配入量在500L和1000L混捏机的实践中，以钛铁精矿：沥青=100：(6~6.5)的配比为宜。在 $Q_{实}$ 中减去沥青引入的碳量 $Q_{沥}$(kg)后，石油焦的配入量按下式计算：

$$G_{焦}=(Q_{实}-Q_{沥})/C_{焦}$$

$$Q_{沥}=(6\sim6.5)\times C_{沥}$$

式中 $C_{焦}$——石油焦中的碳的质量分数,%；

$C_{沥}$——沥青中的碳的质量分数,%。

由此得出配料比：

钛铁矿：石油焦：沥青=100：$G_{焦}$：(6~6.5)

原料的称量根据混捏机的容量一批一批地进行。某厂1000L混捏机处理一批料的质量是钛铁矿700kg，沥青42~45kg，石油焦粉45~60kg。原料称量允许的误差为±0.5%。

B 配料计算按所有还原反应耗碳量，并考虑铁水渗碳量及机械损失量详细计算

上面的计算方法较简单，但粗略。在设计计算中，最好对每一个耗碳反应都详细计算，再适当考虑过量系数。

3.5.2.2 混捏操作

1000L混捏机的实践：首先通蒸汽预热锅体20min，随后启动运转；运转正常，把配好的批料放进锅内强力搅拌20~25min；料混合均匀，能捏合成团时，打开放料口把料排出锅外，接着再加第二批料。

混捏机正常操作的蒸汽压力为0.6MPa（约6kg/cm²），炉料出锅温度为90~100℃。

3.5.2.3 压团

炉料混捏好之前1min开动对辊压团机，并调好下料量。混捏料出锅后，落在对辊上，便被压成团料。团料落在皮带运输机上，经充分冷却进入盛料罐，然后运到电炉备用。

3.5.3　电炉熔炼

制备好的电炉团料，经提升机输送到电炉炉顶的加料平台待用。

在敞口电炉间歇式熔炼的情况下，电炉的正常操作为“捣炉—加料—放下电极—送电熔炼—出炉”的周期性作业，即一炉一炉熔炼。

3.5.3.1　电工制度选择

选择合理的电工制度（二次工作电压和二次工作电流）是保证电炉运行取得最佳技术经济指标的重要条件。每一台炉子都有自己的电工制度，要在实践中研究确定。

在电极极心圆固定之后，二次电压是与之相适应的，其大小要考虑电效率和热效率。电压高，电效率高，电弧弧柱长，相间熔通快，炉功率平稳易调，变压器功率利用率也高，但是“坩埚”（电极熔池）塌料严重，电极上抬，过早地进入敞弧工作状态，会降低热效率。电压低，热效率高，但电效率低，电弧弧柱短，相间熔通慢，炉功率变化频繁，调整困难。因此，对相同容量的矿热电炉，熔炼钛渣时的二次电压比熔炼铁合金时要高20～30V。

工作电流在一个熔炼周期中是变动的，使用自焙式电极的钛渣电炉熔炼的阶段性十分明显，可以分成3个时期：

第一，低电流稳定期。开始送电，电极间的炉料有较大的电阻，炉子受电困难，同时也为了控制电负荷焙烧电极，二次电流仅是额定值的0.3倍。在这一时期电极电流稳定，应尽量不调动电极下插深度，让其周围的炉料“安静”地升温烧结。要避免电流大，以免造成上抬电极，致使“坩埚”塌料，炉渣翻腾，电流再增大，再上抬电极的恶性循环操作。

第二，电流波动期。低电流稳定末期，“坩埚”出现熔体，电流进入波动期工作。因炉料的还原和熔化进行剧烈，并伴随有塌料翻渣，电极经常处于短路工作状态，电流在额定值范围内频繁变动，甚至超载跳闸。对于人工配电，这一时期的操作是极其关键的，要本着逐级稳定、升高的原则给电流，准确、迅速地进行调整。选用较高的二次工作电压，相间熔通快，可以缩短电流波动期的时间。

第三，高电流稳定期。电流波动末期，“坩埚”壁的炉料层温度升高并烧结牢固，塌料现象减少，电极电流波动幅度小。此时，电负荷较大，“坩埚”化料速度快，化料深、区域宽，相间接近熔通。当3个“坩埚”最后熔通后，熔炼进入高电流稳定期，电极电流平稳易调，可稳定在额定值附近一直工作到熔炼终点。

表3-15给出了6300kV·A自焙式电极钛渣电炉的电气操作制度。因变压器的技术性能所限，二次电压一项，只给出了下限数值。

表3-15　6300kV·A自焙式电极钛渣电炉的电气操作制度

熔炼时期	二次电压/V	二次电流/A	持续时间/h	操作原则
低电流稳定期	≥120	4200～4500	0.5	电流由小到大，平稳易调，但尽量不抬动电极
电流波动期	≥130	4200～20000	1.5	电流波动幅度大，调整困难，要逐级稳定和升高
高电流稳定期	≥130	20000～24000	1.5	电流平稳易调，但容易超载

3.5.3.2 熔炼实践

电炉熔炼钛渣的操作关键是：自始至终控制三相“坩埚”的深度相一致，并使三相电极有合理的下插深度，让高温熔区保持在渣层与炉料层之间的同一个水平面上，同时，还要具有随时掌握炉况、及时处理不正常现象以及准确判断熔炼终点、迅速出炉的熟练技能。这些操作技术都要严格地在熔炼过程各个阶段的作业中体现出来。

每次出完炉后要进行捣炉操作，即把炉面上的炉料结壳完全捣推到炉膛底部，以保持炉底温度，改善相间底部导电性能，取得相间熔通快的熔炼效果。在捣炉时需要上抬电极，往“坩埚”内推料，调整炉底深度。比较深的“坩埚”多推料，比较浅的“坩埚”少推料，使三个“坩埚底基本一样深”，并向出炉口略有一倾斜角。如果“坩埚”特别深，底部耐火材料受到侵蚀，捣炉前还要往里面补加一定数量的还原剂和垫一层冷料。“坩埚”内填料的多少直接影响炉功率利用和最终的熔炼效果。填料多，送电熔炼后炉渣翻腾严重，电炉受电困难，但不易使炉底生铁过热烧坏内衬耐火材料，单炉产量也较高，出炉时渣多铁少；填料少，电炉易于受电，但电极下烧快，容易损坏内衬耐火材料，单炉产量较低，出炉时渣少铁多。这两种情况都属不正常现象，要在实践中确定适宜的“坩埚”填料层厚度，俗称“炉底深度”。

三相电极的电气特性往往不一致，因此捣炉后需要调整电极下插深度。功率较强的电极一般要比功率较弱的电极下插深度少 100～200mm。经过这种调整的炉子，作业比较顺利，在熔炼末期 3 个电极烧下深度基本一致，有良好的出炉效果。

随后进行加料操作。电炉料从炉顶平台经加料管道进入炉膛，再由人工均匀布料。电极周围的料面要比正常料面高出 200～300mm。一炉料一次加完，其数量由上一炉的出炉熔体量和所要求的料面高度来决定。

熔炼过程中电极不断地被消耗，为了保持铜瓦以下的电极工作端有一定长度，通常在加料后放下电极，随后再按照电工制度送电熔炼。如此，进入下一个熔炼周期。

熔炼实践表明，操作总是有差异的，在人工配电的条件下，各相电极功率不一致更为突出。因此，总是存在着三相电极烧下不相等的现象。在熔炼进入高电流稳定期时，要及时进行调整。烧下深的电极，“坩埚”也深。为了防止高温区下移，造成相间不容易熔通和出炉时熔体流不出来的困难，要把该相电极适当上抬，用火铲把周围的热料捣推一些入“坩埚”，称为熔炼速中“调炉底”。在大型电炉上，由于捣炉的困难性，炉心不好捣塌，“坩埚”底垫料少，送电后 1h 左右三相电极很快烧下，或者是捣炉时“坩埚”底被块料架空，送电后迅速熔化下沉，电极也跟着下烧，此时 3 个“坩埚”的高温区同时下移，发现这种现象也要及时进行“调炉底”操作，否则出炉效果很不好，往往是出铁不出渣，还容易使炉底生铁过热，损坏炉底耐火材料。

借助于电表运行状况和对炉子的直接观察，可以判断还原过程进行的情况：

（1）当塌料翻渣不多，电极电流较为平稳，电弧响声有节奏，炉气从“坩埚”口均匀逸出，炉内化料良好，目测渣样含 TiO_2 94%～96%（在熔炼高品位钛精矿时）为炉况正常。

（2）如果电炉受电不均匀和十分困难，电流波动剧烈，电弧发出奇异响声，炉内化料不好，渣流动性差，取渣样时粘铁棒，渣样表面凹凸不平，断口呈深蓝、深紫或金黄色，目测含 TiO_2 大于 98%，则为炉内“过还原”。这种不正常现象多由于炉料配碳量过高，或是塌料翻渣次数多，反复捣炉重熔所致。处理方法是外加适量钛铁精矿，调整炉渣成分。若兼有“坩埚”底上涨，还可以外加部分铁渣或锈铁屑帮助“下炉底”；同时还要加大电力负荷，提高炉温。

（3）如果电炉受电十分稳定易调，“坩埚”熔区宽大，渣流动性好，取渣样时不粘铁棒，渣样表面光滑，断口呈铁灰色，目测含 TiO_2 小于 94%，则为炉内还原剂不足。这种不正常现象是由于炉料配碳量不足或外加矿过多所致。处理方法是往炉内补加适量颗粒为 10mm 的冶金焦粒（或石油焦粒）进行精炼。但若发现熔渣侵蚀炉墙，则应迅速出炉，随后在相应部位添加一定数量的石油焦粒，再转入下一炉次作业。

在还原熔炼的进程中，炉内的料层如果欠缺牢固的焦结能力，容易塌落到高温熔区，产生剧烈的还原反应，生成 CO 气体在熔体中鼓泡形成炉渣翻腾（或叫翻渣），干扰甚至破坏炉作业的正常进行。小翻渣使电极短路，负荷开关跳闸；大翻渣使熔渣全部翻腾到料面上，形成一个硬结壳，要重新捣炉熔炼。因此要照看好炉子运行情况，当发现料面有裂纹，串火严重，底部料已化空，有塌料可能时，应该降低电力负荷，人工帮助塌料，避免大塌料大翻渣。这一点在熔炼末期尤其重要，应特别注意。

根据连续用电时间、用电度数、电表运转状况和炉膛化料情况综合判断熔炼终点。当三相电极间已熔通，“坩埚”内又有相当数量的熔体，炉渣含 TiO_2 94% ~96%，即为熔炼终点。以 6300kV · A 钛渣电炉熔炼为例，判断熔炼终点的主要依据是：连续熔炼 3h 以上，用电量超过 8000kW · h，熔炼进入高电流稳定期约 1h，三相电流在额定值附近稳定运行，一相变化，其余两相也随之变化，趋于三相平衡。

到熔炼终点，要赶在可能出现大塌料之前迅速出炉。用圆扒把炉口堵渣扒出，再用钢钎扎穿结渣层，炉内熔体便自动流出，盛于炉前渣包。有时结渣层较厚，钢钎扎不穿，可借助氧气烧穿，放出熔体。当炉内熔体放完，用电弧烧穿器烧烤炉口，把凝结物烧除。炉口要烧得里外一样大，之后用湿钛渣粉把它堵住。炉口要堵得深，堵得结实，保证下一炉熔炼时不漏铁水。

熔体在渣包内由于渣、铁密度不同而进行分层，生铁密度大，位于下部，钛渣位于上部。后处理目前有两种方法：一是在渣包内自然冷却凝结，用吊具吊出渣包，坨子运往渣场冷却砸碎，分离大块生铁得到炉前钛渣；二是利用钛渣和生铁熔点差别大的物理特性，在渣层已经凝结，而生铁尚为液体的时候，打开特设在渣包侧墙下部的放铁口把液态生铁放出来铸锭回收，留在渣包内的钛渣再吊运到冷却场砸碎，便是所炼制的炉前渣。两种方法比较，分离液态生铁的工艺技术比较合理，钛渣和生铁的后处理比较方便，TiO_2 的回收率也较高。

3.5.3.3　自焙电极制备和使用

每生产 1t 钛渣要消耗 65 ~75kg 电极。由于熔炼过程不断地消耗电极，所以需要经常补充电极。对于石墨电极，这种操作比较简单，只要用石墨螺丝接头把电极一根一根地连接起来就行了。但是，对于自焙式电极，过程就复杂一些，它还有电极制备和焙烧过程。

自焙式电极的制备，首先要按图纸制作电极壳，待电极把持筒上端的电极壳只有 200 ~300mm 高时，再把电极壳一节一节地焊接上去，使其维持一定的高度。与此同时，吊挂电极的钢带也被焊贴在电极壳的外圆柱上。随后将电极糊和底糊按比例加进电极壳中使之烧结。为了保证电极质量，要求：

(1) 电极壳尺寸大小和结构符合图纸要求;

(2) 电极壳按日消耗量有计划地制作,杜绝使用氧化生锈的电极壳;

(3) 电极壳的运输应保证圆度不变,接长时上下肋片要对齐相贴,其焊缝要连续焊接,钢带每隔50mm焊50mm,最好使用氧焊焊接;

(4) 电极糊和底糊分别破碎至块度大于70mm,两种糊按比例称量混合均匀后使用,运输保管要注意清洁,避免被灰尘和杂物沾污;

(5) 电极上端口要盖上盖子,防止灰尘落入。

自焙电极在上部不断接长,下部不断被放下消耗掉,中间经历了糊类软化—烧结的过程。所需热量来自熔池物理热和电流流经电极所放出的焦耳—楞次热。只有烧结好的电极才有良好的使用性能(良好的导电性和一定的机械强度)。实践表明,软化了的电极糊只有下移到铜瓦下端部200mm处、温度升至800℃以上、维持6h,挥发分才基本排除烧结成固体。因此,使用时规定,前后两次放下同一根电极的间隔时间要在6h以上,放下长度每次不超过200mm。当电极被放下后,还要控制电力负荷进行焙烧。如果发现电极冒火、冒烟太大或局部地方发红刺火,为电流负荷过大,应适当上抬电极,降低负荷,否则电极容易产生软断事故。

3.5.4 成品渣加工

由于分层不好,电炉熔炼得到的炉前渣还可能夹杂有8%~12%(质量分数)的金属铁,通常采用破碎、磁选的方法除去。品位高的钛渣经球磨机磨细到所需的粒度,最后经检验合格便是成品钛渣。

3.6 钛渣熔炼的物料平衡及热量平衡

钛渣熔炼过程的工艺设计计算参见文献[42]和[43]。表3-16列出了以1000kg钛铁矿精矿为基准的物料平衡。表3-17为5MV·A密闭电炉熔炼钛渣的热量平衡。

表3-16 钛渣熔炼的物料平衡(计算基准:1000kg钛精矿)

投入			产出		
项目名称	数量		项目名称	数量	
	质量/kg	质量分数/%		质量/kg	质量分数/%
(1) 精矿	1000.0	100.0	(1) 生铁和磁性部分	331.498	100.0
其中:TiO_2	506.0	50.6	其中:Fe	313.18	94.5
FeO	362.0	36.2	Mn	0.317	0.09
Fe_2O_3	79.0	7.9	Ti	9.01	2.71
SiO_2	19.0	1.9	Si	2.24	0.67
Al_2O_3	16.0	1.6	C	6.207	1.87
MgO	7.0	0.7	V	0.535	0.16
MnO	7.0	0.7	(2) 生铁和磁性部分损失	3.341	100.0
CaO	2.0	0.2	其中:Fe	3.16	94.5
V_2O_5	2.0	0.2	Mn	0.003	0.09
(2) 无烟煤	126.0	100.0	Ti	0.09	2.71
其中:碳	110.88	88.0	Si	0.02	0.67
挥发分	3.15	2.5	C	0.063	1.87
水分	1.89	1.5	V	0.005	0.16
灰分	10.08	8.0	(3) 商品钛渣	516.74	100.0

续表 3-16

投入			产出		
项目名称	数量		项目名称	数量	
	质量/kg	质量分数/%		质量/kg	质量分数/%
灰分中各组分：			其中：Ti_3O_5	440.94	85.32
Fe_2O_3	3.53	35.02	SiO_2	17.27	3.34
SiO_2	4.53	44.94	Al_2O_3	17.64	3.43
Al_2O_3	2.02	20.04	V_2O_5	0.98	0.19
（3）石墨电极（假定100%C）	11.5	100.0	MnO	6.43	1.24
			MgO	6.82	1.32
（4）空气	107.61	100.0	CaO	1.96	0.38
其中：N_2	82.86	77.0	FeO	24.7	4.78
O_2	24.76	23.0	（4）钛渣损失	6.27	100.0
			Ti_3O_5	5.35	85.32
			SiO_2	0.21	3.34
			Al_2O_3	0.22	3.43
			V_2O_5	0.01	0.19
			MnO	0.08	1.24
			MgO	0.08	1.32
			CaO	0.02	0.38
			FeO	0.30	4.78
			（5）粉尘	19.08	100.0
			其中：SiO_2	1.28	6.7
			TiO_2	12.65	66.4
			MgO	0.10	0.5
			FeO	3.96	20.7
			Fe_2O_3	0.79	4.1
			Al_2O_3	0.16	0.8
			MnO	0.07	0.4
			CaO	0.02	0.1
			V_2O_5	0.05	0.3
			（6）炉气	368.53	100.0
			其中：CO	276.68	75.1
			H_2O	8.98	2.4
			N_2	82.86	22.5
合计	1245.45		合计	1245.45	

平衡差：0.34

相对值：$\frac{0.34}{1245.45} \times 100\% = 0.027\%$

误差很小，计算无误

由表 3-16 中的数据可以看出，熔炼时有少量 TiO_2 被还原成了金属 Ti 溶解在铁水中，这种含有少量 V、Mn、Ti 的铁水常称为生铁或“半钢”，由它炼成的钢实际上是一种含 V、Mn、Ti 的低合金钢。

由表 3-17 中的数据可见，密闭电炉的热量主要消耗在碳还原反应的吸热，熔炼产物生铁、钛渣带走的物理热和炉子的散热损失上。不同的炉型，热消耗情况也会不同。如果是敞口电炉，则炉气带走热和炉子的散热损失比例会增加。

表 3-17 5000kV · A 密闭式矿热电炉的热平衡（基准：1h）

热收入			热支出		
项目名称	数量		项目名称	数量	
	kJ/h	%		kJ/h	%
（1）炉料带入的物理热	53904	0.35	（1）钛渣带走物理热	4292662	28.19
（2）石墨电极燃烧放出热	423299	2.80	（2）生铁带走物理热	1481502	9.70
（3）空气带入的物理热	7615	0.05	（3）炉气带走物理热	785580	5.20
（4）电供热	15372754	96.80	（4）还原反应吸收热	5781853	33.603
			（5）冷却水带走热	1080	0.007
			（6）炉表面散热损失	1672366	11.70
			（7）变压器和进电装置的热损失	1087339	6.80
			（8）未考虑到而未能计入的热损失	755190	4.80
合计	15857572	100.00	合计	15857572	100.0

3.7 有代表性的钛渣生产实例

3.7.1 QIT 公司的钛渣熔炼

加拿大魁北克铁钛公司（QIT Co.）所属索雷尔厂（Sorel）生产的所谓“索雷尔渣”驰名世界，钛渣产品大量出口美、日、西欧。生产规模为：年产钛渣 100 万 t，钢铁产品约 70 万 t。原矿是产于加拿大阿拉尔德湖区（Allerd Lake）的钒钛磁铁矿岩矿，其特点是 TiO_2 含量低，Fe_2O_3 和 FeS_2 含量高。

电炉为密闭式矿热炉，粉料加料方式，工艺流程如图 3-48 所示。约含 34%（质量分数）TiO_2 的原矿经重选得到约含 36%（质量分数）TiO_2 的精矿，再在回转窑中预氧化焙烧，磁选处理，将精矿 TiO_2 品位提高到 37% ~38%（质量分数），配入无烟煤粉，混合后入炉。连续加料，开弧熔炼，熔池温度约 1650℃。产品分别从渣口和铁水口排出。铁水在铁水包中炉外脱硫渗碳，然后铸锭或加工成铁粉。熔炼 1t 钛精矿产出 240m^3 炉气（标态），含 CO85%（体积分数）左右，H_2 10%（体积分数），是一种很好的煤气，经净化后用作燃料。表 3-18 列出了该工艺从原矿到产品主要生产环节的物料典型分析结果。由表中所列数据可以看出，经重力选可分离除去一部分密度较小的 SiO_2、Al_2O_3、CaO 等。氧化焙烧可以提高钛铁矿成分的磁化率，而 SiO_2、Al_2O_3、CaO、MgO 等非磁性杂质氧化物的磁性不变，再经磁选，便可进一步分离除去它们，使精矿 TiO_2 品位进一步提高，杂质含量进一步减少。氧化焙烧时脱硫率在 94% 以上，可使 S 含量降低大约一个数量级。

索雷尔厂共有 4 台回转窑，其中 1 台 ϕ3.0m × 60m，3 台 ϕ2.7m × 60m。每台小时产能处理原矿为 50t，4 台窑总产能为处理钛精矿 200t/h。共有 9 台电炉，其中，20MV · A 2 台，36MV · A 4 台，45 MV · A 2 台，60 MV · A 1 台。电炉尺寸为：长 × 宽 × 高 =（18.3 ~21.3）m ×（6.1 ~7.6）m ×4.6m。每台炉内 6 根 ϕ610mm 的石墨电极按一字形直线排列。极间距 2m。3 台单相变压器供电，1 台变压器与 2 根电极相连。二次侧电压 300V，二次侧电流 50kA。每台炉的日产能为：钛渣 140 ~190t/d，生铁 100 ~140t/d。

还原剂为低硫、低灰分、低挥发分的无烟煤。每 1000kg 钛精矿配入无烟煤 150kg。采

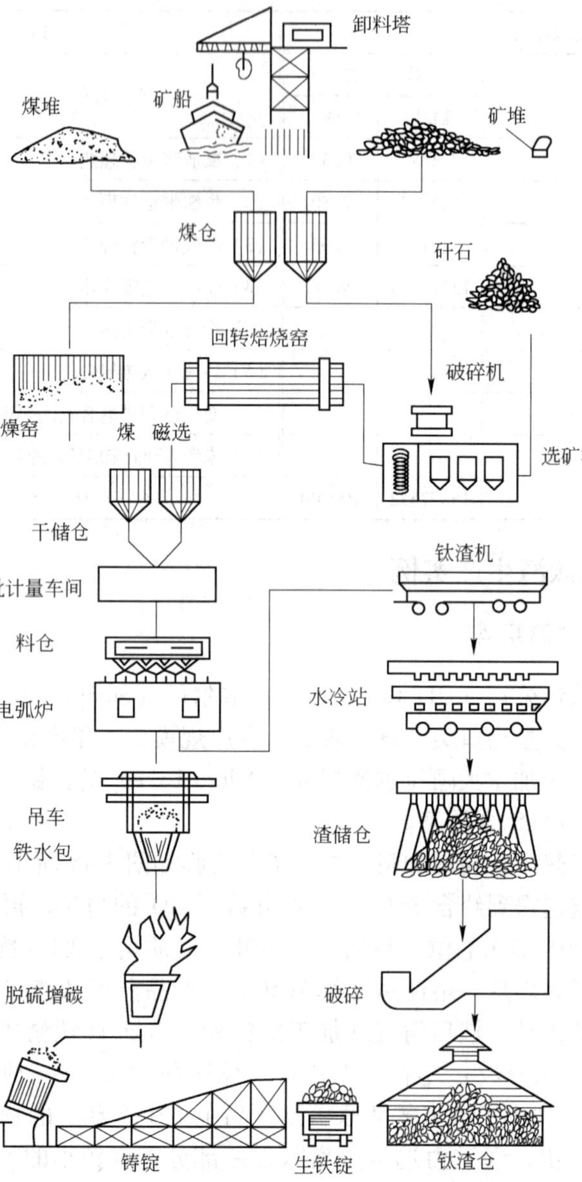

图 3-48　QIT 公司索雷尔冶炼厂的钛渣生产流程图

用开弧熔炼技术和合理的布料方式。炉内维持约 3.3kPa（约 25mmHg）的微正压。每吨钛渣原料单消为：钛精矿 2.1 ~ 2.2t；无烟煤 0.13 ~ 0.14t；石墨电极 0.015 ~ 0.020t。

每吨钛渣电能单消为：2200 ~ 2400kW · h。

熔炼产品的化学组成为：

（1）生铁产品：

组分	C	Si	Mn	Cr	Ni	Ti	V	S	P
质量分数/%	2.4 ~ 4.25	0.05	0.015	0.023	0.08	0.019	0.24	<0.02	0.025

（2）索雷尔渣化学组成见表3-18。

表3-18 QIT公司“索雷尔渣”生产过程中物料的典型分析结果（质量分数） （%）

物料名称	组分							
	$TTiO_2$①	TFe	FeO	Fe_2O_3	Fe	SiO_2	Al_2O_3	CaO
原　矿	34.30		27.50	25.20		4.30	3.50	0.90
重选精矿	36.6	41.4	29.5	26.5		2.5	3.0	0.5
氧化焙烧—磁选精矿	37.7	42.5	28.8	28.9		0.6	1.0	0.1
由重选精矿熔炼的钛渣	70.0~72.0	9.5	12.0~15.0		1.50	3.5~5.0	4.0~6.0	1.20
由磁选精矿炼得的钛渣	80.0	8.0	9.6		0.6	2.5	3.0	0.6
物料名称	MgO	MnO	Cr_2O_3	V_2O_5	Na_2O+K_2O	S	P_2O_5	C
原　矿	3.10	0.16	0.10	0.27	0.35	0.25~0.30	0.15	
重选精矿	3.2	0.16	0.10	0.36		0.25~0.30		
氧化焙烧—磁选精矿	2.9	0.2	0.10	0.36		0.02~0.03		0.03~0.10
由重选精矿熔炼的钛渣	5.5	0.20~0.30	0.25	0.58		0.10~0.30	0.25	0.03~0.10
由磁选精矿炼得的钛渣	5.3	0.25	0.17	0.56		0.10		0.03~0.10

① 钛渣 TiO_2 总量中，以 TiO_2 计的 TiO 和 Ti_2O_3 的质量分数分别为10.0%和17.0%。

3.7.2 南非理查兹湾公司（RBM）的钛渣熔炼

南非产的钛矿是一种含铬量较高（约0.3% Cr_2O_3）的钒钛磁铁矿砂矿，类似我国攀枝花的红格矿。钛渣熔炼技术是从QIT公司引进的。原矿先在730~800℃下流态化氧化焙烧，以提高钛铁矿成分的磁化率，而铬铁矿的磁性不变，再强磁性分离除去铬铁矿。然后熔炼成酸溶性钛渣。矩形密闭电炉，三相六电极直线排列。炉功率105MV·A，共4台。总共年处理钛精矿约95万t，年产钛渣60万t，生铁22万t。焦煤作还原剂。开弧连续加料熔炼，周期性分口排放钛渣和铁水。工艺技术和生产流程与索雷厂基本相同。只是原料钛精矿有差别，加拿大原矿为岩矿，含S高，南非矿为砂矿，含铬高。另外，加拿大用低挥发分低硫无烟煤作还原剂；而南非用经过焦化处理的无烟煤作还原剂。铁水炉外加CaO或CaC脱硫增碳处理。钛渣成分见表3-19。

表3-19 南非RBM公司钛渣熔炼所用原料和产品钛渣的组成（质量分数） （%）

原料或产品	组分											
	$TTiO_2$①	FeO	Fe_2O_3	Fe	SiO_2	Al_2O_3	CaO	MgO	MnO	Cr_2O_3	V_2O_5	S	C
原　矿	47.0	34.4	12.4		2.3	0.96	0.30	0.80	1.30	0.30	0.27		
氧化焙烧精矿	46.4	22.4	25.0		2.3	0.95	0.30	0.80	1.30	0.30	0.27		
焙烧—磁选精矿	49.5	22.5	25.0		0.6	0.73	0.05	0.60	1.20	0.09	0.27		
钛　渣	85.5	9.4		0.2	1.5	2.0	0.14	0.90	1.40	0.22	0.40	0.06	0.07

① $TTiO_2$ 中以 TiO_2 计的 Ti_2O_3 为25.0%。

生产 1t 钛渣的单消为：

钛精矿	无烟煤	石墨电极	熔炼 1t 钛渣的电耗
2.35t	0.14～0.16t	0.018～0.022t	2400～2600kW·h

3.7.3　前苏联的钛渣熔炼

前苏联采用如图 3-49 和图 3-50 所示的矮烟罩圆形半密闭式电炉或圆形全密闭式电炉。炉料状态为粉料或混合料（粉料 + 团块）加料。还原剂为无烟煤。小型炉用石墨电极，大功率炉用自焙电极。先在炉料中配入总碳量 75%～80% 的碳，其余 20%～25% 的碳留待造渣阶段补加。熔炼过程明显地按熔化期（还原终点以含 8%～12% FeO 为标志）、造渣期（终点约含 5% FeO）和钛渣过热期 3 个阶段进行。有的工厂在出渣前加入一些废钛屑提温和提高钛渣的还原度，以利于钛渣出炉。

圆形半密闭式和全密闭式电炉分别如图 3-49 和图 3-50 所示。

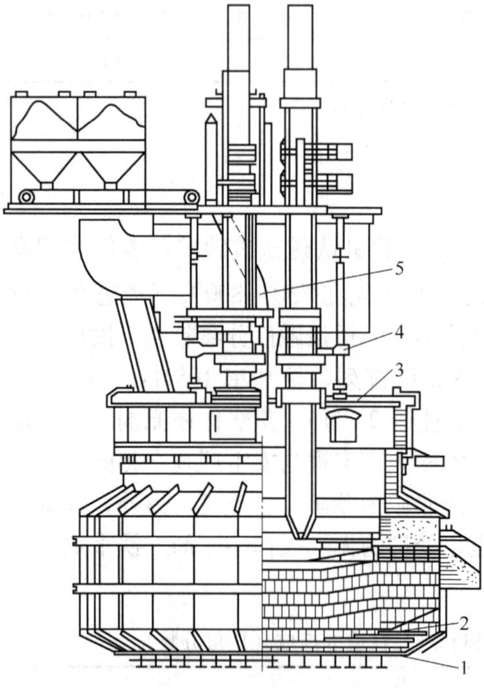

图 3-49　熔炼钛渣的半密闭式电炉结构示意图

1—炉壳；2—镁砖衬里；3，4—电极和输电系统；5—水冷却的炉顶

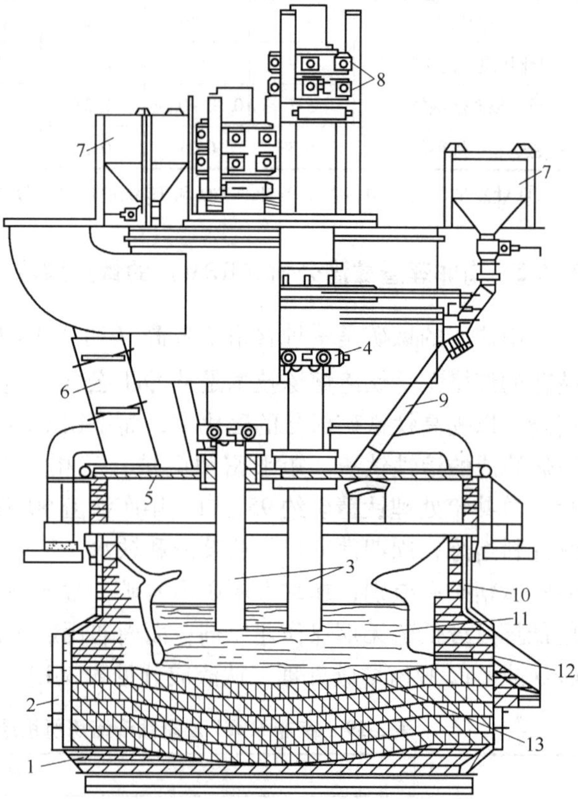

图 3-50　钛渣熔炼密闭电炉

1—炉壳；2—炉衬（镁砖）；3—电极；4—电极把持器；5—水冷炉顶；6—通风管；7—加料仓；8—电极吊挂升降装置；9—下料管；10—结渣层；11—钛渣；12—出渣口；13—生铁

3.7.4　我国的钛渣熔炼

我国钛厂或钛渣厂过去多用敞口式圆形矿热电炉生产钛渣，炉功率和炉产能都比较

小。2004 年攀钢集团公司从国外引进了 1 座 25.5MV · A 圆形半密闭式大型矿热电炉。它有 3 根自焙电极，直径 ϕ1000mm。与之配套的变压器为 3 台单相变压器，每台额定容量为 8000kV · A。炉产能为：酸溶性钛渣每年 6 万 t，氯化用钛渣每年 4 万 t。炉气目前未予以回收利用，出炉后烧掉了。

3.8 钛渣电炉冶炼的技术经济指标

3.8.1 我国某厂 6300kV · A 电炉的技术经济指标

3.8.1.1 回收率

金属铁的回收率 88% ~90%；钛渣中 TiO_2的回收率约 90% ~92%。

3.8.1.2 单耗指标

单耗指标即每生产 1t 钛渣所需要的原材料和动力、燃料的数量。主要有：

（1）钛铁精矿 2080 ~2070 kg/t；

（2）石油焦 140 ~150 kg/t；

（3）沥青 125 ~135 kg/t；

（4）交流电 2800 ~3400 kW · h/t。

3.8.1.3 电炉运行指标

（1）时间利用系数（即炉作业率）K_1：

$$K_1 = \frac{\text{实际开动时间}}{\text{日历时间}} = K'_1K''_1K'''_1$$

式中 K'_1——1 日内的小时利用系数，K'_1 =0.8 ~0.83；

K''_1——1 月内的日利用系数，K''_1 =0.83 ~0.94；

K'''_1——1 年内的月利用系数，K'''_1 =0.87 ~0.92。

（2）功率因数 $\cos\phi$，一般 $\cos\phi$ =0.8 ~0.9。

（3）变压器功率利用率 K_2：

$$K_2 = \frac{\text{变压器实际平均功率}}{\text{变压器额定容量} \times \cos\phi}$$

K_1对电炉产量影响甚大。K_2的大小与电极材质、电工制度、功率调整方式（自动或手动）和工人的操作技术有关。使用石墨电极的钛渣电炉，其 K_2值较使用自焙式电极的钛渣电炉高 0.1 ~0.3。一般 K_2 =0.7 ~0.95。

（4）日产能 q（t /d）：

$$q = \frac{24K'_1N\cos\phi K_2}{W}$$

式中 N——变压器额定容量，kV · A；

W——单位电耗，kW · h/t。

（5）电炉利用系数(t/(kV · A · d))：

$$q' = \frac{q}{N/1000}$$

3.8.2 前苏联半密闭电炉熔炼钛渣的主要指标

前苏联半密闭电炉熔炼钛渣的主要指标平均值见表 3-20。

表 3-20　前苏联熔炼钛渣主要技术经济指标平均值

指 标 名 称	5MV · A 电炉	10.5MV · A 电炉
炉料中不同产地原料配比/%		
库辛斯克（Кусинск）钛精矿	—	70
萨莫特坎斯克（Самотканск）钛精矿	100	30
炉料中不同形态配料的比例/%		
团块	—	63.5
粉料	100	36.5
单炉配料加料量/t	14.17	285
1t 配料产出钛渣量/kg	580	511
产出 1t 钛渣相应产出的生铁量/kg	273	395
1t 精矿的电极消耗量/kg	20	25
按钛渣计的电炉产能/$t \cdot h^{-1}$	1.8	3.01
生产 1t 钛渣的电能消耗/kW · h	2210	2506
钛渣中主要组分的质量分数/%		
TiO_2	87.5	83.37
FeO	3.18	4.45
MgO	2.16	2.56
温度/℃		
钛渣	1680	1750
铁水	1673	1720
炉气	151	80
电炉外壁面	158	140
炉底	136	160
炉气量（20℃）/$m^3 \cdot h^{-1}$	90000	200000
炉气夹带粉尘量的平均值/$\mu g \cdot m^{-3}$	0.95	0.70
熔炼时间/h	5.25	5.15
电炉的热效率/%	34.52	45.80
电炉的电效率/%	86.00	82.50

3.9　钛渣生产的发展方向

过去几十年来，钛渣生产技术取得了很大成绩，并已变得相当成熟。现行钛渣生产流程虽能保证稳定熔炼出所需要组成的钛渣，但为了使其更加完善化，也还存在一些问题需要进一步解决。现行流程的主要缺点是：

（1）炉料准备，包括混合和制团作业不够完善；

（2）熔炼过程不连续，呈周期性；

（3）产出的生铁还只是半成品，不能直接使用，影响其经济价值；

（4）电炉结构不完善，单台炉功率和炉产能不够大；

（5）收尘系统不完备，致使含钛物料损失大，从而造成钛的回收率不够高；

（6）劳动条件和工作环境较差。

这些问题国外有的已经解决或正在解决，但我国还有相当差距，应引起充分重视。

今后的发展方向主要有以下几点。

3.9.1 电炉的密闭化

强化钛渣生产工艺的主要条件是使其主要设备矿热电炉完善化。敞口电炉缺点很多，技术落后，当属淘汰之列。半密闭电炉有很大改进，但还不够十分先进。实践证明，密闭电炉熔炼钛渣效果最佳，应是今后的发展方向。

采用密闭电炉熔炼钛渣可以解决两个重要的技术难题：

（1）明显改善电炉生产的所有技术经济指标。提高生产率，降低电能的单耗，减少精矿被炉气带出的损失，降低热损失，易于解决炉气的净化除尘问题，改善劳动条件和操作环境等。

（2）电炉密闭化是解决熔炼过程连续化和机械化的先决条件。由于在密闭电炉炉膛中热分布良好以及炉顶气不燃烧，从而改善炉料沿炉膛高度的透气性，热交换的料坡分布。另外，还可在电弧作用区建立起使还原、渣的形成和炉料融化等几个过程良好配合的条件。

加拿大 QIT 公司的索雷尔厂和南非理查兹湾公司早已采用大型密闭电炉熔炼钛渣，我国应朝这个方向迈进。

3.9.2 设备的大型化

世界上大型密闭电炉的炉功率已达到 45MV · A、60MV · A 和 105MV · A，日产钛渣达 200t 以上。我国钛渣生产多采用 6.3MV · A、10MV · A 的敞口炉，近年引进的半密闭炉也只有 25.5MV · A。大型化也是我们努力的方向。

3.9.3 采用两段法炼钛渣

在矿热电炉中处理钛铁矿精矿熔炼钛渣时，有两个基本的物理化学过程：含钛矿物的还原和物料熔化，获得两种不互溶而能分离开的产品——钛渣和生铁。显然，如果把这两个基本过程分开来使之在两个独立的设备中分别进行，那么熔炼装置的生产率将会显著提高。

在两段法（即预还原阶段和熔化阶段）炼钛渣的情况下，使矿中的氧化铁在较低温度下（反应区温度约 1100～1300℃）进行固态还原，而 TiO_2 并不显著还原成难溶的低价氧化钛是完全可能的。只要还原剂量和过程温度控制得当，就可限制 TiO_2 还原至不希望的还原度：$Ti_2O_3/TiO_2=0.2\sim0.3$。由于下一步不需添加还原剂到电炉中就能快速熔化还原产物，这样就可避免熔化阶段 TiO_2 的过还原。于是在比较低的熔化温度（1500～1600℃）就可得到钛渣，并实现渣和铁水的分离。在要处理的钛铁精矿中，氧化铁含量愈高，两段法炼钛渣就愈有效。

两段炼渣法可以在不同的设备组合中实现：

一段固态预还原设备	回转炉	竖炉	沸腾炉
	+	+	+
二段还原物料融化设备	电炉	电炉	电炉

回转炉 + 电炉的流程最简单有效。因为回转窑预处理技术已非常成熟可靠并已大量实际应用。两段炼渣法可显著降低电能消耗，而电炉的生产率可明显提高。

这种方法国外已有许多研究和实践，俄罗斯别列兹尼科夫镁钛联合企业于 20 世纪 90 年代中期研究成功两段连续还原法制取钛渣工艺。用 16.5MV · A 密闭式电炉并与相应规模的回转窑配套，可年产含 TiO_2 90% 的钛渣 7 万 t/a，钛渣吨电耗仅 1450kW · h。我国也有厂家正在进行工业试验。

3.9.4　在旋流炉中熔炼钛渣

在旋流炉中处理钛铁精矿是连续熔炼钛渣的方法之一，比起现行的炼渣设备，它具有一系列优点。优点主要是：在体积不大的熔化室中能达到很高的热负荷；不需对细颗粒物料造球而直接处理粉料；在旋流器内和其圆筒表面建立最有利的传质条件。

已在旋流器—电炉组合设备中按此法进行了实验。精矿在旋流器中的高温（1400 ~ 1500℃）下熔化并在电炉中进行氧化铁的液态还原。钛精矿加入直径 ϕ0.4m 的旋流器中，旋流器上部按正切方向安置了两个气体喷嘴，引入天然气和含氧 38% ~39%（体积分数）的富氧空气，熔化后的精矿进入功率为 500kW 的三相电弧炉中，用无烟煤进行还原。

实验表明，这种方法原则上是可行的。天然气耗量为 0.083m^3/s，富氧空气耗量为 0.47m^3/s。旋流室熔化精矿的生产效率很高，达到 0.34kg/s 或 1.56kg/(m^3 · s)。这样高的生产率允许安装在矿热电炉上方的旋流器达到大的生产能力而体积又不大(1 ~2m^3)，这样就能保证熔化了的精矿以一定量进入电炉的炉膛中。

但是，对旋流器热制度的研究表明，用于熔化物料的有效热利用率不高（仅 13% ~ 20%），主要部分的热量（60% ~70%）损失在燃烧废气（1400 ~1500℃）和在旋流器壁面上被冷却水带走了（8% ~11%）。因此，只有在回收利用废气中热量的情况下（如用来生产蒸汽、废热发电等)，旋流器熔炼钛渣的方法在经济上才是合理的。

这种方法还在实验研究中，尚未实现工业化。

4 粗 $TiCl_4$ 的生产——沸腾氯化及熔盐氯化

$TiCl_4$是生产海绵钛和气相氧化法生产钛白的原料，也是制备钛酸酯和高纯 TiO_2超微粉的原料，它是在有碳存在下用氯气氯化高钛渣、金红石制得的。

早期用于工业生产 $TiCl_4$的方法，是固定层氯化。它是用沥青或纸浆废液作黏结剂将钛渣与石油焦混合制成团块，在竖式电炉中以固定层的方式进行氯化。该法不仅需要制团、焦化，而且需要定期排除炉内残渣，生产会间断，劳动条件差，单位面积产能低，仅为2.5～3t $TiCl_4$/（m^2·昼夜）。此法现已淘汰不用。目前在工业上生产 $TiCl_4$的方法只有以下两种：

（1）熔盐氯化，是将钛渣和石油焦悬浮在熔盐介质中，和氯气反应生成 $TiCl_4$。它的主要优点是能处理钙镁氧化物含量高、二氧化钛品位低的原料。缺点是对大量的废熔盐回收处理困难，炉衬材料由于受高温熔盐的侵蚀寿命较短。

（2）沸腾氯化，高钛渣与石油焦的混合料在沸腾炉内和氯气处于流态化的状态下进行氯化反应。它是流态化技术在钛生产中应用的新工艺。由于固体和气体处于激烈的相对运动中，传质、传热良好，大大地强化了生产，$TiCl_4$单位面积产能可达25～40t/（m^2·昼夜），而且省去了制团、焦化工序，操作简单连续。

4.1 氯化过程的基本原理

4.1.1 氯化过程的热力学分析

所谓氯化，就是用氯气或含氯化合物在一定的温度下和金属、金属氧化物、碳化物或其他化合物作用生成氯化物的反应。

目前，用于氯化生产的含钛物料主要有金红石和钛渣。我国海绵钛生产中，主要是用高钛渣为氯化的原料。这些含钛物料中钛多以二氧化钛（TiO_2）状态存在；而在钛渣中钛还以各种低价氧化物（Ti_3O_5、Ti_2O_3、TiO）以及碳化物（TiC）、氮化物（TiN）的形态存在。此外，各种含钛物料中还不同程度地含有多种杂质氧化物（FeO、Fe_2O_3、CaO、MgO、MnO、Al_2O_3、SiO_2等）。研究含钛物料氯化的热力学问题，即是对上述含钛物料中的各种成分在氯化过程中的行为进行分析。下面分别对钛化合物的氯化（以氯气为氯化剂）按有无还原剂碳存在的两种情况加以说明。杂质氧化物按生产实际在有还原剂存在的情况下进行阐述。此外，考虑到金红石的氯化过程需增碳供氧燃烧补充热能，以维持沸腾炉热平衡，因此，最后还将简单分析通氧对氯化过程有无影响的问题。

4.1.1.1 *在没有还原剂碳存在的情况下，钛的氧化物、碳化物和氮化物的氯化*

钛渣中的 TiO_2、Ti_3O_5、Ti_2O_3、TiO、TiC 及 TiN 等与 Cl_2作用可能发生下列反应：

$$\frac{1}{2}TiO_2 + Cl_2 = \frac{1}{2}TiCl_4 + \frac{1}{2}O_2 \tag{4-1}$$

$$\frac{1}{6}Ti_3O_5 + Cl_2 = \frac{1}{2}TiCl_4 + \frac{5}{12}O_2 \qquad (4\text{-}2)$$

$$\frac{1}{4}Ti_2O_3 + Cl_2 = \frac{1}{2}TiCl_4 + \frac{3}{8}O_2 \qquad (4\text{-}3)$$

$$\frac{1}{2}TiO + Cl_2 = \frac{1}{2}TiCl_4 + \frac{1}{4}O_2 \qquad (4\text{-}4)$$

$$Ti_3O_5 + Cl_2 = \frac{1}{2}TiCl_4 + \frac{5}{2}TiO_2 \qquad (4\text{-}5)$$

$$Ti_2O_3 + Cl_2 = \frac{1}{2}TiCl_4 + \frac{3}{2}TiO_2 \qquad (4\text{-}6)$$

$$TiO + Cl_2 = \frac{1}{2}TiCl_4 + \frac{1}{2}TiO_2 \qquad (4\text{-}7)$$

$$\frac{1}{2}TiC + Cl_2 = \frac{1}{2}TiCl_4 + \frac{1}{2}C \qquad (4\text{-}8)$$

$$\frac{1}{2}TiN + Cl_2 = \frac{1}{2}TiCl_4 + \frac{1}{4}N_2 \qquad (4\text{-}9)$$

将上述反应式 4-1 ~ 式 4-9 以 1mol Cl_2 为基准计算，得到的 $\Delta G_T^{\ominus} - T$ 数值列于表 4-1 中，并在图 4-1 中示出各反应的 $\Delta G_T^{\ominus} - T$ 关系。

表 4-1　无碳存在时钛的氧化物、碳化物和氮化物与氯反应的 $\Delta G_T^{\ominus} - T$ 关系值

反应号	$\Delta G_T^{\ominus}$/kJ · mol^{-1}					
	900K	1000K	1100K	1200K	1300K	1400K
(4-1)	+62.388	+59.342	+56.317	+53.329	+50.371	+47.447
(4-2)	+14.728	+13.665	+12.627	+11.657	+10.707	+9.803
(4-3)	-10.092	-10.632	-11.113	-11.502	-11.841	-12.280
(4-4)	-103.763	-101.642	-99.487	-97.270	-94.968	-92.621
(4-5)	-223.589	-217.191	-205.765	-196.711	-187.606	-178.422
(4-6)	-227.543	-220.551	-213.384	-205.995	-198.481	-190.828
(4-7)	-269.922	-262.625	-255.287	-247.873	-240.312	-232.484
(4-8)	-240.463	-235.074	-229.714	-224.354	-219.016	-213.689
(4-9)	-201.259	-199.949	-198.640	-197.288	-195.937	-194.564

计算示例：以反应式 4-1 为例计算如下：

反应式 4-1　　$\frac{1}{2}TiO_2 + Cl_2 = \frac{1}{2}TiCl_4 + \frac{1}{2}O_2$

温度/K	各物质的摩尔吉布斯自由能 $G_i^{\ominus}$ (T) /kcal · mol^{-1}				$\Delta G_T^{\ominus}$	
	TiO_2	Cl_2	$TiCl_4$	O_2	kcal	kJ
900	-242.476	-51.288	-268.223	-47.005	+14.911	+62.388
1000	-245.476	-57.610	-279.550	-52.780	+14.183	+59.342
1100	-248.650	-64.019	-291.132	58.686	+13.458	+56.317
1200	-251.987	-70.509	-302.946	-64.567	+12.746	+53.329
1300	-255.475	-77.072	-314.974	-70.568	+12.039	+50.371
1400	-259.105	-83.704	-327.199	-76.633	+11.340	+47.447

注：$G_i^{\ominus}(T)$ 值从热力学数据手册[61]中查得；$\Delta G_T^{\ominus}$ 的计算方法详见参考文献[60]。

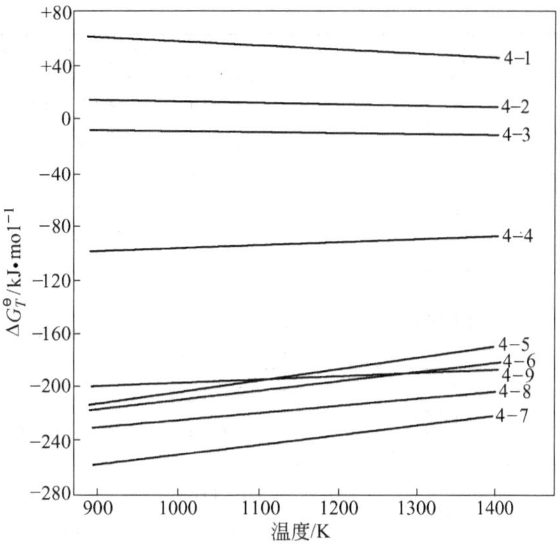

图 4-1 无碳存在时钛的氧化物、碳化物和氮化物氯化反应的 $\Delta G_T^\ominus - T$ 关系

上述结果表明：

（1）在计算的温度范围内（900 ~ 1400K），式 4-1 和式 4-2 的反应 $\Delta G_T^\ominus$ 均为正值，表明式 4-1 和式 4-2 氯化反应难以进行。式 4-3 和式 4-4 反应的 $\Delta G_T^\ominus$ 为负值，表明式 4-3 和式 4-4 反应有可能进行。从式 4-1 ~ 式 4-4 反应的 $\Delta G_T^\ominus$ 值可以看出，随着钛的氧化物中氧含量的减少，$\Delta G_T^\ominus$ 值降低，即钛氧化物的热力学稳定性由 Ti^{4+} 到 Ti^{2+} 逐步降低，其被氯化的可能性则相应增加。

（2）在计算的温度范围内，反应式 4-5 ~ 式 4-7 的 $\Delta G_T^\ominus$ 均为负值，表明按反应式 4-5 ~ 式 4-7 可生成 $TiCl_4$ 和 TiO_2；并且，反应式 4-5 ~ 式 4-7 的 $\Delta G_T^\ominus$ 比相对应的反应式 4-2 ~ 式 4-4 的 $\Delta G_T^\ominus$ 要负得多。从热力学观点看，无碳存在时，钛的低价氧化物与氯作用可优先按式 4-5 ~ 式 4-7 反应生成 $TiCl_4$ 和 TiO_2，而不是按式 4-2 ~ 式 4-4 进行反应。生成的中间化合物 TiO_2 要继续按式 4-1 反应生成 $TiCl_4$ 是不可能的。所以，在无碳存在时，TiO_2 不可能氯化；钛的低价氧化物的氯化率很低，TiO 的氯化率仅为 50%；Ti_2O_3 的氯化率为 25%；而 Ti_3O_5 的氯化率低至 16.7%。

上述结果已被有关实验证明，TiO 在没有还原剂存在时，在 300℃时就以相当的速度被气体 Cl_2 所氯化，而在 400 ~ 700℃时 TiO 的氯化率为 40% ~50%。残留物的分析证明，未被氯化的钛以 TiO_2 的形态残存下来。

（3）反应式 4-8 和式 4-9 的 $\Delta G_T^\ominus$ 值均为负值，并且其绝对值较大。表明在 900 ~ 1400K 温度范围内，TiC 和 TiN 都容易被氯化而生成 $TiCl_4$。

4.1.1.2 钛的氧化物加碳氯化

由上述热力学分析可知，在无碳存在时，TiO_2 不被氯化。在生产实践中是采用加还原剂的办法来实现含钛物料的氯化的。常用的还原剂有石油焦、焦炭、炭黑、木炭、石墨粉以及含碳（如 CO）的还原性气体等。在有还原剂碳存在的条件下，钛氧化物的氯化反应及其标准吉布斯自由能变化 $\Delta G_T^\ominus - T$ 关系见表 4-2。

表 4-2 钛氧化物加碳氯化反应的标准吉布斯自由能变化

反应号	加碳氯化反应及其标准吉布斯自由能变化 $\Delta G_T^\ominus$/J·(mol·K)$^{-1}$
(4-10)	$1/2TiO + C + Cl_2 = 1/2TiCl_4 + CO$ $\Delta G_T^\ominus = -18698 - 119.3T$
(4-11)	$1/2TiO_2 + 1/2C + Cl_2 = 1/2TiCl_4 + 1/2CO_2$ $\Delta G_T^\ominus = -104914 - 31.02T$

续表 4-2

反应号	加碳氯化反应及其标准吉布斯自由能变化 $\Delta G_T^\ominus$/J(mol · K)$^{-1}$
(4-12)	$1/2TiO_2 + CO + Cl_2 = 1/2TiCl_4 + CO_2$ $\Delta G_T^\ominus = -191138 + 57.38T$
(4-13)	$1/4TiO_2 + 1/2C + Cl_2 = 1/4TiCl_4 + 1/2COCl_2$ $\Delta G_T^\ominus = -64630 + 7.5777T$
(4-14)	$1/6Ti_3O_5 + 5/6C + Cl_2 = 1/2TiCl_4 + 5/6CO$ $\Delta G_T^\ominus = -62760 - 89.20T$
(4-15)	$1/6Ti_3O_5 + 5/12C + 1/2Cl_2 = 1/4TiCl_4 + 5/12CO_2$ $\Delta G_T^\ominus = -13606 - 15.31T$
(4-16)	$1/4Ti_2O_3 + 3/4C + Cl_2 = 1/2TiCl_4 + 3/4CO$ $\Delta G_T^\ominus = -83216 - 75.98T$
(4-17)	$1/4Ti_2O_3 + 3/8C + Cl_2 = 1/2TiCl_4 + 3/8CO_2$ $\Delta G_T^\ominus = -147988 - 9.62T$
(4-18)	$1/2TiO + 1/2C + Cl_2 = 1/2TiCl_4 + 1/2CO$ $\Delta G_T^\ominus = -175977 - 31.78T$
(4-19)	$1/2TiO + 1/4C + Cl_2 = 1/2TiCl_4 + 1/4CO_2$ $\Delta G_T^\ominus = -219087 - 12.53T$

将上述反应式 4-10 ~ 式 4-19 以 1mol Cl_2 为基准按摩尔标准吉布斯自由能法计算得到的 $\Delta G_T^\ominus - T$ 数值列于表 4-3 中，并作图如图 4-2 所示。

表 4-3　钛氧化物加碳氯化反应的 $\Delta G_T^\ominus - T$ 计算值（以 1mol Cl_2 为基准）

反应号	$\Delta G_T^\ominus$/kJ · mol^{-1}					
	900K	1000K	1100K	1200K	1300K	1400K
(4-10)	-129.047	-140.921	-152.791	-164.527	-176.176	-187.736
(4-11)	-135.511	-138.587	-141.704	-144.796	-147.704	-150.637
(4-12)	-141.976	-136.290	-130.612	-124.918	-119.231	-113.541
(4-13)	-57.806	-57.053	-56.300	-55.538	-54.769	-53.986
(4-14)	-144.804	-153.252	-161.620	-169.896	-178.084	-186.188
(4-15)	-150.193	-151.302	-152.377	-153.385	-154.356	-155.272
(4-16)	-153.670	-160.858	-167.933	-174.895	-181.749	-188.510
(4-17)	-158.519	-159.105	-159.611	-160.042	-160.398	-160.687
(4-18)	-199.481	-201.790	-204.033	-206.196	-208.242	-210.108
(4-19)	-202.715	-200.623	-198.485	-196.297	-194.004	-191.504

上述反应式及其标准吉布斯自由能随温度的变化清楚地表明：

(1) 在计算的温度范围内（900 ~ 1400K），钛的氧化物在有还原剂碳存在时与氯反应

的 $\Delta G_T^{\ominus}$ 均为负值，表明反应式 4-10 ~ 式 4-19 均可向生成 $TiCl_4$的方向进行。

（2）有还原剂碳存在时，钛的氧化物氯化也和无碳时氯化相似，随其中含氧量的降低，$\Delta G_T^{\ominus}$ 数值也随之降低。

（3）值得注意的是，将有碳存在时，Ti_3O_5、Ti_2O_3和 TiO 的氯化反应式 4-14 ~ 式 4-19 与相应的反应式 4-5 ~ 式 4-7 的无碳氯化反应进行比较发现，在上述工艺温度下，式 4-5 ~ 式 4-7 的 $\Delta G_T^{\ominus}$ 值比式 4-14 ~ 式 4-19 相应地更负些。根据热力学的观点，钛的低价氧化物将首先按式 4-5 ~ 式 4-7 被氯化，生成 $TiCl_4$ 与 TiO_2，而后，TiO_2 再与 C 和 Cl_2作用，生成 $TiCl_4$和 CO 或 CO_2。

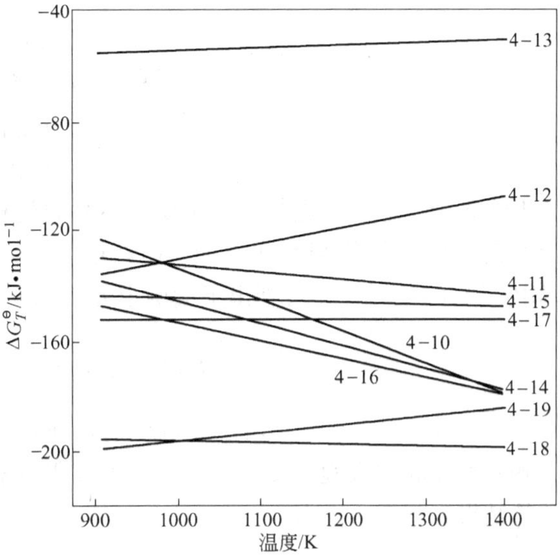

图 4-2 钛的氧化物加碳氯化反应的 $\Delta G_T^{\ominus} - T$ 关系

低价氧化钛比 TiO_2更易氯化，且价态越低，氯化反应的热力学趋势越大；并且低价氧化钛氯化反应的放热量也比 TiO_2氯化的放热量大，因此从反应的趋向性和热平衡角度看，钛渣的过还原度大对氯化是有利的。但过高要求高钛渣的过度还原也是不适宜的，因为这会增加电耗及钛渣熔炼操作的困难并增加钛渣的成本。

（4）反应式 4-13 的 $\Delta G_T^{\ominus}$ 虽为负值，但其绝对值较小。表明 TiO_2加碳氯化生成 $COCl_2$的反应是次要的。

（5）图 4-2 中的 4-10 与 4-11 及 4-12，4-14 与 4-15，4-16 与 4-17 和 4-18 与 4-19 等四组直线，均于 978K 处相交。此情况表明，上述四种钛的氧化物氯化时，小于 978K 时，氯化反应主要是按式 4-11、式 4-12、式 4-15、式 4-17 与式 4-19 进行；而当温度大于 978K 时，反应将以式 4-10、式 4-14、式 4-16 与式 4-18 为主。也即在低于上述温度时，生成物的组成除 $TiCl_4$外主要是 CO_2，当高于上述温度时主要为 CO。

显然，上述情况是由于在平衡状态下，碳的气化反应（即布多尔反应）影响所致。由此可见，在钛的氧化物加碳氯化过程中，布多尔反应起着重要的作用，它决定了气相平衡组成中 CO 和 CO_2之间的比例关系。

可按下列方法对 TiO_2加碳氯化反应的气相平衡组成进行计算。

TiO_2氯化的总反应式为：

$$TiO_2 + 2Cl_2 + C \longrightarrow TiCl_4 + CO_2$$

可以写出该反应的平衡常数：

$$K_1 = \frac{p_{TiCl_4} p_{CO_2}}{p_{Cl_2}^2} \tag{a}$$

除上述反应外，还必须考虑碳的气化反应（布多尔反应）和生成光气的反应：

$$CO_2 + C \longrightarrow 2CO$$

$$K_2 = \frac{p_{CO}^2}{p_{CO_2}} \tag{b}$$

$$CO + Cl_2 = COCl_2$$

$$K_3 = \frac{p_{COCl_2}}{p_{CO}p_{Cl_2}} \tag{c}$$

上述 3 个反应同时进行，整个反应体系的气相平衡组成可通过解五元联立方程得到。除上面表示反应平衡条件的 3 个方程式外，以气相产物摩尔比关系和体系总压力为 0.1MPa（1atm）时，还可列出下面两个方程式：

$$p_{TiCl_4} = p_{CO_2} + \frac{p_{CO}}{2} + \frac{p_{COCl_2}}{2} \tag{d}$$

$$p_{TiCl_4} + p_{Cl_2} + p_{CO} + p_{CO_2} + p_{COCl_2} = 1 \tag{e}$$

解此五元联立方程（a）～（e），可以得到有碳存在时，TiO_2 氯化的气相平衡组成。其计算结果列于表 4-4 中。

表 4-4　有碳存在时 TiO_2 氯化的气相平衡组成

温度/℃（K）	平衡分压/MPa（atm）				
	CO	CO_2	$TiCl_4$	Cl_2	$COCl_2$
600（873.15）	0.170×10^{-1} (0.170)	0.372×10^{-1} (0.372)	0.457×10^{-1} (0.457)	4.37×10^{-11} (4.37×10^{-10})	5.63×10^{-13} (5.63×10^{-12})
700（973.15）	0.410×10^{-1} (0.410)	0.193×10^{-1} (0.193)	0.397×10^{-1} (0.397)	1.13×10^{-9} (1.13×10^{-8})	4.98×10^{-12} (4.98×10^{-11})
800（1073.15）	0.588×10^{-1} (0.588)	0.059×10^{-1} (0.059)	0.353×10^{-1} (0.353)	2.41×10^{-9} (2.41×10^{-8})	6.37×10^{-11} (6.37×10^{-10})
900（1173.15）	0.653×10^{-1} (0.653)	0.015×10^{-1} (0.015)	0.336×10^{-1} (0.336)	9.93×10^{-9} (9.93×10^{-8})	1.06×10^{-10} (1.06×10^{-9})

表中数值表明，在所采用的温度条件下，氯的平衡分压很低，说明有碳存在时，TiO_2 的氯化反应是很完全的。光气的平衡分压更低，比氯气分压还要低 2～3 个数量级。随着温度的升高，气相平衡组成中 CO 含量增加，而 CO_2 含量减少。

4.1.1.3　含钛物料中杂质在加碳氯化过程中的行为

含钛物料中杂质氧化物的加碳氯化反应方程式如下：

$$\frac{2}{3}FeO + \frac{2}{3}C + Cl_2 = \frac{2}{3}FeCl_3 + \frac{2}{3}CO \tag{4-20}$$

$$\frac{2}{3}FeO + \frac{1}{3}C + Cl_2 = \frac{2}{3}FeCl_3 + \frac{1}{3}CO_2 \tag{4-21}$$

$$FeO + C + Cl_2 = FeCl_2 + CO \tag{4-22}$$

$$FeO + \frac{1}{2}C + Cl_2 = FeCl_2 + \frac{1}{2}CO_2 \tag{4-23}$$

$$\frac{1}{3}Fe_2O_3 + C + Cl_2 = \frac{2}{3}FeCl_3 + CO \tag{4-24}$$

$$\frac{1}{3}Fe_2O_3 + \frac{1}{2}C + Cl_2 = \frac{2}{3}FeCl_3 + \frac{1}{2}CO_2 \tag{4-25}$$

$$CaO + C + Cl_2 = CaCl_2 + CO \tag{4-26}$$

$$CaO + \frac{1}{2}C + Cl_2 = CaCl_2 + \frac{1}{2}CO_2 \tag{4-27}$$

$$MgO + C + Cl_2 = MgCl_2 + CO \tag{4-28}$$

$$MgO + \frac{1}{2}C + Cl_2 = MgCl_2 + \frac{1}{2}CO_2 \tag{4-29}$$

$$MnO + C + Cl_2 = MnCl_2 + CO \tag{4-30}$$

$$MnO + \frac{1}{2}C + Cl_2 = MnCl_2 + \frac{1}{2}CO_2 \tag{4-31}$$

$$\frac{1}{3}Al_2O_3 + C + Cl_2 = \frac{2}{3}AlCl_3 + CO \tag{4-32}$$

$$\frac{1}{3}Al_2O_3 + \frac{1}{2}C + Cl_2 = \frac{2}{3}AlCl_3 + \frac{1}{2}CO_2 \tag{4-33}$$

$$\frac{1}{2}SiO_2 + C + Cl_2 = \frac{1}{2}SiCl_4 + CO \tag{4-34}$$

$$\frac{1}{2}SiO_2 + \frac{1}{2}C + Cl_2 = \frac{1}{2}SiCl_4 + \frac{1}{2}CO_2 \tag{4-35}$$

将上述反应式以 1mol Cl_2 为基准按物质的摩尔标准吉布斯自由能数据计算得到的 $\Delta G_T^{\ominus}$-T 数值列于表 4-5 中，并作图如图 4-3 所示。

表 4-5　钛渣中杂质氧化物加碳氯化反应的 $\Delta G_T^{\ominus}$-T 计算值

反应号	$\Delta G_T^{\ominus}$/kJ · mol^{-1}					
	900K	1000K	1100K	1200K	1300K	1400K
(4-20)	-143.164	-151.641	-159.971	-168.172	-176.247	-184.196
(4-21)	-147.473	-150.084	-152.578	-154.971	-157.264	-159.465
(4-22)	-209.606	-215.539	-223.903	-232.409	-242.496	-260.826
(4-23)	-216.070	-213.204	-212.815	-212.606	-214.024	223.731
(4-24)	-153.565	-169.105	-184.414	-199.556	-214.547	-229.388
(4-25)	-160.030	-166.770	-173.326	-179.753	-186.075	-192.292
(4-26)	-319.582	-324.816	-331.636	-339.875	-348.293	-356.887
(4-27)	-326.047	-322.482	-320.549	-320.072	-319.821	-319.791
(4-28)	-184.636	-189.774	-198.832	-208.033	-217.346	-226.760
(4-29)	-191.100	-187.439	-187.744	-188.230	-188.874	-189.665
(4-30)	-237.040	-243.710	-251.902	-260.232	-268.671	-277.215
(4-31)	-243.086	-241.375	-240.814	-240.429	-240.199	-240.120
(4-32)	-85.910	-101.424	-116.821	-132.097	-147.093	-161.557
(4-33)	-92.374	-89.090	-105.734	-112.294	-118.621	-124.461
(4-34)	-87.492	-98.713	-109.859	-120.934	-131.934	-142.823
(4-35)	-93.956	-96.378	-98.772	-101.131	-103.462	-105.767

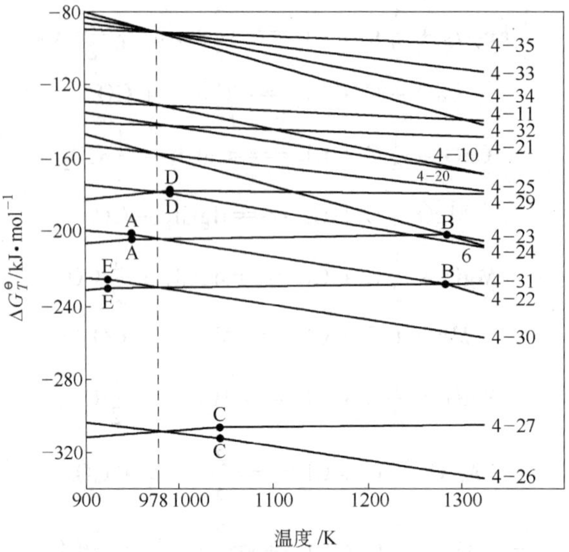

图 4-3　有碳存在时杂质氧化物氯化反应的 $\Delta G^{\ominus}_T - T$ 关系

（为便于比较，图中也画出了 TiO_2 加碳氯化的 $\Delta G^{\ominus}_T - T$ 关系线）

A—$FeCl_2$ 熔点，950K；B—$FeCl_2$ 沸点，1285K；C—$CaCl_2$ 熔点，1045K；

D—$MgCl_2$ 熔点，987K；E—$MnCl_2$ 熔点，923K

上述结果清楚地表明：

（1）在计算的温度范围（900～1400K）内，所有反应的 $\Delta G^{\ominus}_T$ 均为负值，且绝对值均较大，表明含钛物料中各种杂质氧化物在加碳条件下均可被氯化，生成相应的氯化物。

（2）与前述钛的氧化物加碳氯化一样，含钛物料中各杂质氧化物的氯化反应式中生成 CO 与 CO_2 的相应的两条 $\Delta G^{\ominus}_T - T$ 曲线均在 978K 处相交。这是由于在加碳氯化过程中（在平衡状态下）碳的气化反应影响所致。

（3）含钛物料中各种氧化物加碳氯化时各反应的 $\Delta G^{\ominus}_T$ 值，按其绝对值的大小或它们与 Cl_2 反应的先后顺序可排列如下：CaO > MnO > FeO（转变为 $FeCl_2$） > MgO ≈ Fe_2O_3 > FeO（转变为 $FeCl_3$） > TiO_2 > Al_2O_3 > SiO_2

这一氯化顺序表明：TiO_2 以前的氧化物在氯化过程中可全部转变为氯化物，而 Al_2O_3 特别是 SiO_2 仅部分氯化；在氧化物与氯化物之间还可能相互作用进行二次反应，即位于前面的氧化物将会被位于顺序后面的氧化物所生成的氯化物所氯化。例如：

$$2CaO + TiCl_4 = 2CaCl_2 + TiO_2 \qquad (4\text{-}36)$$

$$2MgO + TiCl_4 = 2MgCl_2 + TiO_2 \qquad (4\text{-}37)$$

$$3TiO_2 + 4AlCl_3 = 3TiCl_4 + 2Al_2O_3 \qquad (4\text{-}38)$$

$$TiO_2 + SiCl_4 = TiCl_4 + SiO_2 \qquad (4\text{-}39)$$

此外，$FeCl_2$ 在氯气流中很容易被氯化生成 $FeCl_3$。若含钛物料在氯化过程中有水分存在，则又可能发生如下反应：

$$TiCl_4 + 2H_2O = TiO_2 + 4HCl \qquad (4\text{-}40)$$

或

$$TiCl_4 + H_2O = TiOCl_2 + 2HCl \qquad (4\text{-}41)$$

因此，在氯化炉内所进行的反应，实际上是十分复杂的。

4.1.1.4 金红石的氯化及通氧对氯化过程的影响

含钛物料中各种氧化物加碳氯化均为放热反应。钛渣中含有大量钛的低价氧化物，其氯化反应放热量较大。因此钛渣的加碳氯化过程可能靠自热进行。与钛的低价氧化物相比，TiO_2氯化反应放热量较低。因为天然金红石和人造金红石中只有TiO_2而无低价钛氧化物，所以金红石沸腾氯化难于维持炉子热平衡，需要预热物料，同时通氧与碳燃烧以补充热量。在金红石的氯化过程中通入氧气，对过程的影响也可进行热力学分析。为保证通入的氧（或空气）与碳燃烧，须在入炉的炉料中适当增加配碳量。补热增加碳量及需氧量可通过物料平衡和热平衡来确定。事实上，在镁钛联合企业中，氯化所用氯气是镁电解车间来的阳极稀氯气经浓氯气冲浓至 80% ~90% 浓度后使用的，这种氯气中已含 10% ~20% 的空气。这种情况下，可以不再通氧，只需增加配碳量就行。

计算表明，C、CO 与 O_2反应的 $\Delta G_T^{\ominus}$ 值远比炉内各种氯化物氧化反应的 $\Delta G_T^{\ominus}$ 值更负，因此，只要有碳存在，它们就可能被优先氧化。即在含钛物料氯化过程中，保证一定碳量，通氧不会使产物 $TiCl_4$等氯化物发生氧化反应而阻碍氯化反应的进行。

4.1.2 氯化过程的动力学分析

富钛料的氯化过程是多相反应过程。沸腾床氯化为气-固相反应；熔盐氯化属于气-液-固多相反应。钛物料颗粒的反应过程属于颗粒缩核模型。它们都服从多相反应的规律，过程依次按以下步骤连续不断地进行：

（氯化剂通过边界层向颗粒表面的）外扩散→（在钛物料颗粒表面上的）吸附→（经毛细微孔向颗粒内部的）内扩散→化学反应→（反应产物在颗粒内向表面的）内扩散→解吸→（产物分子通过边界层的）外扩散。

氯化过程的总速度实际上取决于其中最慢的一步，这最慢的一步就是氯化过程的瓶颈，称为速度控制步骤。吸附和解吸两步的速度一般都较快。因此氯化过程的控制步骤就可归结为化学反应控制步骤（又称为动力学区）、扩散控制步骤（又称为扩散区）或混合控制步骤（混合控制区）。

研究氯化过程的动力学就是要找出氯化过程的控制步骤，以便采取措施克服最慢的一步，达到强化过程速度、提高生产强度的目的。

在许多关于含钛物料沸腾床氯化动力学的研究工作中，Dieter N.，Sajal L.，Ottmar K. 的研究最为详细。他们在 620 ~1500K 温度范围内和氯化剂 0.05 ~0.35m/s 线速度下用不同的气体氯化剂：Cl_2、光气（$COCl_2$）、HCl、CO + Cl_2的混合物进行了沸腾氯化 TiO_2和 Fe_2O_3的动力学研究。

在他们研究数据的基础上，提出了不同氯化剂氯化 TiO_2和 Fe_2O_3的反应速度方程式，见表 4-6，且如图 4-4 所示。

表 4-6 氯化 TiO_2和 Fe_2O_3的反应速度方程

反 应 式	反应速度方程/mol·(cm²·s)⁻¹	ΔT/K
$[TiO_2]+2(COCl_2)=\!=\!=(TiCl_4)+2(CO_2)$	$u=2.54\times 10p_{COCl_2}\times e^{-\frac{3302}{T}}$	620 ~720
$[TiO_2]+2(CO)+2Cl_2=\!=\!=(TiCl_4)+2(CO_2)$	$u=8.55\times 10^{-5}p_{CO}\times p_{Cl_2}^{0.5}\times e^{-\frac{29400}{T}}$	870 ~1400

续表 4-6

反 应 式	反应速度方程/mol·(cm²·s)⁻¹	ΔT/K
$[TiO_2]+4(HCl)=(TiCl_4)+2(H_2O)$	$u=8.53\times10^{-10}p_{HCl}\times e^{-\frac{7000}{T}}$	720～1200
$[TiO_2]+2(Cl_2)=(TiCl_4)+(O_2)$	$u=8.81\times10^{-4}p_{Cl_2}\times e^{-\frac{44000}{T}}$	1150～1380
$[Fe_2O_3]+3(Cl_2)=2(FeCl_3)+3(O_2)$	$u=2.5\times10^{-2}\times p_{Cl_2}^{0.5}\times e^{-\frac{37100}{T}}$	700～1200
$[Fe_2O_3]+3(COCl_2)=2(FeCl_3)+3(CO_2)$	$u=3.6\times10^{-3}\times p_{COCl_2}^{0.5}\times e^{-\frac{14500}{T}}$	700～1200
$[Fe_2O_3]+6(HCl)=2(FeCl_3)+3(H_2O)$	$u=5.1\times10^{-5}p_{HCl}\times e^{-\frac{7400}{T}}$	700～1200
$[Fe_2O_3]+3(CO)+3(Cl_2)=2(FeCl_3)+3(CO_2)$	$u=1.4\times10^{-2}\times p_{Cl_2}^{0.5}p_{CO}\times e^{-\frac{24610}{T}}$	700～1200

注：(　) 表示气态；[　] 表示固态。

从图 4-4 可以看出，TiO_2 的氯化反应是在相界面上进行的。用 HCl 和 Cl_2 氯化 TiO_2 的速度，在所采用的坐标系统中呈直线关系。而同时对于光气和 $CO+Cl_2$ 混合物作氯化剂来说，这种关系则区分为：小于 1000K 时，$CO+Cl_2$ 形成光气（$COCl_2$）；大于 1000K 时，光气发生分解。因此，在 1200K 下光气实际上分解完全。高于 1200K 时，用光气氯化的动力学曲线的形状与用 $CO+Cl_2$ 混合物氯化的动力学曲线形状是一样的，只是用 $CO+Cl_2$ 混合物在 1500K 时的氯化速度与 780K 用光气氯化的速度相等。纯 Cl_2 与 TiO_2 反应速度的反应级数比 $CO+Cl_2$ 混合物的反应级数要小，而 HCl 的氯化速度直到 1073K 以前都比这种混合物要快。在表 4-6 中所列出的动力学方程式是从总反应方程式出发的表观速度。对于氯化反应速度所给出的数值比所期望的数值要低得多。这可解释为：氯化反应实际上不是按总反应，而是按经过几个连续步骤化合氯并析出氧的单元步骤的方式进行的。

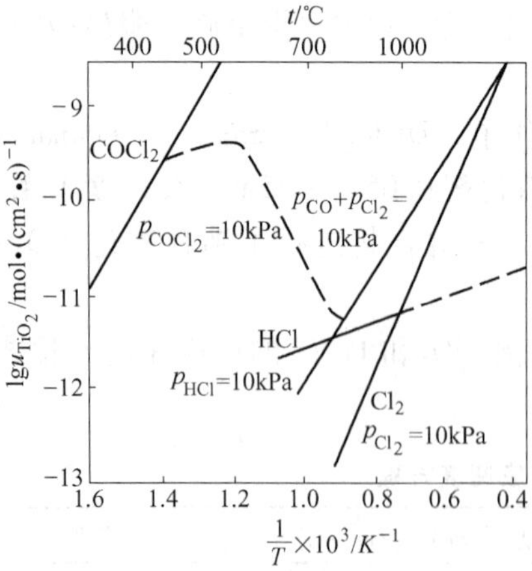

图 4-4　用纯氯气、光气、氯化氢及一氧化碳和氯的混合气体在有碳存在下氯化 TiO_2 的反应速度曲线

假设，在每一步只有一个气体分子与固相发生反应，氯化反应是由几个连续步骤构成的。这样可得出如下的结论：决定整个过程的最慢的一步是 TiO_2 与中间产物 COCl 基的相互作用。

对经过氯化物料颗粒中孔隙的内扩散对氯化反应速度的影响所进行的计算证明，在大多数情况下，扩散影响并不显著。但在大于 700K 温度下光气对 TiO_2 的氯化是个例外。在这种条件下，不仅光气的热分解，而且 $COCl_2$ 在氯化物料孔隙中的扩散都会产生阻碍作用。

另外，Е·И·马奇卡索夫等对钛渣的制粒 1～5mm 沸腾氯化也进行了研究，得到了反应速度的对数 lg$v$ 与温度倒数的关系图，如图 4-5 所示。由图可见，在大约600~900K（300~650℃）温度范围内，TiO_2的氯化反应处于动力学区域，表观活化能约为36kJ/mol；在900~1400K（约650~1100℃）温度区间，处于扩散区，表观活化能约等于8.86 kJ/mol。在动力学区，提高温度是加快化学反应的有效措施；在扩散区时，改善扩散条件，如增大反应物Cl_2的浓度（或Cl_2的分压）、增加气流速度等，乃是强化扩散传质过程的有效途径。大家知道，任何一个化学反应，其速度的快慢主要取决于活化能的大小。活化能越大，则反应速度常数越小；活化能越小，则反应速度常数越大。一般化学反应的活化能在60~250kJ/mol（即约15~60kcal/mol）之间。钛渣制粒氯化反应的活化能远低于60 kJ/mol，可见，这是一个快速化学反应。

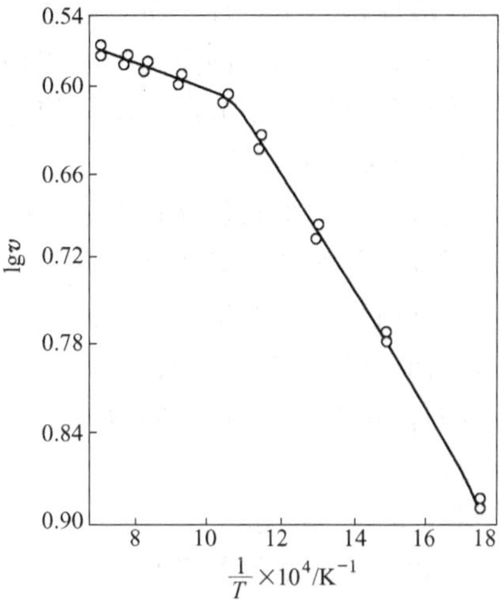

图4-5　氯化反应速率与温度的关系

下面对影响沸腾氯化过程的主要影响因素作简要介绍。

4.1.3　影响氯化的因素

4.1.3.1　氯化温度

钛渣的加碳氯化是放热反应，只需开始时从外部供热达到反应温度启动反应后，氯化反应就可以靠自热进行到底。根据动力学的分析（见图4-4和图4-5），在低温时（低于650℃），氯化过程处于反应动力学区域，此时提高温度可使反应速度加快。大于650℃以后，氯化过程处于扩散区域，继续提高温度对反应速度影响不是太大。如果温度太高反而会增加碳的消耗量并增加气体的总体积，使混合气体中$TiCl_4$的分压相应降低，并且增加冷凝器的负荷，以及加重对炉衬和设备的腐蚀。事实上，沸腾氯化是粉料入炉，不是制粒料入炉，钛物料与碳的接触不是很紧密。所以，氯化反应温度可以高一些，一般控制在800~1000℃（以850~950℃最好），炉气出口温度在500~700℃为宜，550~650℃最好。

4.1.3.2　氯气速度

在沸腾氯化作业中，选择适宜的氯气流速是建立良好沸腾状态的重要条件。在一定的物料粒度下，氯气流速过低，物料沸腾不起来，成了固定层氯化；氯气流速过高，物料在炉内来不及反应就被带走，使得炉料带出率高。适宜的氯气速度应该介于临界流化速度和颗粒带出速度之间。临界流化速度和带出速度与流体的性质、固体粒子的性质以及粒度有关，可以用实验方法测定，也可以用一般经验公式计算。目前在实际生产中，氯气的操作速度控制在0.12~0.15m/s之间（冷态）。在800~1000℃的扩散控制区内，热态速度已达0.45~0.60m/s，这样的流化速度已有足够的传质速度，流型已由滞流转变为湍流状态，强烈搅拌使气体边界层变得很薄，从而有利于扩散。

4.1.3.3　物料的粒度和孔隙度

物料的粒度是影响沸腾炉正常操作的又一个重要因素。当氯气流速一定时，物料粒度太大，就沸腾不起来；粒度越细，孔隙度越大，比表面积就越大，反应速度也越快。但如果物料粒度太细，有可能发生沟流和腾涌现象，从而破坏沸腾床的稳定性，而且还可能来不及反应就被带出炉外。所以粒度要适当。

另外，钛渣和石油焦两种固体物料，密度相差约为 2.5 ~ 3 倍。为了保证在同一氯气流速下均匀沸腾而不分层，必须使密度大的钛渣粒度小于密度小的石油焦粒度。

4.1.3.4　配碳量

混合料中的配碳量是根据原料中各成分含量，按氯化反应方程式计算出来的。当然还要考虑到实际生产中氯化反应远未达到平衡状态以及钛渣中 TiC、TiN 和钛的低价氧化物的存在和机械损失等情况。配碳量过低，不能满足反应的需要，配碳量过高，不但增加炉渣量，而且使气体量增加，$TiCl_4$ 分压降低，不利于 $TiCl_4$ 的冷凝。实际生产中，一般控制钛渣: 石油焦在 100: 30 左右（质量比）。若氯化金红石和/或使用稀释氯气，应适当增加配碳量。

4.1.3.5　氯气浓度

从化学反应平衡的角度来看，提高氯气分压，有利于反应向生成 $TiCl_4$ 的方向进行，因此氯气浓度越高，反应速度越快，进行得越完全。当控制步骤为扩散区时，氯气浓度的影响更为明显。所以从这个意义来看，最好是采用纯氯气。另外通入低浓度氯气，由于气体体积的增加从而会影响冷凝效率。但实际上为了综合利用，降低成本，对镁电解的低浓度氯气，必须加以利用。在镁电解的低浓度氯气中，掺入一定量的纯氯气使其浓度保持在 80%（体积浓度）以上，是可行的。

4.1.3.6　料氯比

为了保持正常的沸腾状态，氯化炉内应维持一定的料层高度，并使混合料加入量和通氯量相适应。如混合料加入量不足，料层太薄，尾气含氯量增大；如混合料加入量过多，炉阻力上升快。因此在实际生产中就要控制一定的料氯比和炉阻力，一般氯: 料 = 100: 65（质量比），炉阻力为 300 ~ 700mm 硫酸柱（由于阻力较大，现场多用硫酸柱，1mm 硫酸柱约为 1.98mmH_2O，1mmH_2O = 9.80665Pa）。

4.1.3.7　原料中钙镁盐含量

当钛渣中 MgO 和 CaO 含量较高时，由于生成的 $MgCl_2$ 和 $CaCl_2$ 熔点较低而沸点较高（见表 4-7），在较低的氯化温度下难于挥发，留在炉内呈熔融状态，使炉料黏结，排渣困难，而且破坏沸腾状态，使沸腾氯化难于进行，所以要求钛渣中 CaO 和 MgO 的含量总和不超过 1%（质量分数）。对高钙镁含钛物料沸腾氯化工艺的研究是当前钛氯化冶金中的一个重要课题，近年来我国冶金工作者在这方面做了大量的研究工作，如无筛板沸腾氯化和多级流化床快速氯化，前者已进行工业生产，后者工业试验已取得一定进展。

表 4-7　一些氯化物的熔点和沸点

氯化物	$SiCl_4$	$VOCl_3$	$TiCl_4$	$AlCl_3$	$FeCl_3$	$CaCl_2$	$FeCl_2$	$MnCl_2$	$MgCl_2$
熔点/℃	-68	-77	-23	193	304	772	677	650	714
沸点/℃	58	127	136	187（升华）	315（分解）	2000	1012	1231	1418

4.2　氯化工艺

4.2.1　氯化方法概述

自 20 世纪 50 年代开始工业规模生产四氯化钛以来，先后采用过四种氯化方法：

（1）在竖式电炉中团块炉料的氯化；

（2）在连续式竖炉中团块炉料的氯化；

（3）在沸腾炉中细粒物料的流化床氯化；

（4）在熔盐氯化炉中细粒物料的熔盐氯化。

竖炉氯化是一种固定床氯化方法。设备结构不太复杂，操作也较简单。它适用于各种含钛物料，生产效率变化范围大。主要缺点是原料要预先制成团块，团块料的制备包括配料、混合、压团、干燥和焦化，使得工艺大大复杂化；氯化不能靠反应热自热进行，要靠电供热；生产过程不连续，炉产能不大，生产率不高，手工排渣劳动强度大，操作环境差等。因此这个方法早已淘汰不用，而被连续式竖炉所替代。图 4-6 表示竖式电炉的大致结构。

连续式竖炉氯化，过程温度可自热维持，氯化反应期间不需电加热，连续排渣，具有实现机械化的可能性，较之间歇式竖炉生产率大大提高。它最大的缺点仍同竖炉一样，需团块加料。这种方法在前苏联的海绵钛厂采用，不过逐渐被熔盐氯化法代替。设备结构如图 4-7 所示。

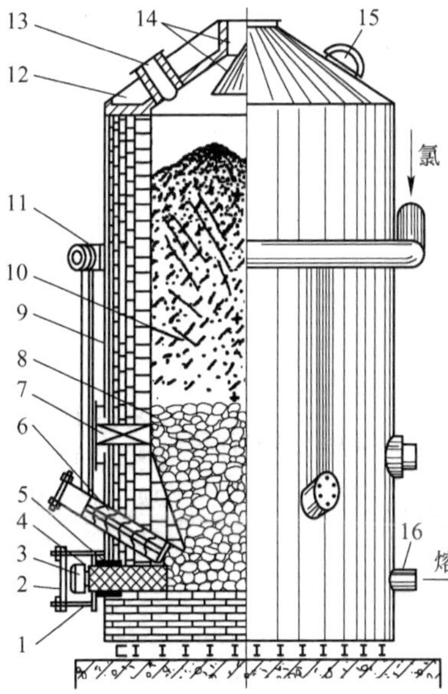

图 4-6 竖式氯化炉示意图

1—加固电极用拉杆；2—横梁；3—水冷板；4—电极；5—填料密封；6—通氯管；7—清扫孔；8—炭质填料层；9—衬里层；10—炉料；11—氯气集气管；12—炉盖；13—炉气出气管；14—锥形分布器；15—防爆法兰；16—熔体排料口

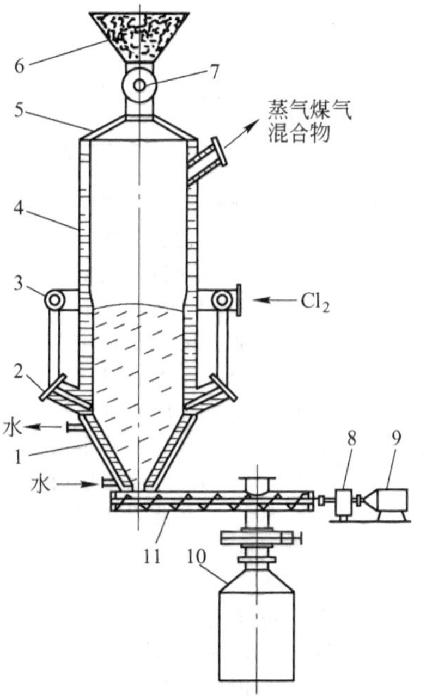

图 4-7 能连续出料的竖式氯化炉

1—水冷锥底；2—通氯管；3—氯气总管；4—壳体；5—水冷炉顶；6—料斗；7—滑阀加料器；8—减速器；9—电动机；10—渣箱；11—螺旋排渣机

现在最广泛采用的方法是细料钛物料的沸腾氯化和熔盐氯化。这两种方法突出的优点是粉料入炉，不用制团，相间的传热和传质过程都得以大大强化，反应速度快，生产能力大，生产强度和生产效率高，反应能自热进行。

表 4-8 对四种氯化方法的优缺点进行了比较。

表 4-8　四种氯化方法的比较

比较项目	竖式电炉氯化	连续式竖炉氯化	沸腾（流态化）氯化	熔盐氯化
氯化设备	竖式氯化炉	竖式连续作业氯化炉：φ（1.5 ~ 2.0）m × 10m	沸腾氯化炉：φ1.2m，φ2.4m，φ3.0m，φ3.5m	熔盐氯化炉圆形截面炉：φ5m × 8.5m；矩形炉：7m × 4m × 13m；4.5m × 3.5m × 8.5m
设备复杂程度	不太复杂，操作简单	比较复杂	不复杂、较简单	复杂
供热方法	电极加热	自热进行，多余热量靠水冷却导走	温度一般为 850 ~ 1000℃，使用钛渣原料时，能自热进行；氯化金红石时需通氧增碳燃烧补热	操作温度为 700 ~ 750℃，自热进行，多余热通冷却水导走
对原料的要求	不严格，允许使用各种钛物料，包括高钙、镁钛渣	不严格	不能用于高钙镁钛渣的氯化，对于有筛板沸腾炉，CaO + MgO 含量不大于 1.5%	适用于高钙、镁钛渣和/或 TiO_2 品位较低的钛渣
炉料准备	必须预先制团	团块加料或制粒加料	粉料入炉	粉料入炉
工艺特征及主要工艺条件	钛渣粒度小于 0.1mm 的不少于 90%，焦粉粒度 0.1 ~ 0.16mm 的占 90% ~ 95%、沥青或亚硫酸盐纸浆废液作黏结剂配料、混合压团；配比按：钛渣: 焦粉: 黏结剂 = （60 ~ 70）:（20 ~ 25）:（10 ~ 14）；水分不大于 3%；团块烘干温度 120℃；焦化温度 600 ~ 900℃；焦化后团块强度 300 ~ 500kg/团块；挥发分不大于 3%，固定碳含量（质量分数）为 24% ~ 29%；氯化温度为 1000 ~ 1100℃；炉内维持微正压，以免吸入空气发生爆炸	压团或制粒增加成本；连续排渣和通氯；难以有效地调整炉料组成	沸腾床中气固相间传热、传质良好，使过程得以强化	熔盐池中激烈搅动和翻腾，传热、传质情况良好，因主要生成 CO_2，无爆炸危险性
碳耗	高	高	中等，不低也不高	较低
炉气中 $TiCl_4$ 的分压（浓度）	较低	较低	氯化剂为纯氯，且焦粉挥发分、水分低时，$TiCl_4$ 分压较高；采用镁电解阳极氯和/或焦粉中挥发分、水分高时，$TiCl_4$ 分压较低	同沸腾炉，但因主要生成 CO_2，体积减小，$TiCl_4$ 分压一般较高

续表 4-8

比较项目	竖式电炉氯化	连续式竖炉氯化	沸腾（流态化）氯化	熔盐氯化
单位面积四氯化钛产能 $(TiCl_4)/t \cdot (m^2 \cdot d)^{-1}$	2.5 ~ 3	4 ~ 5（比竖炉大，但不如沸腾炉和熔盐氯化炉）	25 ~ 40	15 ~ 25
单台炉的最大产能 $(TiCl_4)/t \cdot (台 \cdot d)^{-1}$	10	20（比竖炉大，但比沸腾炉和熔盐氯化炉小）	约 120 ~ 150	约 150 ~ 160
操作环境及劳动条件	差，需定期清渣并更换炭素格子	比竖炉有较大改善	较好，氯化残渣可回收利用	较好，废熔盐处理和回收利用比较麻烦和困难

4.2.2 钛渣的沸腾氯化

4.2.2.1 沸腾氯化的工艺原理

A 气-固流态化现象

沸腾氯化即是流态化氯化，钛业界更习惯称为“沸腾氯化”。流态化是一个化工单元过程。图 4-8 ~ 图 4-13 可以阐明沸腾氯化的工艺原理。

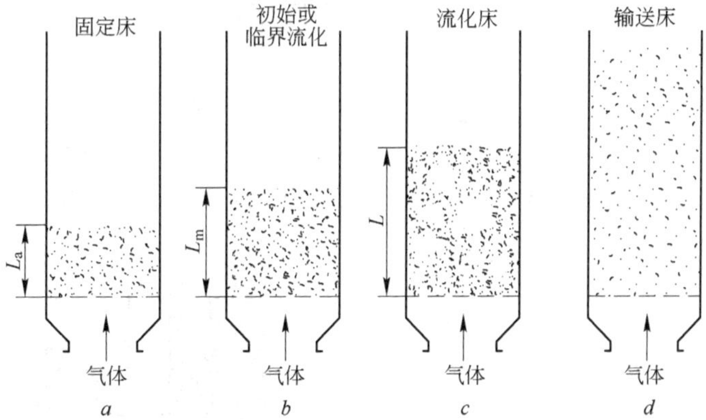

图 4-8 不同流速时床层的变化

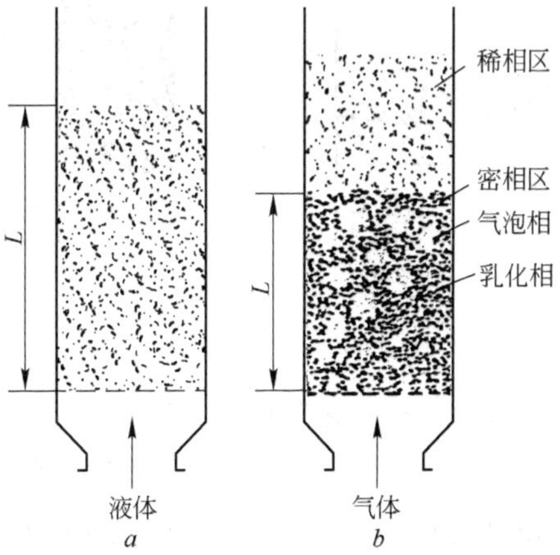

图 4-9 流化床的类型

a—散式流化床；*b*—聚式流化床

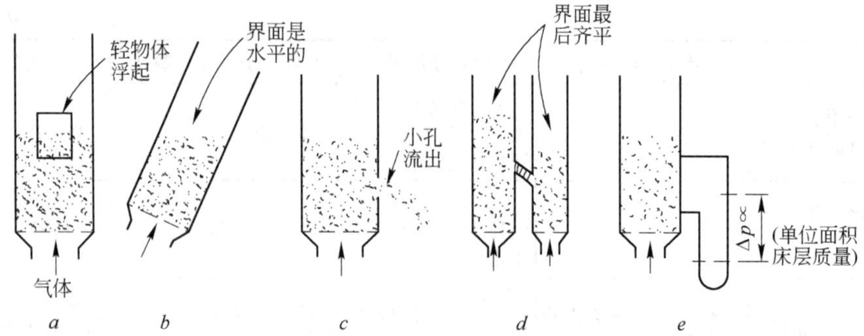

图 4-10　气体流化床的似液体特性

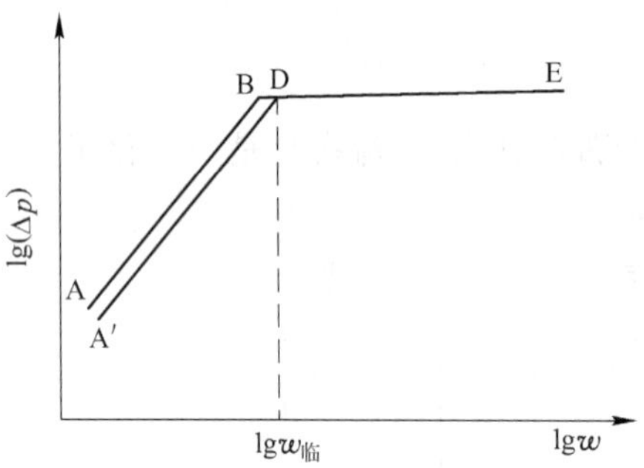

图 4-11　压力降－流速关系

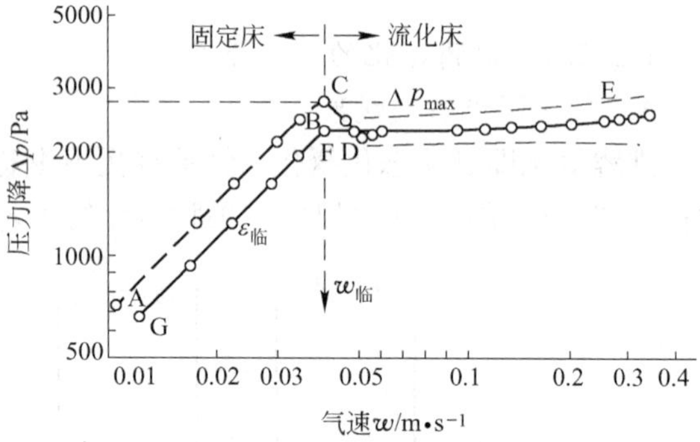

图 4-12　气体流化床的实际 Δp-w 关系

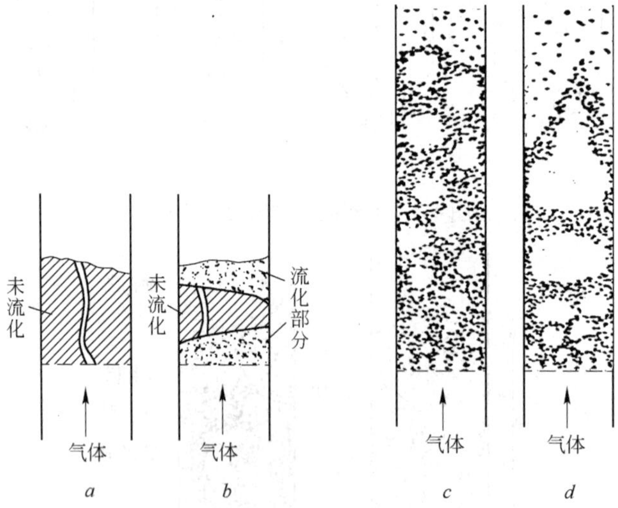

图 4-13　流化床中的不正常现象

a—贯穿沟流；*b*—局部沟流；*c*—大气泡现象；*d*—腾涌现象

图 4-8 表示流化介质（如氯气）在不同流速下通过细粒物料床层的变化情况。当气体低速（小于临界流速）通过床层时，固体粒子（如钛渣和油焦的混合配料）静止不动，粒子间仍保持接触，床层高度不变，气体从粒子间的孔隙中通过，这种床层称为固定床

（见图 4-8a）。当气体流速增大到一定值时，固体粒子位置稍有调整，但仍处于接触状态，只是床层有所松动而略有膨胀，床层略有增高，此时床层处于临界流化状态（见图 4-8b），此时的气体流化速度称为临界流化速度（$w_{临}$）。再提高气体流速至超过 $w_{临}$后，粒子之间便脱离接触，床层便进入流化状态（见图 4-8c）。此时的气体流速称为流化速度或沸腾速度 $w_{沸}$。显然，$w_{沸}$是一个速度范围值，而不是一个定值。即：$w_{临} < w_{沸} < w_{带}$。此时气体以鼓泡方式通过床层，随着气速的增加，床层中固体颗粒的运动变得更加激烈。在流态化状况下，气－固系统便具有了类似于流体的流动性，床层随气速的增加而膨胀，并且有清晰的上界面。由于床层中激烈的气－固运动很像沸腾状态下的液体，所以流化床又称为沸腾床。在氯气通过钛物料配料的情况下，床层中同时伴随着氯化反应，故而叫做沸腾氯化。如果继续增大气流速度，当其超过粒子的沉降速度时，颗粒将被气流带出床层，而变成气流输送（见图 4-8d），这时的气体速度叫做带出速度 $w_{带}$。

在正常流态化情况下，图 4-8c 表示的流化实际情况更像图 4-9b 所示。此时在气－固流化床中，形成两种聚合状态：一种聚合状态是连续相，这个相中孔隙率小、固相浓度大，但气－固混合物均匀，称之为乳化相；另一种聚合状态是作为分散相的气体以气泡形式穿过床层，并不断长大，称之为气泡相。这种具有乳化相和气泡相两种聚合状态的流化床被称为聚式流化床。它不同于液－固系统的散式流化床（见图 4-9a）。在聚式流化床中，当气泡上升到床面，由于压力减小而即刻破裂，同时向上溅起抛洒一些固体颗粒。沸腾床中的细粒物料被带到沸腾段的上部形成稀相区。在浓（密）相区与稀相区之间有一个明显的界面存在。

大家知道，液体具有浮力，液面水平，有流动性（如：可从容器侧壁的小孔流出，可从一个容器经连通管流到另一个容器中），具有静压力，在管道中流动时会因阻力损失而产生压力降等流体力学性质。同样，气－固流态化系统也具有这些特性，如图 4-10 所示。

B 床层压力降与流速的关系

气体通过颗粒床层时，随气流速度的不同，表现出固定床、流化床、流体输送这三个不同的阶段。测定不同气速 w（常称为空床气速）与床层压力降 Δp 的关系，可以明显看出床层变化的规律性。如图 4-11 所示。

在固定床阶段，气体通过床层的摩擦阻力表现为压力降 Δp 随气速的增加而增加。如图 4-11 中的 AB 段。

当气速增大到一定值时，床层的压力降将等于单位面积床层上的颗粒质量，即压力降 $(\Delta p)=\dfrac{床层质量(m)}{床层截面积(F_{沸})}$。此时，气体刚好把整个床层托起（图 4-11 中 B 点），颗粒位置稍有调整，床层松动并略有膨胀，但颗粒间没有脱离接触，并未流态化，如图中 BD 段。

当流速超过 D 点后，粒子将悬浮在气体中运动，床层也随气速的增加而逐渐膨胀，床层孔隙率 $\varepsilon\left(\varepsilon=\dfrac{床层孔隙体积(V_{空})}{床层体积(V_{床})}\right)$将随气速的增加而增大。但床层的压力降 Δp 却保持不变。图 4-11 上 DE 段就是流化床阶段。当气速下降时，则床层高度、孔隙率随之降低，床层的 Δp-w 关系仍沿 ED 线返回，直至 D 点，颗粒又互相接触而形成固定床。继续降低气速，床层压力降将不再沿 DBA 线变化，而是沿 DA′线下降。之所以不具有重现性，是因为床层被吹松、流化后再落下，此时的床层比从未吹松过的固床层具有更大的孔隙率之故。与 D 点相应的气体流速称为临界流化速度 $w_{临}$，其相应的孔隙率叫做临界孔隙率 $\varepsilon_{临}$。

图 4-11 所示之 Δp-w 关系是理想流态化的情况。实际的流态化 Δp-w 关系要复杂得多，如图 4-12 所示。可以看出，在固定床阶段 AB 与流化床阶段 DE 之间有一个“驼峰”BCD 出现。这是因为固定床中颗粒之间是相互紧靠的，因而需要较大的推动力才能使床层松动，直到颗粒松到使其刚能悬浮时，Δp 即从“驼峰”下降到水平段 DE（流化床阶段）。在流态化阶段，压力降基本上不随气速而变。如果降低流化速度，则 Δp 仍沿水平线 ED 返回，不再经过“驼峰”DCB，而是经 EDF 线到达 F 点后，再沿 FG 线（固定床）返回。这是因为从流化床阶段进入固定床阶段时，固定床已经处于最疏松状态，所以不会再沿“驼峰”返回。DE 线的上下各有一条虚线，表示流化床的压力降波动，DE 线是这两条虚线的平均值。压力降的波动是由于在流化床中气泡的上升运动、合并长大、床面破裂过程中产生的。

测量和观察压力降 Δp 的变化情况，可判断操作是否正常。正常沸腾时，Δp 波动幅度较小，呈脉动状态。波动幅度大，呈剧烈跳跃状，可能是形成了大气泡。如果 Δp 直线上升，而后又突然下降，表明有腾涌现象发生。若 Δp 比正常时为低，表明气流短路，产生了沟流。

C　流化床中的不正常现象

流化床中常见的不正常现象主要有沟流、大气泡和腾涌这三种，如图 4-13 所示。

a　沟流现象

其特征是气体通过床层时形成了短路。发生沟流时，气－固两相间不能很好接触，气体就穿过了床层，从而导致反应不好，传热不良，床层温度不均，显然是我们所不希望的。产生沟流的原因主要是：颗粒粒度很细且气速很低；物料潮湿引起黏结；气体分布板（筛板）设计不周。为防止沟流现象的发生，就应针对这些原因，采取预干燥并有适当大的气速，合理设计筛板等防范措施。

b　大气泡现象

在气－固流化床中，气泡在上升过程中不断长大、合并，直至上升到床面而破裂是正常现象。但如果床层中大气泡很多，由于其不断搅动和破裂，床层波动大，操作不稳定，气－固接触不良，气－固反应的效率会下降。大气泡现象多在床层较高、气速过大时发生。因此，沸腾段高度（高径比 H/D）设计要合理。

c　腾涌现象

如果气速过大，以至床层中大气泡聚合并长大到接近沸腾段直径时，床层被气体分割成几段，气体层把固体粒子层托升到一定高度后突然崩裂，大量颗粒雨淋而下，便形成腾涌现象（又称气节现象）。发生腾涌时，床层极不稳定，压降波动十分严重，从而破坏了床层的均匀性，气－固接触显著恶化。沸腾段直径越小，高度越高（即高径比 H/D 越大），颗粒直径越大，气速越高，就越易发生腾涌现象。

D　临界流化速度和带出速度

a　临界流化速度 $w_{临}$

床层由固定床向流态化转变时的流体速度叫做临界流化速度，用符号 $w_{临}$ 表示。流化床的操作速度必须大于 $w_{临}$（m/s），否则不能流态化。

理论上：

$$w_{临} = 4.08\frac{d_p^{1.82}(\gamma_s - \gamma_f)^{0.94}}{Z^{0.88}\gamma^{0.06}} \tag{4-42}$$

此式只适用于 $Re = \dfrac{10^3 d_p w_{临} \gamma_f}{Z} < 10$ 的情况。 (4-43)

工程上可用的公式具有经验性。

对于细颗粒，或 $Re < 20$ 时，

$$w_{临} = \frac{d_p^2(10\gamma_s - 10\gamma_f)}{1650\mu} \tag{4-44}$$

式中 d_p——颗粒直径，m；

γ_s——颗粒重度，N/m^3；

γ_f——气体重度，N/m^3；

μ——气体黏度，$kg \cdot s/m^2$，$\mu = \dfrac{Z}{9.81}$；

Z——气体黏度，$Pa \cdot s$。

b 颗粒带出速度 w_t

当气体速度等于固体颗粒在流动气体中的沉降速度时，称为开始带出速度，简称带出速度，用 w_t 表示，单位为 m/s。

$Re_t < 1$ 时

$$w_t = \frac{d_p^2(\gamma_s - \gamma_f)}{18\mu} \tag{4-45}$$

$1 < Re_t < 500$ 时

$$w_t = \left[\frac{4}{225} \cdot \frac{(\gamma_s - \gamma_f)^2 g}{\gamma_f \mu}\right]^{1/3} d_p \tag{4-46}$$

式中 g——重力加速度，m/s^2。

$Re_t = 500 \sim 300000$ 时

$$w_t = 5.45\sqrt{\frac{d_p(\gamma_s - \gamma_f)}{\gamma_f}} \tag{4-47}$$

$$Re_t = \frac{10^3 d_p w_t \gamma_f}{Z} \tag{4-48}$$

c 操作速度 $w_{操作}$

流化床的实际操作速度一般介于临界流化速度与带出速度之间，即 $w_{临} < w_{操作} < w_t$。通常把操作速度对临界流化速度之比称为流化数，以 K 表示。即：

$$K = w_{操作}/w_{临} \tag{4-49}$$

因此，$w_{操作} = Kw_{临}$

不同的流态化反应，K 值差别很大。

4.2.2.2 沸腾氯化工艺流程

我国某厂钛渣沸腾氯化生产 $TiCl_4$ 的工艺流程图和设备流程图如图 4-14 和图 4-15 所示。

破碎好的钛渣、油焦按照一定的比例进行称量配料，然后经过混合、干燥，用螺旋

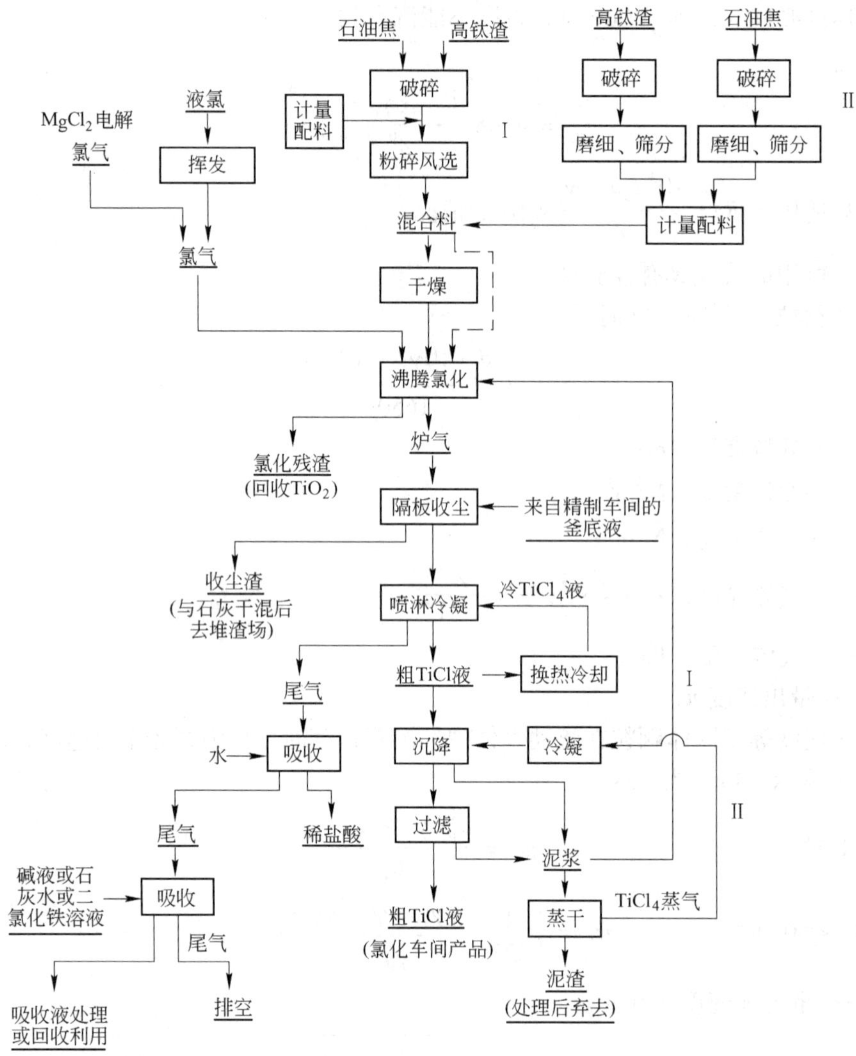

图 4-14　沸腾氯化制取 $TiCl_4$ 原则性流程

加料机由混合料斗从沸腾段上方加入氯化炉内。氯气一部分是 $MgCl_2$ 电解的阳极氯气由氯压机送来，另外一部分来自钢瓶液氯（经蒸发器气化）或直接从邻近的烧碱厂管道输入的浓氯气。两部分氯气混合或分别从氯化炉底进入炉内。加入的混合炉料与氯气反应生成钛和其他杂质的氯化物以及 CO 和 CO_2 等气体。

由表 4-7 可以看出，沸点低于氯化温度的氯化物如 $FeCl_3$（升华气体）、$AlCl_3$（升华气体）、$SiCl_4$ 以及 CO 和 CO_2 等气体就和 $TiCl_4$ 一起挥发逸出氯化炉，而沸点高于氯化温度的氯化物如 $CaCl_2$、$MgCl_2$、$FeCl_2$ 和 $MnCl_2$ 等，基本上与未反应的 TiO_2、C 粉等一起留在炉内成为炉渣。

从氯化炉顶以气体逸出的混合气体，主要成分为 $TiCl_4$、$SiCl_4$、$AlCl_3$、$FeCl_3$、CO 和 CO_2，以及少量 $MnCl_2$、$CaCl_2$、$MgCl_2$ 和 $FeCl_2$，还有被气流夹带出来的固体颗粒。它们进入收尘器，由于减速降温的作用，其中 $AlCl_3$、$FeCl_3$、$FeCl_2$、$MgCl_2$、$MnCl_2$、$CaCl_2$ 等高沸点氯化物以及被气流带出的固体颗粒大部分被冷凝沉积下来。通过收尘器出来的混合气

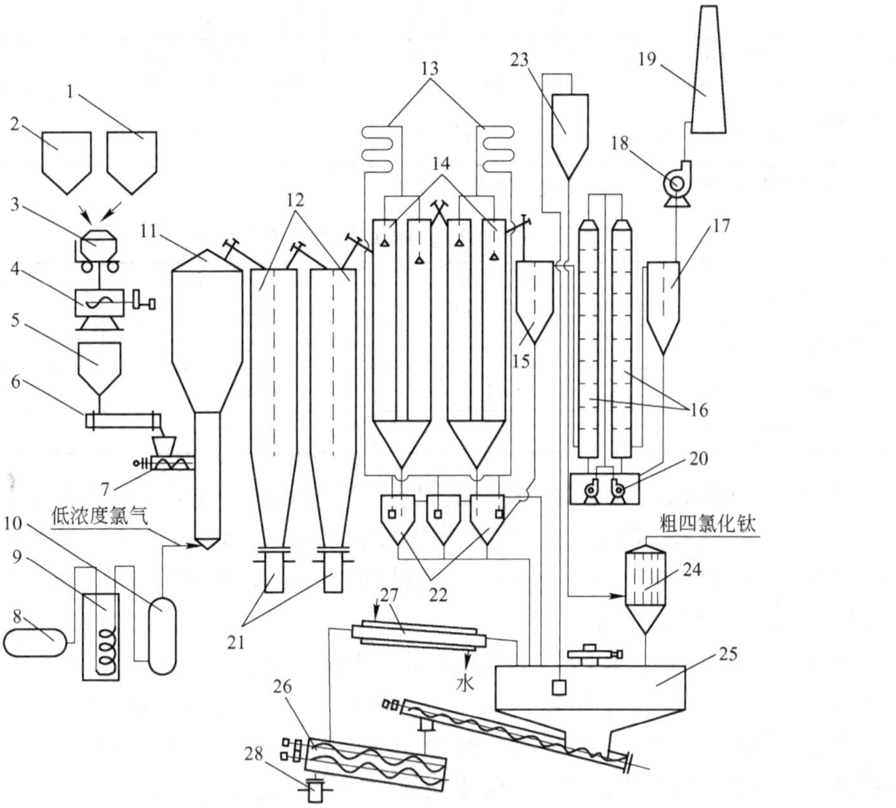

图 4-15 沸腾氯化设备流程图

1—钛渣料仓；2—油焦料仓；3—配料秤；4—混合机；5—混合料仓；6—管状加热器；7—加料螺旋；8—液氯钢瓶；9—蒸发器；10—缓冲罐；11—氯化炉；12—收尘器；13—套管冷却器；14—淋洗塔；15—捕滴器；16—洗涤塔；17—气水分离器；18—排气风机；19—烟囱；20—耐酸泵；21—收尘渣桶；22—循环泵槽；23—高位槽；24—过滤器；25—浓密机；26—泥浆蒸发器；27—冷凝器；28—渣桶

体进入淋洗塔，与被 -10 ~ -15℃的冷冻盐水冷却后的 $TiCl_4$ 液体相接触，使得 $TiCl_4$、$SiCl_4$、$VOCl_3$等气体和剩余的高沸点杂质被淋洗下来。不能冷凝的 CO、CO_2、Cl_2、O_2、N_2、HCl 等气体最后进入尾气处理系统，先用水吸收 HCl，后用碱液或 $FeCl_2$液、石灰乳洗涤除去 Cl_2和 $COCl_2$后通过烟囱排空。淋洗下来的 $TiCl_4$液体还含有较多的杂质，经过沉降、过滤以后，就得到淡黄色或红棕色的粗四氯化钛液体。

目前国内生产 $TiCl_4$的沸腾氯化流程基本上是相同的，不同的地方有以下三个方面：

(1) 混合料的准备。第一种方法是将高钛渣和石油焦分别破碎成需要的粒度，然后按预定的配料比配料，再经混合器混合。此法如果不经过机械筛分，很难达到理想的粒度。

第二种方法是采用竖井风选，即将粗碎后的高钛渣和石油焦，按预定的配料比配料，然后加入竖井锤碎机进行粉碎和风选，物料的粒度可通过调节风量来控制，并且可以做到两种固体物料的粒度大小不一样而质量相近，这样粒度匹配适当，对解决沸腾炉内炉料分层问题是有利的。表 4-9 和表 4-10 分别列出风选混合料的粒度分布和成分分析，从表中可以看出，这样的混合料是能很好地满足工艺要求的。

表 4-9　风选得到的混合料粒度分布

粒度/mm (目)	>0.175 (+80)	0.175 ~ 0.147 (−80 ~ +100)	0.147 ~ 0.121 (−100 ~ +120)	0.121 ~ 0.109 (−120 ~ +140)	0.109 ~ 0.096 (−140 ~ +160)	0.096 ~ 0.079 (−160 ~ +180)	0.084 ~ 0.074 (−180 ~ +200)	<0.074 (−200)
质量分数 /%	0.50	4.35	1.18	10.27	10.39	14.09	46.12	23.29

注：风机风量为 $7500m^3/h$，锤碎机生产能力为 0.6t/h。

表 4-10　风选得到的混合料成分分析

粒度/mm (目)	0.246 ~ 0.109 (−60 ~ +140)	0.109 ~ 0.074 (−140 ~ +200)	<0.074 (−200)
TiO_2 的质量分数/%	59.1	74.0	71.06
C 的质量分数/%	30.84	18.76	21.06
C/TiO_2	0.526	0.254	0.294

(2) $TiCl_4$ 的冷凝。$TiCl_4$ 的冷凝有的只有两个淋洗塔，有的在淋洗塔后还有 2 ~ 4 个列管冷凝器，某厂曾做过测定，1 号淋洗塔冷凝的 $TiCl_4$ 占 95% ~ 98%，2 号淋洗塔占 1% ~ 5%，列管冷凝器只占 0.1% ~ 0.78%。另外列管冷凝器的列管容易堵塞，所以现在大部分工厂都废除了列管冷凝器。

冷却用于喷淋的粗 $TiCl_4$ 液的热交换器多用蛇形套管换热器组，而不用列管冷却器，以免堵塞。淋洗塔 2 ~ 3 台串联成组，每台套管冷却器对应一台淋洗塔。生产实践中，也有每台冷却器都用冷冻盐水并行流入作冷却介质的，缺点是冷冻盐水用量大，制冷量大，能耗高。有一级用自来水，二、三级串联起来用冷冻盐水的，盐水从第三级流入，出水紧接着流入第二级入口，最后从第二级冷却器出水口流出。或一级用自来水，二级用低温水，三级才用冷冻盐水的。后两种方式制冷量小，电耗低。

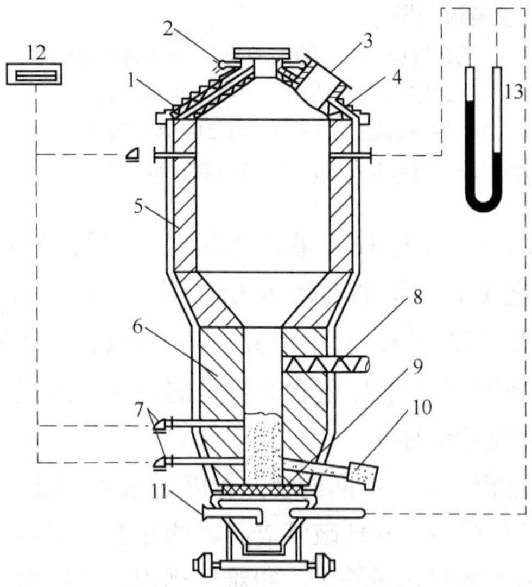

图 4-16　沸腾氯化炉示意图

1—炉盖喷水管；2—水冷炉盖涂层；3—炉气出口；4—挡水板；5—扩大段耐火砖；6—反应段耐火砖；7—热电偶；8—加料器；9—筛板；10—放渣口；11—氯气入口管（预分布器）；12—高温计；13—压力计

(3) 液固分离。液固分离的方法有的只采用浓密机，有的只采用管式过滤器，还有同时采用浓密机和管式过滤器的。第一种分离效果不甚可靠，第二种过滤器负荷太重，同时采用两种设备是比较可靠的。

4.2.2.3　沸腾氯化主要设备

A　沸腾氯化炉

目前国内采用的沸腾炉型多为圆柱型沸腾床，其优点是结构简单、制造方便，但对物料的粒度分布要求比较严格。也有采用锥形床的，锥角一般为 3° ~ 6°，由于锥形床底部气流线速度大于上部气流线速度，因而适合粒度较细、分布较宽的物料，并有利于降低粉尘率。圆柱形沸腾氯化炉结构如图 4-16 所示。主要分沸腾段、过渡段、扩大段和氯气分配室四个部分。

a 沸腾段

沸腾段的直径可以按照需要的产能和沸腾炉的单位面积生产能力来确定，后者一般取 30～35t/(m^2·d)。沸腾段的高度决定于所处理物料的性质。一般高一点可降低粉尘率，但太高了容易出现大气泡，造成不正常流化。沸腾段高度对于小型炉取直径的 2～4 倍为宜（即 $H_{沸}/D_{沸}=2～4$）。随着沸腾炉的大型化，高径比逐渐减小，分离空间高度（过渡段高度 + 扩大段高度）占总高度（沸腾段高度 + 过渡段高度 + 扩大段高度）的比例增大，扩大段的高径比减小。当用活性差一些的还原剂碳（如煅烧焦）时，为增加物料在沸腾段的停留和反应时间，高径比可取这个范围的上限值。在大型炉的钢炉壳设计上，要充分考虑对焊接薄弱环节进行加强筋处理。

氯化炉内衬要求耐高温、耐腐蚀、密闭性好，特别是沸腾段，温度高、氯气浓度大，物料对炉壁冲刷严重，因此沸腾段内衬一般由五层组成。最外层是保温材料捣固层，材质为耐火耐酸混凝土或硅藻土砖、硅酸铝纤维毯等；第二层为耐火黏土砖层；第三层为电极糊熔铸层，主要起密封作用；第四层仍为耐火黏土砖；最里一层为水玻璃混凝土或矾土磷酸盐混凝土预制块（异型砖）或耐火高铝砖，总厚度为 700～900mm 左右。

b 扩大段

扩大段的直径要求使炉气上升速度小于最小颗粒的沉降速度，使粉尘能自由沉降，在扩大段内进行稀相氯化，不至于被带出炉外。扩大段的直径一般取为沸腾段直径的 4 倍（即 $D_{扩}=4D_{沸}$）。对扩大段高度也具有同扩大段直径一样的要求，一般取为扩大段直径的 1.5 倍左右（即 $H_{扩}=1.5D_{扩}$）。扩大段的内衬没有对沸腾段内衬的要求那样严格，一般分为三层。最外层为耐火耐酸混凝土捣固层或耐火高铝砖，里面两层为黏土砖。

c 过渡段

过渡段的高度决定于过渡段的锥角。锥角过大，粉尘物料易堆积在锥面上，烧结成“死灰”，达到一定厚度时，可能以块状脱落，沉积在筛板上，破坏正常流态化。合理的锥角应按物料的自然堆积角（又叫安息角）来确定。实测高钛渣和石油焦混合料的自然堆积角约为 60°，因此，过渡段的锥角取 60°为宜。内砌层为耐火黏土砖及耐酸混凝土，靠沸腾段部位局部可用耐火高铝砖。

以上各段砌筑泥浆须耐酸，耐高温，可用水玻璃长石粉泥浆或高强磷酸盐泥浆，而以后者为佳。因为磷酸盐泥浆耐火度高，黏结强度好。实践证明，采用以上方案，中修周期可由 100 天延长到 300 天，大修周期由 21 个月延长到 100 个月，效果显著。

d 氯气分配室和筛板

氯气分配室的作用，一是使氯气静压分布均匀，二是支撑筛板。筛板的作用是支承物料、均匀分布气体，造成良好的沸腾条件。影响筛板性能的是开孔率和筛板形式。筛板开孔率小可以增加气流阻力，使气体分布均匀、操作稳定，但开孔率太小会增加动力消耗。开孔率一般采用 0.8%～1%。筛板的形式有直流型、风帽型和密孔型三种。目前钛渣氯化生产实践中，采用的平筛板（底侧部排渣）和锥形筛板（底部排渣）都属于直流型筛板。它的特点是结构简单、制作容易，但气体分布不够均匀，且易堵孔漏料。为了克服这些缺点，可在平筛板上加一层大颗粒的耐火填料（也可直接用 ϕ2～3mm 的石油焦），另外还可将气孔做成下大上小的喇叭形。筛板的材质，采用水玻璃耐火混凝土或石墨都能满足生产要求。

B　收尘冷却器

收尘冷却器的作用，是使从氯化炉出来的混合气体经过减速、冷却降温，使高沸点杂质氯化物冷凝并与夹带的固体颗粒一起沉积下来。收尘设备有多种，但以隔板除尘器为宜。隔板除尘器虽然效率较低，但由于其结构简单，防腐性能较好，目前仍为钛氯化生产所广泛使用。图 4-17 为隔板除尘器的示意图，它是一种锥底长筒形的钢设备，中间有一块隔板，钢筒内壁和隔板两侧需用耐酸材料涂层或衬里，也可用耐酸砖砌筑。

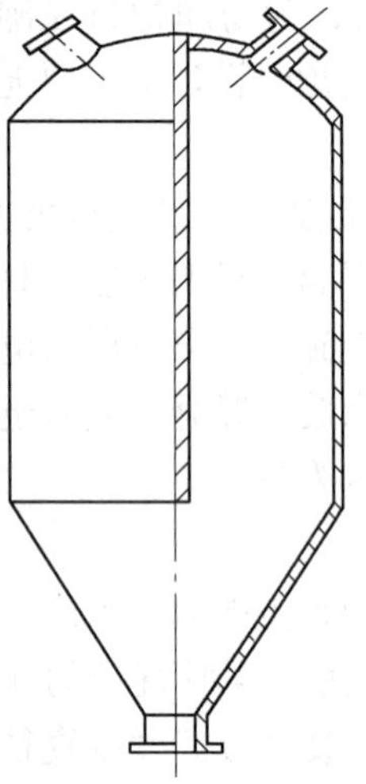

图 4-17　隔板除尘

收尘冷却器的冷凝和沉降效果既与炉气流速、气流途径长短有关，又与温度有关。气流速度低、停留时间长、温度低对固体颗粒和高沸点杂质的分离是有利的。但温度太低，$TiCl_4$ 气体会发生冷凝。对收尘冷却器的沉降面积和散热计算是比较复杂的，在实际生产中，一般采用经验数据，即收尘冷却面积每天每吨 $TiCl_4$ 不小于 $7m^2$。另需考虑的一个问题是，在新炉或大修后启动阶段，由于收尘器处于室温状态，炉气进入收尘器内，$TiCl_4$ 会大量冷凝拉稀冒烟，既浪费资源又污染环境。因此收尘器可考虑做成夹套式，夹套内通热风或热水将其预热至 100℃ 以上，待进入正常生产后再停止加热。也可不做成夹套式，在烤炉末期将氯化炉出来的热气引入收尘器加热。

C　淋洗塔

淋洗塔的作用是将 $TiCl_4$ 气体以及低沸点杂质冷凝成液体，当然在收尘器内未被分离的高沸点杂质也被冷凝下来。因此，冷凝下来的 $TiCl_4$ 中含固体杂质较多，就不宜于采用填料塔、筛板塔、泡罩塔等一类易被堵塞的设备。

图 4-18 是一种直接冷凝的喷洒塔，或叫做淋洗塔。实际上是一个无塔板的空塔，两臂的顶端都有一个喷嘴。冷凝液是采用在蛇形套管内用冷冻盐水冷却后的粗 $TiCl_4$。

淋洗塔的冷凝效率与淋洗液的温度、气体停留时间、喷淋密度有关。冷却温度不能太低，这样不仅消耗能量大，并使液体 $TiCl_4$ 流动性差。根据 $TiCl_4$ 在 0℃ 时的蒸气压已经很小（为 412Pa 或 3.09mmHg），尾气温度保持 0℃ 即可，喷淋密度一般要求为 $100 \sim 150m^3/(m^2 \cdot h)$。

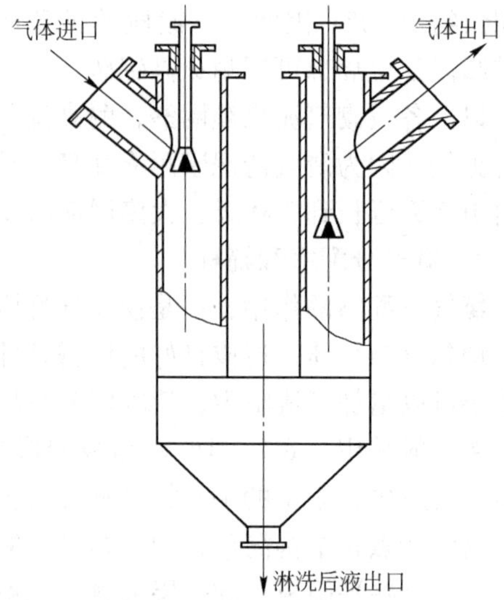

图 4-18　淋洗塔

D　浓密机（沉降槽）

浓密机是固液分离设备，其作用是通过重力沉降，使悬浮在四氯化钛中的固体杂质沉积下来，呈泥浆状，然后由底部螺旋排出。

图 4-19 是浓密机的示意图。它是一个直径为 3～5m 的圆筒锥底设备，锥部有一搅耙，搅耙的转速为 0.05r/min，排渣螺旋的倾角为

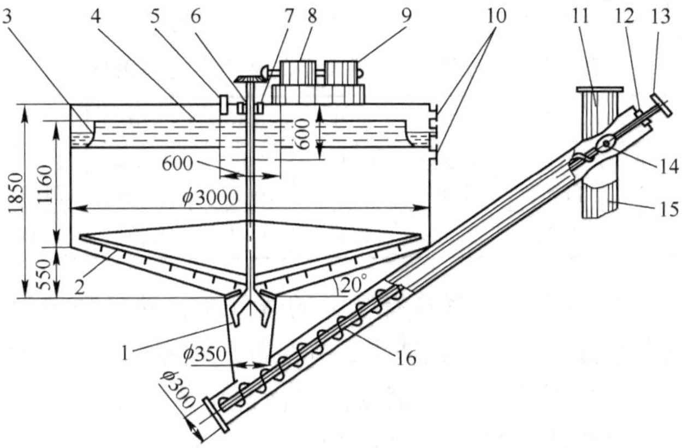

图 4-19 浓密机

1—净化铲（除渣通条）；2—刮板机；3—溢流堰；4—缓流槽；5—粗 $TiCl_4$ 注入管；6—轴；7—密封填料；8—减速器；9—电动机；10—溢流管；11—清除孔盖；12—密封盖；13—传动齿轮；14—活接头（铰链）；15—卸料连接套管；16—螺旋

23°，转速为 7r/min。

浓密机的沉降面积根据生产实践，要求每天每吨 $TiCl_4$ 不小于 $1m^2$。

E 管式过滤器

为了使粗 $TiCl_4$ 中的固体杂质含量降到最低限度，由浓密机出来的 $TiCl_4$ 需再经过一次过滤。

图 4-20 是管式过滤器的示意图。这是一种压力式的过滤器，内部装有 4 ~ 5 根过滤管，管上均布 5mm 的过滤孔，外面包上两层涤纶过滤布。过滤液借助高位槽的静压，从过滤器下侧部进入，透过涤纶布，固体杂质被分离，然后滤液由上部引出。当停止过滤时，打开底部排渣阀门，管内的 $TiCl_4$ 通过反冲作用，将滤饼残渣排除。

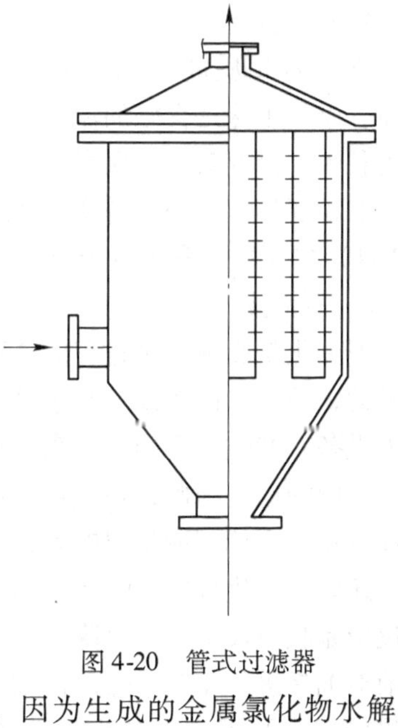

图 4-20 管式过滤器

4.2.2.4 氯化工艺

A 原料及其准备

a 氯气

氯气在常温下是一种具有强烈刺激性臭味的气体，呈黄绿色，它的质量是同体积空气质量的 2.5 倍。干燥的氯气对金属设备没有腐蚀作用，但在潮湿的环境中，因为生成的金属氯化物水解产生 HCl：

$$FeCl_3 + 3H_2O = Fe(OH)_3 + 3HCl \quad (4\text{-}50)$$

HCl 会强烈地腐蚀设备。

在空气中，氯和氨水作用生成氯化铵（NH_4Cl）的微小晶粒，产生浓厚的白烟。可以利用这一特性来检查设备、管道漏氯的部位。

氯气在常压下冷却到 -34.5℃或在常温下加压至 0.6 ~ 0.8MPa（6 ~ 8atm），都能得到黄色透明的液氯。液氯在不同温度下的蒸气压和密度见表4-11。

表 4-11　液氯在不同温度下的蒸气压力与密度

温度/℃	-34.5	-20	0	10	20	50	70	100	140
蒸气压/MPa (atm)	0.1 (1.00)	0.181 (1.81)	0.364 (3.64)	0.495 (4.96)	0.657 (6.57)	1.414 (14.14)	2.158 (21.58)	3.745 (37.45)	7.444 (74.44)
密度/$g \cdot cm^{-3}$		1.523	1.469	1.440	1.411	1.312	1.242	1.113	0.750

由表4-11可见，液氯在常温下就具有很大的蒸气压，并且随着温度的升高，蒸气压急剧上升，因此液氯必须储存在高压钢瓶内，并且高压钢瓶的周围温度不能高于40℃。

通入氯化炉的氯气，是用紫铜管将钢瓶内的液氯引入沉浸在热水浴中的蛇形管蒸发器，进行气化，然后经过缓冲罐和孔板流量计计量，再进入氯化炉内，蒸发器的水浴温度保持在45~70℃。

我国液氯标准是：含 $Cl_2 \geqslant 99.5\%$（体积分数）；$H_2O \leqslant 0.06\%$（质量分数）。

如果使用镁电解阳极氯气，要求含 $Cl_2 > 70\%$（体积分数），然后通过补充一定的纯氯，使其混合后含 $Cl_2 > 80\%$（体积分数）为宜。在钛厂附近有氯碱厂的情况下，可用管道将氯气直接引入氯化车间使用。

b　钛渣

钛渣是由钛铁精矿还原熔炼制取的。从氯化来说，要求钛渣的品位越高越好。因为杂质含量低，氯气利用率高，渣量及排渣次数减少，并减轻收尘、淋洗等后续系统的负担，这对改善 $TiCl_4$ 质量、提高回收率、降低成本都有好处。另外还要求含 CaO 和 MgO 量不能太高，以利于保持良好的流化状态。但是随着钛渣品位的升高，钛渣的成本会急剧上升。权衡利弊，目前对钛渣质量的要求和常用钛渣的化学成分分别参见表3-10和表3-11。高钛渣的粒度目前没有一个统一的要求，从氯化生产考虑，要求0.246~0.074mm（60~200目）之间的总和不少于80%为宜。

c　石油焦

石油焦是石油炼制过程的产物，各种焦的成分不一样。3号焦活性大，对氯化反应是有利的，但它含的挥发分和水分高，在氯化过程中会产生大量的氯化氢气体，增加氯耗，腐蚀设备。煅烧焦含固定碳高，挥发分少，有利于降低氯耗、减少“三废”，但其活性又有一定的降低。为此，在氯化配料中，采用一半3号焦，一半煅烧焦是比较好的。石油焦的成分见表4-12。应指出的是，炉料中水分含量高对氯化的不利影响，不只局限于氯耗增加，还表现在生成的 HCl 量增加，而且还可能使 $TiCl_4$ 水解生成 $TiOCl_2$。另外，因气与水的反应是吸热反应，还会降低炉温。因此，仅靠入炉前工频加热配料是不够的。最好在配料前对油焦进行单独干燥。例如，我国某厂采用 $\phi 1m \times 10m$ 的转筒干燥器进行热风干燥，效果较好，干燥后水分由原来的8%降到1.2%（质量分数），固定碳由79%上升到86.5%（质量分数）。

表 4-12　石油焦的成分（质量分数）　(%)

名　称	固定碳	挥发分	灰　分	水　分
3号焦	86.02	8.93	0.22	4.61
煅烧焦	96.67	0.33	2.28	0.72

d 混合料

将高钛渣和石油焦按一定的比例混合，作为氯化的原料，称之为混合料。混合料的混合方案如前所述，一种是先分别破碎然后再混合，一种是混合破碎风选。后一种方法由于是混合风选，两种物料在同一风速下风选出来的粒度相当匹配，实践证明，这种物料对沸腾氯化是非常有利的。对混合料的粒度要求，目前还没有统一的说法，一般认为 0.370 ~ 0.074mm（40 ~ 200 目）不小于 80% 为宜。混合料主要成分的要求见表 4-13。

表 4-13 混合料主要组成

成 分	TiO_2	FeO	C	H_2O
质量分数/%	>68	<4	≥20	<0.6

e 配碳量的计算

氯化反应主要有以下两个方程式：

$$TiO_2 + 2C + 2Cl_2 \xlongequal{} TiCl_4 + 2CO \tag{4-51}$$

$$TiO_2 + C + 2Cl_2 \xlongequal{} TiCl_4 + CO_2 \tag{4-52}$$

假定在某温度下，按式 4-51 反应的理论比率为 x，则式 4-52 为 $(1-x)$。将两式合并，则得：

$$TiO_2 + (1+x)C + 2Cl_2 \xlongequal{} TiCl_4 + 2xCO + (1-x)CO_2 \tag{4-53}$$

x 可以按不同温度的理论气相组成算出。但是在沸腾氯化过程中，由于远未达到平衡状态，同时由于生成的 CO 也是一种良好的还原剂，在炉气中有 HCl、$SiCl_4$、$AlCl_3$ 等气体存在，以及在钛渣中存在钛的低价氧化物等原因，使得实际气相组成与理论气相组成不符。为了使配碳比更符合实际情况，应选用沸腾氯化炉气中实际测定的 p_{CO} 和 p_{CO_2} 值算出 x。

如某氯化炉在 900℃时，分析尾气中含 CO 53.2%，CO_2 21.5%（体积分数），由反应式知：

$$\frac{p_{CO}}{p_{CO_2}} = \frac{2x}{1-x}$$

解得

$$x = \frac{p_{CO}/2}{p_{CO_2} + p_{CO}/2} = \frac{0.532/2}{0.215 + 0.532/2} = 0.553$$

$$1 + x = 1.553$$

代入式 4-53 进行计算，得 100kg TiO_2 应配碳量：

$$y = \frac{100 \times 12 \times 1.553}{80} = 23.3\text{kg}$$

由于高钛渣中的杂质同样需要配碳，粗略计算时可不必考虑其品位。计算结果：每 100kg TiO_2 应配碳 23.3kg。如石油焦含固定碳为 90%，则：

$$\text{石油焦用量} = 23.3 \div 90\% = 25.9\text{kg}$$

高钛渣含 TiO_2 94%，则高钛渣为 106.4kg。100kg 高钛渣需石油焦量为：

$$\frac{25.9}{106.4} \times 100 = 24.34\text{kg}$$

实际生产中的配碳比要考虑到杂质氯化的耗碳量、物料粒度的分布状况、机械损失以及炉子反应的实际效果，一般高钛渣与石油焦配比量取 100∶30 左右为宜。

B　氯化炉的烘烤

凡新修、大修、中修、小修或清炉后受潮的炉子，都要进行烘烤。烤炉的目的主要是脱去水分、烧结砖缝灰浆并达到启动的温度。

烤炉时间和温度制度随内衬材料和检修情况的不同有所差别。对黏土砖砌的炉子，其烤炉时间见表 4-14。

表 4-14　烤炉时间和温度控制

温度控制	新修或大修/天	中修/天	小修/天
室温→150℃	2	1	1
150℃保温	5	2	0.5
150→300℃	2	1	0.5
300℃保温	4	2	0.5
300→550℃	2.5	1.5	1
550℃保温	3	1	0.5
550℃→启动温度	1.5	1.5	1
合　计	20	10	5

对于在升温过程中体积膨胀大或晶型变化多的（如硅砖砌的）炉子，或体积比较大的、寒冷季节建成的，以及建成后自然干燥时间短的炉子，升温要慢一些，烤的时间要长一些。烘烤后需要降温清理的炉子，也要保持一定的降温速度（可以比升温速度稍快些），否则会因急剧冷却发生炸裂。

烤炉的方法，可以在沸腾炉底部安一个活动炉子，在 300℃以内用木柴烤，然后用焦炭，并逐渐将活动炉子伸入炉内，使温度升高；也有用重油喷入炉内进行烘烤的。

C　氯化炉的启动和正常操作

a　启动前的准备工作

（1）检查设备、管路、阀门，要求干燥、密闭、畅通；

（2）检查所有电器、仪表、机械设备、空运转是否正常；

（3）如是初次启动，必须在循环泵槽内备有足够循环的 $TiCl_4$；

（4）将氯气分配室和筛板进行烘烤，并检查筛板孔有无堵塞现象。若是平筛板，需在筛板上放一层厚 100mm、粒度为 ϕ20mm 左右的耐火填料；或放一层厚 200mm、粒度为 2～3mm 的油焦。

（5）与氯气蒸发室、电解氯压机室、冷冻站以及配料工序联系，做好通氯、送冷冻盐水和送混合料的准备。

b　氯化炉的启动

（1）当烤炉的温度升到 800℃时，维持一定时间使炉子达到热平衡后，拆去烘烤用的炉子并清除炉壁上的烧结物，然后快速装上氯气分配室，接上氯气管；

（2）先后启动圆盘给料机、回转管炉、工频加热和螺旋加料机，向炉内送料；

（3）送料 2～3min 后，即可通氯气，流量由小到大，1h 后可达正常流量；

（4）通氯气后 10min，或看到防爆口冒出黄烟时，即可启动循环泵和尾气风机，并通知送冷冻盐水和碱液（或石灰乳）；

（5）炉子正常以后，即可通电解氯气，并根据电解氯气数量和浓度，将纯氯气降到需要的流量。

c 氯化炉的正常操作

（1）加料量：以 ϕ600 沸腾炉为例，加料量为 260～325kg/h；

（2）通氯量：400～500kg/h；

（3）反应温度：800～1000℃；

（4）炉出口温度：500～700℃；

（5）排渣：以炉压差为准，当高于 700mm 硫酸柱时即进行排渣，排到 300mm 硫酸柱为止，渣量不大于进料量的 7%～10%（质量分数），含 TiO_2 < 10%（质量分数）为正常；

（6）尾气含氯小于 1%。

D 氯化后续系统的操作制度

a 收尘器的操作制度

（1）2 号收尘器的出口温度大于 120℃；

（2）每班排收尘渣一次，渣中含 $TiCl_4$ 越少越好（即干渣）。若用换桶的办法，换下的桶要到清洗室去冲洗；若收尘器下部有冲渣池，则在冲渣前必须把翻板或钟罩关上，以免水汽进入系统内引起水解堵塞。

b 淋洗操作制度

（1）要经常检查循环泵是否上料，2 号淋洗塔的尾气出口温度不超过 5℃；

（2）冷冻盐水的温度为 -10～-15℃；

（3）循环泵槽的底流要定期放入浓密机内，以免泥浆沉积，影响淋洗效果；

（4）折流板槽的出口温度为 0℃左右。

c 沉降过滤操作制度

（1）新浓密机进料 24h 后，即可启动搅耙，3～5 天启动排泥浆螺旋。螺旋的开动和间隔时间必须与泥浆蒸发器的处理能力相适应，但每班排出的泥浆量必须相当于产量的 10%左右；

（2）如发现搅耙负荷过载（发出警报或自动停止运转），应采取多排底流或适当提升搅耙的办法恢复正常；

（3）管式过滤器是间歇作业的，即将上班生产的 $TiCl_4$ 从浓密机内打到高位槽，然后进行过滤，过滤完后，打开过滤器底部阀门，使 $TiCl_4$ 反冲将附着在滤布上的泥浆冲入浓密机内；

（4）定期分析经过滤后的粗 $TiCl_4$ 的固液比，要求固液比不大于 0.5%，否则要返回重新过滤，并考虑更换滤布。

d 尾气处理

（1）如用石灰乳，浓度要求为含 CaO 50～60g/L，并要用筛网滤去灰渣，以及定期清理石灰乳池，以免堵塞喷嘴和筛板；

（2）用酚酞指示剂检查循环洗涤的石灰乳，若红色消退表示已经失效，应该更换。

e 氯化系统的压力控制

氯化炉出来的混合气体（炉气）经过收尘、淋洗之后，未被冷凝的气体（如果系统的漏气不大），靠着烟囱的抽力完全可以排走。实践也证明，在不开尾气风机的情况下，某厂 ϕ600mm 沸腾炉系统形成的正压约在 300 ~ 400Pa（30 ~ 40mmH_2O）左右。因此在系统密闭很好的情况下，应该实行微正压操作，即平时不开尾气风机，仅在排炉渣和收尘渣时开一下尾气风机，这样既有利于 $TiCl_4$ 的冷凝，提高回收率，也可以防止空气进入系统，减少管道和尾气系统的堵塞。但如果系统密闭不好，就必须开尾气风机实行负压操作，不过负压要小，即控制在约 -500 ~ -1000Pa（-5 ~ -10mmH_2O）。正常生产时，负压操作是有害的。因为这样会减少炉气在收尘、淋洗系统的停留时间，从而降低 $TiCl_4$ 的回收率。同时负压还可能把固体杂质颗粒抽入淋洗系统，加重泥浆处理的负担。由于漏风水解可能造成管路堵塞，系统压力的控制点应设在折流板槽至尾气水洗塔的接管上的（此处应控制在 0 ~ 500Pa（约 0 ~ 50mm 水柱）的微正压）。

f　泥浆蒸发操作制度

（1）先将工频送电，然后启动螺旋，待温度升到 200℃后，才开始加料；

（2）浓密机排渣螺旋排出的泥浆量，要与泥浆蒸发器的处理能力相适应，加料过多就会蒸发不干和造成堵塞；

（3）要保持气体出口负压不小于 147.1Pa（150mmH_2O）；

（4）泥浆蒸发器的加料和排渣是间歇性的，每次加料前要进行一次排渣。

过去采用浓密机沉降 - 管式过滤 - 双搅龙蒸发 - 冷凝回收 $TiCl_4$ 返回浓密机的方法处理泥浆，约可回收 5% $TiCl_4$。不过，现在已做了改进，就是不用蒸发的方法，而是将泥浆打入氯化炉，或是氯化炉与收尘器之间的接管处。

E　故障处理

a　炉子反应不好

炉子反应不好时，其现象是温度下降，排渣增多，尾气含氯气增高。其故障原因和处理方法见表 4-15。

表 4-15　故障原因和处理方法（1）

原　　因	处　理　方　法
（1）配料比不准确	调整配料比
（2）氯料比不协调	调整加料量或通氯量
（3）排渣次数频繁、量多	减少排渣次数和排渣量
（4）停氯时间过长	加部分小于 2mm 的废钛屑提温

b　沸腾压差高

沸腾压差高的故障原因和处理方法见表 4-16。

表 4-16　故障原因和处理方法（2）

原　　因	处　理　方　法
（1）沸腾料层高	减少加料，及时排渣
（2）加料量过大	增加通氯量或减少加料量
（3）粒度不符合要求	检查粒度是否过大
（4）炉内单一料多	添补另一种物料
（5）筛孔堵塞	停氯，清理筛板
（6）炉出口过道堵	清理过道

c 淋洗效果不好

其现象是淋洗塔温度升高，尾气量大。原因有冷冻盐水温度不够低、蛇形管堵塞、循环泵不上料，以及淋洗塔锥体堵塞等。检查出原因以后，对症处理。

d 泵不上料

原因有的是泵反转、叶轮脱落或者是轴承磨损，此时要换转向或换泵；有的是泵槽内渣子过多堵塞叶轮，停泵时也反冲不通，就要清理泵槽；还有的是进出料罐废气不通，也影响料的输送，应清理废气管道，使废气畅通。

4.2.2.5 日本大阪钛厂流化床－精馏一体化工艺介绍

日本是世界海绵钛生产工艺最先进，技术经济指标最好的国家。图 4-21 表示大阪钛厂的 $TiCl_4$生产流程。现简介如下。

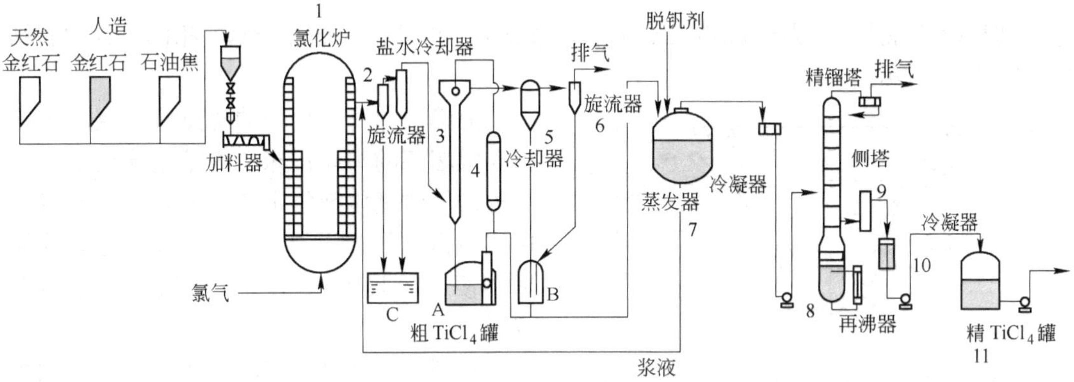

图 4-21 日本大阪钛公司的 $TiCl_4$生产工艺（流化床－氯化精馏一体化法）

氯化炉 1 的操作温度较高（1050～1100℃），氯气入炉压力为 0.15～0.20MPa。氯化炉出来的炉气经旋流器 2 急冷至 200℃，分离出的高沸点氯化物如 $FeCl_2$、$MnCl_2$等进入 C 罐。从 2 出来的气体，用经 －25℃冷冻盐水冷至 －10℃的粗 $TiCl_4$液在 3 中淋洗，被液化捕集下来的 $TiCl_4$收入 A 罐。残存的 $TiCl_4$蒸气进入 5 冷至 －10℃，进一步被捕集下来流入 B 罐，混合气中的雾状 $TiCl_4$经旋流器 6 捕集后流入 B 罐中。A、B 两罐的粗 $TiCl_4$送到蒸发器 7 处理。两台蒸发器（两台日产 $TiCl_4$80t/d，软钢制造），为除去 A 罐粗 $TiCl_4$中的杂质 $AlCl_3$、$ZrCl_4$、$NbCl_5$等，用水处理，即向填充塔 4 中泵入粗 $TiCl_4$，使其通过潮湿的填料，上述高沸点氯化物杂质被水解截留，初步净化过的粗 $TiCl_4$泵入蒸发器 7 中，加重油、铜粉等，除钒及微量铁。除钒渣含钒约 0.5%。蒸发出除钒后液，经冷却后进入精馏塔 8 的第 20～25 级塔板（由塔底往塔顶编号），从第 4 级塔板取出精 $TiCl_4$，通过侧塔 9 活性炭吸附微尘后进入冷凝器 10 冷凝并冷却，储槽 11 接收的精 $TiCl_4$纯度达 99.95% 以上。塔底连续排出 $SnCl_4$、AsS_3、SbS_3等杂质。塔顶、塔中、塔底三点设置温度计测温，所有流量采用质量流量计。流化床用热电偶测温；所有阀门均用球阀；全部工艺参数实行中央集中控制；因不锈钢有应力腐蚀问题，故精馏塔用软钢制造。

这个流程的特点是：

（1）所用钛原料是 TiO_2品位很高的天然金红石、人造金红石和超级高钛渣的配合料（含 $TiO_2$94% 以上），石油焦含固定碳 99%，灰分只有 0.4%，粒度 175～2000μm，因而氯化残渣量很少，收尘渣量及粗 $TiCl_4$ 中微尘量都很少，且碳耗、氯耗低，氯化炉生产强度和劳动生产率高；

（2）冷却收尘器采用高效的旋流器，体积小，效果好；

（3）因原料品质好，渣量少，取消了浓密机和过滤器，蒸发泥浆返回氯化炉出口接管处；

（4）实现了沸腾氯化 - 精制作业的一体化、连续化，因而流程短、设备少、产品质量好。如果将 99.9%（3N）以上的精 $TiCl_4$ 再精馏一次，可生产出供制取超高纯钛用的高纯 $TiCl_4$。

可见，采用高品质钛原料是一个值得高度重视的问题。

4.2.2.6　关于氯化高钙、镁钛渣的问题

A　无筛板沸腾氯化

这种设备除无筛板及炉底结构不同于有筛板沸腾炉外，其他部分基本相同。其炉底结构如图 4-22 所示。

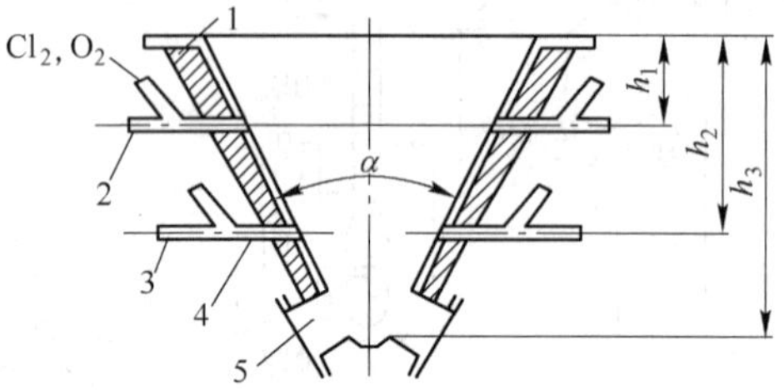

图 4-22　无筛板沸腾氧化炉炉底结构示意图
1—炉体；2—清理孔；3—橡皮塞；
4—喷嘴；5—排渣口

无筛板沸腾氯化炉的优点是：克服了筛板孔眼堵塞的弊端；床层内壁呈流线形，无死角；气体氯化剂集中从喷嘴喷出，形成高速流使物料分布均匀；烘炉、开炉比有筛板炉方便，温度易于控制。现已获得工业应用。

我国某厂 1985 年 10 月和 1990 年利用攀枝花钛精矿先后在 ϕ600mm 和 ϕ1200mm 无筛板沸腾氯化炉上进行了试验。操作条件为：氯化温度 900 ~ 1100℃（最好 950 ~ 1050℃）；配料中（钛）渣:(油)焦比为 100:（42 ~ 45）。虽然沸腾床中 $CaCl_2 + MgCl_2$ 含量（质量分数）积累达到 26% ~ 30%，但仍保持良好的沸腾状态，排渣顺利，炉况稳定，炉子运行正常，并获得了如下良好的技术经济指标：

原料（钛渣）中 TiO_2 的质量分数/%	约 78
CaO + MgO 的质量分数/%	约 8
加料量/$kg \cdot h^{-1}$	330 ~ 340
通氯量/$m^3 \cdot h^{-1}$	420 ~ 450
通氧量/$m^3 \cdot h^{-1}$	2 ~ 4
反应温度/K	1220 ~ 1320（约 950 ~ 1050℃）
炉压差/kPa	3 ~ 10
生产 1t $TiCl_4$ 的单耗	
钛渣/t	0.58 ~ 0.61
石油焦/t	0.25 ~ 0.3
液氯/t	1.3 ~ 1.4
电耗/kW · h	约 150
炉渣量占加料量的质量分数/%	15 ~ 16

收尘渣量占加料量的质量分数/%	约6
泥浆量占加料量的质量分数/%	约15
尾气中含 Cl_2（体积分数）/%	1～3
炉产率（以粗 $TiCl_4$计）/t·（m^2·d）$^{-1}$	28～31
TiO_2氯化率/%	约97
按 TiO_2计的钛回收率/%	84～92

现在 ϕ1200mm 无筛板炉已长期稳定地用于工业生产；ϕ2400mm 的无筛板沸腾氯化炉也顺利投入生产。

B 还原碳氮化－低温沸腾氯化

先将高钙镁钛铁精矿与石油焦（或无烟煤粉）混合并加入黏结剂压团，再还原碳氮化，磁选分离出铁粉，非磁性的富钛料中 TiO_2转变成 TiC（N），然后在600℃左右温度下进行低温沸腾氯化。由于氯化温度低于钙、镁、锰、低价铁的氯化物熔点，因此不会产生液相熔体破坏流态化。另外，因氯化温度较低，从而提高了氯化反应的选择性，降低了氯耗量，设备腐蚀性较小。但另一方面，也存在反应速度较慢，炉产能较低的问题。

此法能耗大，未实现工业化生产。

关于氯化高钙、镁钛渣的问题，还有以下几个：

（1）用各种方法先制取人造金红石，再沸腾氯化。

（2）快速流化床氯化。气速约为颗粒自由沉降速度的4～6倍。操作速度大于带出速度。不仅能氯化高钙镁钛渣，而且产能很高。此法尚在试验研究中。

（3）熔盐氯化。后面将进行详细讨论。

4.2.2.7 沸腾氯化的发展方向和完善化

我国的沸腾氯化技术从20世纪60年代开始，炉直径（指沸腾段）由最初的 ϕ600mm、ϕ800mm 扩大到今天的 ϕ1200mm、ϕ1500mm 和 ϕ2400mm，但仍然存在炉径小，排渣次数多（通常每班1次），且排渣时要停氯停料，从而降低了炉产能的缺点。国外倾向于采用比 ϕ3.0m 更大型化的氯化炉。另外，还存在浓密机泥浆蒸干渣和收尘渣、蒸馏釜底液水冲洗污染环境、恶化劳动条件等缺点；同时也存在 TiO_2回收率较低，单耗指标高等缺点。今后的发展方向和完善化途径如下。

A 设备大型化

实践证明，如果海绵钛的生产规模低于5000t/a，氯化法钛白规模小于1.5万～2.0万 t/a，便无多大经济效益。因此兴建海绵钛厂和钛白厂应该是万吨级以上的，这样才会有较好的经济效益。相应地，沸腾氯化炉应该大型化。国外常用炉径为 ϕ3.0m 和 ϕ3.5m，在大型钛白厂中甚至达到 ϕ4.0m、ϕ5.0m、ϕ6.0m、ϕ8.0m 和 ϕ10m 的。日本大阪钛公司的沸腾氯化炉直径 ϕ3.0m，单台炉日产能140t $TiCl_4$，共3台炉，1台备用，常开2台，能保证海绵钛产能为1.5万 t/a 钛厂及其他钛系列产品对 $TiCl_4$的需求量。东邦钛公司的沸腾炉直径 ϕ1.9m，共4台炉，正常生产时三开一备，海绵钛产能1.08万 t/a，同时还生产 $TiCl_3$催化剂和高纯 TiO_2。大型化的好处是大大减少炉子台数，节省设备和基建投资，运行和管理费用也可大大降低。比如，1台 ϕ5m 炉，其截面积为19.625m^2，按炉产能30t/（m^2·t）$^{-1}$、回收率90%、年操作日300天计，则1台炉的年产能为 $19.625\times30\times0.9\times300\approx16$ 万 t $TiCl_4$，可生产海绵钛约4万 t，钛白粉约6万 t。考虑到能有一定的灵活性，可安装2台，轮换操作。

同样生产规模，如果用 ϕ1.5m 的小型炉，则要：

$$\frac{160000}{0.785\times1.5^2\times30\times0.9\times300}=11.18\ 台$$

考虑备用2台，则需安装13台。显然，设备大型化的优点一目了然。

B　采用优质原料，实现无渣操作

世界上倾向于使用 TiO_2品位在94%以上的富钛料。美国克尔·麦吉公司的氯化工艺采用BCA法人造金红石优质原料，ϕ2.4m 沸腾炉，做到了不排渣，从氯化到精制前只有一个高效收尘器的排渣点，所有浓密沉降和精制产生的泥浆都返回到氯化炉与收尘器之间的管道中，既可使炉气冷却降温，又利用炉气的热量蒸发回收了 $TiCl_4$，干渣进入收尘器回收。这样可使流程简化，配置紧凑。这值得研究和学习。经过多年努力，我国遵义钛厂已实现氯化系统沉降泥浆直接返回氯化炉的工艺技术。

C　采用高效收尘器取代目前笨重、庞大和落后的冷却收尘系统

我国 ϕ1.2m 炉，后续系统串联设置了2台 ϕ3.2m 的冷却收尘器，而美国克尔·麦吉公司的 ϕ2.4m 炉，日产粗 $TiCl_4$ 110t，却只安装了1台 ϕ609mm × 3658mm 的高效收尘器。两个相对比，可以看出差距。

D　用高效折流板淋洗塔和列管冷凝器取代现行的双筒淋洗塔

在我国和独联体国家大多采用双筒淋洗塔冷凝收集 $TiCl_4$，冷凝效果不够理想。采用先进的多层式折板淋洗塔，可大大增强冷凝效果，提高 $TiCl_4$的回收率。

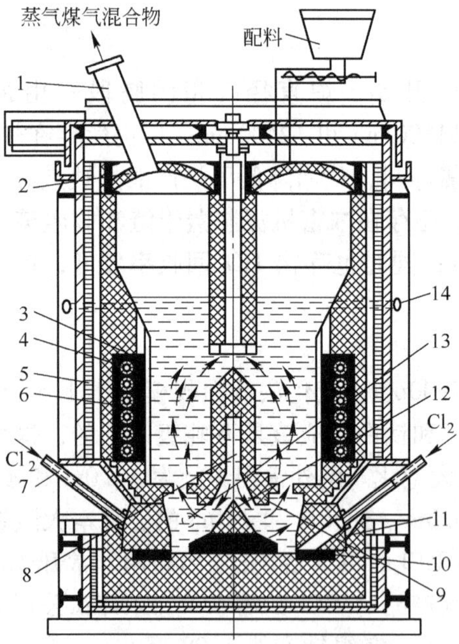

图4-23　熔盐氯化炉

1—烟道；2—炉顶；3—电极；4—水冷塞杆；5—壳体；6—石墨保护壁；7—通氯管；8—溢流道；9—循环隔墙；10—热电偶；11—水冷填料箱；12—耐火黏土气体分布器；13—下部排渣口；14—上部侧排料口

4.2.3　钛渣的熔盐氯化

熔盐氯化法是前苏联发明的一种有效方法，在三个独联体国家的镁钛联合企业中至今仍广泛采用。它是将氯气以高速（>20m/s）喷射入碱金属氯化物和碱土金属氯化物组成的熔融盐中进行钛物料氯化的一种方法。20世纪60年代前为矩形炉，炉结构如图4-23所示，设备工艺流程如图4-24所示。70年代以后做了改进，改进后的流程如图4-25所示。改进点有：

（1）将矩形炉改成圆锥形炉，炉截面积6~7m^2，炉高8~11m，装盐量30~45t。原矩形炉内设的隔墙、循环孔道、导热装置等全部取消，对通氯装置和分布板也做了相应改进。炉体几何形状的改变，使炉体强度更好，反应无死区。

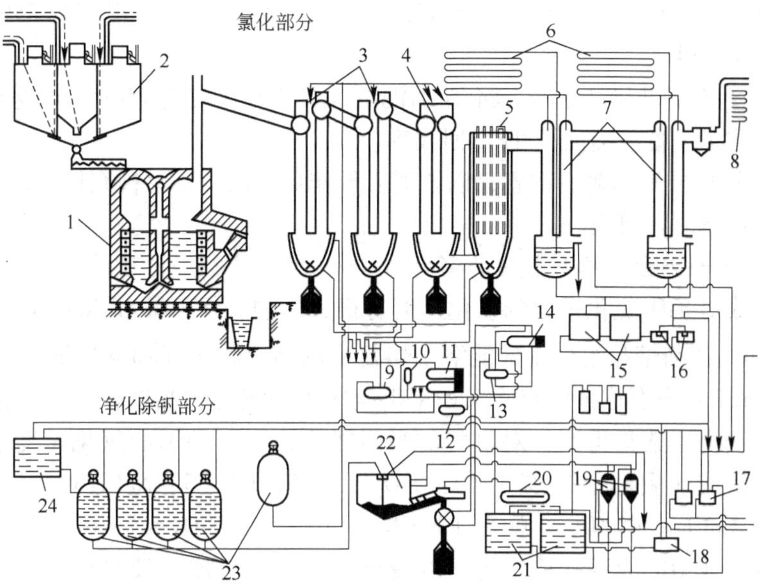

图 4-24 熔盐氯化设备工艺流程图

1—熔盐氯化炉；2—料仓；3，4—“干式”收尘器；5—过滤器；6—$TiCl_4$热交换器；7—喷淋冷凝器；8—气体净化；9～14—恒温系统；15—$TiCl_4$收集槽；16～18—泵；19，20—$TiCl_4$和反应剂的计量槽；21，24—$TiCl_4$ 储槽；22—密闭沉降槽（浓密机）；23—净化除钒反应器

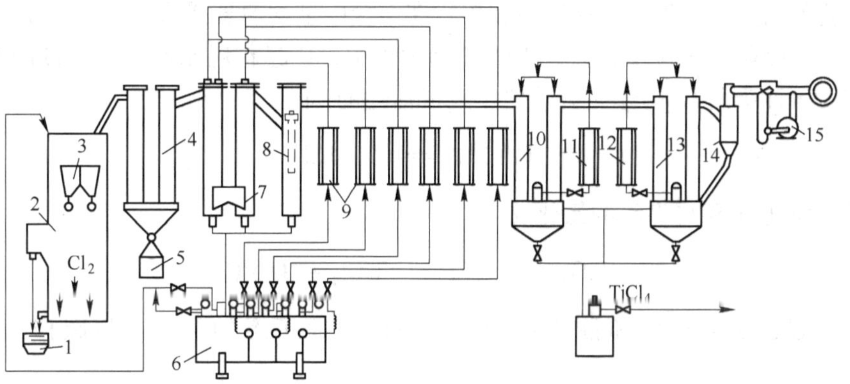

图 4-25 改进后的熔盐氯化及冷凝系统的设备流程图

1—废熔盐槽；2—氯化炉；3—加料斗；4—收尘器；5—活底料箱；6—埋入式泵槽；7—喷淋洗涤塔；8—泥浆捕集器；9，11—水冷热交换式套管；10，13—喷淋冷凝器；12—冷冻盐水冷却的套管热交换器；14—气液分离器；15—尾气风机

（2）将 $TiCl_4$泥浆返回氯化炉，替代原来的石墨电极管导热，这样能调温节能。这个改进对简化氯化炉生产工艺起到了关键性的作用。

（3）混合料（高钛渣、金红石、石油焦、补充盐）多成分配料入炉，调节和稳定了炉子的热平衡，也提高了炉产能。

（4）镁电解由有隔板槽改成无隔板槽，相应氯气浓度由 75% 提高到 85%，为氯化炉提高产能创造了条件。

（5）取消了浓密机和过滤器，将 $TiCl_4$ 泥浆（含固相沉淀物 150g/L）返回氯化炉。缩短了流程，简化了设备，提高了 $TiCl_4$ 回收率。

（6）通氯管材质采用普通钢管，以氟醛云母作保护层，不易被腐蚀，使用寿命长达 3 年，随同炉体检修时才更换。

4.2.3.1　各种因素对熔盐氯化的影响

熔盐的组成对 TiO_2 氯化过程的氯化速度有很大影响。在 KCl 和 NaCl 熔盐中氯化，因为氯化产品 $TiCl_4$ 能与熔盐组分生成能溶于熔盐中的络合物 K_2TiCl_6 和 Na_2TiCl_6，因此氯化速度快，而 $CaCl_2$ 就没有这个优点。又如果熔盐体表面张力和黏度较小，对钛物料颗粒润湿性好，还原剂类型选择得当，对氯气的吸附能力强，则 TiO_2 的氯化速度也快。供氯化用的最佳熔体组成（质量分数,%）为：TiO_2 1.5 ~ 5，C2 ~ 5，NaCl15 ~ 25，KCl30 ~ 40，$MgCl_2$ 10 ~ 20，$CaCl_2 \leqslant 5 \sim 10$，$(FeCl_2 + FeCl_3) \leqslant 10 \sim 12$，$SiO_2 \leqslant 3 \sim 6$，$Al_2O_3 \leqslant 3 \sim 6$。生产中可利用钾工业中的废钾盐或镁电解的废电解质（其组成（质量分数,%）为：KCl50 ~ 80，NaCl5 ~ 10，$CaCl_2$ 8 ~ 10，$MgCl_2$ 4 ~ 5）。熔盐中 TiO_2 的质量分数降到 1.0% 以下时，会降低 TiO_2 的氯化速度，其他杂质氯化物容易氯化。如果 TiO_2 和其他不溶性化合物在熔盐中累积过多，会引起熔盐性质变坏。所以，应根据情况定期更换熔盐。一般圆形炉内熔盐柱高 5m 左右，每次排放废盐量是熔体总量的 15% ~ 20%，大体每昼夜排废熔盐 3 次，每次 6 ~ 8t。

在氯化物熔盐中的氯化，钛物料和焦粉在熔盐中呈均匀悬浮状态。氯气在熔盐中分散成小气泡，被吸附在炭粒表面。在 TiO_2 氯化过程中，C 起着还原剂和催化剂的双重作用。首先，炭粒表面吸附 Cl_2 分子，并使之解离成活性的 Cl 原子：

$$C + 2Cl_2 \xlongequal{} C + 4Cl \tag{4-54}$$

然后，Cl 原子参与 TiO_2 的氯化反应：

$$TiO_2 + C + 4Cl \xlongequal{} TiCl_4 + 2O + C \tag{4-55}$$

此时碳起着氯的载体和催化作用，结果析出原子态的氧，它与碳作用，最终生成 CO_2：

$$2O + C \xlongequal{} CO_2 \tag{4-56}$$

此时碳起着还原剂的作用。在熔盐氯化中，TiO_2 氯化反应的特点是：基本上生成 CO_2，CO 生成量很少。这样，没有爆炸危险性，炉气中 $TiCl_4$ 的分压也会比较高。

研究认为，还原剂碳的密度、润湿性和物理性质对熔盐氯化有较大影响。木炭、CCl_4、$COCl_2$ 和 CO 作熔盐氯化的还原剂效果不佳；石油焦因挥发分高，冶金焦灰分多，也都不理想；石墨效果好，但价格太贵。因此在前苏联的钛厂中，多用沥青焦作还原剂。沥青焦具有同石油焦和冶金焦一样的化学活性，能很好地被熔盐润湿，含挥发分（不大于 0.8%）和灰分（不大于 0.3%）也不高。沥青焦粒度应在 0.16mm（约 90 目）左右为好。熔盐中碳的质量分数在 2% ~ 5% 范围为宜。低于 2%，碳量不足，氯化不好；高于 5%，又会使作为氯化介质的熔盐体性质变坏。

熔盐不只是氧化物氯化时的介质，而且是提高反应区氯浓度的有效催化剂。$FeCl_3$的存在，可使 TiO_2的氯化速度提高几倍。因为 $FeCl_3$在过程中起着氯化剂和催化剂的作用，它把溶解度不大的气态氯传递给了 TiO_2：

$$4FeCl_3 + TiO_2 + C = TiCl_4 + 4FeCl_2 + CO \qquad (4\text{-}57)$$

$$2FeCl_2 + Cl_2 = 2FeCl_3$$

研究证明，$MnCl_2$、$CrCl_3$、$AlCl_3$也具有类似于 $FeCl_3$的催化作用，只是它们加速 TiO_2氯化反应的速度较小一些而已。氯气本身在熔盐中的溶解度较小，铁、铝、锰、铬的低价氯化物首先与氯气反应变成高价氯化物并转入熔盐中，这些高价氯化物本身就是很好的氯化剂。

熔盐氯化的适宜温度为 700～800℃。低于 700℃时，氯化速度变慢；高于 800℃时，会引起 SiO_2和 Al_2O_3的氯化。它们的氯化产物进入后续系统，给 $TiCl_4$的精制提纯造成困难。在 700～800℃的较佳温度下氯化，Al_2O_3和 SiO_2基本不会与 Cl_2反应，而是进入熔体中。金红石的氯化，因缺少具有催化作用的 FeO，氯化比较困难，因此应保持在不低于800℃的温度下氯化。

下面讨论氯气浓度对氯化过程的影响。

现代钛厂，一般都采用镁钛联合一体化工艺，实现镁、氯循环利用。用于钛物料氯化的氯气是镁电解车间产生的阳极氯气，这种氯气中氯气浓度较低，含氯气 70%～80%（体积分数）左右，其余 20%～30%（体积分数）为空气。但从热力学角度看，因为氧对钛的亲和力大于氯对钛的亲和力，因此氧是氯的有力竞争对手。在氧存在下，碳燃烧反应的热力学趋势远大于钛物料氯化反应的热力学趋势。在这种情况下，如果不额外补碳去让氧燃烧，则氧必定要消耗钛物料加碳氯化所配的碳，造成氯化反应的碳量不足，钛的氯化率降低。所以，在循环使用镁电解的稀氯气时，必须按氯气中含氧量增加燃烧的用碳量（详见钛冶金的物料平衡计算）。

氯气中所含氧会给氯化过程带来一系列不良影响。一是增加碳耗量；二是降低氯分压，使氯化反应强度减弱；三是炉气量增加（因为空气带入了 N_2以及碳燃烧反应产生了不少 CO 和 CO_2），造成钛的带出损失增加；四是氯化炉中由于碳的燃烧反应所引起的放热量增加，在氯化钛渣情况下，可能超温，给氯化过程和 $TiCl_4$的收尘、冷凝过程带来麻烦，最终结果是导致设备的生产率下降，并影响 $TiCl_4$的质量（在使用金红石为原料的情况下，放热量的增加对热平衡是有好处的）。

表4-17 中列出了在氯化纯 TiO_2（比如，氯化金红石原料）时，使用不同浓度的氯气，获得 1t $TiCl_4$产生的炉气量、炉气组成和热效应的计算结果。这些计算是从熔盐氯化过程出发，只考虑了生成 CO_2、钛回收率为 92%（从 $TiO_2 \to TiCl_4$）条件下进行的。表中数据证实了前面的讨论。例如，当稀氯气中氯气浓度为 70%（体积分数）时耗碳量增加了 23.20kg，炉气量增加了将近 88% $\left(\frac{240-128}{128}\times 100\% = 87.5\%\right)$，发热量增加了约 38% $\left(\frac{1623-1180}{1180}\times 100\% = 37.6\%\right)$，而炉气中 $TiCl_4$的浓度却从纯氯气氯化时的 50% 下降到 35%（体积分数）。

表 4-17　用氯、空气混合物和纯氯氯化钛渣的主要参数

阳极氯气组成（体积分数）/%			生产 1t $TiCl_4$ 消耗的阳极氯气量（标态）/m^3				生产 1t $TiCl_4$ 的炉气总量（标态）/m^3	为了结合氯气中的 O_2 而多加的碳量/kg	炉气组成（体积分数）/%			生产 1t $TiCl_4$ 的总热效应/kJ	Q /%
Cl_2	O_2	N_2	Cl_2	O_2	N_2	合计			N_2	$TiCl_4$	CO_2		
100	0	0	256	0	0	256	128	0	0	50.0	50.0	1180	100
90	2.1	7.9	256	6.2	22.8	284	157	6.03	8.0	45.0	47.0	1284	108.81
80	4.2	15.8	256	12.5	50.5	320	192	15.53	15.8	40.0	45.2	1456	123.39
70	6.3	23.7	256	23.0	87.0	366	240	23.20	23.6	35.0	42.4	1623	137.54
60	8.4	31.6	256	36.0	135.0	426	300	36.10	31.5	30.0	39.4	1941	164.49
50	10.5	39.5	256	54.0	203.0	513	385	54.20	39.6	25.0	35.4	2151	182.29
40	12.6	47.4	256	81.0	303.0	640	514	80.90	47.3	20.0	32.7	2636	223.39
30	14.7	55.3	256	124.5	469.0	850	722	125.70	55.2	15.0	29.8	3431	290.76
20	16.8	63.2	256	215.0	809.0	1280	1155	216.80	63.0	10.0	27.0	5021	425.51

所以讨论镁电解返回氯化炉循环利用的阳极氯气浓度问题有着重要的实际意义。解决这个问题的方法可从两方面着手：一是采用当代更先进的无隔板电解槽，减少电解时空气漏入，提高阳极氯气中的氯气浓度；二是采取措施使阳极氯气增浓，如加压并冷冻使氯气液化，或用某种吸收剂吸收氯气，然后再解吸氯气从而分离除去空气成分。

4.2.3.2　熔盐氯化法的优缺点

与其他氯化法相比，熔盐氯化法具有以下优点：

(1)粉料入炉，对原料粒度无苛刻要求。较之竖炉氯化和连续式竖炉氯化，省去了制团和焦化工序，从而简化了炉料的准备工艺。

(2)熔盐体中的剧烈搅拌，强化了固、液、气三相的传热和传质过程，因而炉子的单位生产率高；而且 $TiCl_4$ 泥浆易于返回氯化炉回收处理。

(3)因为生成的几乎全是 CO_2，而 CO 含量少，炉气中 $TiCl_4$ 浓度(分压)增高，有利于后续系统的冷却、冷凝过程。

(4)较之其他几种方法，过程在较低温度下进行，炉气中铁、铝、硅的氯化物浓度低，有利于 $TiCl_4$ 的精制提纯。

(5)因为主要生成 CO_2，而不是 CO，即使漏入了空气，也没有爆炸危险性，生产比较安全。

(6)最大的优点是对炉料的要求不苛刻，适宜处理高钙镁钛渣和 TiO_2 品位较低的钛渣。

但熔盐氯化也存在一些缺点，主要是：

(1)废熔盐量大(每生产 1t $TiCl_4$ 约产生废熔盐 100～200kg)，它的处理比较困难，而且由于要经常排盐，会造成钛和碳的损失；

(2)废熔盐不能处理而长期堆存，所含有害氯化物会造成环境污染；

(3)高温熔盐体腐蚀性强，因而氯化炉寿命不长(只有 1.5～2 年就要报废重修)。

4.2.3.3　熔盐氯化炉的工艺技术指标

配料中(钛)渣:(油)焦比　　　　100:(18～20)

温度/℃：

熔盐 700～800

从塞杆排除的冷却水 ≤60

镁电解阳极氯气的氯气含量（体积分数）/% ≥70

某些组分在熔盐中的含量（质量分数）/%：

TiO_2 1.5～5.0

C 2～5

SiO_2 ≤10

排放废熔盐中的TiO_2含量（质量分数）/% ≤2.0

TiO_2的氯化率/% 98～99

按TiO_2计的钛回收率/% 89～92

钛渣单消/$t \cdot t^{-1}$ 0.5～0.6

油焦单消/$t \cdot t^{-1}$ 0.1～0.2

氯气单消/$t \cdot t^{-1}$ 约1.0

盐耗/$t \cdot t^{-1}$ 0.1～0.2

电耗/$kW \cdot h \cdot t^{-1}$ 约800

尾气中残余氯量/$mg \cdot L^{-1}$ ≤3.2

尾气中游离氧量（体积分数）/% 1～2

炉顶压力/Pa（mmH_2O） －1471～1471（－150～150）

4.2.3.4 熔盐氯化可能发生的故障及排除方法

熔盐氯化可能发生的故障及排除方法如表4-18所示。

表4-18 熔盐氯化可能发生的故障及排除方法

序号	故障	原因	排除方法
1	炉内熔盐翻泡，液面高出正常水平	（1）熔盐中TiO_2和/或C含量低了； （2）炉中固体物质含量高了； （3）升华物从炉顶或排气管塌落	（1）加大螺旋加料机供料量，或从炉顶人孔加入部分炉料； （2）往炉内通入空气，排放熔盐，加入新熔盐； （3）减小氯气量，加入新熔盐
2	熔盐喷溅	（1）熔盐中TiO_2和/或C含量低了； （2）炉中固体物质含量高了； （3）冷却冷凝系统堵塞	（1）向炉内通空气和增大炉料的加入量； （2）向炉内通空气并加入新熔盐，或减小氯流量并增加氯盐加入量； （3）减小氯气供给量，打开炉顶人孔盖，检查冷凝系统各段阻力，清理设备和管道
3	熔盐温度低于工艺要求	（1）供氯量不足； （2）冷却电极时带走热量过多； （3）炉料组分的浓度太低； （4）返回氯化炉的泥浆量太多	（1）增大供氯量； （2）不关闭电极供水，但要调高电压； （3）增加炉料供料量； （4）减小或停止向氯化炉返回泥浆
4	炉内熔盐温度过高	（1）氯气供量太大； （2）电流加热时使熔盐过热； （3）冷却水流量不足，从炉内导走热量少了	（1）减小供氯量； （2）降低电极电压或停止供电； （3）增加冷却水量，增大泥浆返回量

续表 4-18

序号	故　障	原　因	排　除　方　法
5	排放废熔盐时从下部排盐口跑氯气	炉底沉积渣量太多	（1）通过氯气管鼓泡，冲刷炉底沉渣； （2）通过氯气管边通空气边排放废熔盐
6	炉气中 CO 含量（体积分数）太高（大于 5%）	（1）熔盐搅拌不好，还原剂发生了沉淀； （2）炉温太高； （3）熔盐中碳含量过高	（1）加大供氯量； （2）停止电极供电； （3）减少熔盐中碳含量到正常值
7	熔盐中 $C+TiO_2$ 含量正常，但炉气中氯气含量增高	（1）炉内熔盐温度太低； （2）熔盐黏度增高； （3）管道堵塞	
8	炉内冲击剧烈	（1）电极管漏水，喷射进了氯化炉	（1）迅速关闭所有电极冷却水，找出漏水的电极； （2）不漏水的其余电极管，逐渐恢复供水
9	被冷却电极冒蒸汽	（1）水压低了； （2）车间停止了供水	（1）增加阀门开度，增大供水量； （2）关闭所有供水阀门，找出停水原因，停水时间长，要减小供氯量；恢复供水时，逐渐打开电极水阀
10	气管中阻力过大	（1）氯气分配管中可能发生了堵塞； （2）炉底沉渣量多了； （3）溢流管堵塞； （4）炉内温度低了	（1）用熔盐冲洗氯气管； （2）冲散沉渣并排放部分熔盐； （3）鼓泡冲洗溢流管； （4）提高炉内温度
11	排不出熔盐	（1）炉底渣口附近沉渣太多； （2）塞头末端被烧坏	（1）通过炉子上部孔口用鼓泡管冲散沉淀； （2）烧穿渣口
12	塞头堵不住排渣口	（1）塞头可能烧坏了； （2）生铁管烧坏了	（1）更换塞头； （2）用压缩空气冷却熔盐体，使之在出渣口凝结
13	排废熔盐时，罐内强烈气化	（1）罐子上的抽气管堵塞； （2）抽气管阀门出故障	（1）清理抽气管； （2）修理更换阀门
14	渣罐盖板不能关闭	盖板可能发生弯斜变形	取下盖板并矫正之

5 粗 $TiCl_4$ 的精制

沸腾氯化或熔盐氯化生产的粗 $TiCl_4$，是一种含有许多杂质、成分十分复杂的浑浊液。各种杂质成分的含量是与氯化方法、氯化原料、氯化及冷凝温度制度有关的，随着杂质成分和含量的不同，粗 $TiCl_4$ 呈黄褐色或暗红色。如表 5-1 所示。

表 5-1 粗 $TiCl_4$ 中杂质的大致含量（质量分数） （%）

生产方法	$TiCl_4$	杂质成分							
		Fe	Al	Mn	Si	V	游离 Cl_2	$COCl_2$ 和有机氯化物总量	固体悬浮物 /g·L^{-1}
竖炉氯化	>98	0.0040	0.010		0.0088	0.07	0.079	0.100	3.6
熔盐氯化	>98	0.0002	0.001		0.0012	0.08	0.050	0.004	3.1
沸腾氯化	>98	0.01 ~ 0.04	0.01 ~ 0.04	0.01 ~ 0.02	$SiCl_4$ 0.1 ~ 0.6	0.005 ~ 0.1	0.05 ~ 0.3		

$TiCl_4$ 中的杂质在下一步还原工序中，会按四倍的量转移到海绵钛中去，这些杂质对海绵钛几乎都是有害的。特别是氧、氮、碳、铁、硅等杂质元素，会严重影响海绵钛的力学性能。例如，$TiCl_4$ 中含 0.2% $VOCl_3$，可使海绵钛含氧量增加 0.0052%，布氏硬度增加 4。所以对粗 $TiCl_4$ 必须进行精制提纯，以提供生产海绵钛和氯化法钛白所需的合格原料。

5.1 精制的原理和方法

5.1.1 粗四氯化钛中杂质的分类

粗 $TiCl_4$ 液体中杂质的一些性质见附表 2。

这些杂质按其存在的状态及其在 $TiCl_4$ 中溶解与否，可分为四类：

（1）溶解的气体杂质有 O_2、N_2、Cl_2、HCl、$COCl_2$、COS、CO_2 等。大部分气体杂质在 $TiCl_4$ 中的溶解度不大，并且随温度升高而下降（见表 5-2）。

表 5-2 大气压下不同温度时气体杂质在 $TiCl_4$ 中的溶解度（质量分数） （%）

杂质	0	20℃	30℃	40℃	50℃	60℃	70℃	80℃	90℃	100℃	136℃
Cl_2	11.5	7.600		4.10		2.40		1.80		1.10	0.03
HCl		0.108		0.078		0.067		0.059		0.05	
$COCl_2$		65.50		24.80		5.60		2.00		0.01	
O_2	0.0148	0.0131	0.0128	0.0119	0.0113	0.0099	0.0085	0.0072	0.0038		
N_2	0.007	0.0063	0.0059	0.0054	0.005	0.0046	0.0042	0.0034	0.0019		
CO	0.0094	0.0082		0.0072	0.0069	0.0063	0.0052		0.0025		
CO_2		0.144		0.092	0.076	0.056	0.049		0.030	0.021	
COS	9.50	5.70		3050		2.20		1.40		1.10	

（2）溶解的液体杂质有 S_2Cl_2、CCl_4、$VOCl_3$、$SiCl_4$、$CH_2ClCOCl$、CS_2、CCl_3COCl 等。这类杂质都可按任何比例与 $TiCl_4$ 互溶形成连续溶液。

（3）溶解的固体杂质有 $AlCl_3$、$FeCl_3$、C_6Cl_6、$TiOCl_2$、Si_2OCl_6、$TaCl_5$、$NbCl_5$ 等。这类杂质在 $TiCl_4$ 中的溶解度都不大，随温度的升高而有所上升（见表 5-3）。

表 5-3　一些固体杂质在 $TiCl_4$ 中的溶解度（质量分数）　　（%）

杂质	0	10℃	25℃	40℃	50℃	60℃	70℃	75℃	80℃	90℃	100℃	105℃	120℃	130℃	136℃
$FeCl_3$			0.0009		0.0010	0.003				0.005	0.006		0.015	0.015	
$AlCl_3$							0.24			0.67		1.86	4.27	7.24	
$CrCl_3$						0.0008			0.0005		0.00052				
$TiOCl_2$	0.26	0.34	0.54	0.83		1.00			1.40		1.8		2.5		3.60
$NbCl_5$			1.50		3.0			6.0			14.0				
$TaCl_5$			1.60		2.9			5.8			14.0				

（4）不溶解的悬浮固体杂质 有 TiO_2、SiO_2、$TiOCl_2$、$VOCl_2$、$MgCl_2$、$FeCl_2$、$MnCl_2$、C 等。

溶解在 $TiCl_4$ 中的杂质，如按与 $TiCl_4$ 沸点的差别（见表 5-4），又可分为三类：

（1）低沸点杂质，如 $SiCl_4$ 和其他气体杂质；

（2）高沸点杂质，如 $FeCl_3$、$AlCl_3$ 等；

（3）和 $TiCl_4$ 沸点相近的杂质，如 $VOCl_3$、S_2Cl_2 和 CCl_3COCl 等。

表 5-4　$TiCl_4$ 和其他可溶杂质的沸点

化合物		CS_2	$SiCl_4$	CCl_4	VCl_4	$VOCl_3$	$TiCl_4$	S_2Cl_2	$AlCl_3$	$VOCl_2$	$FeCl_3$
沸点	℃	46.25	58	76.6	152	127	136	136.8	180.2	154	318
	K	319.4	331	349.75	425.15	400	409	409.95	453.35	427.15	591.15

从上述杂质的分类可以看出，对不溶于 $TiCl_4$ 中的固体悬浮物可用沉降、过滤等机械方法除去；而对于溶于 $TiCl_4$ 中的气体杂质，由于其溶解度随温度升高而迅速降低，也容易在除去其他杂质的加热过程中除去。唯有溶于 $TiCl_4$ 中的液体和固体杂质是较难除去的，所以除去这部分杂质就成为精制 $TiCl_4$ 的主要任务。

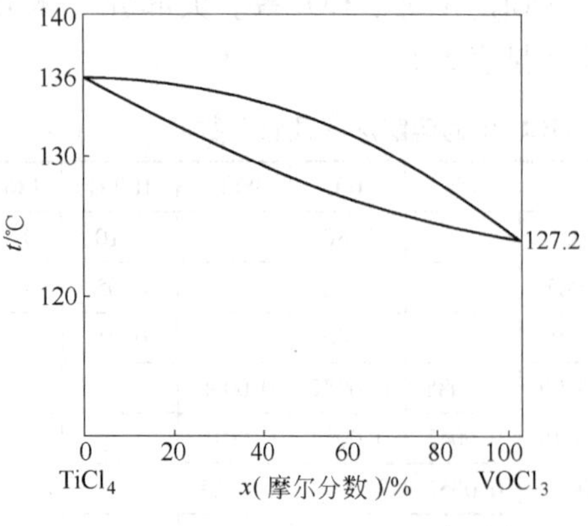

图 5-1　$TiCl_4$-$VOCl_3$ 二元系沸点—组成图

溶解在 $TiCl_4$ 中的液体和固体杂质，沸点与 $TiCl_4$ 相差较大的低沸点杂质和高沸点杂质，可用蒸馏—精馏的方法进行分离。即通过严格控制精馏塔顶和塔底温度，将 $SiCl_4$ 和一些可溶性气体从塔顶分离；而 $FeCl_3$ 与 $AlCl_3$ 则留在釜内从而达到精制的目的。但与 $TiCl_4$ 沸点相近的杂质，如 $VOCl_3$，用精馏方法分离就极不经济，通常采用化学方法。

图 5-1 为 $TiCl_4$-$VOCl_3$ 二元系的 $t-x$ 图（沸点—组成图）。由于两者的沸点相近，且

气－液两相共存区域很小，就可预见用蒸馏—精馏法分离它们的困难性和不经济。

5.1.2 用蒸馏和精馏的方法除去高沸点杂质和低沸点杂质的基本原理

液体混合物的蒸馏和精馏操作，都是基于组成混合物的各个组分具有不同的挥发度，即在同一温度下具有不同的蒸气压。利用这一原理，对于与 $TiCl_4$ 沸点相差较大的高沸点杂质，例如 $FeCl_3$，只要控制蒸馏塔底温度略高于 $TiCl_4$ 的沸点（139～142℃）使之汽化分离，就能使 $FeCl_3$ 残留在蒸馏釜内，然后定期排出，此即为简单蒸馏。但对于与 $TiCl_4$ 互溶而且沸点又相差不太大的 $VOCl_3$ 等杂质，采用简单蒸馏操作或精馏的方法也很难达到预期的分离效果，而应采用化学还原的方法除钒。对于沸点差别较大的 $SiCl_4$，可采用多次反复的部分汽化和部分冷凝的精馏操作，即对需要分离的液体混合物加热至沸腾，使其部分汽化，分出生成的蒸气并使其冷凝，结果是所得到的冷凝液与原来液体的组成不同，其中易挥发组分的含量较前增多，若再将此冷凝液加热使其部分汽化，并使其蒸气冷凝，得到的冷凝液中易挥发组分更多。如此反复操作，则最后可将液体混合物中的易挥发组分以几乎纯粹的形式分离出来。下面就用沸点—组成图来说明精馏操作的原理。

图 5-2 是 $TiCl_4$-$SiCl_4$ 二元系的沸点—组成图。它表示在 0.1MPa（1atm）下，混合液达到气液平衡时，气相组成和液相组成与沸点的关系。图中上曲线为气相线（Y－t），下曲线为液相线（X－t）。

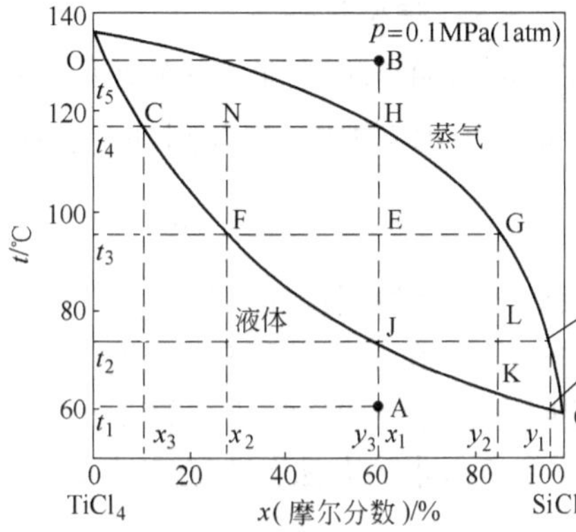

图 5-2 $TiCl_4$-$SiCl_4$ 二元系沸点—组成图

当混合液的组成为 x_1，而温度为 t_1 时（A 点），只有液相存在，将此混合液在恒定外压下加热；使其温度升到 t_2（J 点），则开始形成的蒸气相组成为 y_1（D 点）；若继续加热使温度升到 t_3（E 点），这时液相组成为 x_2（F 点），气相组成为 y_2（G 点）；温度继续升到 t_4（H 点），这时液相将全部转化为气相，液相在消失前的组成为 x_3（C 点），蒸气相的组成为 y_3，并与最初物系的组成 x_1 相同。加热到 H 点以上时（B 点）为过热蒸气，组成不变仍为 y_3。若加热过程在 H 点以前停止，则称为部分汽化；若进行到 H 点或 H 点以上则称为全部汽化。显然只有用部分汽化的方法，才能从混合液中分出含易挥发组分 $SiCl_4$ 较多的蒸气，以达到分离的目的。

反之，也可从混合液的蒸气出发，即从 B 点开始，用冷凝的方法，达到 J 点以前停止，则称为部分冷凝的过程，也可分出含难挥发组分 $TiCl_4$ 较多的液体。

采用简单蒸馏的方法不能使 $TiCl_4$-$SiCl_4$ 二元系达到完全分离的目的，而必须采用精馏的方法。精馏就是同时并多次地运用部分汽化和部分冷凝的方法，使混合液分离为其纯组分的操作。工业上实现这一操作的设备是精馏塔。

精馏塔塔底控制在稍高于 $TiCl_4$ 的沸点温度（139～142℃），塔顶控制在 $SiCl_4$ 的沸点温度（57℃）左右，使全塔温度从塔底到塔顶逐渐下降，呈一温度梯度。精馏操作时，塔底含有 $SiCl_4$ 杂质的 $TiCl_4$ 蒸气向塔顶上升，穿过一层层塔板，并和塔顶的回流液以及从塔中部加入的料液逆向接触，在每一块塔板上，气液两相在热交换的同时也进行传质作用。来自下一层塔板的蒸气和本层塔板上的液体接触，一方面，蒸气发生部分冷凝，使下降的液体难挥发组分 $TiCl_4$ 增多；另一方面，液体发生部分汽化，使上升的蒸气易挥发组分 $SiCl_4$ 增多。对整个塔而言，在上升的蒸气中，易挥发组分 $SiCl_4$ 的含量越来越多，而在下降的液体中，难挥发组分 $TiCl_4$ 的含量越来越多。因此，只要有一定数量的塔板，就能达到使 $TiCl_4$ 与 $SiCl_4$ 分离的目的。

5.1.3　除钒的原理和方法

粗 $TiCl_4$ 中的钒杂质主要是以 $VOCl_3$ 的形式存在，它使 $TiCl_4$ 呈黄色。在海绵钛及氯化法钛白生产中，$VOCl_3$ 都是一种很有害的杂质。因为它影响钛白粉色度，也是使海绵钛硬度增加的氧和钒的载体。研究表明，当 $VOCl_3$ 的质量分数不低于 0.003% 时，精 $TiCl_4$ 便会着色，从而使生产的钛白粉白度变差，使海绵钛硬度增加。除钒的目的，不仅是为了除杂脱色，也是为了除氧。由表 5-4 可见，$VOCl_3$ 的沸点和 $TiCl_4$ 相接近，用精馏方法来分离就需要装有很多塔板的很高的塔，这在工业上是困难而又不经济的。因此一般采用化学方法来处理。化学除钒的方法很多，但目前在工业上采用的主要有下述四种。

5.1.3.1　铜除钒法

此法是以铜作还原剂，将 $VOCl_3$ 选择性还原为 $VOCl_2$，生成的 $VOCl_2$ 是沸点较高又不溶于 $TiCl_4$ 的固体物质，它黏附在金属铜上，从而与 $TiCl_4$ 分离。

$$VOCl_3 + Cu \longrightarrow VOCl_2 \downarrow + \frac{1}{2}Cu_2Cl_2 \tag{5-1}$$

最早是将铜粉直接加入 90～130℃的 $TiCl_4$ 液中。研究发现，铜粉在还原除钒的同时，还有除去溶解在粗 $TiCl_4$ 中的 Cl_2 的作用。而且还发现，当 $AlCl_3$ 的质量分数不低于 0.01% 时，它会使铜粉钝化。为了消除这种不良影响，采取加入用水润湿过的活性炭或 NaCl 颗粒带入水的办法预先使之水解成 AlOCl 沉淀，将 $AlCl_3$ 除去：

$$AlCl_3 + H_2O = AlOCl \downarrow + 2HCl \tag{5-2}$$

此法对失效铜粉的再生以及从失效铜粉中回收 $TiCl_4$ 都比较困难。另外，此法费用高，精制 1t $TiCl_4$ 要消耗 2.5～4.0kg 铜粉，钛损失较多，劳动卫生条件也差。

针对铜粉除钒法的这些缺点，我国工业生产中改用铜丝球气相除钒法，让 $TiCl_4$ 蒸气通过装有铜丝球的铜丝塔达到除钒目的。该法工艺简单，操作方便，失效铜丝球再生容易，而且还可以同时除去一部分高沸点杂质和有机氯化物，效果比用铜粉更好。

但铜是一种军工和电子工业必用的短缺物资，价格昂贵，使成本增加。另外，失效铜丝球的清洗麻烦，劳动强度大，劳动条件差，废水处理及铜、钒回收利用都较困难。

5.1.3.2　硫化氢除钒法

硫化氢除钒的原理也是基于 H_2S 选择性还原 $VOCl_3$ 为 $VOCl_2$，使其沉淀析出：

$$VOCl_3 + \frac{1}{2}H_2S = VOCl_2 \downarrow + HCl + \frac{1}{2}S \downarrow \tag{5-3}$$

此法通常是在 100～120℃温度下，将 H_2S 通入 $TiCl_4$ 中并进行搅拌，反应完毕后，进行沉降或过滤分离，除去含钒残渣。此法可把 $TiCl_4$ 中的钒的质量分数降至 0.0001% 以下。为了防止除钒反应时生成的硫或硫化物污染 $TiCl_4$，除钒作业必须放在精馏的前面。H_2S 除钒效果也很好，并可除去粗 $TiCl_4$ 中的铁、铬、铝等杂质和细分散的固体悬浮物，而且价格便宜，除钒成本低。但 H_2S 是有毒气体，并有爆炸的危险，劳动条件差，工艺流程较复杂。日本、美国等现已改用矿物油除钒。

5.1.3.3 有机物除钒法

此法是在粗 $TiCl_4$ 中加入某种有机物，一般加热到有机物的碳化温度（120～138℃）并恒温一段时间（约1～3h），使有机物裂解，析出细而分散的新生态碳颗粒，使 $VOCl_3$ 等杂质还原为不溶性或难挥发性化合物，然后分离除去。常用的有机物有白油、石蜡油、变压器油等，矿物油用量与选用的矿物油种类和钒杂质含量有关，一般约为 $TiCl_4$ 量的0.2%～0.3%。

有机物除钒的突出优点是试剂来源丰富，价格低廉，而且无毒，除钒效果也好；同时操作简便，流程简化，可连续操作。日本及美、澳等西方国家普遍采用，认为是一种理想的除钒方法。但在我国有些问题未能很好解决，主要是由于有机物在加热过程中碳化并容易与 $TiCl_4$ 发生聚合反应，生成的残渣量多，不仅粘在器壁上结疤影响传热，而且除钒后的 $TiCl_4$ 在冷却时，可能析出沉淀物堵塞管道和冷凝器。另外，有少量有机物溶于 $TiCl_4$ 中，使 $TiCl_4$ 色度加深，分离不净也会污染产品。

5.1.3.4 铝粉除钒法

铝粉除钒的实质是 $TiCl_3$ 除钒。在有 $AlCl_3$ 为催化剂的条件下，高活性的细铝粉可还原 $TiCl_4$ 为 $TiCl_3$。采用这种方法是先在一个专门的机械搅拌槽中，通入浓氯气和氩气或氮气（氩气或氮气起保护气氛和防爆作用），加入铝粉制备 $TiCl_3$-$AlCl_3$-$TiCl_4$ 除钒浆液，再把这种浆液加入到被净化的粗 $TiCl_4$ 中，在沸腾温度下接触1～2h，$TiCl_3$ 与溶于 $TiCl_4$ 中的 $VOCl_3$ 反应生成 $VOCl_2$ 沉淀：

$$3TiCl_4 + Al(粉末) \xlongequal{AlCl_3} 3TiCl_3 + AlCl_3 \tag{5-4}$$

$$TiCl_3 + VOCl_3 \xlongequal{} VOCl_2\downarrow + TiCl_4 \tag{5-5}$$

且 $AlCl_3$ 还可将溶于 $TiCl_4$ 中的 $TiOCl_2$ 转变为 $TiCl_4$：

$$AlCl_3 + TiOCl_2 \xlongequal{} TiCl_4 + AlOCl\downarrow \tag{5-6}$$

前苏联海绵钛厂从20世纪70年代中期开始采用铝粉除钒法取代了原来的铜粉除钒法，使用高活性的细铝粉，每净化1t $TiCl_4$ 消耗0.8～1.2kg铝粉。该工艺设备简单，并可回收钒。铝粉除钒及精馏法精制 $TiCl_4$ 的原则性流程如图5-3所示。

铝粉除钒可将 $TiCl_4$ 中的 $TiOCl_2$ 与 $AlCl_3$ 反应转变为 $TiCl_4$，有利于提高钛的回收率，除钒残渣易于从 $TiCl_4$ 中分离出来，并可从中回收钒。该法提高了原料的综合利用效果，除钒效果好，净化深度高，且细铝粉不太稀缺，价格也不很贵。但细铝粉是一种易爆物质（起爆下限为 $40g/m^3$），生产中要有严格的安全防护措施，对厂房结构、通风和电气设备都有严格要求。除钒浆液的制备是一个间歇操作过程。

早先是在若干个不锈钢槽中进行除钒作业（参见图4-24），现做了改进，直接在预蒸馏塔的蒸馏釜中还原除钒，这样节省了设备，缩短了流程。图5-4表示铝粉除钒及精馏除硅和分离高沸点成分的三塔串联的设备流程图。

在工业生产中应用的四种除钒方法的优缺点和应用范围总结在表5-5中。从综合观点考虑，以有机物除钒法和铝粉除钒法较好。表5-6列出了各国粗 $TiCl_4$ 的精制工艺情况。

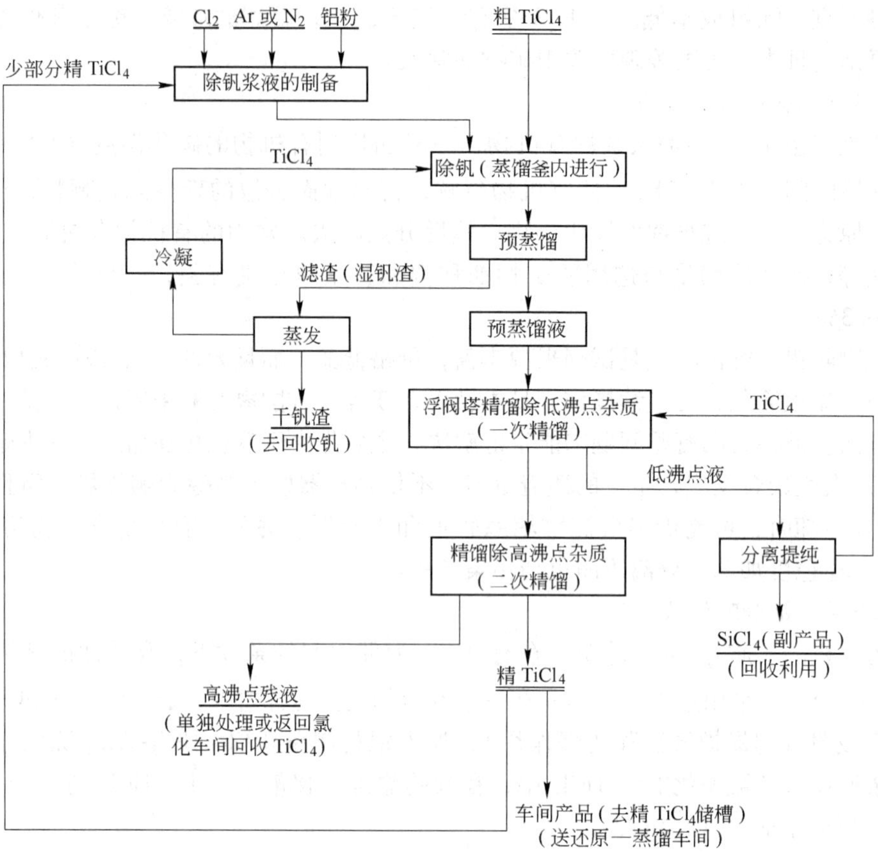

图 5-3　铝粉除钒及精馏法精制 $TiCl_4$ 的原则性流程

表 5-5　四种工业除钒方法的比较

比较项目	铜丝除钒	铝粉除钒	H_2S 除钒	有机物除钒
除钒试剂物性	无毒固体	易爆粉末	剧毒、易爆气体	无毒液体
1t $TiCl_4$ 除钒试剂用量/kg	2 ~ 4	0.8 ~ 1.2	1 ~ 2	0.5 ~ 1.5
可否连续操作	间歇	制备除钒浆液是间歇的	可连续	可连续
是否腐蚀设备	不腐蚀	不腐蚀	可能腐蚀	残渣可能粘壁
分离残渣的难易程度	操作麻烦	较容易	较难	较难
可否综合回收钒	不便于回收	可回收	可回收	可回收
应用范围	含钒低的原料，小海绵钛厂	含钒低的原料，大海绵钛厂	含钒高的原料，大海绵钛及钛白厂	含钒高的原料，大海绵钛及钛白厂
应用国家	中　国	前苏联	日本和美国	日本和美国

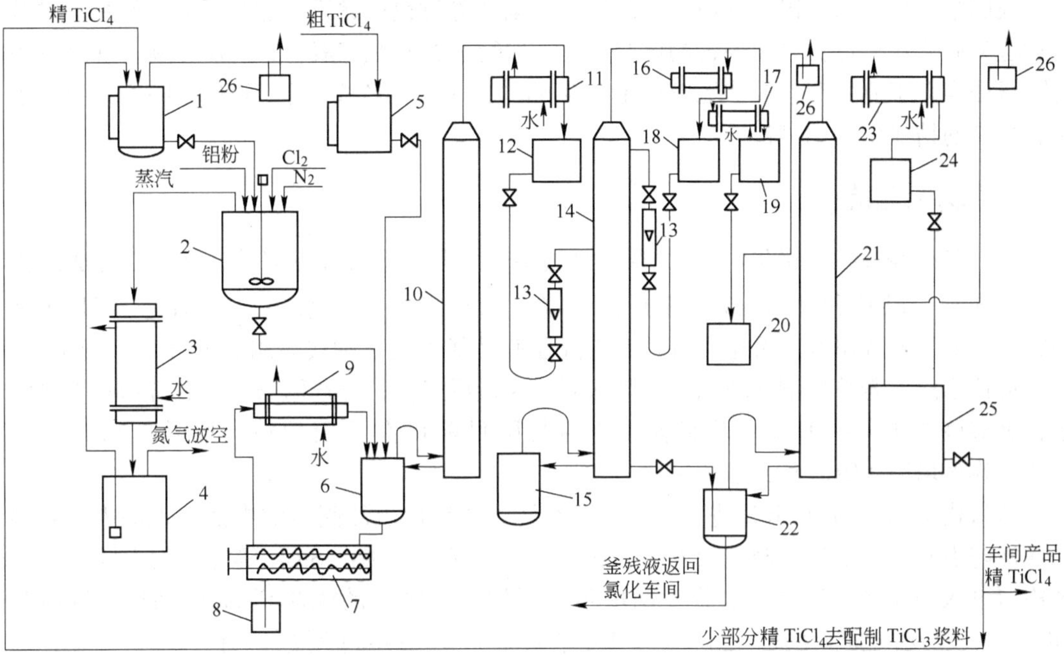

图 5-4 精制车间设备流程图

1—精 $TiCl_4$ 高位槽；2—$TiCl_3$ 料浆制备槽；3，9，11，23—冷凝器；4—冷凝液收集槽；5—粗 $TiCl_4$ 高位槽；6—蒸馏釜（兼作除钒反应罐）；7—蒸发器；8—钒渣罐；10—预蒸馏塔；12—初蒸馏出物收集槽（兼作高位槽）；13—转子流量计；14——次精馏塔；15，22—蒸馏釜；16—冷凝—分凝器；17—冷却器；18—回流液收集槽；19—$SiCl_4$ 收集槽；20—$SiCl_4$ 储槽；21—二次精馏塔；24—精 $TiCl_4$ 收集槽；25—精 $TiCl_4$ 储槽；26—酸封罐

表 5-6 各国粗 $TiCl_4$ 精制工艺

比较项目	独联体三国	中国		日本		美国
		遵义钛厂	抚顺钛厂	大阪钛公司	东邦公司	
精馏脱硅设备	ϕ500 ~ 1000mm 栅板塔	ϕ300mm 浮阀槽	ϕ430mm、ϕ690mm 浮阀塔	浮阀塔	浮阀塔	浮阀塔
除钒工艺	高活性铝粉除钒	铜丝塔除钒（矿物油除钒法还在研究中）	铝粉除钒（新上）	矿物油除钒	原 H_2S 除钒，现改为矿物油除钒	矿物油除钒
除钒试剂物性	易燃爆粉末	无毒固体	易燃爆粉末	无毒液体	H_2S 有毒，易爆气体	无毒液体
操作连续性	可连续（只是制备 $TiCl_3$ 料浆间歇）	失效铜丝球的处理是间歇的	可连续	可连续	可连续	可连续
试剂用量 /kg · t^{-1}	0.8 ~ 1.2	2 ~ 4	0.8 ~ 1.2	0.5 ~ 1.5	1 ~ 2	0.5 ~ 1.5
适应范围	原料含钒低，大小海绵钛厂都可用	原料含钒低，小海绵钛厂	原料含钒低，大小海绵钛厂都适用	原料含钒较高，大厂	原料含钒较高，大厂	原料含钒较高，大厂

我国李日辉、张碧田、汪珂、马慧娟、邓国珠等对铝粉除钒法进行了大量研究。攀枝花运达钛业公司经过长时间艰苦的试验工作，取得了突破性进展，并有所创新，现已将铝粉除钒法推上工业生产，成功地应用于1万t/a精 $TiCl_4$ 生产线，于2008年4～5月生产了符合标准的精 $TiCl_4$ 几百吨。

5.2　精制工艺流程

上一节已经说到，粗 $TiCl_4$ 中的杂质是很多的，但如按其沸点来分，就可以分成高沸点、低沸点，以及和 $TiCl_4$ 沸点相近的三类，而这三类的代表组分分别是 $FeCl_3$（和 $AlCl_3$）、$SiCl_4$ 和 $VOCl_3$。因此，精制工艺流程就是基于这三种代表组分的分离来确定的。这里应该指出，若采用铜丝塔除钒，则必须放在最后工序；若选用 H_2S、铝粉和有机物除钒，就应该放在头一工序。下面着重介绍我国目前仍在采用的精馏塔除低沸点成分 $SiCl_4$—铜丝塔除 $VOCl_3$ 的组合工艺。

从氯化车间来的粗 $TiCl_4$ 进入高位槽，经转子流量计由浮阀塔的中部加入塔内，连同回流液与由蒸馏釜上升的蒸气相遇时，进行气液交换。低沸点 $SiCl_4$ 等氯化物由塔顶冷凝器冷凝进入回流槽，其中一部分返回塔顶进行回流，多余的溢流到 $SiCl_4$ 储槽。目前对 $SiCl_4$ 没有回收，通常弃去。已除去低沸点杂质的 $TiCl_4$ 由浮阀塔底部入铜丝塔蒸馏釜，被汽化进入铜丝塔，与铜丝接触除钒、脱色后进入冷凝器，冷凝得到精制 $TiCl_4$ 液体，经检查合格后才能送往储槽，供给还原工序。各蒸馏釜和高位槽富集有高沸点氯化物的 $TiCl_4$，定期返回氯化车间浓密机，所有塔及设备的尾气都经酸封罐排入大气。酸封罐的作用是防止潮湿空气进入设备管路系统发生水解，造成堵塞并影响 $TiCl_4$ 质量。精馏塔除硅—铜丝塔除钒组合的精制工艺方框流程见图5-5，精制设备流程见图5-6。

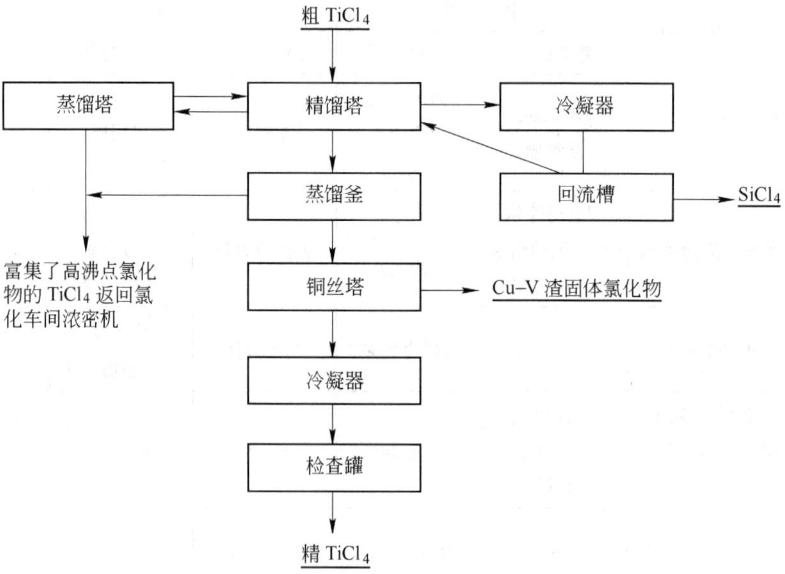

图5-5　精馏塔除硅—铜丝塔除钒组合的精制工艺方框流程图

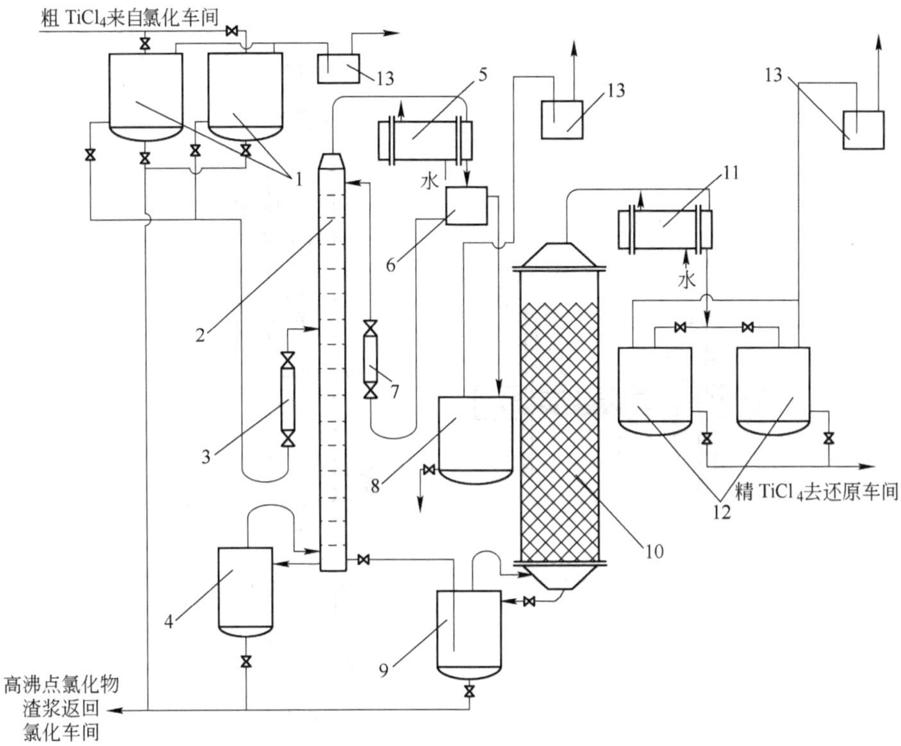

图 5-6 精制设备流程图

1—粗 $TiCl_4$ 高位槽；2—浮阀塔；3，7—转子流量计；4，9—蒸馏釜；5，11—冷凝器；6—回流槽；8—$SiCl_4$ 储槽；10—铜丝塔；12—精 $TiCl_4$ 储槽；13—酸封罐

5.3 精制主要设备

5.3.1 浮阀塔

目前在工业上普遍应用的精馏塔除了最早出现的填料塔和泡罩塔外，在改造泡罩塔的基础上，先后出现了各种新型的板式塔，浮阀塔就是其中的一种（独联体国家镁钛联合企业多半采用改进型的筛板塔——栅板塔）。

5.3.1.1 十字架型圆盘浮阀塔的结构

十字架型圆盘浮阀塔的结构如图 5-7 所示。它是由塔体和若干块塔板所组成，塔板上有溢流管和若干阀片。图 5-8 表示十字架型浮阀塔板的结构（*a*）及塔板上气—液接触的情形（*b*）。图 5-9 表示十字架型浮阀的装配图。表 5-7 列出了十字架型浮阀的结构参数。

浮阀塔的结构设计与处理能力、操作制度、物料的性能，以及分离程度和塔板效率有关。下面是某厂采用的浮阀精馏塔的有关参数：

（1）外形尺寸：ϕ270mm × 11210mm；

（2）塔节数：精馏段 + 提馏段 = 12 + 20 = 32 节；

（3）塔盘数：精馏段 + 提馏段 = 11 + 20 = 31 块；

（4）塔盘间距：300mm；

（5）塔盘上浮阀数：5 个；

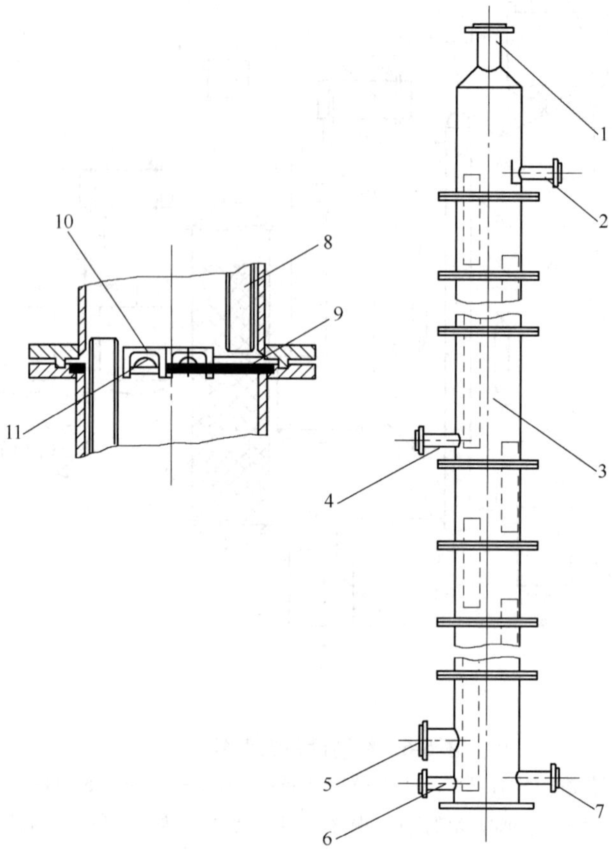

图 5-7　十字架型圆盘浮阀塔

1—气体出口；2—塔顶口回流；3—塔节；4—加料口；5—蒸气入口；
6—塔底回流口；7—排料口；8—溢流管；9—塔板；
10—十字架；11—浮阀

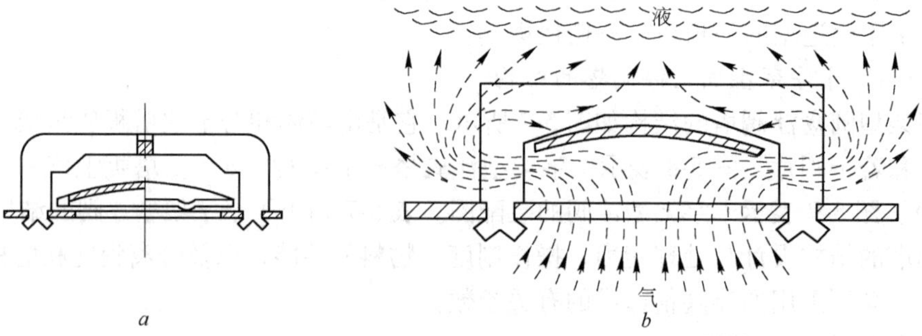

图 5-8　十字架型浮阀塔板的结构（*a*）及浮阀塔
塔板上气液接触情况（*b*）

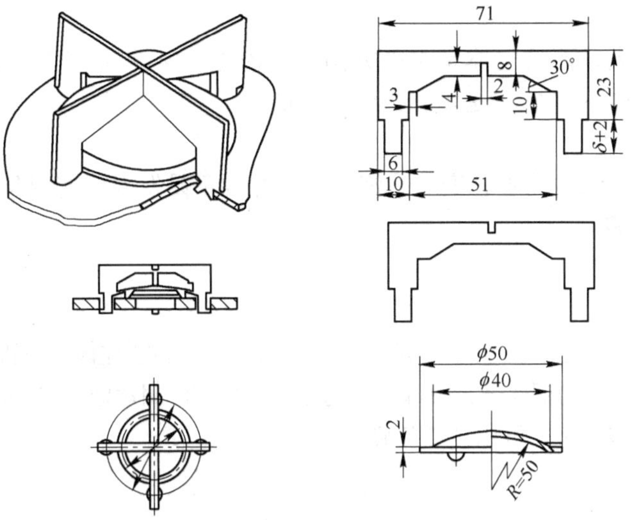

图 5-9 十字架型浮阀装配图

表 5-7 十字架型浮阀结构参数

浮阀形式		厚度/mm	质量/g	开度/mm		材 料
				最 大	最 小	
十字架型	浮阀	1.5	22 ~ 24	8	1.0 ~ 2.0	根据不同物系采用 A3F 0Cr13 1Cr13 1Cr18Ni9Ti 1Cr18Ni12Mo2Ti
		2.0	30 ~ 32			
	支架	2.0	21 ~ 22			

（6）阀片质量：（30 ~ 32）±0.3g；

（7）阀片直径：φ50mm；

（8）阀孔直径：φ37mm；

（9）塔盘开孔率：11%；

（10）浮阀最小和最大开度：2 ~ 8mm；

（11）溢流堰高：50mm；

（12）溢流管密封高度：25mm；

（13）降液面积占塔盘有效面积：11%。

5.3.1.2 浮阀塔的特性

A 操作范围大

由于阀片能上下浮动，使气、液负荷变化时能相应改变蒸气通过的面积，因此气体负荷的操作范围宽广，相应的浮阀塔的气速操作上限与下限之比可达 2.6。

B 塔盘效率高

因为蒸气在塔盘上是水平方向喷出，气液接触时间长且良好，同时阀片的锐边造成气液接触时剧烈的湍动，对传质极为有利，效率可达 60% 以上，比泡罩塔高 5% ~10%。

C　处理能力大

由于操作范围大，而且气体是水平方向吹入液层，雾沫夹带少，有利于提高处理能力，比泡罩塔高 20% ~30%，是填料塔的 1.5 倍。

D　结构比较简单

和泡罩塔相比，结构简单，安装检修方便，并且不易发生堵塞现象，适应性大，能处理比较“脏”的物料。

5.3.2　铜丝塔

铜丝塔结构简单（见图 5-10），它是一个不锈钢壳的空心圆柱体，里面装有用 ϕ2mm 紫铜丝绕成的 ϕ100 ~150mm 的铜丝球，下部筛板的作用一是支撑铜丝球，二是让气体通过。

铜丝塔的塔径 D（m）可由式 5-7 确定：

$$D = \sqrt{\frac{4G}{\pi u}} \tag{5-7}$$

式中　G——通过塔内气体量，m^3/h；

u——允许的气流空塔速度，m/h。

塔高 H 按除钒要求确定，增加铜丝层高度可增加蒸气在塔内停留时间，从而提高除钒效率，但随着塔高的增加，阻力增大，厂房高度增高，一般取 $H/D = 5 \sim 6$。

5.3.3　蒸馏釜

蒸馏釜是加热 $TiCl_4$ 使其汽化的设备，有卧式和立式两种，为排放富集有高沸点氯化物的 $TiCl_4$ 方便，采用带锥体的立式蒸馏釜为多（见图 5-11）。蒸馏釜的加热通常用电，

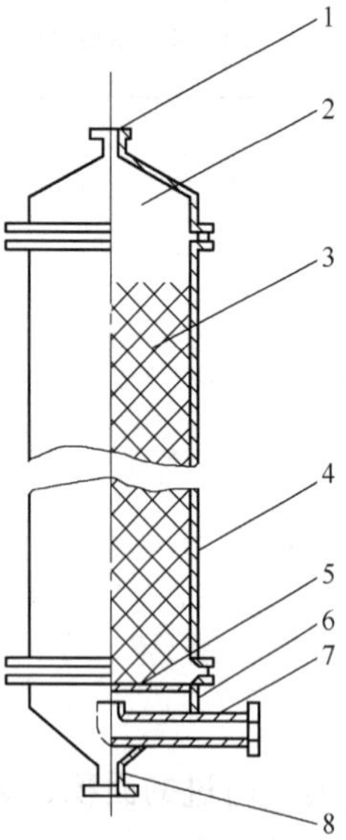

图 5-10　铜丝塔

1—气体出口；2—盖；3—铜丝球；4—塔体；5—筛板；6—锥体；7—气体进口；8—回流口

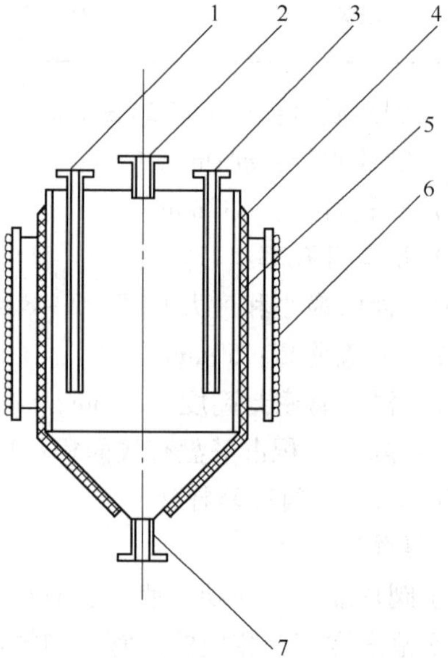

图 5-11　蒸馏釜

1—加料管；2—蒸气出口；3—回流管；4—釜体；5—保温层；6—电缆；7—底流管

加热方式有间接加热、直接加热和工频加热三种。直接加热可以节省电能，但必须严格控制液面，否则电阻丝露出液面容易烧断。工频加热的最大优点是几乎不需要检修，对连续生产十分有利，但不宜用在直径超过 1m 的大釜，而且无功损耗大，故需要进行电容补偿。

5.3.4 冷凝器

冷凝器是使塔内出来的 $TiCl_4$ 气体冷凝成液体的设备，一般都采用列管式。图 5-12 所示为一双程列管冷凝器，内管是由 $\phi32mm \times 3mm$ 的不锈钢管组成，管内通 $TiCl_4$ 气体，管外通冷却水。对冷凝器的密闭性要求很高，如发生漏水使 $TiCl_4$ 水解，就要造成整个系统堵塞，并会严重腐蚀管道、设备。

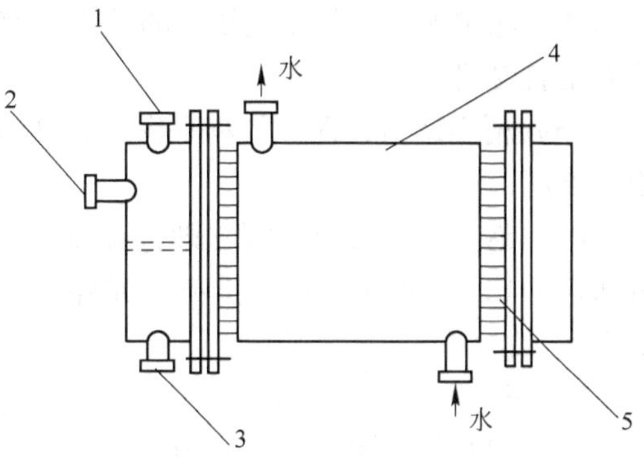

图 5-12 双程列管冷凝器
1—蒸气进口；2—废气出口；3—$TiCl_4$ 液体出口；4—外套管；5—内套管（列管）

5.4 精制工艺

5.4.1 对粗 $TiCl_4$ 的要求

目前，我国钛工业生产对粗 $TiCl_4$ 质量没有统一和严格的要求，在操作规程中仅要求固液比小于 0.5%。从生产实践看来，随着原料和工艺制度的不同，粗 $TiCl_4$ 的杂质成分是有变化的，而这些变化必然对精制 $TiCl_4$ 过程产生影响。例如 $AlCl_3$ 含量高会使铜丝表面钝化，缩短铜丝使用周期；当采用 $SiCl_4$ 等低沸点含量高的粗 $TiCl_4$ 作原料时，将降低浮阀塔的产能等。为此，对粗 $TiCl_4$ 的杂质成分、固体含量和色泽，应有一个统一的规定。

5.4.2 精馏塔的操作

5.4.2.1 主要操作制度

A 启动

(1) 检查加料、排料、回流、废气等管路阀门及转子流量计是否干燥、畅通、密闭；

(2) 检查电热和仪表系统，要求安全可靠，功率符合规定值；

(3) 打开塔顶废气和有关储罐的废气阀门；

(4) 向釜内加料，为保证气液分离完全，需要留一定的空间，其高度一般保持在 250～400mm 之间；

(5) 通上冷却水后，就可送电升温；

(6) 当塔顶温度升到 100℃，打全回流 1～1.5h，待温度和压力稳定后，开始加排料。

B 正常生产

(1) 温度压力控制：

塔顶温度 50～70℃

塔中温度 100℃

塔底温度　139～142℃

釜压力　13.332kPa（100mmHg）

（2）根据粗 $TiCl_4$ 中 $SiCl_4$ 的含量确定回流比 R，当粗 $TiCl_4$ 中 $SiCl_4$ 的质量分数大于 0.5%时，取 R 为 20～30，排出一定量的 $SiCl_4$；若 $SiCl_4$ 的质量分数小于 0.5%时，可打全回流，此时由于塔顶冷凝效率的关系，部分 $SiCl_4$ 由废气排走，所以 $SiCl_4$ 很难富集，塔顶温度就要偏高。

（3）精心调节，保证物料平衡，即加料量 = 塔底排料量 + 塔顶排料量，以免发生干釜、淹塔、干板的现象。

（4）遇上突然停电，要立即停止加、排料，打全回流。恢复送电后，需继续打全回流 0.5～1h，才能开始加、排料。如停电时间过长，液层已全部脱落，则需按重新启动处理。

C　停产

（1）停止加排料以后，停电；

（2）当塔顶无回流时，再关回流阀门；

（3）关上废气和冷却水阀门；

（4）每生产 100t 或遇停产时间较长，即将釜内含高沸点氯化物较多的 $TiCl_4$ 排放到氯化车间浓密机去。

5.4.2.2　影响浮阀塔精馏操作的主要因素

A　原料的性质

在塔径一定的情况下，由于气流负荷的限制，粗 $TiCl_4$ 中低沸点杂质的含量直接影响精馏塔的生产率，不同 $SiCl_4$ 含量（质量分数）的粗 $TiCl_4$ 的实验值与理论计算值见表 5-8。

表 5-8　不同质量分数的 $SiCl_4$ 的空塔速度实验值与理论计算值

原料中 $SiCl_4$ 的质量分数/%	加料量 /$t \cdot d^{-1}$	精馏段空塔速度 /$m \cdot s^{-1}$	提馏段空塔速度 /$m \cdot s^{-1}$	理论计算空塔速度上限/$m \cdot s^{-1}$
0.1	33	0.114	0.64	0.66
0.5	18	0.34	0.64	
1.0	12	1.46	0.66	
1.5	8	0.46	0.59	

B　回流比

回流比是单位时间内塔顶回流量 L 与排料量 P 之比，即 $R = L/P$。它是关系到稳定塔顶温度、提高产量和质量的一个重要因素。回流比太小，会降低塔的分离效果；回流比太大，又会降低塔的生产能力。在实际生产中，应该根据粗 $TiCl_4$ 中 $SiCl_4$ 的含量和塔的分离效率来确定合适的回流比。

C　温度

维持适宜的塔体温度是精馏操作的关键。塔釜或塔底应控制在 139～142℃；塔中温度控制在 100℃；塔顶温度见表 5-9，要得到 $SiCl_4$ 含量较高的低沸点馏出液，塔顶温度必须控制在 58℃以下。但当粗 $TiCl_4$ 中 $SiCl_4$ 含量很小时，由于塔顶冷凝效率的关系，集不起来，回流不正常，塔顶温度就较难控制。

表 5-9 塔顶温度和组分的关系

塔顶温度变化/℃	131	120	86	65	58	54	<50
$SiCl_4$（质量分数）/%	0.28	8.0	61.4	73.4	89.9	96.7	99.3

D 压力

压力是判断精馏过程是否正常的主要参数之一。当塔顶压力高于533.3Pa（4mmHg）时，说明塔顶废气系统有堵塞现象；当蒸馏釜压力高于20kPa（150mmHg）时，可能是排料少，釜液面上升，此时气流波动较大，还会出现阀片撞击声。

E 蒸馏釜加热功率

一般来说，加热功率大，塔的生产能力增加，但前面已经说过，塔的最大产能受原料中 $SiCl_4$ 含量的限制，所以在达到最大产能以后，若再盲目加大蒸馏釜功率，就会因气流量过大，破坏了塔的平衡，不能正常操作。

5.4.3 铜丝塔的操作

5.4.3.1 主要操作制度

A 启动

（1）检查加料、排料、废气、管道、阀门和转子流量计是否干燥、密封、畅通好用；

（2）检查电热系统和测量仪表系统是否安全可靠，功率是否符合规定值；

（3）打开塔顶废气和有关储罐的废气阀门，空釜加料，空层高保持在250～400mm之间；

（4）通上冷却水后，送电升温，当温度、压力达到正常生产要求时，即开始加、排料。

B 正常生产

（1）温度压力控制：

塔顶温度 136℃

塔底温度 139～142℃

釜压力 1.33～6.67kPa（10～50mmHg）

（2）精心调节，加料平稳，做到加料量=排料量，避免发生干釜和淹塔现象。

（3）在生产过程中，除了精 $TiCl_4$ 每一罐满了以后要分析外，还要不定期取瞬时样进行分析。发现钒高或色度增高，可停止排料，全回流1h后，开始加排料并取样分析。若仍无好转，即要停产，准备清洗铜丝。

C 停产

（1）停止加料，此时若压力高于常值，要继续蒸到压力下降到正常值时再停电；

（2）当塔顶温度降到100℃以下，压力降到零时，才能关闭排料阀；

（3）关闭冷却水和废气阀门；

（4）每生产50t或遇停产时间较长时，将釜内富含有高沸点氯化物的 $TiCl_4$ 趁热排到氯化车间浓密机内。

5.4.3.2 影响铜丝塔生产周期的主要因素

A 气流速度

为使 $TiCl_4$ 气体与铜丝充分接触，保证塔内的 $VOCl_3$ 充分还原，$TiCl_4$ 气体在塔内应有一定的停留时间。根据经验，空塔速度在 0.0143 ~ 0.024m/s（0.03 ~ 0.05kg/(cm^2 · h)）为宜。对 8m 高的塔，其停留时间为 5 ~ 9min。速度太大，会缩短生产周期，甚至影响 $TiCl_4$ 质量，速度太小，塔的生产能力降低。

B　高沸点杂质含量

粗 $TiCl_4$ 中固体悬浮物和高沸点杂质含量多，会使铜丝使用周期缩短，其中尤以 $AlCl_3$ 和 C 的影响最为严重，因为前者会使铜丝表面钝化，后者影响精 $TiCl_4$ 色度。

随着生产的进行，蒸馏釜内高沸点氯化物杂质逐渐富集，因此必须定期地将富集有高沸点氯化物的 $TiCl_4$ 排放到氯化浓密机，否则也会影响铜丝的使用周期。

C　蒸馏温度

要严格控制釜内温度，使其稍高于 $TiCl_4$ 的沸点，但也不能太高，否则会造成高沸点氯化物杂质的大量挥发，从而使铜丝失效。

D　回流

由于塔体散热和塔顶自然冷却，塔内上升蒸气会形成一部分内回流液，这对塔内气液两相传质是有利的。从这点看，塔的产量太大也是不适宜的。如果釜的功率较大，在生产过程中打一部分回流，或者在铜丝将要失效时打一段时间的全回流，对延长铜丝周期都有好处。

E　其他因素的影响

其他如铜丝再生好坏、干燥过程中铜丝氧化情况、铜丝球的几何形状，以及釜内液面的控制等都能影响铜丝的使用周期。

5.4.3.3　铜丝的再生处理

在除钒过程中，反应产物 $VOCl_2$ 等逐渐覆盖在铜丝表面，致使除钒能力降低，当精 $TiCl_4$ 中含钒量升高或颜色变深时，表明铜丝失效，此时应将铜丝球取出进行再生处理。

处理过程是先将由塔内放出的铜丝球用水冲洗，然后放入浓盐酸浸泡。待呈金属光泽后，再用清水将酸洗净，而后进行干燥。干燥时温度不大于 100℃，以免氧化。干燥好的铜丝球即可装入塔内，并补充一定数量的新铜丝球。

5.4.4　精 $TiCl_4$ 的质量要求

精 $TiCl_4$ 是无色透明的油状液体，目前对精 $TiCl_4$ 的质量标准各国并不完全一致。我国精 $TiCl_4$ 的质量规格如表 5-10 所示。

表 5-10　我国精 $TiCl_4$ 的化学成分及色度标准（YS/T 655—2007）

品　级	化学成分/%				色　度
	$TiCl_4$ ①	杂　质			
		$SiCl_4$	$FeCl_3$	$VOCl_3$	
一级	≥99.97	≤0.01	≤0.001	≤0.0012	$K_2Cr_2O_7$ ≤5mg/L
二级	≥99.96	≤0.01	≤0.002	≤0.0024	$K_2Cr_2O_7$ ≤5mg/L
三级	≥99.95	≤0.03	≤0.003	≤0.0024	$K_2Cr_2O_7$ ≤8mg/L

①　$TiCl_4$ 的质量分数为 100% 减去杂质实测值总和后的余值。

6 镁还原法生产海绵钛

6.1 镁还原 $TiCl_4$ 反应的理论基础

6.1.1 镁还原反应的热力学

镁热还原法生产海绵钛，是大家熟知的“克劳尔”法，即用镁将 $TiCl_4$ 还原成金属钛。该反应过程涉及 $TiCl_4$-Mg-Ti-$MgCl_2$-$TiCl_3$-$TiCl_2$ 等多相体系，是一个复杂的物理化学过程。镁还原 $TiCl_4$ 的总反应式为：

$$\frac{1}{2}TiCl_4 + Mg = \frac{1}{2}Ti + MgCl_2 \tag{6-1}$$

钛是一个典型的多价过渡元素，还原反应还会生成 $TiCl_3$ 和 $TiCl_2$，其反应为：

$$2TiCl_4 + Mg = 2TiCl_3 + MgCl_2 \tag{6-2}$$

$$TiCl_4 + Mg = TiCl_2 + MgCl_2 \tag{6-3}$$

$$2TiCl_3 + Mg = 2TiCl_2 + MgCl_2 \tag{6-4}$$

$$\frac{2}{3}TiCl_3 + Mg = \frac{2}{3}Ti + MgCl_2 \tag{6-5}$$

$$TiCl_2 + Mg = Ti + MgCl_2 \tag{6-6}$$

以上反应根据热力学数据按物质的摩尔吉布斯自由能法，可算出在不同温度下的吉布斯自由能变化 $\Delta G_T^{\ominus}$ 值（以 1mol Mg 的自由焓计，单位为 kJ/mol），列入表 6-1 中，并作图如图 6-1 所示。

表 6-1　不同温度下各反应的标准吉布斯自由能变化 $\Delta G_T^{\ominus}$　　(kJ/mol)

反应式	900K	1000K	1100K	1200K	1300K
(6-1)	-170.7	-160.7	-155.6	-150.6	-145.6
(6-2)	-241.4	-208.8	-207.1	-207.9	-184.9
(6-3)	-213.8	-194.6	-180.7	-166.9	-152.3
(6-4)	-186.2	-180.3	-179.5	-151.0	-119.7
(6-5)	-146.9	-144.8	-146.9	-140.2	-132.2
(6-6)	-126.8	-126.8	-131.0	-134.3	-138.5

由表 6-1 和图 6-1 可以看出，反应式 6-1 ~ 式 6-6 在所讨论温度范围内其标准吉布斯自由能变化（$\Delta G_T^{\ominus}$）均为负值，故反应均可进行。当限定镁量时，$TiCl_4$ 与 Mg 反应生成 $TiCl_3$ 与 $TiCl_2$ 均比 $TiCl_4$ 与 Mg 反应生成 Ti 容易，故还原反应是分段进行的，即经过生成钛的低价氯化物再进一步还原生成金属钛。从热力学的观点来看，温度越低还原反应自发进行的倾向性越大。在还原各种价态的氯化钛时，随着价态的递降，其 $\Delta G_T^{\ominus}$ 负值减少。

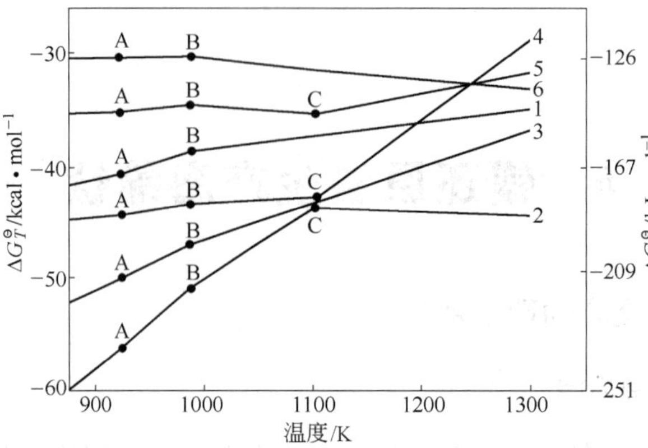

图 6-1　镁还原 $TiCl_4$ 反应的 $\Delta G^{\ominus}$-T 关系

A—Mg 熔点，923K；B—$MgCl_2$ 熔点，987K；C—$TiCl_3$ 升华点，1104K

这表明钛的氯化物价态越低，越不易被还原。也就是说 $TiCl_4$ 最易还原，$TiCl_3$ 次之，$TiCl_2$ 最难还原。

在进行上述反应的同时，在一定条件下还可能出现下列“二次”反应：

$$TiCl_4 + TiCl_2 = 2TiCl_3 \tag{6-7}$$

当 Mg 量不足时，也可能发生金属钛的“二次”反应：

$$3TiCl_4 + Ti = 4TiCl_3 \tag{6-8}$$

$$TiCl_4 + Ti = 2TiCl_2 \tag{6-9}$$

$$2TiCl_3 + Ti = 3TiCl_2 \tag{6-10}$$

热力学数据计算结果表明，式 6-7 ~ 式 6-10 在不同温度下的 $\Delta G_T^{\ominus}$ 均为负值，但与式 6-1 ~ 式 6-6 反应比较，$\Delta G_T^{\ominus}$ 负值要小得多，说明反应的自发倾向性也小得多，它们仅是还原过程的副反应。但当镁量不足或还原器内部缺镁时，钛与其氯化物之间“二次”反应生成钛的低价氯化物是完全可能的。还原过程不希望发生上述“二次”反应，为了确保还原产物中钛的低价氯化物尽量减少，还原过程应加入过量镁，镁的利用率一般为 65% ~70%。

镁还原 $TiCl_4$ 的总反应为：

$$TiCl_4 + 2Mg = Ti + 2MgCl_2$$

当温度低于 $TiCl_4$ 的沸点（409K）时，$\Delta H^{\ominus}$（反应焓）为 −478.650kJ/mol（以 Ti 计）；高于 409K 时，$\Delta H^{\ominus}$ = −519.653kJ/mol。

在钠热还原和镁热还原 $TiCl_4$ 制海绵钛的早期研究工作中，是一次性地将 $TiCl_4$ 和还原剂 Na 或 Mg 加入钢弹中进行的。反应启动后，由于大量热的放出而无法控制，都曾发生过热爆炸。克劳尔的主要功绩就在于，他把 $TiCl_4$ 的一次性加料改成在整个还原过程中按一定的加料制度逐渐加注 $TiCl_4$。这样，$TiCl_4$ 的加料速度可以人为地控制和调整，从而避免了爆炸危险的发生。

缓慢加料可防止爆炸危险，但因为 $TiCl_4$ 的镁热还原是一个强放热反应，如果不排除余热，则温度仍会急剧升高，镁大量气化，致使工艺过程不能正常进行；温度过高时还会促使钛铁合金的生成。因而在 $TiCl_4$ 的镁热还原工艺中，当反应发生后，排除余热实为重要的工艺控制条件之一。

假定在绝热条件下（即不排除热量），镁与 $TiCl_4$ 相互作用可能达到的理论最高温度见表 6-2。

表 6-2 在绝热条件下，镁与 $TiCl_4$ 反应的理论最高温度

反　应	热效应（以 Mg 计）		理论最高温度/K
	kcal/mol	kJ/mol	
在 1073K 时，$2\ TiCl_4(g) + Mg(l) = 2TiCl_3(s\text{-}g) + MgCl_2(l)$	110.8	463.6	2530
在 1073K 时，$TiCl_4(g) + Mg(l) = TiCl_2(s\text{-}g) + MgCl_2(l)$	78.2	327.2	1770
在 1073K 时，$1/2\ TiCl_4(g) + Mg(l) = 1/2Ti(s) + MgCl_2(l)$	50.95	213.2	1691
在 1393K 时，$2\ TiCl_4(g) + Mg(g) = 2TiCl_3(s\text{-}g) + MgCl_2(l)$	71.8	300.4	1993
在 1393K 时，$TiCl_4(g) + Mg(g) = TiCl_2(s\text{-}g) + MgCl_2(l)$	98.8	413.4	1770
在 1393K 时，$1/2\ TiCl_4(g) + Mg(g) = 1/2Ti(s) + MgCl_2(l)$	80.4	336.4	3533

根据计算结果，在反应温度下，镁还原 $TiCl_4$ 总的反应平衡常数 K_P 值很大。这说明还原反应达到平衡时，反应物 $TiCl_4$ 的分压很小，反应相当完全。例如 877℃时，$TiCl_4$ 分压为 4.03×10^{-12}Pa（3.02×10^{-14}mmHg），这说明反应进行得相当完全。连续向反应器内加入 $TiCl_4$ 时，其 $TiCl_4$ 蒸气和液体镁相互作用占主要地位。

在还原过程中，$TiCl_4$ 中的微量杂质如 $AlCl_3$、$FeCl_3$、$SiCl_4$、$VOCl_3$ 等均被 Mg 还原生成相应的杂质元素，这些杂质全部混杂在海绵钛中。另外，混在镁中的杂质金属 K、Na、Ca 等也是还原剂，它们将分别还原 $TiCl_4$ 生成相应的杂质氯化物。这些杂质元素含量甚少，对反应热力学和热平衡影响不大，可忽略不计；但对产品质量却有很大影响。

6.1.2 还原反应的机理和动力学

关于 $TiCl_4$ 镁热还原反应过程的机理，国外研究甚多，我国科研单位也在研究。但到目前为止，对 Mg 还原 $TiCl_4$ 的机理、海绵钛生长规律以及动力学特征等，提出了各种不同的看法。这主要是由于反应器中还原过程的复杂性，试验的条件（如反应器的大小和形状、反应温度等）各不相同，因而结果也不尽相同。虽然见解不一致，但也有共同性的规律，有些可相互补充。特别是近年来结合钛工业生产实践所进行的研究，已使还原工序工艺操作条件稳定，生产率大大提高，而且保证了产品质量。

下面简单介绍还原反应过程及机理和动力学因素，此为建立操作制度的依据。

6.1.2.1 还原过程及机理

前面讲过了镁还原 $TiCl_4$ 是一个多相的复杂反应，由于中间生成物 $TiCl_3$ 和 $TiCl_2$ 可以稳定地存在，反应过程是在 $TiCl_4$-Mg-Ti-$MgCl_2$-$TiCl_3$-$TiCl_2$ 多相体系中进行的。并且，在 $TiCl_4$ 还原成金属钛之前或者在结束该过程时，还有吸附、蒸发、冷凝、扩散、溶解和结晶等物理过程。其反应过程的放热性、动力学的不均衡性和还原的周期性，给研究它的机理带来困难。

对于镁还原 $TiCl_4$ 的过程，多数认为，反应占优势的是气态 $TiCl_4$ 与液体 Mg 反应生成固体金属钛，并呈海绵状聚集体。即在还原条件下一般按下式进行：

$$TiCl_4(g) + 2Mg(l) = Ti(s) + 2MgCl_2(l) \tag{6-11}$$

只有当镁的利用率达 60% ~80% 后，也就是在过程的末期，气相还原反应才可能占优势。

在不同的还原反应阶段，还原反应过程的机理不尽相同，因此，下面按不同的阶段来介绍还原反应过程和机理。

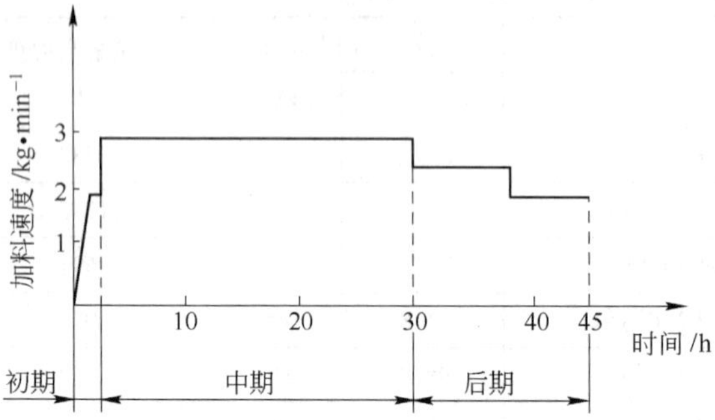

图 6-2　镁还原 $TiCl_4$ 加料曲线示意图

还原反应过程按照加料速度大小，即加料曲线，大致分为反应初期、中期和后期三个阶段，如图 6-2 所示。反应初期加料时间短、中期加料时间长，而且加料速度最大，后期加料速度要减小，时间也短。

在反应初期，反应器内液镁对反应器铁壁不湿润，液镁表面呈凸形。刚开始加 $TiCl_4$ 时，由于熔体表面温度还不高，液镁表面被一层 MgO 薄膜覆盖而阻碍着 $TiCl_4$ 和 Mg 的接触等，故反应缓慢。同时，反应初期生成 $MgCl_2$ 存于液镁表面，改变液镁对反应器壁的湿润性能，此时液镁表面呈凹形，由于表面张力的支撑，凹形液镁表面又覆盖了一薄层 $MgCl_2$，这一层 $MgCl_2$ 也起到阻碍反应物 $TiCl_4$ 和 Mg 的接触。据观察，还原开始时，反应主要是在镁表面之上的反应器壁上进行，生成的海绵钛黏结在壁上。由于毛细管的作用，镁被吸入海绵钛，反应便在海绵钛上进行。由于海绵钛的增长，增加了反应物接触面积，故反应速度也随之增加，通常到镁的利用率达 5% 时，反应速度即可达到最大值。

有人认为，海绵钛的细微结构具有自催化作用，海绵钛吸附 $TiCl_4$ 分子，并削弱分子内部的 Ti—Cl 键合力，这样可不经低价钛氯化物阶段而被直接还原成金属钛。

在反应初期，加入反应器内的液体 $TiCl_4$ 进入高温区会吸热，并大部分气化。在液镁表面之上的反应器壁上进行的是气（$TiCl_4$）—液（Mg）反应，同时在反应器上的空间内进行气（$TiCl_4$）—气（Mg）反应。另外，加进的液体 $TiCl_4$（未气化的）便坠落于熔体之中，吸热后逐渐上浮并气化。坠入熔体内的部分进行了液（$TiCl_4$）—液（Mg）反应，气化的部分在液镁表面进行气（$TiCl_4$）—液（Mg）反应。

另外，在液镁表面生成的粉末钛活性很大，可与熔体表面的氧化膜作用，并沉积于反应器底部，破坏了氧化膜，也起到了净化液镁的作用。

在反应中期，由于熔体内存在充足的镁，反应速度大，因此反应剧烈，反应速度逐渐增高，尤以熔体表面料液集中的部位温度最高，甚至可超过 1200℃，产生很大的温度梯度。此时应该排出余热和控制加料速度。此期间主要是在熔体表面粘壁的海绵钛上进行的气（$TiCl_4$）—液（Mg）反应。在反应器上部空间也会出现气（$TiCl_4$）—气（Mg）反应，此反应应尽量避免，故应降低反应器上部的温度，减少 Mg 蒸气的产生。

镁还原 $TiCl_4$ 过程中，大量热量的产生对过程机理有很大影响。如果忽视了这点，可能会得出错误的结论。因此，在反应激烈期应通风冷却，使还原罐散热良好，且控制一定的加料速度，以控制还原过程速度和放热量，从而使罐内温度梯度得到保持，避免不稳定状态的发生。

根据反应器中的反应物和生成物的相对密度来看，例如，在800℃时，Mg 为1.555，$MgCl_2$ 为1.672，Ti为4.51，反应过程中物料应发生分层现象，Mg 应浮在上面，而 Ti 应沉于反应器底部。但在早期的试验及生产中发现：在还原过程中容易生成海绵桥，尤其在小型反应器中（其直径小于0.8m）更为明显。熔体表面生成的海绵钛聚集在反应器壁上，依赖器壁的黏附力和熔体的浮力，逐渐增长并浮在熔体表面，而不沉降于熔体内，这一现象称为“搭桥”。生成的海绵桥结构示意图如图6-3所示。生成海绵桥后，反应区域主要在海绵桥表面，随着反应进行，海绵桥增厚，液镁通过海绵桥中的毛细孔向上吸附的阻力增大，使反应速度逐渐下降。现在使用的反应器直径一般均大于0.8m，并在生产中采取了周期性排放 $MgCl_2$，以减少海绵钛聚集体的浮力，使海绵钛聚集体常发生崩塌，部分钛块沉降于熔体内，所以一般情况下只有钛块“搭桥”的趋势，基本能避免海绵桥的生成。这期间熔体表面始终暴露着液镁的自由表面，反应主要在液镁表面进行，反应区域随熔体表面的升降而变化。

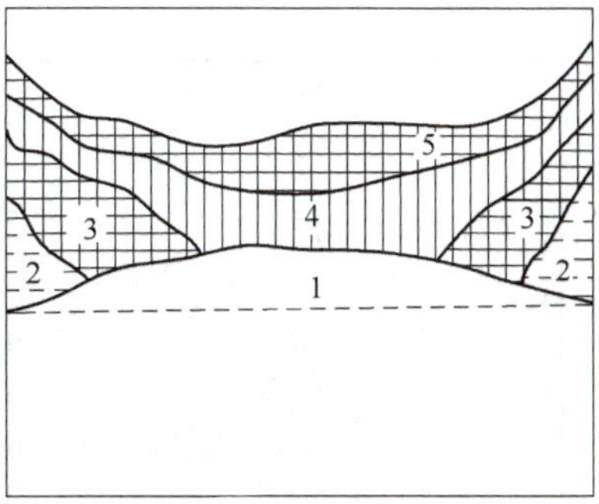

图6-3 在小型反应器内海绵钛逐渐搭桥的情况（不放 $MgCl_2$）

1—初始液面；2—镁利用率达5%的结构；3—镁利用率达30%的结构；4—镁利用率达45%的结构；5—镁利用率达60%的结构

反应中期过程持续到液镁自由表面消失为止，大约到镁的利用率达40%～50%。

到反应后期，还原过程进入衰减期，反应生成的海绵钛占据了反应器的大部分容积，液镁的自由表面消失，剩余的液镁已全部被海绵钛毛细孔所吸收。这时，一方面加入的 $TiCl_4$ 可能被 Ti 还原，另一方面 $TiCl_4$ 被 Mg 还原的反应是在累积的海绵钛表面进行，此时反应是靠吸附在海绵体内的液镁通过毛细孔作用升至表面和 $TiCl_4$ 接触进行反应。同时，反应生成的 $MgCl_2$ 也是通过毛细孔向下流的。因此，海绵钛毛细孔便成了 Mg 和 $MgCl_2$ 迁移的通道。

还原后期有气($TiCl_4$)—气(Mg)间的反应。当镁量不足，镁的扩散速度小于 $TiCl_4$ 的加料速度时，则可生成 $TiCl_3$ 和 $TiCl_2$。为了使还原后期的反应能顺利进行，还原后期应逐渐减慢 $TiCl_4$ 的加料速度。当镁的利用率达到65%～70%左右时，不仅反应速度缓慢，而且生成物中 $TiCl_3$ 和 $TiCl_2$ 量也增加。因此，还原反应后期不能拖延时间，要适时结束还原过程。

上述情形如图6-4和图6-5所示。

6.1.2.2 还原动力学

在镁还原反应过程中，由于一般情况下化学反应速度都很大，同时由于此反应是一个放热的多相反应，因此，要提高全过程的反应速度，必须加速反应区域的散热和改善反应物的扩散速度。影响还原过程的动力学因素主要有加料速度、反应温度、液面高低及反应压力。这些影响因素既互有联系又互相影响。

A 加料速度

在 $TiCl_4$ 的镁还原工艺中，$TiCl_4$ 的加料速度控制着还原速度，并对反应温度和反应压力影响很大，它直接影响海绵钛的成长结构和质量，因此，在还原过程中，它是一项重要的工艺参数。

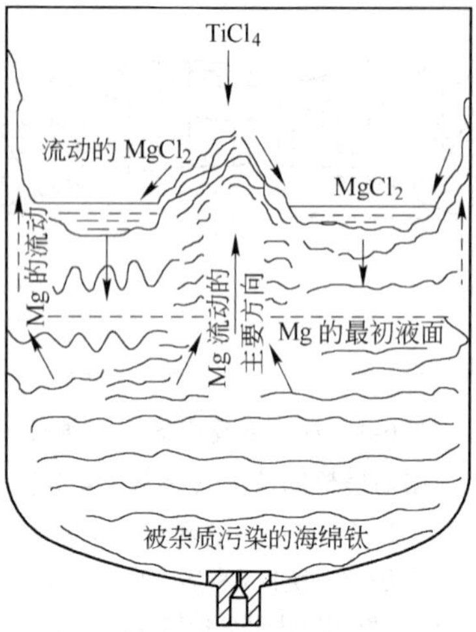

图 6-4　工业反应器中还原过程机理示意图

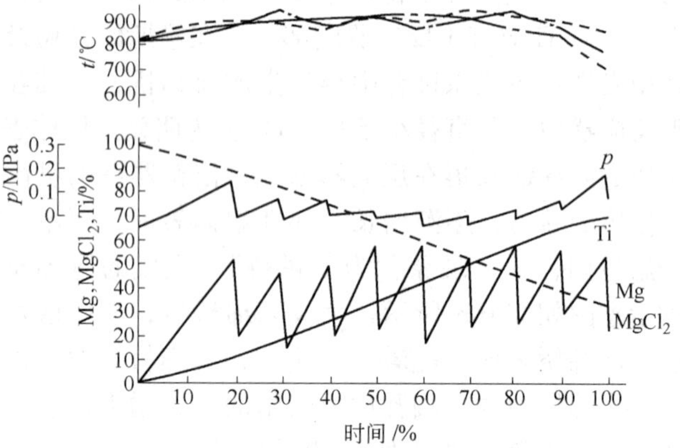

图 6-5　在还原过程期间反应器中温度、压力和 Mg、$MgCl_2$ 及 Ti 量的变化情况

由于还原过程具有多相催化作用，还原是在液镁中生成的海绵钛的一些活化点上（即没有被氯化镁液面覆盖的地方）进行。在那些活化点上的基本反应如下：

$$TiCl_4(g) \longrightarrow TiCl_4(\text{吸附}) \tag{6-12}$$

$$TiCl_4(\text{吸附}) + 2Mg(l) \longrightarrow Ti(s) + 2MgCl_2(l) \tag{6-13}$$

因为在还原初期，反应产物海绵钛未形成或形成量很少时反应速度慢，反应也不稳定，故还原反应初期加料速度不能太大，应逐渐增加，这种不稳定阶段约经 1h 左右便进入稳定阶段。在稳定阶段压力稳定，反应速度也大，加料速度逐渐提高到允许的最大值。稳定阶段持续时间较长，大部分产品在这阶段生成，因此，这阶段应做到均匀加料，不然将影响产品质量。这阶段反应速度大，放热量也很大，反应器内温度会猛增，故这阶段加快反应区域的散热是保证反应速度即加料速度稳定必不可少的措施。随着反应的进行，镁量逐渐减少，镁的扩散速度受到限制，反应速度降低，又逐渐进入不稳定阶段，此时压力波动较大，加料速度就应逐渐减少，否则压力增大，生成低价物 $TiCl_3$、$TiCl_2$ 量也增加。如后期加料速度已降低，反应压力上升还比较快，调整无效，应停止加料。

B　反应温度

生产中 $TiCl_4$ 被镁还原的最低温度不能低于 $MgCl_2$ 的熔点（714℃），低于此温度生成物均为固相，开始能发生反应，生成物多了会堵塞液镁上升的孔道，增加液镁上升的扩散阻力，此时仅有较小的反应速度。当温度高于 714℃时，Mg 和 $MgCl_2$ 均为液态，由于它们的相对密度不同，如在 750℃时 Mg 的相对密度为 1.57，$MgCl_2$ 为 1.67，它们会自动分层，相对密度较小的液镁浮在熔体表面，此时有较大的反应速度。在这种情况下随着反应温度的继续升高，化学反应速度也会加快。所以还原工艺操作温度开始即应高于 714℃，而反应最高温度应低于 975℃，高于此温度时，钛与铁即有明显熔合现象（钛铁共熔体的最低共熔点为 1085℃），致使海绵钛靠壁部分被铁污染。这部分污染的钛生产上称为“边皮”，必须从产品中除去，这就降低了产品合格率或等级率，同时反应器也将加速损坏。

C 反应压力

反应器空间的压力，包括镁还原系统反应物和生成物及中间产物各组分的分压，以及保护气氛氩气的分压。因为1000℃以下时，钛的分压很小，故反应器内总压力可简化为：

$$p_{总} = p_{Ar} + p_{TiCl_4} + p_{Mg} + p_{TiCl_3} + p_{TiCl_2} + p_{MgCl_2} \tag{6-14}$$

式中，p_{TiCl_4} 和 p_{Ar} 值较大时，对还原过程影响也很大。一般情况下反应物 p_{TiCl_4} 和 p_{Mg} 的增加对提高反应速度是有利的。但是，在正常反应过程中反应压力的增高，主要是由于反应器容积逐渐减小，氩气分压力的增加而造成。氩气分压太高会降低反应速度，此时，在操作中应放气以排出多余氩气。另外，加料不均匀，或加料速度太大，单纯由于反应物 $TiCl_4$ 过剩也会造成压力增加，这时应调整加料速度。尤其反应后期，液镁扩散阻力加大，造成反应速度减慢，应降低 $TiCl_4$ 加料速度。如降低无效，应适时停止加料。

D 液面高低

在还原过程中，随着 $TiCl_4$ 的加入，反应器内的 Mg 逐渐消耗而累积起来大量 $MgCl_2$。根据反应方程式和液态 Mg、$MgCl_2$ 的密度，可算出每消耗 1L 液态镁约产生 3.5L 的 $MgCl_2$ 和 0.35LTi，因此，固体 Ti 与熔融 $MgCl_2$ 的体积比为 1∶10，逐渐累积起来的 $MgCl_2$ 占据了反应器的工作容积，当 $MgCl_2$ 的液面高于海绵钛高度，将对反应过程起阻滞作用。为使 $TiCl_4$ 能与熔融金属镁起反应和有效的利用反应器容积，可在还原过程中定期排放 $MgCl_2$（放盐）。每次放出 $MgCl_2$ 量应通过计算，使放出的 $MgCl_2$ 量少于它的生成量，为的是使 Mg 液面不断升高（使镁液面高于海绵钛），并始终保持一个较小波动的稳定的液面高度，以保证还原反应在镁液面上进行。

E 镁利用率

$TiCl_4$ 被镁还原过程中，会或多或少地产生钛的低价氯化物，在海绵钛生产中，应尽量减少低价氯化物的生成。因为钛的低价氯化物与空气中的水分相作用，会导致钛的含氧量增加，而且在以后的蒸馏过程中钛的低价氯化物发生歧化分解反应，生成易燃的细钛粉和 $TiCl_4$：

$$2TiCl_3 = TiCl_2 + TiCl_4 \tag{6-15}$$

$$2TiCl_2 = TiCl_4 + Ti \tag{6-16}$$

这些易燃的细钛粉，在从反应器内取出海绵钛时容易引起过热，造成产品氧化和氮化，影响产品质量。严重过热还会引起火灾。因此，还原过程中应尽量避免产生低价氯化物。低价氯化物的产生主要是在还原反应末期，当大部分的镁已消耗，而还有过量的 $TiCl_4$ 存在时引起。当然，局部区域还原镁量不足也会发生。同时，从前面表 6-1 中的热力学数据可知，这些反应发生的有利条件是低温。因此，当反应器内存在低温区（如反应器的大盖内壁和反应器上壁）而镁量又不足，就更有利于低价氯化物的生成。特别是 $TiCl_3$ 的饱和蒸气压大、易升华挥发，当反应器内存在低温区时，则 $TiCl_3$ 挥发到低温区冷凝，在此又缺镁，难于继续被还原为金属钛。因此，反应器的大盖内壁和反应器上部器壁上，会沉积一层紫黑色的低价氯化钛。

此外，存在过量 $TiCl_4$，还可在海绵钛上按反应式 6-8 ~ 式 6-10 生成钛的低价氯化物。这些反应也易在缺镁低温下发生。

综上所述，钛的低价氯化物是由于缺镁而造成的，因此，过程中应保证有过量的镁，一般比理论量过量 50%，根据操作过程的实际情况，镁的利用率控制在 65% ~70%。过分提高镁的利用率，将使钛的低价氯化物增多，并会延长生产周期。

另外，钛的低价氯化物可部分地溶于 $MgCl_2$ 中，当熔体下流时低价氯化物将被海绵钛孔隙中的镁还原，即进行式 6-4 ~ 式 6-6 的反应。为此，在过程终了（停止加 $TiCl_4$）时，将反应器在高温下恒温 1 ~ 2h，使镁与钛的低价氯化物发生反应，以消除海绵钛孔隙中的低价氯化物。

6.2　生产准备

6.2.1　原材料准备（加液镁工艺）

6.2.1.1　还原用 $TiCl_4$ 的准备

生产海绵钛用的原料是精 $TiCl_4$。海绵钛质量在很大程度上取决于 $TiCl_4$ 的纯度。生产 1 吨海绵钛约消耗 4 吨多 $TiCl_4$，这样，海绵钛中杂质的含量与 $TiCl_4$ 中的杂质含量相比较，是成 4 倍的富集。所以，在还原前必须对精制出来的 $TiCl_4$ 进行严格的分析检验，使其中杂质含量达到质量标准时才能使用。在海绵钛生产中，对 $TiCl_4$ 中杂质含量的规定，各个国家、各个厂家不尽相同，但最低必须达到表 6-3 的要求。

表 6-3　精 $TiCl_4$ 质量标准

成分		$TiCl_4$	Si	Fe	Al	V	P	C	Ni	O	游离 Cl_2	比色度
质量分数 /%	我国某厂	>99.6	≤0.01	≤0.007	≤0.01	≤0.0007	≤0.01	≤0.01	≤0.01	≤0.01		$K_2Cr_2O_2$ <5mg/L
	国外某厂	>99.9	≤0.005	≤0.004	≤0.0015	≤0.004		≤$COCl_2$（微量）		≤0.0005 ~0.007①	0.003	

① 生产 0 级品海绵钛，要求精 $TiCl_4$ 中 O 的质量分数不大于 0.0005%；生产 1 级品海绵钛，要求精 $TiCl_4$ 中 O 的质量分数不大于 0.001%；生产 2 级品海绵钛，要求精 $TiCl_4$ 中 O 的质量分数不大于 0.003%；生产 3 级品海绵钛，要求精 $TiCl_4$ 中 O 的质量分数不大于 0.007%。

由于对海绵钛的质量要求不断提高，因此，对 $TiCl_4$ 的质量要求也不断提高。尤其对 $TiCl_4$ 中的杂质（如 $SiCl_4$、$VOCl_2$、$TiOCl_2$、$COCl_2$、CCl_4、COS 等）要用红外光谱吸收法进行测定。

6.2.1.2　还原用镁的准备

用镁还原法生产海绵钛，镁作为还原剂，其纯度直接影响海绵钛的质量。因为镁中的杂质都将转到海绵钛中。因此，要生产高质量的钛，还必须有高质量的镁。尤其是镁中的氧、氮、铁和硅等的含量应最低。镁作为生产海绵钛的还原剂，预先要经过精炼处理，严格进行检验、分析，其杂质含量符合要求时才能用于生产。其质量要求如表 6-4 所示。

表 6-4　精镁质量标准和实际含量举例

元素名称	Mg	Fe	Si	Ni	Al	K	Cu	Mn	Zn	Cl	Na
标准含量（质量分数）/%	≥99.92	<0.04	<0.01	<0.001	<0.02	<0.005	<0.01	<0.05		<0.005	<0.01
实例含量（质量分数）/%	≥99.99	<0.001 ~0.0025	<0.0002 ~0.0004	<0.0001 ~0.0003	<0.01		<0.0001 ~0.0003		0.0017 ~ 0.0032		

钛生产中如加镁锭，对于缩孔多和有夹杂物的镁锭，要返回重新精炼。存放时间长的镁锭，在使用前还必须用稀盐酸和稀硫酸进行酸洗，去掉氧化膜，然后经水洗，空气吹干，再装入准备好的反应器内，作为生产用镁。

近年来为了节约能源，降低镁的消耗和节省劳力，在镁热法炼钛工艺中，大都采用加液体镁工艺。由于镁与氧、氮在高温下有较高的亲和力，所以输送液镁比较困难，必须用专门的方法以防止金属镁被杂质污染。加液体镁一般用真空抬包从精炼坩埚中取出熔融镁液，然后送到还原车间加入还原反应器。吸镁的真空抬包如图 6-6 所示，向反应器注入镁的机构如图 6-7 所示。

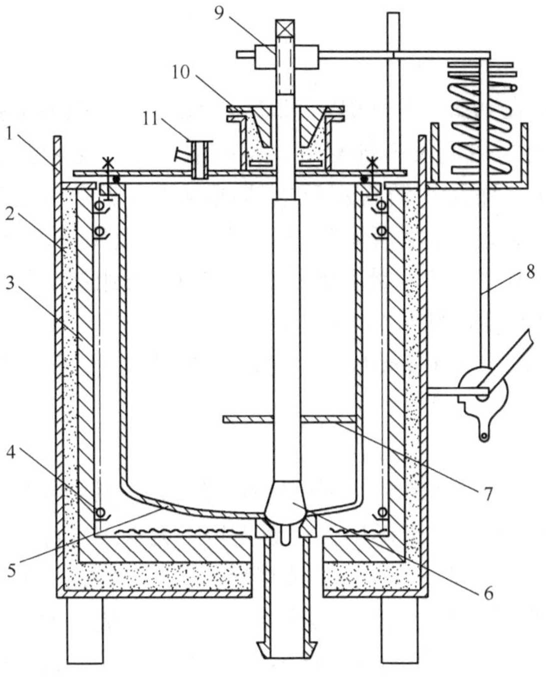

图 6-6　吸镁真空抬包

1—抬包外壳；2—保温层；3—炉衬；4—电阻丝；5—抬包内坩埚；6—塞杆；7—挡板；8—拉杆装置；9—螺纹闭锁装置；10—密封装置；11—抽空、充氩管

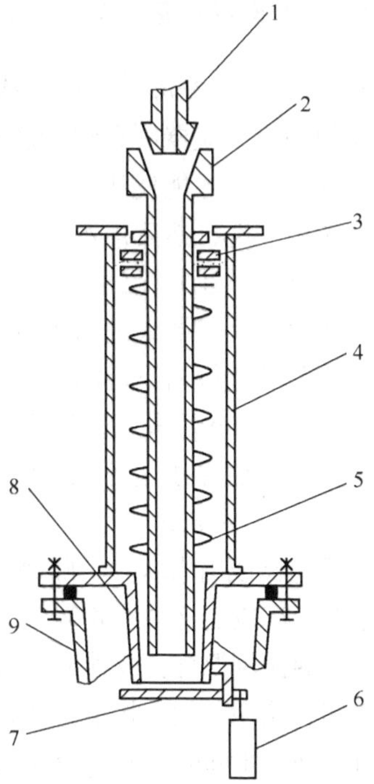

图 6-7　注镁机构

1—抬包放镁管；2—注镁管；3—钢圈及石棉垫；4—注镁装置外壳；5—弹簧；6—重锤；7—密封挡板；8—导向管；9—反应器大盖加镁管

把真空抬包由电解槽送到精炼坩埚或由精炼坩埚送到还原—蒸馏车间，通常是用电瓶车运送，然后再用桥式天车将抬包从电瓶车上吊到还原反应器上方注镁。

真空抬包在抽镁前须先预热至 400℃以上，并要严格检查抽镁机构、测量镁液的标尺或讯号是否正常。然后在专门的清洗槽或电解槽中抽电解质清洗抬包三次，清洗的电解质温度须在 700 ~ 720℃。抬包清洗完后充入氩气至正压 0.1 ~ 0.15MPa 压力。此后，将真空抬包置于精炼坩埚上，安装上吸入管、真空及氩气管路，并抽至 53.33kPa（400mmHg）以上的真空度，打开吸入机构。要注意防止空气渗入抽气管道。当镁液吸入到一定量时，关闭吸入机构及真空管路，立即充入氩气至正压 0.15 ~ 0.2MPa（表压）。抽镁时不能把精炼坩埚的镁抽完，避免将底部的渣和空气抽入抬包中。如在抽镁时发现抽进了渣和空气，就要把镁全部放入坩埚中重新处理。装满液镁的抬包经计量（可用地磅和电子秤）后，送至还原厂房，向还原反应器注入液体镁。工作完毕后，抽镁抬包抽取电解质清洗两次，充入氩气至正压 0.15MPa 压力，以备下次使用。

真空抬包向还原反应器注入液体镁前，反应器温度须先预热至 400～500℃，为了使空气不进入反应器内，反应器内必须用氩气正压保护，维持表压在 1.33～2.66kPa（10～20mmHg）。在抬包放镁的同时还须向抬包内充入氩气至正压 6.67kPa（50mmHg），以减少镁液的污染。这是加液镁工艺的技术关键，也是确保产品质量的关键。

6.2.2　还原设备准备（渗钛工艺）

6.2.2.1　设备清洗、配套及抽空检漏

新的还原反应器所有焊缝及密封必须在 0.25～0.3MPa（2.5～3kg/cm^2）压力下打压试验，确定不漏才能使用。新的反应器或内坩埚及内部套管、反应器大盖都必须清洗干净。首先用酸洗，然后加水洗吹干，确保表面无铁锈（新反应器或内坩埚还必须进行渗钛处理，下面另述）。已生产一炉的反应器或内坩埚可不清洗，但内壁一定要清理干净。清理干净后的反应器或内坩埚及内部零件尺寸必须度量准确，然后进行配套组装。组装好的反应器及时进行抽空检漏。要求抽至真空度达到 6.67Pa（0.05mmHg）以上，关闭阀门停泵放气，10min 后失真空度不大于 2.67Pa（0.02mmHg）为允许泄漏量。经检漏合格的反应器充氩气后才能交还原工序入炉生产。

6.2.2.2　渗钛工艺

新反应器或内坩埚为了确保第一炉产品含铁量不高，必须进行渗钛处理。其步骤是：经检查不漏的反应器（或内坩埚）再经酸洗、水洗、干燥确保表面无锈、无水；再将钛粉和水按 3∶1 的比例混合，搅拌成糊状物后，均匀地刷涂在反应器或坩埚内壁上，涂刷上的钛粉不能起团和流动；然后将事先准备好的反应器大盖安装好，确保密封可靠；安装好的反应器进行排气抽空 15min 左右，及时入炉处理（刷好钛粉的反应器不能超过 8h 入炉，入炉时炉温不超过 250℃）；入炉后继续抽空排气，并在 200～250℃下恒温抽空 2h 后，再充氩至正压，继续升温到 910℃，在此温度下恒温 5～6h 后出炉冷却，冷却过程中始终用氩气保持正压冷却；当反应器冷却至室温时打开大盖，进行检查、清扫渗钛的内壁。内壁钛粉不得脱落、掉皮，颜色要呈浅灰色（浅灰色的面积不得低于反应器或内坩埚内壁的 85%）。如果出现钛粉脱落、脱皮和颜色不正常，黑色面积过大等现象，必须重新进行渗钛处理。

6.3　镁还原 $TiCl_4$ 的生产工艺和主要设备

6.3.1　工艺流程

镁热法生产海绵钛的工艺和设备形式有多种不同的方案。过去主要采用分开操作的还原和蒸馏设备，现在已发展了半联合法和联合法工艺。这里先着重介绍前一种方法，后面简单介绍后两种方法。

镁还原工艺大多采用镁闭路循环流程，在还原—蒸馏设备分开时镁还原作业的原则性工艺流程如图 6-8 所示。

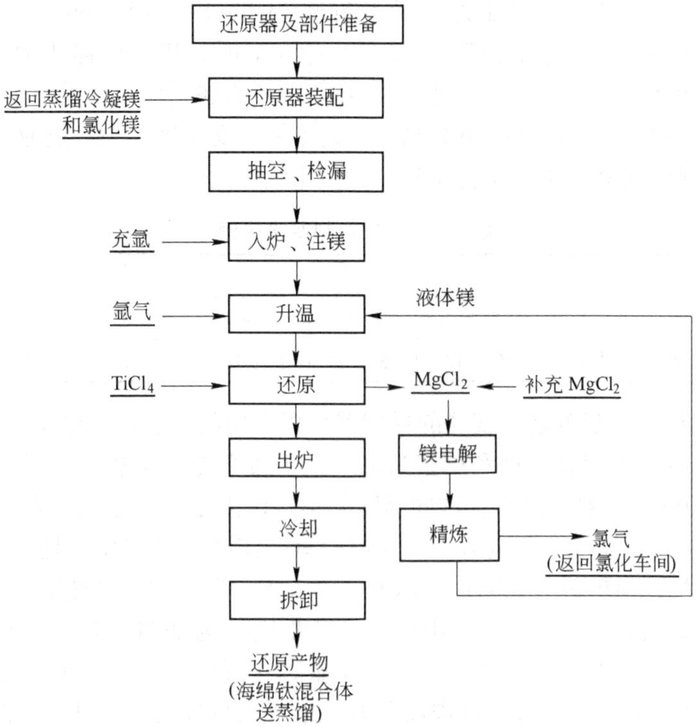

图 6-8 在还原—蒸馏设备分开时镁还原作业的原则性工艺流程图

在镁热法生产中，为了节约能源和提高生产效率，现一般均用加液体镁的方式加入所需镁量。按理论计算每吨钛耗镁量为 1.015t。由于镁需过量，一般过量 50%，大约应多加 0.5t。多加的 0.5t 镁经真空蒸馏呈冷凝物分离出来，为了减少镁的损耗，又直接将其返回还原工序用作还原剂。为了从镁精炼坩埚中取出镁，并运到还原工段，再将镁注入还原设备，须采用如图 6-6 所示的真空抬包。

还原过程中有 92% ~95% 的还原副产物 $MgCl_2$ 要排放出来，这部分 $MgCl_2$ 是电解镁的优质原料。生产中常将排放出的熔融 $MgCl_2$ 液用专用（或真空）抬包直接送镁电解工序，以电解回收镁和氯气。

6.3.2 镁还原生产过程及工艺条件的选择

还原反应器入炉前的一系列准备工作，包括组装、检漏、抽空等，是在专设的装配工段内完成的。

将准备检漏合格的还原反应器用桥式天车吊入还原炉内，入炉后继续进行抽空，当温度升到 300 ~350℃时，要低恒温抽空排气 2 ~4h（尤其有返回冷凝镁时，低恒温排气脱水尤为重要）。然后停泵，向反应器内充氩至正压 2.67kPa（20mmHg），此项工作应严防空气进入反应器内。当反应器内各点的温度均升到 400 ~500℃时，可向反应器内添加液体镁（若不能马上取得液体镁，各点温度也不应超过 500℃）。加液体镁过程中，为了避免空气进入反应器内，要始终用氩气保持反应器正压 1.33 ~2.67kPa（10 ~20mmHg）。加完液体镁后迅速堵严加液镁管道。在升温和以后生产过程中，反应器内始终保持正压在

2. 67kPa（20mmHg）以上，最高压力一般不超过 33. 33kPa（250mmHg）。压力大时采取放气降压。当反应器下部和中部温度升到 720 ~ 750℃时，将反应器压力减小到 2. 67kPa（20mmHg），即开始加 $TiCl_4$。为了减小气相反应，开始加料温度不宜太高。加料速度应根据还原初期小、中期大、后期减小的原则，具体结合反应器大小、还原炉散热情况，制定出加料制度或画出加料曲线，如表 6-5，图 6-2 所示。

表 6-5　$TiCl_4$ 加料制度举例

序　号	1	2	3
镁利用系数/%	0→5→55→58	0→15→55→67	0→6→32→57→60→62
$TiCl_4$ 加料速度/kg·(m²·h)⁻¹	147→163→130	116→133→141→232→165	130→200→240→260→200→160

制度 3 的 $TiCl_4$ 加料制度是小直径的反应器可以采用的，这种制度不能认为是合适的，因为 $TiCl_4$ 加料高速度要保持到镁利用率为 60%；制度 2 是用于较大直径的反应器；制度 1 是用于更大直径的反应器。但是，这些制度都不能认为是最合适的，在生产中应根据所用反应器和还原炉的具体情况制定适合的加料制度。工业实践表明，增大反应器的直径，$TiCl_4$ 加料速度增加，但单位面积的加料速度下降，因为反应器的散热能力下降了。

$TiCl_4$ 的加料速度应按照规定的制度和加料曲线均匀加料。随着反应过程的进行，$TiCl_4$ 加料速度增大，反应速度加快，要放出大量热。所以，为使反应带器壁保持正常温度，需用通风机经还原炉的风口进行排风和鼓风以冷却反应带。在 $TiCl_4$ 加料期间，反应器的反应带靠壁处的温度控制在 880 ~ 930℃，反应器上部温度控制在 600 ~ 700℃，下部温度控制在 820 ~ 860℃，前期控制稍低，后期应逐渐升高。

在 $TiCl_4$ 的加料过程中，反应器内压力会逐渐升高，主要的压力为氩气的分压。氩气集聚是由于脱气从 $TiCl_4$ 中逸出来的；另外，还由于反应器内生成物逐步集聚之后改变了气体的容积。为了降低反应器的压力，工业生产中必须使用专门的排气系统排走放出来的气体。还原过程也不允许有负压操作，如果反应器内在 $TiCl_4$ 加料过程中发生负压，可在不超温的情况下适当提高 $TiCl_4$ 加料速度或往反应器内充少许氩气。

随着 $TiCl_4$ 的加入，生成 $MgCl_2$ 量增加，为了提高反应器的容积利用系数，要定期放出 $MgCl_2$。排放 $MgCl_2$ 有两种不同的方案：其一是从反应器内把生成的 $MgCl_2$ 尽量都放出来；其二是与最初液面比较，将多余量放出，始终保持一个波动较小的正常液面。第一种方案液面波动大，增加了海绵钛坨和反应器壁黏结高度，使得钛坨取出困难。现工业实践中一般采用第二种排放方案，也就是设备中留有余量的 $MgCl_2$。其留量可根据过程中生成物和原料的密度、反应器的直径和液面波动的允许高度，在恒定的温度和所生成的海绵钛都浸入熔体的条件下计算出来。$MgCl_2$ 的排放制度举例如表 6-6 和表 6-7 所示。

表 6-6　$MgCl_2$ 排放制度（反应器为 ϕ1320mm × 3000mm，产量 1. 7t）

项目 \ 排放次数	1	2	3	4	5	6	7	8	合计
加入 $TiCl_4$/kg	900	900	900	900	900	900	800	600	6800
放出 $MgCl_2$/kg	700	800	700	700	700	700	500	放空 95%	6460

续表 6-6

项目 \ 排放次数	1	2	3	4	5	6	7	8	合计
余 $MgCl_2$/kg	200	300	500	700	900	1100	1400	340	
放 $MgCl_2$ 前液面/mm	1792	1812	1785	1805	1825	1845	1829	1824	
放 $MgCl_2$ 后液面/mm	1459	1432	1452	1472	1492	1511	1581		
海绵钛高度/mm		481	672	864	1056	1247	1417	1545	

表 6-7 $MgCl_2$ 排放制度（内坩埚 ϕ1120mm × 2400mm，产量 1.525t）

项目 \ 排放次数	1	2	3	4	5	6	7	合计
加入 $TiCl_4$/kg	600	700	800	1000	900	700	300	5000
放出 $MgCl_2$/kg	700	700	500	300	200	200	放空 95%	4750
余 $MgCl_2$/kg	200	200	500	1200	1900	2400	250	
放 $MgCl_2$ 前液面/mm	1547	1638	1606	1776	2013	2216	2239	
放 $MgCl_2$ 后液面/mm	1323	1246	1326	1608	1901	2104		
海绵钛高度/mm	889	1187	1313	1595	1849	2947	2132	

6.3.3 还原结束及产品冷却、拆卸

当 $TiCl_4$ 加入量达到预定值便停止加料，如果还原后期压力上升很快，说明反应不好。如采取适当提高反应器外壁温度（升到控制的上限温度）和放气调整压力后，都未能明显好转，加料速度低于规定值已达 1～2h，可提前停止加料。当停止加入 $TiCl_4$ 后，将反应器内中、下部各点温度均提高到 880～930℃恒温 1～2h，然后将反应器内的 $MgCl_2$ 尽可能放空，当排放 $MgCl_2$ 过程中吹出氩气时便停止排放，再继续短时间的恒温，让 $MgCl_2$ 重新集聚后再放一次残存的 $MgCl_2$。要求 $MgCl_2$ 放出率达 95%。反应产物中 $MgCl_2$ 剩余量不仅取决于最后放 $MgCl_2$ 的工艺制度，也取决于形成钛坨的结构。无论任何情况都尽可能将 $MgCl_2$ 排放干净。因为反应产物中 $MgCl_2$ 和 Mg 的剩余量是直接影响真空蒸馏的重要因素。Mg、$MgCl_2$ 量过多，将增加冷凝器单位冷凝面积的负荷。

还原过程排放最后一次 $MgCl_2$ 后，反应器内用氩气保持正压迅速出炉冷却。反应器出炉后，吊入冷却器中先间接通水冷却 4h，再直接通水冷却。在整个冷却过程中，反应器内部必须用氩气保持正压，以防空气渗漏进入反应器内而污染产品。

当反应器外壁温度接近室温时，将它吊到装配工段，进行拆卸并安装真空蒸馏装置，这样，原来的还原反应罐就变成了蒸馏罐。在拆卸过程中，要迅速将反应器上部低价物清理干净，及时装配蒸馏冷凝器进行抽空，尽量缩短产品在空气中暴露的时间，一般不应超过 0.5h。

6.3.4 还原过程可能发生的故障和处理

还原生产过程中也可能发生一些故障。如加不进 $TiCl_4$，反应器内出现负压，并且往

加料管的套管（胖管）上的充氩管内也充不进氩气，这证明加料管、套管堵塞。造成故障的原因是加料管本身短（一般加料管下端要露出套管 20 ~ 30mm）。另外，反应器上部空间温度高，低价氯化物和镁的蒸气压大，这些蒸气在加料管的套管（胖管）内冷凝堵塞。处理办法是往放气管和放氯化镁管内充氩，使反应器内保持正压 1.33 ~ 2.67kPa（10 ~ 20mmHg），迅速拆换加料管并打通加料管套管。如系单纯的加不进 $TiCl_4$，则是加料管堵塞，是由于加料管下端露出套管太长和反应器上部空间温度高造成。处理办法是向反应器内充氩保持正压 1.33 ~ 2.67kPa（10 ~ 20mmHg），迅速拆换加料管。另外，排放 $MgCl_2$ 时流量小或排不出 $MgCl_2$，是由于放 $MgCl_2$ 套管的马蹄罩或筛板底（假底）被残渣或小钛粒堵住，或者是由于放 $MgCl_2$ 管压差没控制好，$MgCl_2$ 冷凝在管内。处理时一定要先放气，使反应器内压力降至 1.33 ~ 2.67kPa（10 ~ 20mmHg），然后用小钢棍通 $MgCl_2$ 管，如不通，就要在反应器内保持正压下迅速拆换 $MgCl_2$ 管。反应器大盖上的放气管、充氩管、测压管堵塞也是较常出现的故障，只要用钎子打通即可。

6.4　还原设备

6.4.1　还原反应器的类型及优、缺点

还原设备按反应器（还原罐）来分，可分为带内坩埚的反应器和不带内坩埚的反应器两种类型。如按反应器排放 $MgCl_2$ 的位置不同，又分为带内坩埚的底侧下排和底侧上排与不带内坩埚的上排和底排四种设备结构。典型设备结构如图 6-9 和图 6-10 所示。其中任一种类型和结构的反应器，都是间歇排放 $MgCl_2$ 和可以分批加镁的，它们为不同工厂所采用，各有其优缺点。

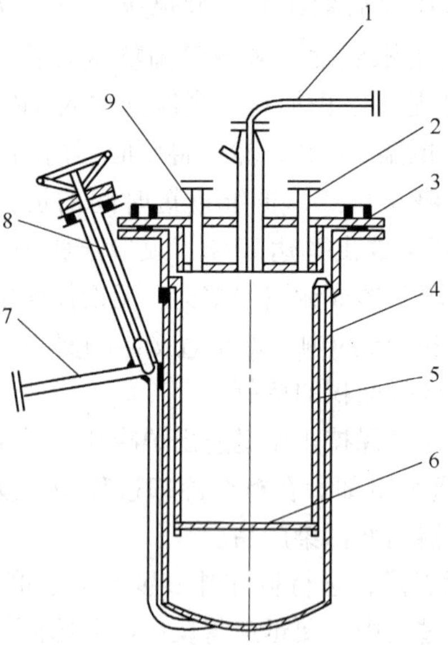

图 6-9　侧排 $MgCl_2$ 带内坩埚型的还原反应器

1—$TiCl_4$ 加料管；2—排气管；3—大盖；4—反应器；5—内坩埚；6—筛板底；7—排 $MgCl_2$ 管；8—阀杆；9—加液镁管

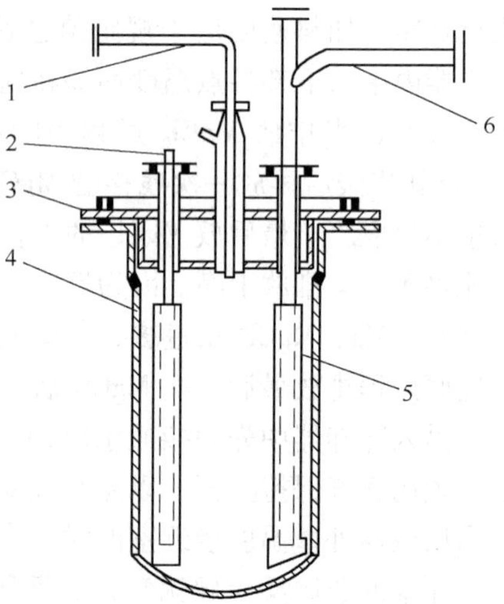

图 6-10　上排 $MgCl_2$ 不带内坩埚型还原反应器

1—$TiCl_4$ 加料管；2—测温管；3—大盖；4—反应器；5—马蹄罩；6—排 $MgCl_2$ 管

不带内坩埚的还原反应器，还原反应直接在反应器内进行。其优点是反应过程的温度容易控制和能充分利用反应器的容积。因此，单炉产量比较高。另外，排放 $MgCl_2$ 采用上排比较简单（采用底排设备结构复杂，但对产品质量有好处）。其缺点是还原罐拆卸时为了防止 $MgCl_2$ 吸潮和水解，要在劳动条件差的低温低湿的“干燥室”操作。还有产品取出较复杂和困难，反应器周转慢、利用率低。

带内坩埚的还原反应器，还原反应是在坩埚内进行。其优点是：

（1）还原罐拆卸能迅速从反应器中取出内坩埚，立即装入真空蒸馏设备，减少还原产物的吸潮和水解以及燃烧，对提高产品质量有利，而且很快又可在反应器中装入新坩埚进行下一炉还原生产，提高了反应器的周转和利用率；

（2）反应器和镁带入的杂质在反应前通过坩埚假底沉入反应器底部与产品不接触，因此，对提高产品质量和产品合格率有利；

（3）有内坩埚时用顶推机取出产品简单省力并迅速。

其缺点是反应器有效容积小，生产能力较低（带内坩埚与不带内坩埚的反应器比较，同样大小的反应器，单炉产量约降低15%～20%）。此外，由于坩埚壁和反应器壁之间有一环状空隙，反应过程散热差并且反应温度较难控制，因此，还原反应过程稍慢，还原生产周期略有增长。

6.4.2 还原主要设备的结构

还原生产主要设备有还原反应器（还原罐）、加热炉、控制机构、真空系统及 $TiCl_4$ 高位槽等。现对它们的结构介绍如下。

6.4.2.1 还原反应器

目前镁还原法生产海绵钛一般是采用竖式圆筒形反应器，其结构如图 6-9 所示。反应器一般用 20～35mm 厚的钢板制成，内坩埚用 15～20mm 厚的钢板制作。根据实际情况可选用普通钢、耐热钢或不锈钢为制作材料。工业上国外多采用 1Cr18Ni9Ti 不锈钢，以 12Cr18Ni10Ti 较为经济，日本用软钢制造。在国产耐热钢中，以 ZG35Cr24Ni7SiN 和 ZG35Cr28Ni16 最佳。为了提高反应器的抗氧化性能，可采用外壁渗铝等防腐措施，以延长反应器的使用寿命。

反应器一定要保证不漏气，故反应器法兰接头处有橡皮垫圈密封，橡皮垫圈的上下法兰有水套冷却，保护垫圈不被烧坏。为了保证反应器内热稳定性和消除冷区，在反应器大盖正中焊有隔热板（保温套）。大盖上还焊有直径不等的数根管道，作为 $TiCl_4$ 和镁的加料套管，排 $MgCl_2$ 和测温套管，排气、抽空、充氩和测压等管道。

不带内坩埚的反应器排盐一般采用上排，其结构如图 6-10 所示，即用氩气压出或真空抬包抽出。为了防止排放管道堵塞，在 $MgCl_2$ 套管下端处一般配有马蹄罩或各种形状的假底。它们是一过滤器，其上面有许多小孔，排放 $MgCl_2$ 时液体 $MgCl_2$ 可以通过，而固体钛粒被截留下来。

带内坩埚的反应器，内坩埚底是有筛孔的假底。反应开始时液体的水平面略高于内坩埚的筛板。所以生成的海绵钛只能在筛板上，而 $MgCl_2$ 则经过筛板流到反应器底部收集处。此种反应器排放 $MgCl_2$ 原采用底侧下排，但由于有时钛粒子带出造成排放 $MgCl_2$ 阀门关不严，操作不安全。因而现一般采用底侧上排。它也是用氩气施压或真空抬包抽。另外，排放 $MgCl_2$ 还配有一套机构，如阀门（塞杆）、关闭阀门的传动汽缸或其他传动机构等。

竖式圆筒形反应器高度和直径之比一般为 2.0～2.2。如某厂生产 2t 海绵钛坨的反应器，外形尺寸为 ϕ1400mm×3000mm，壁厚 22mm。

6.4.2.2　还原加热炉

还原加热炉按加热源分为气体（或液体）燃料加热炉和电加热炉。气体燃料或液体燃料加热炉工作环境差，并且反应器壁厚，现大多数钛厂已不用这种加热炉，而采用电加热炉（电阻炉）。电加热炉由炉壳、炉衬和电热体（加热体）三部分组成，中间为放置反应器的炉膛。其结构如图 6-11 所示。炉壳一般采用 10～15mm 钢壁结构。炉衬由耐火砖和保温材料两层组成。电热体一般采用镍铬或铁铬铝电阻丝或带制作，安装在炉膛内支架砖上。一般分为 3～4 段送电，以便还原生产中按不同部位需要来送电加热。炉产 2t 海绵钛的电加热还原炉，如还原采用加液体镁，加热炉功率一般为 220～250kW。如还原采用加固体镁，其加热炉功率要适当加大。5t 炉的电功率约需 700～800kW，总还原时间约 2.5～3 天。

还原加料时，为了及时排出余热以提高加料速度，炉体中部（反应带区域）安装有排风管道，利用风机进行排风或鼓风来加速散热，也可不用风机打开风门自然通风来散热。自然通风散热稍慢，但炉内温度稳定，并可使加热体使用寿命延长。

图 6-12 表示还原罐放入电炉中的情形。

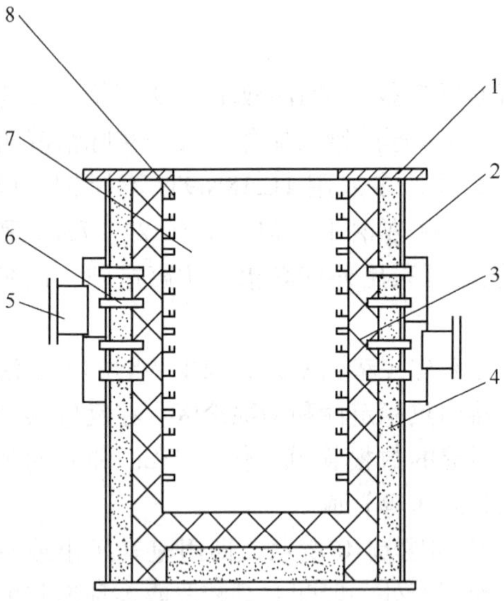

图 6-11　还原炉示意图

1—炉盖；2—炉壳；3—炉衬；4—保温层；5—进出风口；6—风管；7—炉膛；8—支架砖及电阻丝

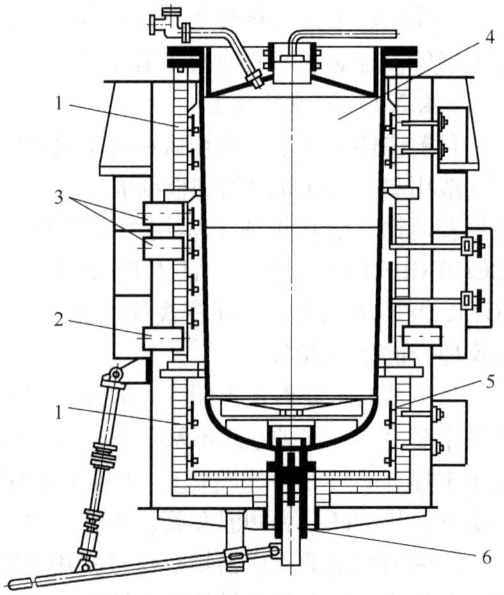

图 6-12　不带内坩埚下排 $MgCl_2$ 的还原罐放置在电炉中的装置图

1—电炉；2—引出热风的通道；3—引入冷空气的风口；4—还原罐；5—加热体；6—$MgCl_2$ 排放管

6.4.2.3　控制机构

镁还原反应过程控制机构包括 $TiCl_4$ 加料控制、温度控制、压力（包括炉内压力和高位槽压力）控制、定期排放 $MgCl_2$ 的控制等。这些控制可以设立单项控制机构或全过程程序控制。据报道前苏联采用电子计算机控制镁还原炉，一台电子计算机可以同时控制 16 台还原炉，如图 6-13 所示。还原过程的自动控制对提高生产率和产品质量都有重要意义。对于还原的自动控制，我国钛厂都在进行研究、试验。现生产中一般是用机械及仪表进行单项测量和控制。如 $TiCl_4$ 的加料过程用转子流量计测量，用调节阀或调节泵来控制，$TiCl_4$ 的累计量看高位槽液面计等。对于还原温度是用热电偶和电位计进行测量和控制。测温点一般是在反应带上测量三点，其余上部、下部、底部各测一点。我国钛工业在还原设备方面也在向大型化和联合一体化方向发展，由过去炉产几百千克、1t、2t、3t 发展到现在炉产 5t、8t，且试验成功 12t。国外还原设备已由过去的炉产 3～5t 发展到现在的 8～10t。生产实践表明，随着还原器大型化，还原操作比较稳定，不仅对提高生产率和降低成本有利，而且对提高产品等级率和合格率都有显著效果，海绵钛性能也比较稳定。

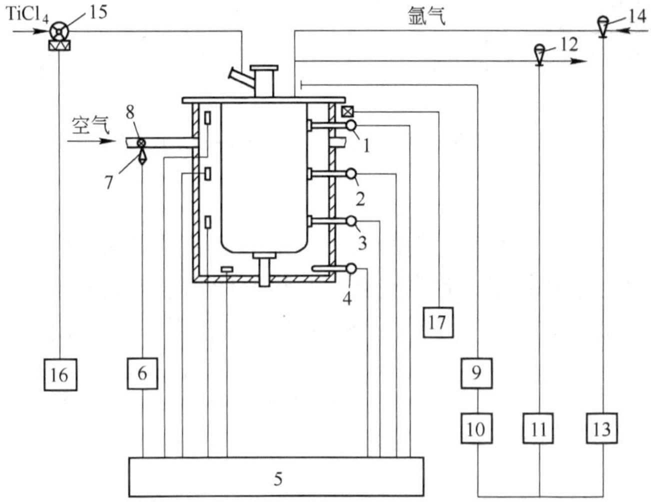

图 6-13　还原过程自动控制与调节的原则性流程

1～4—温度发送器；5—中央控制计算机；6—电—空气转换器；7—执行机构；8—风阀；9—空气压力发送器；10—电接触压力计；11，13—电—空气发送器；12，14—执行机构；15，16—腐蚀性液体计量器

还原反应器作为镁还原—真空蒸馏的主要设备之一，在生产过程中长时间处于高温、承重、氧化、压力和真空等状态下，同时还要受到 Mg 液、$TiCl_4$ 液和 $MgCl_2$ 液的侵蚀。因此，正确选择其尺寸、结构形式和材质至关重要。

新建海绵钛厂应首选倒 U 形还原—蒸馏联合法。炉产能 8～12t/炉为宜，在炉产能增加情况下，炉直径以 2～2.2m，高径比约 2 为佳。因水平安装，不存在还原—蒸馏设备分离式和 I 形半联合装置要考虑的安装高度和厂房高度问题，因此还原罐的高径比可由过去的 $H/D \approx 1$（矮胖型）改成水平式联合法的 $H/D = 2$ 左右的“瘦高型”，以适应大型化的需要。设计计算可参考图 6-14 和图 6-15 进行。另外，还应考虑还原作业时 $TiCl_4$ 应多管（多点）同时均布加料，即在距还原反应罐中心一定距离的同心圆上均匀分布几支（一般

3～4 支）加料管，每支管可单独控制。$TiCl_4$ 多管加料，有利于减少还原时液（$TiCl_4$）—液（Mg）反应的发生（单管加料量太大，又集中在中心一点位置，液体 $TiCl_4$ 来不及气化会坠入液体 Mg 中）。因为液—液反应剧烈，温度太高，生成的海绵钛呈烧结状聚结体，致密而成“硬心”。采用多管加料，可减少“硬心”产品，提高海绵化率，有利于下一步蒸馏作业，可缩短蒸馏作业周期，获得均匀而疏松的最终产品。

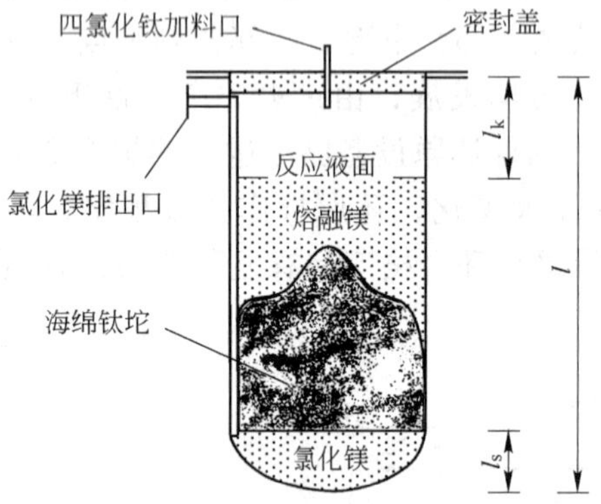

图 6-14　镁还原四氯化钛过程示意图

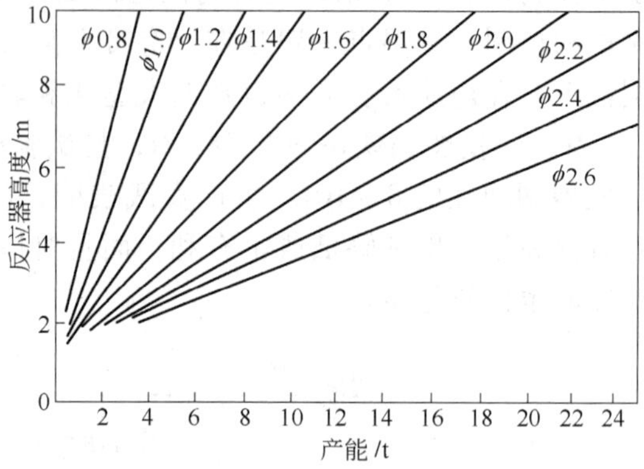

图 6-15　反应器高度与海绵钛产能关系

6.4.2.4　真空系统

还原罐不需抽高真空，一般选用滑阀式真空泵即可满足要求。因为只是反应前短时间抽气，可考虑每 2 台还原罐共用 1 台真空泵，轮流使用。全车间考虑 1～2 台备用泵即可。

图 6-16 表示还原作业的真空系统图。图 6-17 表示还原—蒸馏车间的设备布置情况。

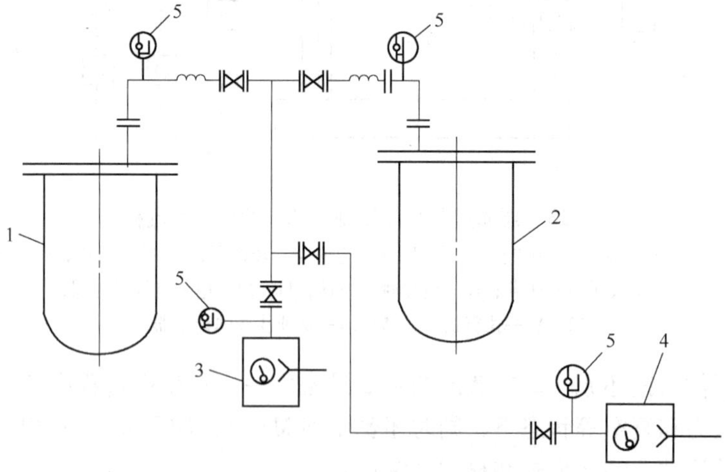

图 6-16　还原罐真空系统图

1，2—还原罐；3—H-150 滑阀式真空泵（工作泵）；4—H-150 滑阀式真空泵（备用泵，全车间还原炉共用 1 台）；5—麦氏真空规

国外一些钛厂规模都比较大，年产海绵钛在 1 万 t 以上，多为镁钛联合企业，实现了 $Mg\text{-}Cl_2$ 闭路循环，降低了能耗和镁耗、氯耗，减少了“三废”排放，改善了环境。实现

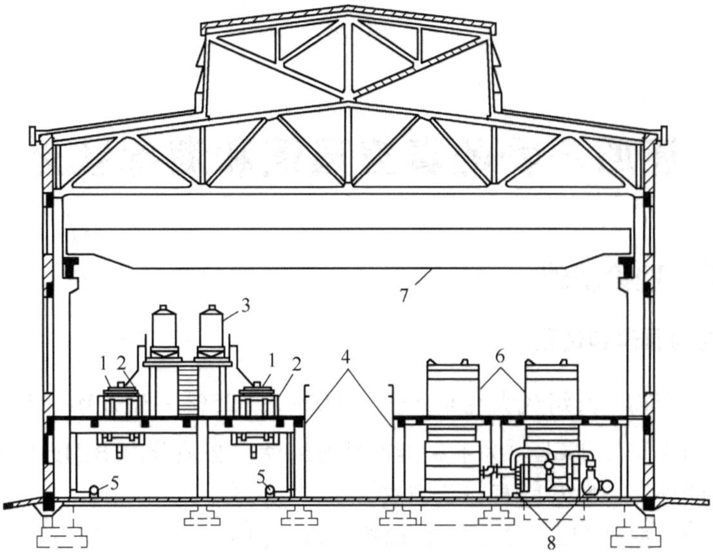

图 6-17 还原—蒸馏的主要设备和在车间里的布置情况

1—还原设备；2—加热炉；3—$TiCl_4$ 高位槽；4—平台；5—抽风机；6—蒸馏装置；7—桥式吊车；8—真空泵

了还原—蒸馏一体化，采用倒 U 形大型联合法或 I 形半联合设备。炉产海绵钛从早期小型（2t）发展为中型（5t），再发展到大型（8t，10t），并采用计算机直接控制和调节，提高了产品质量，节省了能耗，提高了劳动生产率。

7 还原产物的真空蒸馏和海绵钛处理

7.1 真空蒸馏的理论基础

7.1.1 真空蒸馏的原理和过程

还原工序所得产物，其组成大约是55% ~60% Ti、25% ~30% Mg、10% ~15% $MgCl_2$和少量钛的低价物 $TiCl_2$、$TiCl_3$。为了获得产品海绵钛，必须分离出 Mg 和 $MgCl_2$。分离方法除可采取酸浸法外，一般常用真空蒸馏法。

真空蒸馏法的根据是 Mg 和 $MgCl_2$ 在温度 700 ~1000℃下的蒸气压较高（见表 7-1），而钛在同温度下蒸气压很低，在 900 ~1000℃下，镁和二氯化镁对钛的相对挥发度（分离系数）$\alpha_{Mg/Ti}$和 $\alpha_{MgCl_2/Ti}$分别达 10^9 和 10^7 数量级。因而可利用它们在高温下蒸气压相差很大，从而分离系数很大进行分离。

表 7-1 Mg、$MgCl_2$ 和 Ti 在不同温度下的蒸气压 （MPa）

物质名称	不同温度下的蒸气压							
	700℃	800℃	900℃	1000℃	1105℃	1418℃	1660℃	3302℃
Mg	6.67×10^{-4} (5)①	3.33×10^{-3} (25)	1.07×10^{-2} (80)	3.33×10^{-2} (250)	0.1 (760)	—	—	—
$MgCl_2$	—	2×10^{-4} (1.5)	9.47×10^{-4} (7.1)	3.33×10^{-3} (25)	1.01×10^{-2} (76)	0.1 (760)	—	—
Ti	—	—	9.73×10^{-12} (7.33×10^{-8})	3.03×10^{-11} (2.27×10^{-7})	—	—	6.13×10^{-8} (0.46×10^{-3})	0.1 (760)

①括号内数据的单位是 mmHg。

在采用常压蒸馏时，由于 $MgCl_2$ 比镁的沸点高，分离 $MgCl_2$ 比镁困难。在这种情况下，蒸馏温度必须更高些。这将导致海绵钛与铁质容器壁生成 Ti-Fe 合金，而污染产品。更为重要的是，在常压高温下，Ti、Mg 和 $MgCl_2$ 与水蒸气以及 Mg 和产品钛与空气中氧、氮均易作用，所以在蒸馏 Mg 和 $MgCl_2$ 的生产实践中，常采用在真空条件下的密闭钢质设备中进行。在真空蒸馏时，Mg 和 $MgCl_2$ 的沸点将大大降低（见表 7-2），挥发度比常压蒸馏时大很多倍。如蒸馏操作真空度达 1.01×10^{-5}MPa（0.076mmHg）时，Mg 和 $MgCl_2$ 的沸点温度分别降至 516℃和 677℃。因此，真空蒸馏可以降低蒸馏温度和提高 Mg 和 $MgCl_2$ 的挥发速度，还可以减少产品钛被罐体铁壁和空气中的氧、氮污染。

从表 7-2 数据还可以看出，如果海绵钛坨中含有杂质 K、Na、Ca 及 NaCl、KCl 等，真空蒸馏时可蒸出它们；而 Al、Si、Cu、Fe 等则很难分离出去。

表 7-2 一些金属和氯化物在不同蒸气压时的沸点 (℃)

金属和盐	在不同蒸气压下对应的沸点							熔点
	0.1 MPa (760)①	5.07×10^{-2} MPa (380)	2.53×10^{-2} MPa (190)	1×10^{-2} MPa (76)	1×10^{-3} MPa (7.6)	1×10^{-4} MPa (0.76)	1×10^{-5} MPa (0.076)	
K	774	704	638	565	429	332	261	64
Na	892	819	754	679	534	429	350	98
Mg	1105	1030	963	886	725	608	516	651
Ca	1487	1380	1281	1175	958	803	688	851
Al	2560	1940	1837	1713	1416	1363	1110	659
Si	2477	2217	2147	2057	1867	1647	1467	1410
Cu	2595	2450	2315	2162	1844	1603	1412	1084
Fe	2735	2595	2466	2316	2004	1760	1564	1539
Ti	3302						2500	1660
$MgCl_2$	1418	1310	1213	1112	907	763	677	714
KCl	1407	1317	1233	1136	948	806	704	775
NaCl	1465	1373	1290	1192	996	850	743	800

①括号内数据的单位是 mmHg。

真空蒸馏过程由下列几个步骤构成：

(1) 对反应物加热，抽空，使反应物排气，脱水；

(2) Mg 和 $MgCl_2$ 在反应物的表面进行蒸发；

(3) Mg 和 $MgCl_2$ 在海绵钛毛细管中蒸发；

(4) Mg 和 $MgCl_2$ 的蒸气扩散到冷凝器中；

(5) Mg 和 $MgCl_2$ 蒸气在冷凝器壁上的冷凝；

(6) 海绵钛的烧结。

各个步骤既相互联系又相互影响。蒸馏过程的速度取决于最慢的步骤，这个最慢的步骤称为控制步骤。在一般情况下，Mg 和 $MgCl_2$ 在海绵钛孔隙中的扩散速度和蒸发速度常常成为控制步骤。

随着温度的升高，Mg 和 $MgCl_2$ 从还原物表面蒸发，待钛块表面的 Mg 和 $MgCl_2$ 蒸发完后，海绵钛毛细孔中的 Mg 和 $MgCl_2$ 再开始蒸发。毛细孔内的 Mg 和 $MgCl_2$ 必须扩散至表面，然后才能蒸发出去。此时蒸发速度取决于它们从毛细孔内扩散至表面的速度。Mg 和 $MgCl_2$ 的蒸发速度（g/（cm^2·s））可用式 7-1 计算：

$$v_{蒸} = 7.78(p_0 - p)AM^{0.5}T^{-0.5} \tag{7-1}$$

式中 p_0——蒸发物质的饱和蒸气压，Pa；

p——蒸发物质的表面蒸气压，Pa；

A——蒸发表面积，cm^2；

M——蒸发物质相对分子质量；

T——蒸发温度，K。

在挥发分的主要部分蒸发掉以后，从表面蒸发转到从毛细孔蒸发的阶段。由于毛细管阻力的影响，Mg 和 $MgCl_2$ 在毛细管中蒸发表面上的饱和蒸气压低于裸露表面上的饱和蒸气压，其值为：

$$p'_0 = p_0 - 2\frac{\sigma\rho_0}{r\rho}\sin\theta(\text{mmHg}) = \left(p_0 - 2\frac{\sigma\rho_0}{r\rho}\sin\theta\right)\times 1.33\times 10^{-4}(\text{MPa}) \qquad (7\text{-}2)$$

式中　p'_0——蒸发物质在毛孔中蒸发表面的饱和蒸气压，mmHg 或 MPa；

σ——表面张力，N/m；

r——毛细孔半径，cm；

ρ_0——蒸发物质(这里就是 Mg 和 $MgCl_2$)的气体密度，g/cm^3；

ρ——蒸发物质的液体密度，g/cm^3；

θ——湿润角，(°)。

由此看来，毛细孔半径 r 越小，其内的挥发物在毛细孔中的蒸发表面上的饱和蒸气压越低，蒸发速度越小。因此，毛细孔中的 Mg 和 $MgCl_2$ 的蒸发是先从粗孔中开始，然后转向细孔深部，此时蒸发速度已急剧地下降。由此可见，海绵钛产品毛细孔越多、越细、越难蒸馏。

在蒸馏过程中，存在少量的 $TiCl_3$ 和 $TiCl_2$ 发生分解反应(歧化反应)：

$$4TiCl_3 = Ti + 3TiCl_4 \qquad (7\text{-}3)$$

$$2TiCl_2 = Ti + TiCl_4 \qquad (7\text{-}4)$$

$TiCl_4$ 被真空泵抽到泵内与积存的水分发生水解反应，产生 HCl，对泵造成腐蚀。粉末钛沉积在海绵钛坨和爬壁钛上。粉末钛易着火，对蒸馏拆卸和产品取出带来麻烦。因此，应尽量减少还原时钛的低价氯化物的生成。

7.1.2　真空蒸馏动力学

影响真空蒸馏的因素较多，它们也互为影响。

7.1.2.1　蒸馏温度

在真空蒸馏过程中，控制适宜的温度是很重要的。在其他条件相同的情况下，蒸馏温度越高，蒸发速度越快，蒸馏周期越短。但是蒸馏温度也不宜太高，以避免生成 Ti-Fe 合金。一般蒸馏温度为 950 ~ 1000℃，不宜超过 1020℃。事实上即使继续提高蒸馏温度，也不能降低产品中最终 Cl^- 含量。产品中的 Cl^- 主要是以 $MgCl_2$ 的形式存在，Cl^- 可能来自于 KCl、NaCl、$CaCl_2$ 等高沸点氯化物。

在真空蒸馏过程中，由于在真空条件下升温，海绵钛的热传导性较差，中心部位与罐壁和表面的海绵钛过早烧结，闭塞其毛细孔，致使产品中 Cl^- 残留量增加。因此，在蒸馏生产中常采用比较缓慢的升温速度。图 7-1 表示真空蒸馏过程中温度和压力的变化曲线。

7.1.2.2　蒸馏真空度

真空蒸馏过程中，保持一定的真空度也是很重要的。在其他相同条件下，真空蒸发的速度比在常温下蒸发的速度要快许多倍，而且采用的真空度越高，Mg 和 $MgCl_2$ 的蒸发速度越快，蒸馏周期也相应越短，同时还可减少海绵钛被氧、氮污染。但真空度要求越高，所需真空设备费用也越大。兼顾两者，在钛蒸馏中通常采用的真空设备极限真空度为

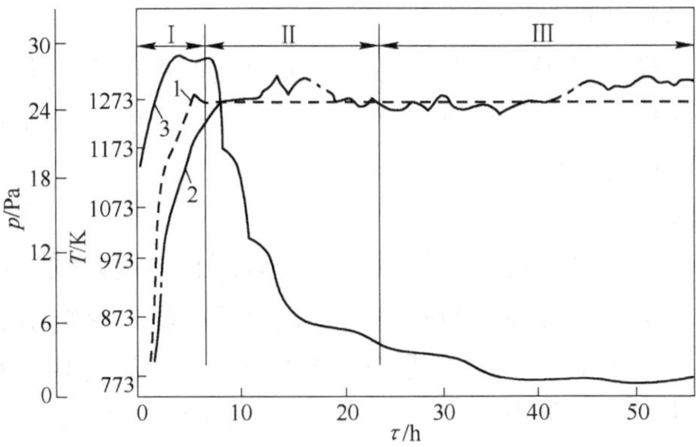

图 7-1 真空蒸馏过程中温度(曲线 1，2)和压力(曲线 3)的变化情况

Ⅰ，Ⅱ，Ⅲ—分别为蒸馏过程的初期、中期和后期

$(1.33\times10^{-1})\sim(1.33\times10^{-3})$ Pa($10^{-3}\sim10^{-5}$ mmHg)。在 950 ~ 1000℃ 温度和 0.1 ~ 0.01Pa 真空度下，Mg 和 $MgCl_2$ 具有足够的蒸发速度。

影响真空度的因素较多，除与真空设备性能和排气速率有关外，还与排气管道的阻力和系统密封有关。如果真空设备性能好，极限真空度高，排气速率大，管道粗而直，阻力小，系统密封性能好，冷凝效果也好，则此真空系统可获得较高的真空度。选用排气速率大的油扩散泵(如排气速率为 10000 ~ 12000L/s)是获得高真空的重要条件。

7.1.2.3 冷凝效果

Mg 和 $MgCl_2$ 蒸气在冷凝器中冷凝是一个放热过程。如果冷凝效果差，冷凝物不能全部冷在冷凝区内，而是有一部分跑到真空管道内冷凝，这样就会堵塞真空管道，降低真空泵的排气速率。

因此，除冷凝器有足够冷凝面积外(一般冷凝负荷 80 ~ 100kg/m^2)，还需有隔热性好的隔热板(又叫遮热屏)，使加热区和冷凝区有较大的温度梯度。冷凝器中所通的冷却水温必须控制适当。一方面防止冷凝物在隔热装置的通道中冷凝，另一方面要防止冷凝区温度过高，冷凝物跑出冷凝区或重新熔化落入(或回升)至蒸馏罐内，影响蒸馏效果。

7.1.2.4 海绵钛结构

海绵钛结构呈现出非均一性，其各部位的结构、孔隙率以及所含毛细孔的孔径、长度和曲折程度都是不同的(见图 7-2)。这种性质对蒸馏过程影响很大。海绵钛的孔隙多，孔缝曲折、孔径小，真空蒸馏时对海绵钛中氯根的蒸出就很困难。

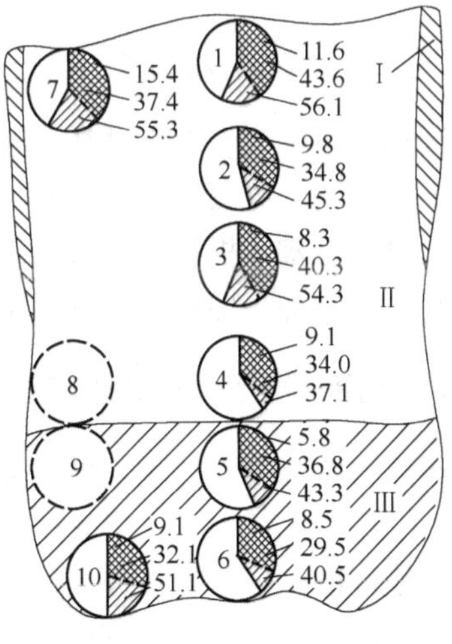

图 7-2 从海绵钛坨中取样(1 ~ 10)测量毛细管孔径位置的示意图

画线区的数字从上到下分别为不同半径：<25μm，<100μm 和大孔径孔的孔体积/%(累积百分率)

Ⅰ—边皮料；Ⅱ—优质部分；Ⅲ—底部料

蒸馏初期，即大量排除 Mg 和 $MgCl_2$ 阶段，蒸馏速度与海绵钛结构无关。蒸馏中后期，即排除少量残留 $MgCl_2$ 阶段，海绵钛结构便成为影响真空蒸馏过程的决定因素。它既影响海绵钛中 $MgCl_2$ 和 Mg 的蒸发

速度，也影响产品中最终残留的 Cl^- 量。

海绵钛结构取决于还原过程的工艺条件，如加料速度和反应温度等。因此，在还原过程中控制适当的加料速度、均匀加料以及稳定反应温度，则生成的海绵钛结构有利于真空蒸馏除 Cl^-，获得质量好的产品。

7.1.2.5　蒸馏时间

蒸馏时间与蒸馏温度、真空度、冷凝效果、还原产物中剩余的 Mg 和 $MgCl_2$ 量以及海绵钛结构等多种因素有关。准确地判断蒸馏终点是很重要的。蒸馏初期蒸发速度较大，随着蒸馏时间的延长，产品中 Cl^- 含量(质量分数)越来越低，蒸发速度也越来越小，继续延长蒸馏的时间，蒸发速度变得更小，产品中 Cl^- 含量已趋向一个常数，继续延长蒸馏时间对降低 Cl^- 含量效果不大。曾有人做过试验，将蒸馏好的海绵钛在 960℃ 再蒸馏 40h 的产品中 Cl^- 含量如下：

组别	再蒸馏前 Cl^- 的质量分数/%	再蒸馏 40h 后 Cl^- 的质量分数/%
1	0.14	0.13
2	0.12	0.11
3	0.11	0.09

上述数据说明，再延长蒸馏时间，欲使海绵钛中的 Cl^- 含量进一步降低效果甚微。蒸馏时间过长反而会引起产品中杂质含量的增加，布氏硬度增高。这样既影响了产品质量，又增加了电耗，故合理而准确地判定蒸馏终点、确定蒸馏时间是一项很重要的工艺制度。一般炉产量 1 ~ 2t 的炉子，蒸馏时间升温为 2.0 ~ 3.0h，高恒温时间为 45 ~ 65h。海绵钛坨越重、越大，各期时间相应越长。如 5t 的总蒸馏时间约为 4 ~ 5 天。在整个蒸馏过程中，在开始的约 30% 时间可蒸馏出大约 90% ~ 95% 的 Mg 和 $MgCl_2$；后面约 70% 的时间耗费在其余 5% ~ 10% 的 Mg 和 $MgCl_2$ 的排除上。

7.2　真空蒸馏工艺流程和主要设备

镁热还原—真空蒸馏法生产海绵钛有还原—蒸馏设备分离法与联合法之分，而联合法又有 I 形炉(实际半联合法)和倒 U 形炉之分。所谓分离法，是指还原作业结束后，将还原罐吊出、冷却、拆卸、组装，再吊入蒸馏电炉中，与返回冷凝器组装后进行蒸馏。而联合法则不经冷却，即刻与返回冷凝器接通，就地蒸馏。

7.2.1　还原—蒸馏分开式生产的工艺流程

还原—蒸馏分开式生产的真空蒸馏工艺大多采用镁循环流程，其工艺流程如图 7-3 所示。

真空蒸馏工序是将还原时的过量 Mg 和放盐时未放尽的剩余 $MgCl_2$ 蒸发出来，使之与海绵钛分离。为了省去处理冷凝物工序，并且直接利用冷凝物中的 Mg 返回还原工序作还原剂以节省镁的损耗，这种工艺叫蒸馏镁的闭路循环。

蒸馏镁循环工艺，一种是采用内坩埚循环。蒸馏时将内坩埚作为冷凝套筒，还原时将蒸馏后装有冷凝物的内坩埚装入还原反应器，这样蒸馏镁直接返回还原工艺，实践表明这是一种可行的工艺。并且产品取出简单，可用油压机顶出，既减轻劳动强度，又提高了生产率。

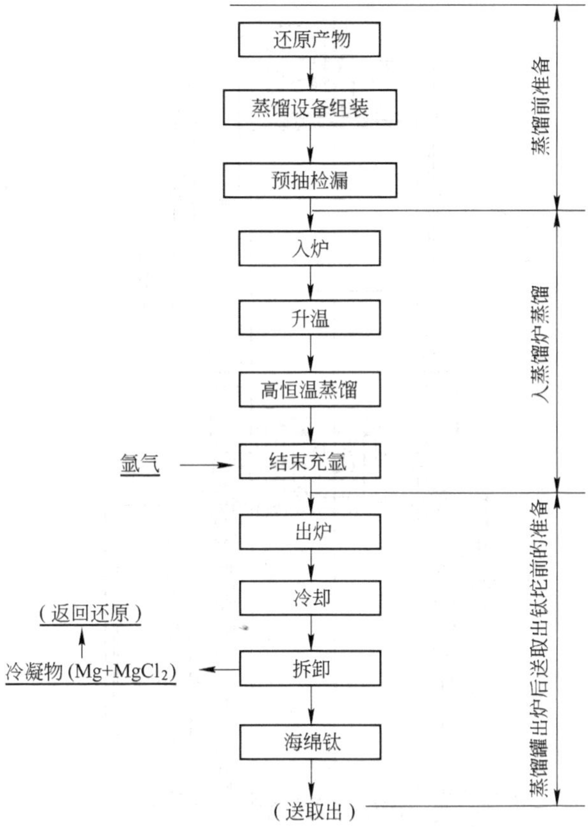

图 7-3 真空蒸馏工艺流程图

蒸馏镁的循环工艺，另一种是不用内坩埚循环，直接用还原反应器作蒸馏冷凝筒，蒸馏结束后将装有冷凝物的冷凝筒经组装后吊入还原炉，作为还原反应器。这样蒸馏镁也直接返回了还原工艺。实践表明这也是可行的工艺。

真空蒸馏工艺中也有不采用蒸镁闭路循环的，而是将蒸馏冷凝物（Mg 和 $MgCl_2$）冷凝在冷凝套筒上，然后将其剥离、打碎并熔炼后，回收 Mg 和 $MgCl_2$，但 Mg 和 $MgCl_2$ 的机械损失较大，并且处理冷凝物的劳动强度大。这种工艺流程和图 7-3 相比，除了冷凝物不直接循环外，其余大致相同。

7.2.2 I 形半联合法和倒 U 形联合法流程

为了节省能源和提高设备利用率，从而达到提高生产能力的目的，现很多钛厂正在试验或已采用还原—蒸馏半联合法和联合法的生产工艺。半联合法，前苏联钛厂在 20 世纪 70 年代就已投入了生产，如图 7-4 所示。当时单炉产能为 3 ~ 4t/炉；现已实现 5 ~ 8t/炉，并实现了计算机集中控制。所谓半联合法工艺，其特点是在还原反应器的大盖上设置有镁制的盲板，这就允许还原结束后装有反应产物的反应器不需要出炉冷却，在保证不漏气的前提下，立即拆卸还原罐并进行蒸馏设备的组装，组装合格后就地进行真空蒸馏。联合法生产要求更严，就是还原结束后，立即投入真空蒸馏作业，其设备既要满足还原工艺过程的要求，也要满足真空蒸馏工艺过程的要求，图 7-5 所示为倒 U 形设备示意图，属联合法。

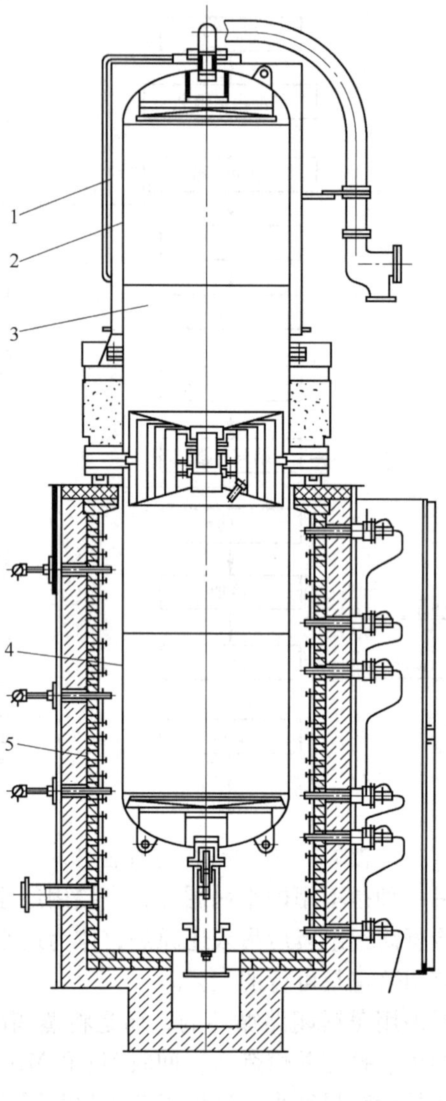

图 7-4　真空蒸馏设备总装图(苏式还原—蒸馏半联合法)

1—喷水器；2—上蒸馏罐(冷凝罐)；3—分离设备；4—下蒸馏罐；5—电炉

日本在 20 世纪 70 年代开发了还原—蒸馏联合法制海绵钛工艺。日本大阪钛公司 1981 年将倒 U 形 5t/炉联合法用于生产，1982 年又将 7～10t/炉联合法投入生产。日本东邦钛公司于 1992 年进行技术改造后，其新建的倒 U 形 8t/炉还原—联合法投入了生产。

图 7-5 所示的还原—蒸馏联合设备，实际上就是单体还原设备(它同时又是蒸馏罐)与单体返回冷凝器经横管连接起来，组合成一体化的设备。既是还原炉也是蒸馏炉，还原罐也是蒸馏罐，它与冷凝器可以互换。这样，冷凝器与蒸馏罐不是上下重叠，而是处在同一水平上，整个高度减小，安装也比较方便。采用 I 形半联合设备和倒 U 形联合设备，都是镁热还原制海绵钛工业中的重要新技术，具有可大幅度缩短生产周期、简化流程、降低镁耗和电耗、降低生产成本，且便于实现设备大型化、自动化控制等优点。总之，是省时节能的先进技术。

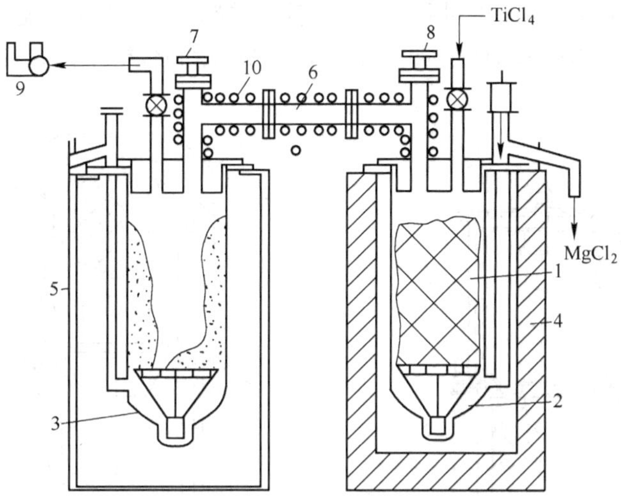

图 7-5 倒 U 形联合法系统设备示意图

1—还原产物；2—还原—蒸馏罐；3—冷凝器；4—加热炉；5—冷却器；
6—连接管；7，8—阀门；9—真空机组；10—通道加热器

我国从 20 世纪 70 年代晚期开始研制，历经 8 年不懈努力，于 1985 年在抚顺铝厂研制成功 2t/炉 I 形半联合装置，又于 1987 年、1989 年在遵义钛厂研制成功了 3t/炉和 5t/炉倒 U 形联合装置，并成功转产。在 1992 年又实现了 5t/炉串联式(I 形)联合法生产。

两种方法除具有共同的优点外，也各有其固有的特点。

I 形重叠式联合法的优点是设备结构简单、易于操作。缺点是在真空蒸馏作业结束后要将上下重叠的两个反应器一同吊出炉外。因此，要求天车吨位大，厂房标高要高。而且重叠在还原—蒸馏罐上面的返回冷凝器在安装、拆卸时都要翻转 180°(完全倒个个儿)，对现今大型化的设备来说翻转倒个儿很困难。

倒 U 形水平联合装置的缺点是，连接两反应器的过滤管需加热保温，这就要解决热胀冷缩问题，结构复杂，操作要求特别仔细。优点是将高温阀门关闭，把过渡管断开，两反应器可分别起吊。所以天车吨位可比 I 形重叠式小 50%，厂房标高可低近 30% 左右。因此，倒 U 形水平式还—蒸联合法有利于设备的大型化，可进一步扩大炉产能。

7.2.3 真空蒸馏主要设备

真空蒸馏设备由蒸馏罐、冷凝器、冷凝套筒、隔热板、蒸馏炉和真空系统等组成。

7.2.3.1 蒸馏设备的结构类型

真空蒸馏设备按冷凝器安装的位置不同分为上冷式和下冷式两种形式，如图 7-6 所示。

所谓上冷式，是冷凝器在上面，蒸馏罐在下面。下冷式则与之相反。

在下冷式装置中又有带内坩埚和不带内坩埚两种形式。带有内坩埚的下冷式，可以缩短生产蒸馏时间。因为在还原结束后剩余的部分 Mg 和 $MgCl_2$ 由海绵钛孔隙流出，通过内坩埚假底流入反应器底部，这部分镁和 $MgCl_2$ 不经蒸馏，即与海绵钛分离，减轻了蒸馏的负荷。并且，在蒸馏过程中剩余的 Mg 和 $MgCl_2$ 不仅通过蒸发除去，而且也有一部分通过

海绵钛孔隙流入冷凝器。这两种过程不仅可缩短蒸馏时间、节约电能，而且 Mg 和 $MgCl_2$ 以液态流出过程还能冲洗海绵钛杂质，对提高产品质量和合格率都有好处。

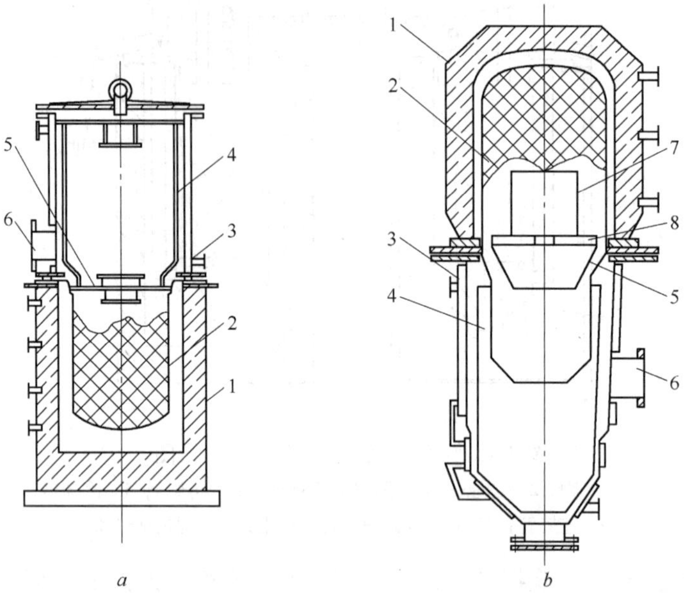

图 7-6　蒸馏设备

a—上冷式；*b*—下冷式

1—蒸馏炉；2—蒸馏罐；3—冷凝器；4—冷凝套筒；5—隔热板；
6—真空管道；7—支承桶；8—十字形支架

而对于下冷式和不带内坩埚的真空蒸馏装置，并不全具备上述优点，还会存在一些缺点。因为不带内坩埚的下冷式装置，是将还原反应器内剩余的 Mg 和 $MgCl_2$ 全部转入蒸馏作业，而反应器则被倒着安装作为蒸馏密封罐。这样在蒸馏过程中，反应器底部残留的镁和 $MgCl_2$，在下流时使沉入反应器底部的杂质又渗透在海绵钛产品内，影响产品质量和合格率。另外使用下冷式不带内坩埚的装置，在蒸馏过程中，Mg 和 $MgCl_2$ 的蒸气只能从蒸馏密封罐口部一端蒸发出来，而钛坨在蒸馏过程下塌时，将蒸馏罐口部一端的海绵钛挤压很紧，使毛细孔孔径变小，并且变得曲折，因而，钛坨内部的 Mg 和 $MgCl_2$ 蒸气通过海绵钛孔隙扩散到表面上的阻力将会增加，大大影响蒸发速度，迫使蒸馏时间延长。

上冷式不带内坩埚的蒸馏装置可以克服下冷式不带内坩埚存在的缺点。上冷式装置一般是不带内坩埚的，我国钛厂普遍采用。

下冷式的共同缺点，是需要用很大的起重设备吊装蒸馏炉。另外，蒸馏结束后产品冷却阶段影响真空系统的使用，降低了真空系统利用率。

每种蒸馏装置形式都各有其优、缺点，它们虽有差异，但结构基本相同。

7.2.3.2　蒸馏设备

A　蒸馏罐等装置

蒸馏罐即还原用的反应器，因此，反应器的结构和材质需兼顾还原、蒸馏两个过程的工艺要求。一般用 20 ~ 35mm 的普通钢、耐热钢或不锈钢板制作。

冷凝器是一个有冷却水套的圆筒或罐体，为了取得良好的冷却效果，夹套内通过的冷却水应适量。冷凝器和冷凝套筒的间隙应尽量减小。冷凝套筒为 Mg 和 $MgCl_2$ 在其上冷凝的圆筒式套筒。如蒸馏冷凝镁直接返回还原工序，那么还原反应器或内坩埚套筒便可作冷凝套筒使用。

隔热板是为了使加热区和冷凝区隔开，使热区辐射到冷凝器中热量减至最小。但是，仍有相当一部分热量经辐射进入冷凝器中。为了隔热效果好，常采用分层隔热板结构。隔热板安装的位置不宜离加热器太远，应使之保持较高的温度，否则挥发物在隔热板表面上会冷凝堵塞气流通过。

B 蒸馏炉

海绵钛冶炼工业中常采用真空蒸馏炉，一般为真空电阻炉。炉壳用普通钢制作。蒸馏炉与还原炉的区别是炉壳必须密封并配有抽反真空的装置。在生产中要保证炉膛内呈低真空状态以保护蒸馏罐不变形，而还原炉上配置的是通风系统。用作电阻炉的加热体材料常用镍铬合金带和铁铬铝合金带。铁铬铝合金（$Cr_{25}Al_5$、$Cr_{30}Al_5$）比镍铬合金便宜，更能耐高温。炉壁用耐火砖砌成，炉壁砖和炉壳之间填有保温材料。炉产量为 1～2t 的真空电阻炉，加热功率为 200～300kW；炉产量为 5t 的炉子，电功率约需 900～1000kW。

C 真空系统

真空系统包括以蒸馏罐和蒸馏炉为核心的其他配置，如由真空泵（或真空机组，包括前级泵和次级泵）、真空阀门和真空管道、真空过滤器及真空测试仪表等组成。对于各类真空设备要根据工艺要求来选用适宜的设备。

对于还原—蒸馏作业分离法来说，真空蒸馏过程分为四个阶段：

（1）预抽检漏阶段。蒸馏设备预抽检漏时要求真空度达到 0.133Pa（10^{-3}mmHg），可选用真空度较高的机械泵（如 H 形滑阀式机械真空泵）。

（2）低温脱水阶段。蒸馏预抽排废气和蒸馏作业初期的低温排气脱水阶段，在 300℃下恒温脱气 3h 左右，目的是除去拆卸、组装时因 $MgCl_2$ 吸水潮解而带入的水分。为了避免 HCl 气体对泵体的腐蚀，应选用低真空泵，以供排废气和脱水使用，其极限真空度应达 60Pa（0.45mmHg），一般选用水环真空泵。

（3）Mg 和 $MgCl_2$ 大量挥发阶段。在低温脱水后到高恒温期间，这段时间 Mg 和 $MgCl_2$ 大量挥发（90%～95%是在这阶段除去），应选用排气量大的机械泵（H 形滑阀式真空泵）。

（4）高恒温阶段。蒸馏高恒温期间主要是蒸出海绵钛毛细孔内的 Mg 和 $MgCl_2$（这个阶段约占整个蒸馏周期 70% 左右的时间）。这时要提高真空度，要求真空度达到 0.133～(1.33×10^{-3})Pa（10^{-3}～15^{-5}mmHg），一般是配置真空度高的机械泵 + 扩散泵，或者机械泵 + 罗茨泵（或油增压泵）+ 油扩散泵，欲要达到较高真空度可选用后者。

罗茨真空泵又叫机械增压泵；油增压泵又名油扩散喷射泵。

现工厂常用的机械泵有滑阀式和旋片式，滑阀式机械泵极限真空度为 0.133Pa（10^{-3}mmHg），旋片式机械泵极限真空度为 1.33×10^{-2}Pa（10^{-4}mmHg）。但滑阀式机械泵排气量大，耐磨，使用寿命较长。旋片式机械泵排气量一般较小，并且易损坏。

国内过去用还—蒸分离式生产，真空蒸馏采用的典型真空机组如图 7-7 所示。其真空泵为油扩散泵（次级泵），前级泵为 H 形滑阀式泵。该真空机组结构简单，但由于油扩散泵的出口压力一般在 35Pa 左右，而滑阀泵要在 100Pa 以上才能达到最大抽速，中间未设

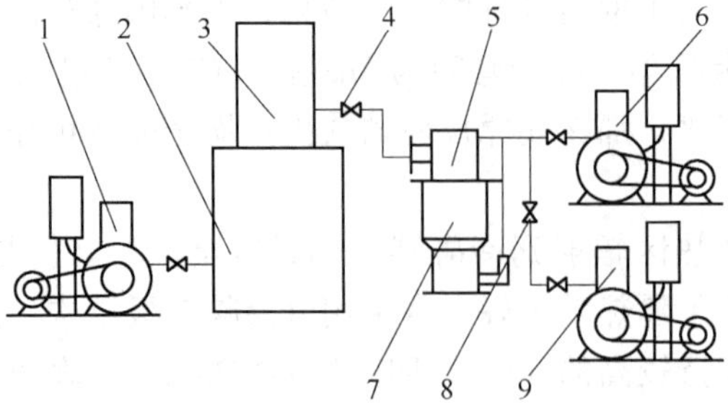

图 7-7　国内海绵钛蒸馏典型真空机组

1—炉壳泵；2—蒸馏炉；3—冷凝罐；4—罐前阀；5—扩散泵阀；6—机械泵（低真空）；7—扩散泵；8—管道泵；9—机械泵（高真空）

置增压泵，这样前级泵不能在最佳状态下工作。实践证明，该机组最高只能达到 0.1Pa。

现在海绵钛厂多半采用还—蒸联合设备并大型化，以采用如下的蒸馏真空系统为佳：

（1）用水环式真空泵作初真空泵，并在蒸馏过程中兼作炉壳泵抽反真空用，这样可省去为系统另配炉壳泵。

（2）用 H 形滑阀泵作初真空和高真空的前级泵。这种泵严密油封，可靠耐用。在从大气压到 100Pa 压力范围内，不但具有较大抽速，而且可抽除含有微量粉尘的气体，加上传动部分采取了强制润滑，操作安全而可靠。

（3）用 ZK 系列油增压泵作高真空泵。其极限真空度为 10^{-3}Pa，在 0.1Pa 即具有较大抽速，且易与中间泵和前级泵匹配。

（4）用 ZJP 罗茨泵作 ZK 型油增压泵的增压泵。油增压泵的出口压力一般为 30 ~ 40Pa，ZJP 罗茨泵在 100 ~ 0.1Pa 时具有较大抽速，在 100 ~ 10Pa 内抽气速度处于峰值，而排气压力可达 3000Pa。这样，被抽气体经罗茨泵增压后，可使前级泵（滑阀泵）工作在最佳状态。另外，当系统压力在 100 ~ 0.1Pa 时，用罗茨泵直接抽气，还可弥补低真空泵和高真空泵在此区间抽速较小的缺点。

推荐采用的真空系统如图 7-8 所示。其工作步骤如下：

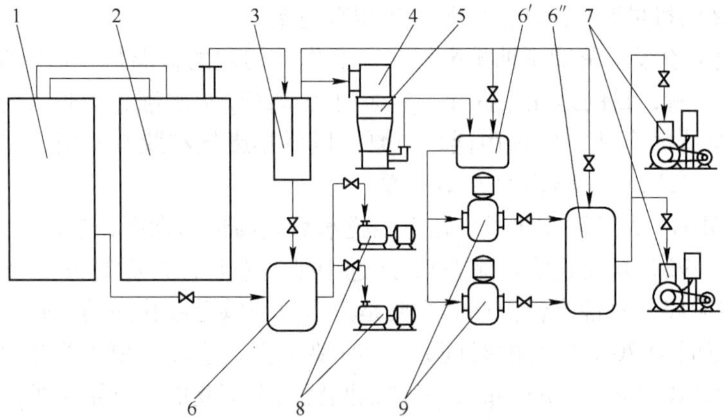

图 7-8　海绵钛蒸馏最佳型真空机组

1—蒸馏罐；2—冷凝器；3—除尘器；4—高真空阀；5—ZK 油增扩泵；6，6′和 6″—缓冲罐；7—滑阀泵；8—水环泵；9—ZJP 罗茨泵

（1）当蒸馏罐内压力大于 3000Pa 时，气流流型为湍流，所含粉尘较多，气体通路为：蒸馏罐(1)→返回冷凝器(2)→除尘器(3)→缓冲罐(6)→水环泵(8)，可充分利用水环泵抽除粉尘的特点。

（2）当罐内压力在 3000 ~ 100Pa 时，气体通路为：蒸馏罐及冷凝器(1 及 2)→除尘器(3)→缓冲罐(6″)→滑阀泵(7)，可充分利用滑阀泵在压力大于 100Pa 具有最大抽速的特点。

(3) 当罐内压力在 100 ~ 0.1Pa 时，气体通路为：蒸馏罐及冷凝器(1 及 2)→除尘器(3)→缓冲罐(6′)→罗茨泵(9)→缓冲罐(6″)→滑阀泵(7)，可充分利用罗茨泵在该压力范围有较大抽速的特点。

(4) 当罐内压力小于 0.1Pa 时，气体通路为：蒸馏罐及冷凝器(1 及 2)→除尘器(3)→高真空阀(4)→油增压泵(5)→缓冲罐(6′)→罗茨泵(9)→缓冲罐(6″)→滑阀泵(7)，各泵的最佳抽气特性均得到有效利用。

(5) 气体通路由第(1)步转入第(2)步后，水环泵转作炉壳泵用，从而节省设备。

为了减少阻力损失，真空管道应少弯曲、短而粗。真空阀门应根据真空度的要求和管道的口径选择相适宜的阀门；同时真空管路中应设置过滤器，捕集抽空带出的固体粒子，以减少泵体的磨损和泵油的污染，延长设备的使用寿命。

7.3 真空蒸馏生产工艺

7.3.1 蒸馏设备的安装和准备

新安装的蒸馏设备(蒸馏罐、冷凝器、真空管道、蒸馏炉)必须以 0.25 ~ 0.3MPa(2.5 ~ 3.0kg/cm^2)的压力打压检查不漏，以后每生产一定的时间要进行打压检查，以确保蒸馏装置密封可靠。对装有还原物的蒸馏罐，应迅速组装好隔热板、冷凝器等，并立即对组装设备进行检漏，尽量缩短还原物与空气的接触时间。对组装好的设备要求抽空到 6.67Pa(5×10^{-2}mmHg)以上，真空度稳定后，关闭泵前阀门停泵放气，失真空度不大于 2.67Pa(0.02mmHg，10min)为允许泄漏量。组装设备检漏合格后，才允许入炉。

蒸馏罐入炉后对蒸馏炉也要进行抽空检漏，确保生产中蒸馏炉能保持压力约 1.33×10^{-2}MPa(100mmHg)的低真空状态。

7.3.2 真空蒸馏过程及工艺条件的选择

蒸馏罐入炉后 4 ~ 6h 为真空蒸馏的排气脱水阶段，一般炉内温度达 300 ~ 400℃时恒温 2 ~ 4h，超过 500℃以上的热罐入炉可利用炉内的余热进行排气脱水。蒸馏罐加热到 500℃左右时 Mg 和 $MgCl_2$ 开始挥发，此时冷凝器内的温度也增高，因此须控制冷凝器和法兰处冷却水的水温。法兰处冷却水温一般控制在 50 ~ 70℃，冷凝器的冷却水温一般不高于 40℃。

蒸馏初期为避免海绵钛过早烧结，蒸馏升温速度不宜太快，一般产量 1 ~ 2t 的炉子，控制升温时间为 2.0 ~ 3.0h。蒸馏在高温初期要特别注意，蒸馏罐壁的温度不应高于 1020℃，蒸馏高恒温温度一般在 950 ~ 1000℃为宜。

蒸馏温度进入高恒温阶段时，大量的 Mg 和 $MgCl_2$ 已挥发，蒸馏装置内真空度开始回升。为了加速海绵钛毛细孔内的 Mg 和 $MgCl_2$ 挥发，这时应启动增压泵、扩散泵，提高系统真空度。

真空蒸馏过程蒸馏罐内是处于高真空状态，为了避免蒸馏罐变形，因此蒸馏罐外与蒸馏炉之间的环隙空间也应抽真空至低压真空状态，习惯上称为抽反真空。一般蒸馏罐内外压力差控制在(8×10^{-3}) ~ (2×10^{-2})MPa(60 ~ 150mmHg)之间。

蒸馏过程高恒温一段时间后，真空度升到最高点已趋于稳定，并延续一定时间。这标志着挥发物残留量甚少，真空蒸馏已达到结束阶段。对于产量为 1 ~ 2t 的炉子，蒸馏高恒温时间达 40 ~ 60h，即达到结束阶段。准确地确定蒸馏时间、判断蒸馏终点，是蒸馏作业一项重要的工艺操作。判断真空蒸馏终点的方法有几种，但常用的只有以下三种：

（1）根据失真空度。当真空蒸馏装置内达到高真空度已稳定一段时间时，把蒸馏装置与抽空系统切断，若挥发 Mg 和 $MgCl_2$ 已甚少，泄漏的气体已基本被高温钛所吸收，蒸馏装置内的真空度不下降或下降很少，即达到蒸馏终点。相距 1～2h 再检查一次，两次合格就停止蒸馏。应用该法必须要切断真空系统的阀门，且蒸馏装置的密封性可靠，否则会产生错判或拖延蒸馏时间。

（2）根据统计规律。根据大量炉次的蒸馏恒温时间平均值，即用统计规律找出达到 Cl^- 为 0.06%～0.08% 的平均恒温时间，再规定出蒸馏延续的恒温时间。该法判断简单，对于大多数炉次是适用的，但少数炉次会出现异常。此法适用于生产稳定和还原、蒸馏工艺过程达到标准化的厂家。

（3）综合法。首先由统计数据确定产品中 Cl^- 达到标准要求所需的蒸馏恒温时间上限值和下限值；同时要参考高真空稳定度的延续时间，并且还要测定蒸馏装置内失真空度，当达到合格标准即可结束蒸馏。蒸馏周期最长不得超过下限值。该法被广泛应用。

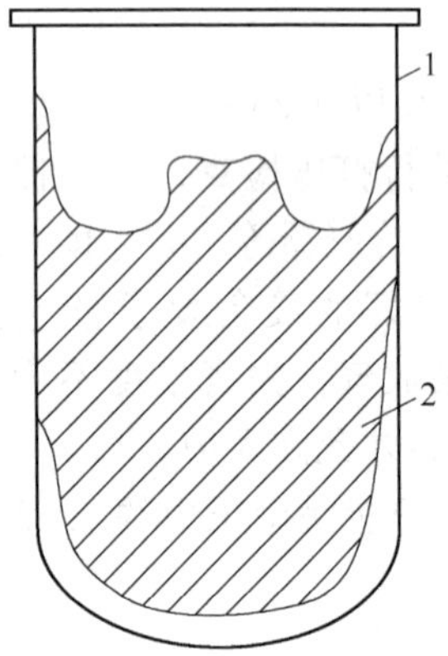

图 7-9　镁热还原海绵钛坨产品在罐内的形状
1—反应罐；2—海绵钛

7.3.3　真空蒸馏结束

准确地判断蒸馏终点之后，将炉子停电，高真空抽空冷却 1～2h 后，关闭蒸馏装置罐前阀，停止增压泵、扩散泵电源，向罐内充氩气，同时向炉内放空气，保持罐内外压力平衡状态，以防罐体变形。当罐内氩气压力达 1.33×10^{-2} MPa (100mmHg) 左右时停止充氩。在以后冷却过程中始终用氩气保持正压冷却，以防空气进入罐内而污染产品。

真空蒸馏结束后，罐内海绵钛坨的形状如图 7-9 所示。图 7-10 为从蒸馏罐中取出的海绵钛坨和等级海绵钛的照片。图 7-11 为真空蒸馏工段的照片。

在充氩 1h 后关闭真空系统所有真空阀门，停止机械泵运转。当蒸馏炉内温度降至 900～850℃ 时，进行出炉工作。出炉后蒸馏罐通水间接冷却 4～6h。当罐壁温度接近室温时，方可拆卸蒸馏装置，取出产品。

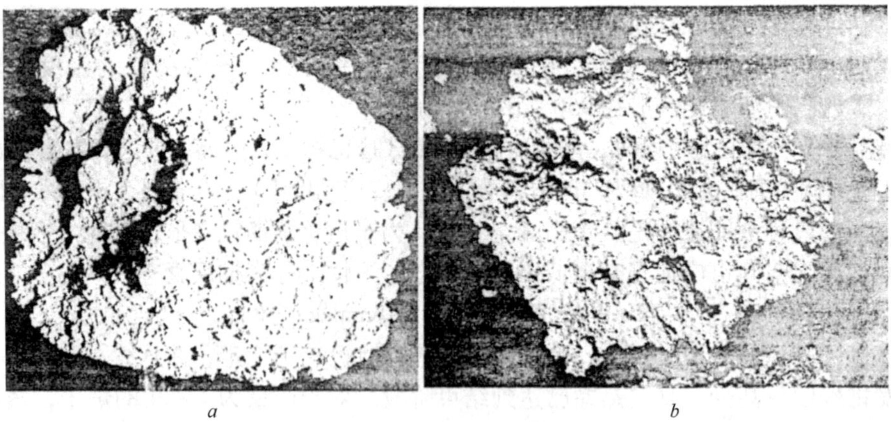

a　　　　*b*

图 7-10　海绵钛外形照片
a—海绵钛坨；*b*—商品级（等级）海绵钛

图 7-11 真空蒸馏工段的照片

7.3.4 真空蒸馏可能发生的故障和处理

蒸馏生产中也可能发生一些故障。例如，蒸馏装置内的真空度突然下降很快，有时伴随着温度升高，这证明装置内进入了空气。此时，要迅速关闭蒸馏罐前阀门，并检查真空泵运转情况。若进入空气是因停泵的缘故，那就很快再启动真空泵继续抽空。若进入空气是其他地方漏气的话，那就向罐内充氩气至正压，同时往炉内放空气。若怀疑是蒸馏罐烧裂，空气是从蒸馏炉内进入罐内的，那就往炉内和罐内同时充氩。

在生产中因事故停止了生产用水，应立即切断电源。停水时间较长，密封胶垫有烧坏的可能，应关闭阀门停止真空泵运转，并向蒸馏装置内充氩和向炉内放空气，尽快出炉，让蒸馏罐冷却。

在生产中突然发生停止真空泵动力电时，要迅速关闭罐前、泵前阀门，然后关闭所有真空阀门。若停电时间较长，要向蒸馏装置内充氩和向炉内同时放空气。

在蒸馏生产中因冷凝器水温控制不好或由于在还原生产中罐内剩余的 Mg 和 $MgCl_2$ 量太多，造成冷凝物堵死了蒸馏冷罐套筒的进口或出口处而成为假真空，即从仪表指示看真空度很高，但实际上蒸馏罐内的 Mg 和 $MgCl_2$ 由于气体通道堵塞而不能蒸出。这样的炉次要进行回炉处理，重新蒸馏。

7.4 海绵钛处理和提高产品质量的措施

7.4.1 海绵钛的处理

蒸馏结束后，当蒸馏罐壁温度冷至室温时，可拆卸蒸馏罐。拆卸时一定要将罐口的冷凝物清理干净，冷凝物颗粒和粉末如掉入海绵钛块上，要用氮气或干燥空气小心地吹干净。如罐内产品表面在清理中发生着火时，要立即盖上专用灭火盖进行充氩灭火。待火熄灭后，温度降到 50℃以下时再进行操作。清理好钛坨表面后送去机械取出或由风镐打取。

海绵钛处理的方框工艺流程和设备流程分别如图 7-12 和图 7-13 所示。真空蒸馏的自控示意图如图 7-14 所示。

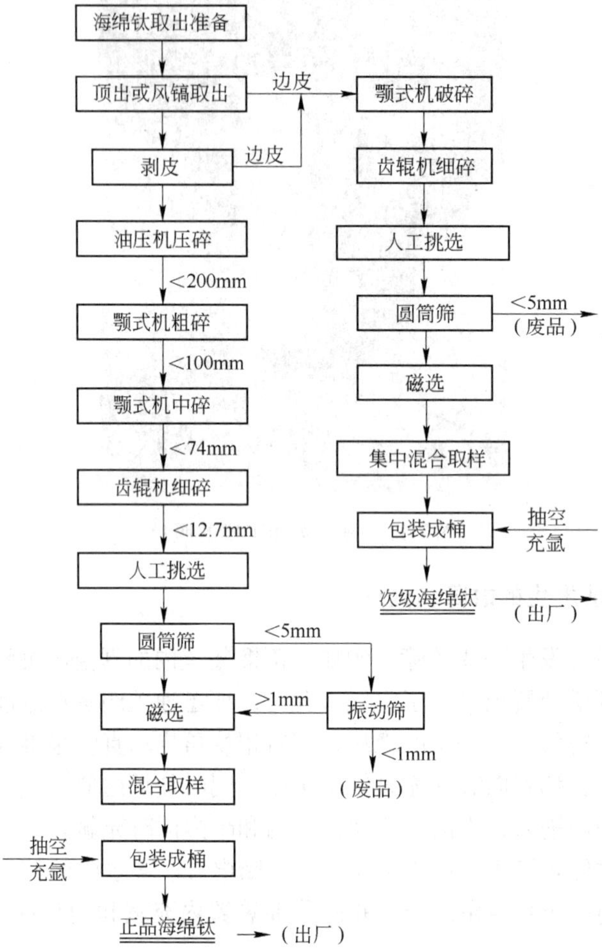

图 7-12　海绵钛处理原则性工艺流程图

7.4.1.1　*产品取出*

产品从反应器（即蒸馏罐或内坩埚）中取出，可以采用机械化，用卧式油压机（或卧式水压机）顶出（见图 7-15），这替代了繁重的体力劳动。没有顶出机械时，也可采用风镐人工取出。不论用机械式顶出或人工打取都必须小心，严防产品着火。所以在取产品前必须准备好灭火罩和氩气及充氩装置。如遇发生着火时，立即盖上灭火罩，进行充氩扑灭。

图 7-16 表示国外处理钛坨底部的设备示意图。

7.4.1.2　*产品破碎*

产品取出后剥去边皮，剥皮机用专用车床，可把普通车床改装而成。然后经油压机压碎或切割成小于 200mm 的钛块（见图 7-17），经颚式破碎机粗碎、中碎后，再用齿辊式破碎机细碎成小于 12.7mm 粒度的海绵钛块。我国遵义钛厂在成品破碎中，已用剪切式破碎技术代替了过去普通的挤压式破碎技术。

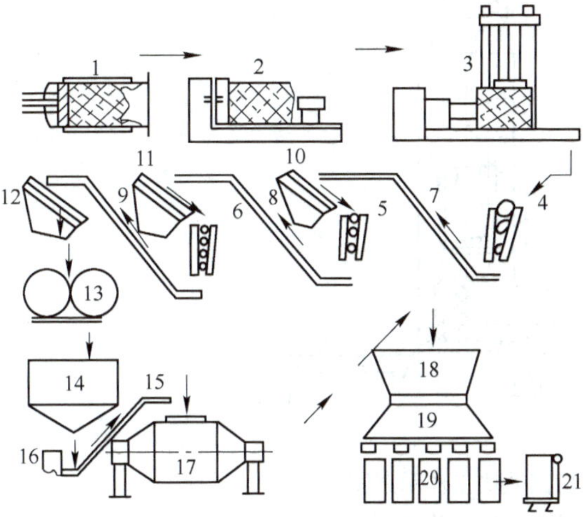

图 7-13 成品处理设备流程图

1—顶出机；2—削皮机；3—钛坨切割机；4～6—颚式破碎机；7～9，15—皮带运输机；10～12—振动筛；13—对辊破碎机；14—料仓；16—磁选机；17—混料机；18—取样机；19—分配器；20—包装桶；21—称量计

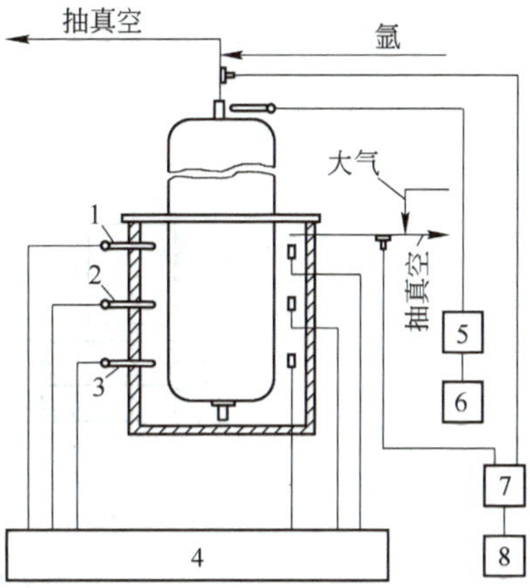

图 7-14 真空蒸馏自动控制原则性流程示意图

1～3—测温用 Cr-Al 热电偶；4—中央控制指示计算机；5—罐内真空测量计；6—自动记录仪；7—差示压力计；8—与 7 配套的二次仪表

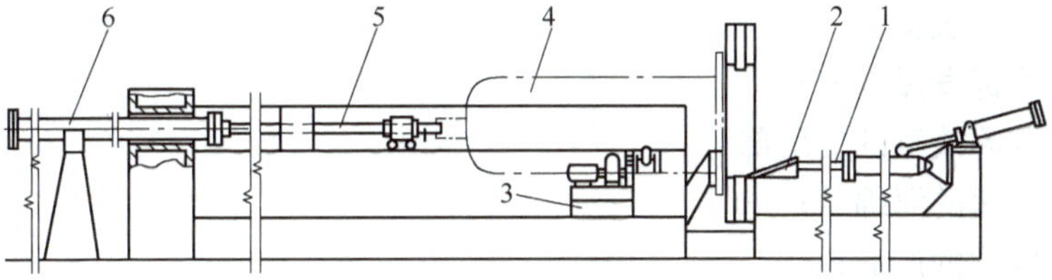

图 7-15 卧式压机顶取海绵钛坨并削边皮的示意图

1—象鼻；2—气动车刀；3—支撑蒸馏罐的轴承座；4—蒸馏罐；5—护板；6—汽缸

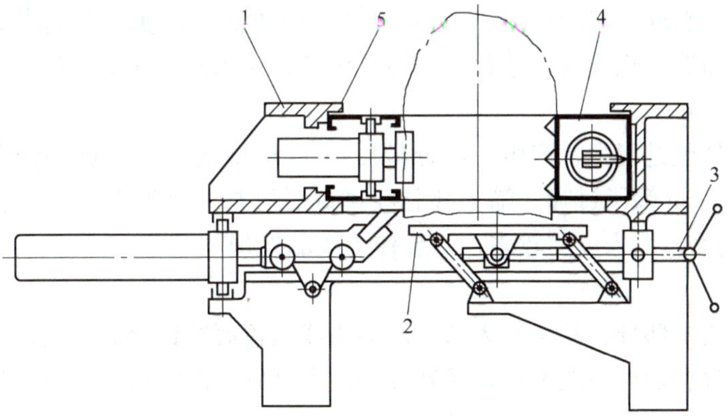

图 7-16 用切削法加工处理海绵钛坨底部的设备

1—机架；2—台面；3—螺杆；4—框架；5—定向座

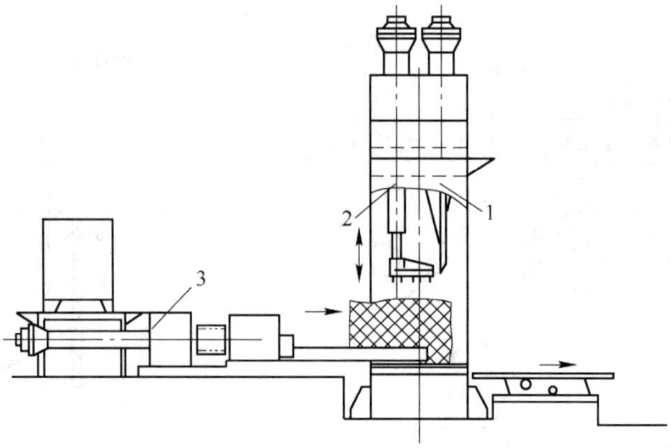

图7-17　油压机切割钛块工作示意图

1—主缸；2—副缸；3—顶出缸

7.4.1.3　产品挑选

每炉海绵钛产品按其生成特点分为废品、边皮、成品、小粒度等部分。因此必须进行机械和人工手选、分级处理。

A　废品部分

废品部分基本上可分为七种：

（1）钛坨顶部表皮；

（2）钛坨底部发黑部分；

（3）直接与罐接触的皮层部分；

（4）深暗发黑的海绵钛；

（5）疏松轻脆的产品；

（6）明显氧化成各种颜色的产品；

（7）小于1mm的小颗粒产品。

B　边皮部分

在产品取出和剥皮下来的边皮，好的部分可加入成品中一起破碎包装，其余部分边皮经破碎、挑选、筛选、磁选后，单独几炉混合包装，作为次级海绵钛出厂。

C　小粒度部分

产品在破碎处理过程中，产生一部分粒度小于5mm的产品，这部分产品可能混入废品和灰尘，须用1mm筛子过筛，筛上部分经挑选后可与成品混合包装。边皮破碎中产生的小于5mm的产品，混入废品较多，一般作为废品处理。

D　成品部分

除去废品及边皮部分，其余的大部分产品为浅灰色海绵钛金属，为成品部分。海绵钛产品按其化学成分和物理性能不同，又划分为四个级别。海绵钛标准可参见附表6。

产品取样包装前都必须经过磁选处理，用磁选分离产品处理过程中带入的铁屑之类的机械夹杂物。

7.4.1.4　产品包装

产品包装是用专制的金属桶（钢桶或铝合金桶，如图7-18所示）包装，每个桶容量为50kg、100kg或250kg。所用的包装桶都必须清洁、干燥，在包装前须用纸将桶内擦净。包装好的产品必须抽空、充氩封存。产品在厂内仓库保管及运输过程中都必须防潮，以防产品变质。

7.4.2 提高产品质量的措施

海绵钛的质量是不均匀的。研究海绵钛杂质来源、分布规律及转入机理，对产品的取样和分级包装都有实际意义，并可以从中找出提高产品质量的措施。我国海绵钛质量标准（GB/T 2524—2002）覆盖了9种杂质元素：Fe、Si、Cl、C、N、O、Mn、Mg、H。我国生产的海绵钛Si、C质量分数小于0.01%，对产品质量和等级影响不大，Mn、Mg、H一般也能满足要求。出现波动的杂质元素主要是Fe、Cl、N、O。其中N、O主要分布在爬壁钛和钛坨表面。相对而言，杂质元素Fe、Cl的来源比较复杂，影响因素较多，实际生产中波动范围大。现将影响海绵钛产品质量的几种杂质的情况讨论如下。

a

b

图7-18 海绵钛包装桶

a—钢密封桶；*b*—铝合金桶

7.4.2.1 铁

A 分布规律

钛坨边部和底部粘壁钛含铁量最高，越接近器壁含量越高。钛坨的中心部分含铁量最低，钛坨的上部含量也较低。表7-3是某厂对钛坨不同部位取样的分析结果。可见，从钛坨帽部至底部，产品含铁量增高；从钛坨表面至中心，产品含铁量降低。

表7-3 海绵钛坨产品不同部位的含铁量（质量分数） （%）

炉 次	1	2	3	4	5	6	7	8	平均值
帽部、中部	0.028	0.029	0.040	0.028	0.15	0.014	0.024	0.012	0.041
下 部	0.081	0.080	0.11	0.080	0.15	0.034	0.10	0.05	0.086
爬壁钛	0.11	0.10	0.28	0.20	0.21	0.079	0.13	0.15	0.157

B 来源及转入机理

(1) 超温生成钛铁合金。铁的主要来源是还原，蒸馏生产中超温或局部超温（器壁达到 Ti-Fe 合金共熔点 1085℃）粘壁部位生成 Ti-Fe 合金。

还原、蒸馏生产周期长，在高温下铁向钛的渗透能力强，如在器壁温度 950℃时铁向钛中的渗透能力已很强，尤其是使用新反应器或新内坩埚时渗透能力更强。

（2）铁锈的影响。当还原反应器附有铁锈，这些氧化铁易和 $TiCl_4$ 生成 $FeCl_3$：

$$Fe_2O_3 + 3TiCl_4 = 2FeCl_3 + 3TiOCl_2 \quad (7\text{-}5)$$

$FeCl_3$ 发生还原反应，铁转入产品：

$$FeCl_3 + Ti = Fe + TiCl_3 \quad (7\text{-}6)$$

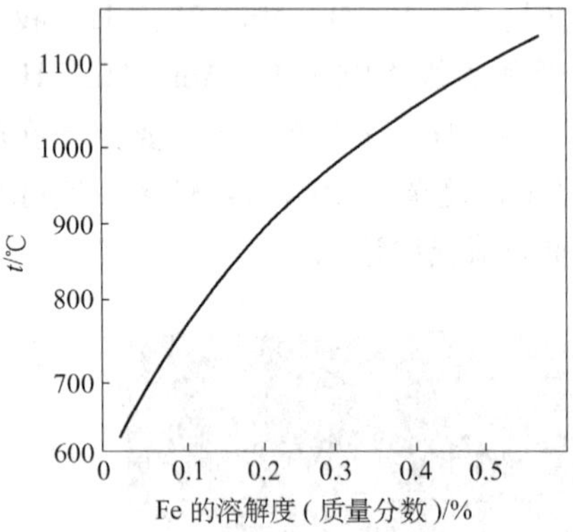

图 7-19　铁在液镁中的溶解度

（3）原料 $TiCl_4$ 中带入的 $FeCl_3$ 和精镁中所含的铁转入钛中。从原料 $TiCl_4$ 中带入的 $FeCl_3$ 发生上述还原反应，生成的铁均匀地分布于产品中。

镁在高温下对铁有一定的溶解度，如图 7-19 所示。因为在镁的生产和精炼过程中，要接触到钢制的设备和管路系统，故镁中一般都含有一定量的铁。镁的精炼温度是 700 ~ 720℃。从图 7-19 可以看出，当温度从 650℃升到 800℃时，铁在镁中的溶解度由 0.025% 上升到 0.12%（质量分数）。在还原过程中这部分铁将转入钛中。由于镁中铁含量是均匀的，故这部分铁在钛中分布也是均匀的。

（4）机械夹杂的铁屑。产品在取出、破碎等作业中，少量的铁屑呈机械夹杂物进入海绵钛。

C　降低铁含量的措施

（1）还原、蒸馏过程中不能超温或局部超温（温度不能达到钛铁合金的最低共熔点 1085℃）。对测量仪表要经常校对，误差不能超过 ±5℃。对测温用的热电偶丝要经常检查是否老化变质，对变质者要及时更换。

（2）对新的反应器或内坩埚必须洗净至无铁锈，并要严格进行渗钛处理。

（3）生产海绵钛的原料 $TiCl_4$ 和 Mg 必须进行严格检验，杂质含量符合生产要求才能用于生产。加液镁时温度不能过高（不高于 740℃），一般控制在 700 ~ 720℃。

（4）产品在包装前必须经磁选处理，以分离出在产品处理过程中带入的铁屑。

7.4.2.2　氯根（Cl^-）

A　分布规律

钛坨上部（帽部）含 Cl^- 量最高，其次是中间部位，边部和下部最低。海绵钛含 Cl^- 量与毛细管有关，也就是说 Cl^- 含量的分布规律与产品的结构是紧密联系的。

B　来源和转入机理

（1）海绵钛中 $MgCl_2$ 未蒸净，造成产品含 Cl^- 高。蒸馏过程中如温度、时间不够，$MgCl_2$ 未蒸净，会造成海绵钛 Cl^- 高。另外，还原过程加入 $TiCl_4$ 速度过大，活性质点增多，晶粒生长无规律，反应温度随之增高，易引起海绵钛烧结，使其包裹的 $MgCl_2$ 在蒸馏中不易馏出。故产品中含 Cl^- 量随加料速度的增加而增高，因此 $TiCl_4$ 的加料速度应控制适宜。表 7-4 中列出了 $TiCl_4$ 加料速度与产品中含 Cl^- 量的有关数据。

表 7-4 $TiCl_4$ 的加料速度与产品中 Cl^- 量的关系

$TiCl_4$ 的加料速度 /kg·$(m^2 \cdot h)^{-1}$	海绵钛中的 Cl^- 量/%		
	底 部	上 部	平 均
150	0.05	0.07	0.060
230	0.07	0.10	0.085
320	0.09	0.10	0.095

注：镁利用率最终为57%。

加料速度不均匀对产品也有同样影响。因为瞬时加料速度过大与增大加料速度会产生同样不良后果。加料速度太小，尤其是反应后期镁量相对不足，反应速度降低，同时产品中有低价氯化钛进行二次反应，产生的细钛粒填充了海绵钛孔隙，使产品孔隙减小，蒸馏除 $MgCl_2$ 更难，故钛坨上表部及帽部往往含 Cl^- 量最高。如镁利用率提高到75%时，反应生成的海绵钛中的细孔隙增加1.5倍，其含 Cl^- 量也相应增加1.5倍。

（2）蒸馏升温太快，造成产品过早烧结。蒸馏升温太快会使海绵钛局部地方过早烧结，闭合了部分毛细孔，造成蒸馏除 $MgCl_2$ 困难，使产品中 Cl^- 量增高。

（3）高沸点杂质。还原产物中带入少量 KCl、NaCl、$CaCl_2$ 等高沸点杂质（由精镁带来的），它们的沸点比 $MgCl_2$ 高，真空蒸馏时不易蒸出，致使产品中 Cl^- 含量增加。

C 降低 Cl^- 含量的措施

（1）蒸馏过程升温不能太快，避免产品过早烧结，并且蒸馏的温度和时间要够，因而测温仪表要准确可靠，蒸馏的终点判断要准确。

（2）还原过程加入 $TiCl_4$ 的加料速度不能过大，也不能过小。要根据反应器横截面积和还原炉散热情况控制适宜的加料速度，并且，加料速度要均匀，做到定量加料和平稳的操作。

（3）加液体镁时不能把沉入镁精炼坩埚底的 NaCl、KCl、$CaCl_2$ 等高沸点杂质带入还原反应器。

7.4.2.3 氮

A 分布规律

钛坨上、下表皮和粘壁钛含氮量较高；中间产品含氮量低。

B 来源及转入机理

（1）加液镁、还原、蒸馏操作中进入空气，以及还原、蒸馏冷却中出现负压时泄漏的空气，都会使钛的氮含量增高。蒸馏阶段进空气后，海绵钛表面会生成黄色的 TiN，较易识别。

（2）氩气中的氮全部被钛吸收。

（3）拆卸和取出海绵钛过程中发生海绵钛着火，生成 TiN。

C 降低氮含量的措施

（1）加液镁时要自始至终在氩气气氛保护下进行，盛液镁抬包和还原反应器都要充入氩气保护正压操作。还原蒸馏设备气密性须达到生产要求。还原生产过程不允许有负压操作；蒸馏过程虽负压操作，但真空泵要始终运转正常，真空阀门要关闭可靠。还原、蒸馏冷却过程都要始终充氩，保证正压冷却。

（2）生产用的氩气纯度要达到规定要求，并且充氩器具不能泄漏空气。

（3）避免产品着火，如发生产品着火，要严格挑选出烧黄的产品。

7.4.2.4　氧

A　分布规律

钛坨中间部位氧含量较低，底部氧含量较高，上表皮和粘壁钛氧含量也较高。若漏入空气，上表皮和粘壁钛氧含量会猛增。

B　来源及转入机理

（1）凡是氮的来源也是氧的来源。

（2）原料 $TiCl_4$ 和 Mg 中的氧全部进入钛。$TiCl_4$ 中的 $TiOCl_2$ 沾污海绵钛坨各个部位，均匀分布于产品中，Mg 中的 MgO 沾污底部产品，使底部产品含氧量增高。

（3）还原、蒸馏设备组装时暴露空气中时间太长，造成 $MgCl_2$ 吸水和水解。如果不能脱除，其中的氧被钛吸收。

（4）还原反应器、内坩埚及内部套管有铁锈，不仅造成产品铁高，也使产品氧增加。

C　降低氧含量的措施

（1）凡是降低氮含量的措施也是降低氧含量的措施。

（2）精制好的 $TiCl_4$ 应用氩气气氛保护，不能与空气接触。避免空气溶解在 $TiCl_4$ 中和生成含氧的水解物 $TiOCl_2$。还原生产无论是加固体镁或液体镁，都不能把 MgO 带入还原反应器内。

（3）还原、蒸馏设备组装时要快，尽量缩短返回冷凝镁、还原产物在空气中暴露的时间，以减少 $MgCl_2$ 的吸水和水解。并且还原、蒸馏过程必须进行 300～400℃的低温脱水工艺。

（4）还原反应器、内坩埚及内部套管要清洗干净，不能带入铁锈。

7.4.2.5　其他杂质

海绵钛除了上述 Fe、Cl^-、O_2、N_2 外，其他杂质一般不高，分布规律也不明显。硅（Si）和碳（C）可能从原料 $TiCl_4$ 和 Mg 中带来，也可能从黏附的尘土和污物带入。锰、铬、镍一般来自不锈钢反应器，它们大都富集在钛坨底部和边部粘壁部分。如果采用普通钢质反应器，这些杂质含量是很低的。

7.4.2.6　产品硬度

产品硬度既是杂质含量的综合指标，也是质量的综合指标。产品硬度与其杂质含量均有关，尤其与气体杂质含量关系更大。产品布氏硬度（HB）受氮、氧、碳、铁的影响最大，而且具有加和性。海绵钛的硬度与其杂质含量的关系，按统计规律有如下经验公式：

$$HB = 196\sqrt{w(N)} + 158\sqrt{w(O_2)} + 45\sqrt{w(C)} + 20\sqrt{w(Fe)} + 57$$

凡是氮、氧、碳、铁高的部位，产品的布氏硬度也高，因此钛坨的中心部位硬度最低，质量最好，底部和边部粘壁钛硬度最高，质量最差，上表部硬度稍高。为了降低产品硬度，必须降低各种杂质元素含量，特别是要降低氮、氧、铁、碳的含量。

综上所述，影响镁热法海绵钛质量的主要杂质是铁、氯、氧、氮。要降低这些杂质的含量，要从原料、设备和生产操作中的每个环节把好质量关，从而达到提高产品质量的目的。

产品质量还与生产规模有关，炉产能力越大，产品质量和商品海绵钛品级率越高。这是因为炉产能力越大，相应的粘壁钛所占产品的比例就越小。

为了进一步提高产品质量，就要不断地改进生产工艺。还原加液体镁和蒸馏冷凝镁直接返回还原的生产工艺已纳入正规生产。还原和蒸馏用半联合设备和联合设备进行生产，也是提高海绵钛质量的措施。因为在这些设备中反应物料在蒸馏前的设备安装时不暴露于空气中。

以上讨论总结在图 7-20 中。我国和美、日、前苏联等几个国家的海绵钛标准见附表 4。

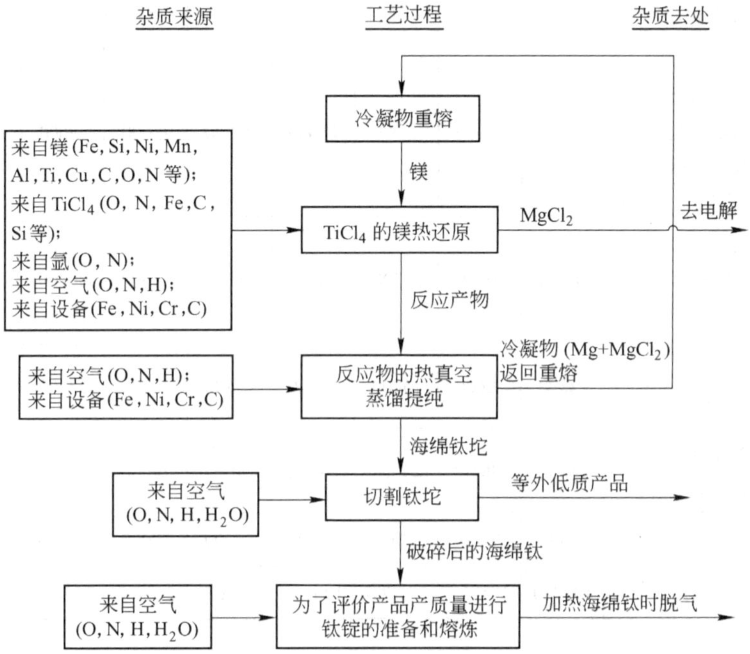

图 7-20 镁热法生产海绵钛时主要杂质的来源和走向图

真空蒸馏的发展方向主要是设备大型化，还原—蒸馏作业的一体化和联合法、半联合法的采用，计算机自控的实现和调节，以达到节能、减轻劳动强度、提高产品质量和劳动生产率为目的。

7.5 对镁热法海绵钛生产过程的评价

7.5.1 世界各主要海绵钛生产国近几年的产能和产量

由于受 1998 年亚洲金融危机和 2001 年美国“911”恐怖袭击事件的影响，世界航空业受到严重打击，致使本世纪初世界海绵钛生产下滑，到 2003 年跌入低谷。2004 年以后又开始复苏，许多厂家扩产，新的生产线诞生，呈现出一派欣欣向荣的景象。但当前市场容量有限，过度投资、盲目上马，容易造成资金和资源的“双浪费”。尤其在我国存在着产能过剩的隐忧。这从表 7-5 和表 7-6 的数据可见端倪。考虑到市场风险，有的厂家可能退出，在这种情况下，保守估计，我国近几年内新增海绵钛产能也在 10 万 t/a 以上。

表 7-5　世界各主要海绵钛生产国近几年的产量及今后产能预测　　(t)

国家	工厂或公司名称	2005 年		2006 年		2007 年	2008 年	2009 年	2010 年	2011 年
		产能	产量	产能	产量	产能	产能预测			
美国	TIMET（钛金属公司）	8900	8900	8900	8900	8900	13000	13000	13000	13000
	ATI	0	0	3400	3400	5100	7300	18000	18000	18000
独联体	ZAPOROZHYE（乌克兰扎波罗热镁钛联合企业）	7950	7950	9000	9000	12000	12000	12000	12000	12000
	UST（哈萨克斯坦乌斯季卡缅诺戈尔斯克镁钛联合企业）	23000	17000	23000	18000	23000	23000	23000	23000	23000
	AVISMA（俄罗斯阿维斯玛公司）	28000	20800	29500	32500	35000	35000	35000	35000	35000
日本	TOHO（东邦钛公司）	12600	12600	15000	15700	15700	28000	28000	28000	28000
	SUMITOMO（住友钛公司）	18000	18000	24000	24000	24000	24000	32000	38000	38000
中国		9500	9500	30000	18000	50000	70000	90000	100000	100000
合计		107950	101950	142800	125800	171200	200000	251000	267000	267000

7.5.2　我国海绵钛生产线情况统计（见表 7-6）

表 7-6　我国老厂扩建及新厂在建、拟建项目统计

序号	厂（公司）名	厂　址	生产规模/万 $t \cdot a^{-1}$			备　注
			现有产能	扩建后总产能	新建产能	
1	遵义钛厂	遵　义	1.0	2.0		再扩建 1 万 t/a 项目，已于 2006 年开建，预计 2008 年底投产
2	抚顺钛厂	抚顺市	0.5	1. 0		
3	中铝公司	黑龙江佳木斯			3.0	建设分一期工程和二期工程，各 1.5 万 t/a，一期工程计划 2009 年投产，总投资 40 亿元人民币，利用俄罗斯矿，采用乌克兰技术
4	恒为钛业公司	攀枝花市			2.0	一期工程 0.5 万 t/a，已于 2007 年 10 月建成投产，已生产出第一炉 5t 海绵钛，现正在整改，全部建成后总规模 2.0 万 t/a

续表 7-6

序号	厂（公司）名	厂　址	生产规模/万 $t \cdot a^{-1}$			备　注
			现有产能	扩建后总产能	新建产能	
5	攀钢（集团）公司钛厂	攀枝花市			1.5	正在平整场地，全套技术从乌克兰引进
6	攀枝花钢企金沙钛业有限公司	攀枝花市			0.5	基建已开始，即将安装设备，精制车间从乌克兰引进，钛渣原料外购
7	会泽铅锌矿钛厂	云南会泽			1.5	全套技术从乌克兰引进，尚在筹划论证中
8	云南冶炼厂钛厂	昆　明			1.5	尚在筹划论证中
9	金川公司钛厂	甘肃金川			1.5	进口肯尼亚金红石矿
10	宁夏东方钽业公司钛厂	宁　夏			1.0	
11	中信锦州铁合金股份有限公司	锦　州			1.0	
12	宝鸡 1535 工程	陕西宝鸡市			0.35	
13	山西代县钛厂	代　县			0.5	
14	洛阳双瑞万基钛业有限公司	洛　阳			1.0	
15	唐山天赫钛业有限公司	河北唐山市			1.0	
16	朝阳百盛锆业（集团）有限公司	辽宁朝阳市			0.5	
合计					19.85	其中老厂 3.0 万 t/a，新建厂 16.85 万 t/a

7.5.3 海绵钛生产过程的评价

近一个世纪以来，科学工作者研究过多种从矿石中提取金属钛的方法。最终能大规模工业生产的只有钠热还原和镁热还原 $TiCl_4$ 制取海绵钛这两种。因为镁热法海绵钛质量更好，在 20 世纪 90 年代英、日最后两家钠法工厂已关闭，现在就只剩下镁热法生产海绵钛一种方法。镁热法生产海绵钛的优点是：企业产能可大规模化，生产设备能大型化，镁钛联合一体化，工艺技术已非常成熟。目前世界近 20 万 t 的年产量，证明了这种方法的生命力。但无可讳言的是，镁热法也存在根本性的、不可克服的弱点。这就是：（1）工序多、流程长、生产过程难于连续化；（2）生产过程中必须把原料中的 TiO_2 转变成 $TiCl_4$，这就涉及到 Cl_2 及其各种氯化物的衍生物，如 HCl、$COCl_2$、CCl_4、$TiCl_4$、$TiOCl_2$、$SiCl_4$、$VOCl_3$、$FeCl_2$、$FeCl_3$、$AlCl_3$ 等，它们都是有毒、有害物质，或多或少会对环境产生污染，“三废”治理费用也高；（3）因 $TiCl_4$ 的还原剂是金属镁，它不仅价格贵，而且它本身又是用电解 $MgCl_2$ 的方法生产的，每生产 1t 镁的直流电耗就达 16.5MW · h，因此，生产海绵钛的总能耗是很高的。表 7-7 是从采、选矿开始到金属钛锭所需单位总能耗。可见，把电能和热能消耗全部折算成标准煤，生产 1t 致密金属钛锭需要标煤 20 ~ 24t。如果从富钛料生产开始到海绵钛，1t 海绵钛所需电耗也在 32MW · h 以上，其中镁电解的电耗约占 1/2。所以，流程长、间歇生产、能耗大、氯害及环境污染问题是此法的致命弱点。

表 7-7　镁热法生产 1t 金属钛锭所需的总能耗

原　矿	海滨砂矿				岩状钛铁矿			
	（24% TiO_2）		（1.4% TiO_2）		（20% TiO_2）		（30% TiO_2）	
富钛原料	人造金红石		高钛渣（90% TiO_2）		高钛渣（90% TiO_2）		高钛渣（90% TiO_2）	
	kW · h	GJ	kW · h	GJ	kW · h	GJ	kW · h	GJ
采矿与选矿	230		1898		246		95	
钛渣熔炼			5194		5400		6900	
氯　化	600		1020		1020		1020	
$TiCl_4$ 精制	2000		2200		2200		2200	
镁还原反应		38.474		38.934		38.934		38.934
干燥时用燃料		48.093		48.093		48.093		48.093
海绵钛真空蒸馏	5000		6500		6500		6500	
$MgCl_2$ 电解	16500		16500		16500		16500	
原料（镁、氯、碳）消耗的当量能耗	3500	79.843	5250	79.834	5250	79.834	5250	79.834
自耗电极熔炼	5500		5500		5500		5500	
其他（加热、惰性气体等）		12.546		12.546		12.546		12.546
合　计	33330	178.947	44062	179.407	42616	179.407	17.762	179.407
折算成标煤/t	13.465	6.113	17.801	6.129	17.217	6.129	17.762	6.129
共　计	19.578		23.93		23.346		23.891	

解决这个问题的思路是不用 $TiCl_4$ 作原料，以避开氯及其衍生物的毒害作用；不用还原剂镁，以降低能耗。于是，有人提出了 TiO_2 直接熔盐电解的方法，人称 FFC 剑桥工艺。这种方法摒弃了传统的电解法概念，不是把 Ti^{4+}（或 Ti^{3+}）离子引入熔盐介质进行电解，而是把纯净的 TiO_2 粉状原料与黏结剂混合压制成形并把它烧结制成阴极板，以石墨作阳极，在 $CaCl_2$ 熔盐中电解。这时发生阴极还原，TiO_2 中的氧以 O^{2-} 形态进入熔盐，再迁移至阳极放电并与阳极碳化反应生成 $CO_2 + CO$ 放出，纯金属钛留在阴极上。实验装置如图 7-21 所示。这种方法与传统工艺比较，过程简单而迅速，产品钛中氧的质量分数可低达 0.02%（远低于海绵钛国家标准 MHT-100 氧质量分数小于 0.06%）。这是一种能耗低、无污染的绿色生产工艺。如成功投入工业生产，可以使成本降低 50% 以上。英国钛公司已在实验室生产出 1kg 金属钛，美、日也投巨资进行了实验攻关。我国许多课题组也在实验研究。FFC 的难点在于：（1）要求有高纯的 TiO_2 原

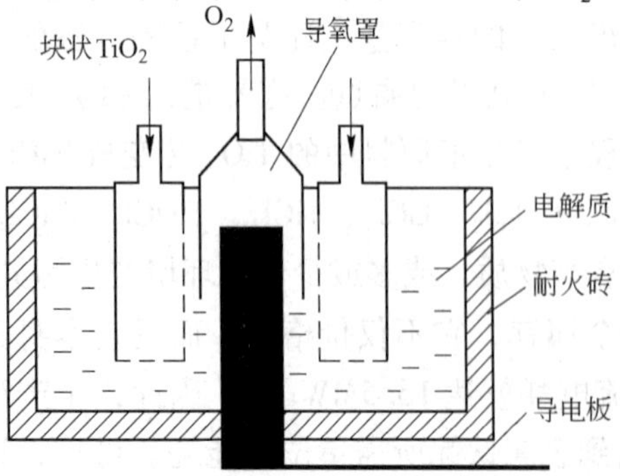

图 7-21　电解槽示意图

料；（2）要有整套 TiO_2 阴极制备工艺；（3）电解槽的密封和惰性气体保护；（4）必须解决电解过程中低价钛离子降低电流效率的问题；（5）要确定出一整套可实现工业生产的工艺参数。总之，FFC 法优点明显，但困难也不小，对此要有充分的认识。

7.5.4 海绵钛生产目前状况及发展趋势

在 2005 年以前，世界海绵钛生产呈现“三大”（日、美、独联体）“一小”（我国），美、日、俄海绵钛产能、产量及工艺技术各方面呈“三足鼎立”的局面。2005 年以后这种局面有了很大的改变，形势正在向着有利于我国的方向发展。

世界上海绵钛生产技术最先进的是日本，其次是美国、独联体。日本技术的特点主要表现在以下五方面：

（1）氯化原料 TiO_2 品位高，吃“精料”带来一系列好处；

（2）设备大型化，沸腾氯化炉直径、精馏塔直径和还原—蒸馏联合装置都比较大；

（3）各工序生产操作、控制计算机化和自动化程度高；

（4）“三废”少，生产清洁化，无公害化；

（5）生产的技术经济指标先进。

2005 年我国遵义钛业生产从千吨级迈入万吨级规模以后，企业（其他新建厂规模基本上也都是在 0.5 万 t/a 和 1 万 t/a 以上）产能规模化的目标正在实现。主要生产工序如沸腾氯化技术、浮阀塔精馏技术、还原—蒸馏联合及半联合技术、精馏塔及还原—蒸馏过程计算机控制技术、大型无隔板槽电解镁技术等已采用国际主流技术。主要设备已基本实现大型化，如已成功采用无筛板沸腾炉，且沸腾炉直径已由过去的 ϕ1.2m 增加到 ϕ2.4m（遵义钛厂）、ϕ2.56m（抚顺钛厂），8t 倒 U 形还原—蒸馏联合炉（遵义钛厂），3t、5t I 形半联合炉（抚顺钛厂）、110kA 无隔板镁电解槽等。2006 年又研制成功 12t/炉联合炉，这是目前世界上最大的还原—蒸馏炉。但与国外先进水平比较，还存在较大差距，见表 7-8 和表 7-9。主要表现在技术经济指标较差，如原料综合利用水平较低、氯耗和镁耗都高，沸腾氯化和精制除钒技术不够完善、钛回收率不够高等。另外，高钙镁钛渣大型沸腾氯化技术还未完全过关，矿物油除钒技术产生废渣废液多，氯化尾气中氯含量较高，钒、钪、硅等有价值成分的综合回收利用还是空白，大型还原反应器的反应机理、热场分布、加料方式、散热技术、防止局部过热、提高产品海绵化率、降低生产周期和提高设备产能等都需要进一步解决、改进和完善。

表 7-8 各国海绵钛生产过程各工序设备大型化现状

项 目	独联体	中 国	日 本	美 国
矿物原料	本国钛铁矿	本国钛铁矿	进口金红石 进口人造金红石	进口金红石 进口人造金红石 进口高钛渣
富钛料生产	15 ~ 24MV · A 密闭电炉生产钛渣	6300 ~ 7500kV · A 电炉生产钛渣	—	—
粗四氯化钛生产	ϕ5000mm × 8500mm 熔盐氯化炉	ϕ1.2m 和 ϕ2.4m 无筛板沸腾氯化炉	ϕ3m 沸腾氯化炉 ϕ1.9m 沸腾氯化炉	ϕ3.05m 沸腾氯化炉

续表 7-8

项　目	独 联 体	中　国	日　本	美　国
粗四氯化钛精制提纯	ϕ1000mm 和 ϕ500mm 栅板塔精馏除硅，铝粉除钒	浮阀塔精馏 铜丝塔除钒	浮阀塔精馏 矿物油除钒	浮阀塔精馏 矿物油除钒
海绵钛生产	镁还原真空蒸馏 4t/炉和 8t/炉 I 形联合炉	镁还原真空蒸馏 5t/炉和 8t/炉倒 U 形联合炉	镁还原真空蒸馏 8 ~ 10t/炉倒 U 形联合炉	Timet 引进日本技术 (8 ~ 10t/炉) Oremet 镁还原氦气扫除法 (6 ~ 10t/炉)
氯化镁电解	150 ~ 200kA 无隔板电解槽	100kA 无隔板槽	110 ~ 130 kA 多极性槽	引进加拿大无隔板槽技术
工艺控制水平	计算机控制； 机械化操作； 自动化程度高	仪表控制； 大部分人工操作； 自动化程度较低	计算机控制； 机械化操作； 自动化程度高	计算机控制； 机械化操作； 自动化程度高
产品质量	较　好	较　好	好	Timet 较好，Oremet 差些
产品规格品种	较　多	较　多	较　多	较　多
劳动生产率	较　高	较　低	高	高

表 7-9　我国与日本技术经济指标比较

指　标	中　国	日　本
氯　耗/$t \cdot t^{-1}$	2.8 ~ 3.8	0.9
镁　耗/$kg \cdot t^{-1}$	50 ~ 70	10
总电耗/$MW \cdot h \cdot t^{-1}$	约 35	<25
全流程金属实收率/%	>80	>90
还原—蒸馏电耗/$MW \cdot h \cdot t^{-1}$	5	2.5
单炉产能/t · 炉$^{-1}$	5，8，12	8，10
BHN≤100 产品(即 MHTi-0)所占比例/%	<10	>70

总之，世界海绵钛生产技术的发展趋势是：企业产能大规模化、设备大型化、原料尽可能高品位化、产品质量高纯化、生产控制计算机和自动化、生产环境无公害化。海绵钛生产今后发展的方向除继续研究 TiO_2 的熔盐电解法等新的技术并尽早使之工业化外，在相当长时间内，镁热法制钛工艺的绝对主导地位不会被动摇，因此，重点还是应对此法更进一步改进、完善。

8 $MgCl_2$ 的电解和粗镁的精炼

镁是一种重要的轻金属，它在元素周期表中属于ⅡA 族元素。纯镁呈银白色。它的化学性质很活泼，是一个很强的还原剂。镁在常温下与空气中的氧反应，在表面形成一层致密的 MgO 薄膜，可保护镁不再被氧化。但当温度高于450℃时，这层薄膜开始破裂，温度再升高时（850℃），镁就直接燃烧。粉状和薄带状镁更易燃烧。它们燃烧时发出耀眼的火焰。镁的主要物理参数见表 8-1。

表 8-1　纯镁的主要物理参数

物　理　参　数	数　值
原子序数	12
价　数	2
国际相对原子质量	24.305
原子体积/$cm^3 \cdot mol^{-1}$	13.99
晶系　密排六方晶格 晶格常数 a/nm c/nm	 0.3203 0.5200
原子半径/nm	0.16
Mg^{2+} 离子半径/nm	0.074
密度/$g \cdot cm^{-3}$ 20℃时（Mg 99.9%） 熔点时（651℃） 液体状态时（700℃）	 1.74 1.572 1.544
熔　点/℃	651
沸　点/℃	1107
熔化潜热（Mg 99.93%）/$J \cdot mol^{-1}$	8786 ± 100
蒸发潜热　1107℃/$J \cdot mol^{-1}$ 25℃时/$J \cdot mol^{-1}$	127612 ± 1500 140582 ± 2000
升华热　651℃/$J \cdot mol^{-1}$ 25℃时/$J \cdot mol^{-1}$	142256 ± 1500 146440 ± 2000
25℃时的熵/$J \cdot mol^{-1}$	32.23
20℃时热导率/$W \cdot (m \cdot K)^{-1}$	154.84
液体时体膨胀系数（651 ~ 800℃）	380×10^{-6}
电阻率（0℃）/$\Omega \cdot cm$	4.18×10^{-6}
电阻温度系数（0 ~ 100℃）	386×10^{-5}
标准电位/V	−2.38

续表 8-1

物　理　参　数	数　值
电化当量/g·(A·h)$^{-1}$	0.4535
结晶收缩率/%	3.97～4.2
收缩率（651～20℃）/%	2
651℃时的表面张力/N·m^{-1}	0.563
弹性模量/MPa（kg·cm^{-2}）	4.57×10^4（4.57×10^5）
布氏硬度/MPa（kg·mm^{-2}）	300（30）
泊松比	0.33

可以看出，镁最突出的几个性质是：

（1）熔点和沸点不是很高，在较高温度下的蒸气压较大，这在海绵钛蒸馏提纯时容易把镁分离出去；

（2）镁在固体和熔液状态时的密度不大，而电解时液镁珠易从电解质中上浮汇聚；

（3）纯金属镁虽是柔软可锻的金属，但它与 Al、Cu、Mn、Zn、Zr、Th 等形成的合金，却有优良的力学性能，因此是很好的结构材料。表 8-2 列出了镁在不同温度时的摩尔定压热容 $C_{p,m}$，摩尔相对焓 $H_T^{\ominus}-H_{298}^{\ominus}$ 和熵的数值。

表 8-2　镁的摩尔定压热容（$C_{p,m}$）摩尔相对焓（$H_T^{\ominus}-H_{298}^{\ominus}$）和熵（$S^{\ominus}$）

温度/℃	$C_{p,m}$/J·(mol·℃)$^{-1}$	$H_T^{\ominus}-H_{298}^{\ominus}$/kJ·mol^{-1}	$S^{\ominus}$/J·(mol·℃)$^{-1}$
25	24.81	—	32.09
127	26.32	2.59	40.67
427	29.71	10.98	55.86
627	32.72	17.18	63.51
827	34.06	32.70	79.96
1027	36.11	39.61	94.56
1077	36.90	—	—

镁的用途很广，在现代技术中主要用来生产镁合金。镁合金的强度高，密度小，可用作汽车、飞机、火箭、导弹、人造卫星的结构材料。由于镁的还原能力强，因此在冶金中用作一些难还原金属（如 Ti、Zr、Hf、Be、U 等）的还原剂，球墨铸铁的球化剂，有色金属冶炼时的脱氧剂；炼钢时的脱硫剂和脱氧剂；在化工中作为酒精、苯胺等有机物的脱水剂，以及用镁合金制造化工设备；在军工中镁粉和薄镁条可作为人造光源和燃烧弹、照明弹。由于镁的用途广泛，所以近年来世界镁的产量逐年增长。

8.1　氯化镁电解的基本原理

当代海绵钛厂，广泛采用镁还原 $TiCl_4$ 过程中排放的 $MgCl_2$ 作原料，进行熔盐电解制镁的流程。这样就构成了氯、镁闭路循环的工艺。

8.1.1　电解的基本原理

氯化镁电解生产金属镁工艺的实质，是用直流电流通过熔融电解质把 Mg^{2+} 离子还原为金属镁的过程。在工业上最常用的镁电解质是 $MgCl_2$、KCl、NaCl 和 $CaCl_2$ 的四组元电解质。当直流电通过熔融电解质时，阴极上析出镁，阳极上析出氯气，反应式如下：

$$2Cl^- - 2e = Cl_2 \text{（}Cl^-\text{离子在阳极上失去电子）} \tag{8-1}$$

$$Mg^{2+} + 2e = Mg \text{（}Mg^{2+}\text{离子在阴极上得到电子）} \tag{8-2}$$

根据电化学理论，在电解时某种离子传递电流时该种离子不一定在电极上放电，电流可能主要由某种离子传递，而在电极上放电的却可以是另一种离子。某种离子是否能在电极上放电则取决于该离子的电位。离子的电位越正，它就越容易在阴极上放电；反之，离子的电位越负，就越容易在阳极上放电，表 8-3 为离子的电极电位表。

在镁电解工艺中应用的电解质是 Mg、Ca、K、Na 的氯化物，也就是说四种盐的阴离子都是氯离子，氯离子能在阳极上放电，金属离子可能在阴极上放电，这取决于各种金属盐类的分解电压（见表 8-4）。

表 8-3　离子的电极电位表（25℃）

离子	Li^+	K^+	Ca^{2+}	Na^+	Mg^{2+}	Al^{3+}	Zn^{2+}	Fe^{2+}	Pb^{2+}	Fe^{3+}	H^+	Cu^{2+}	Ag^+	Cl^-
电位/V	-3.01	-2.94	-2.84	-2.713	-2.38	-1.66	-0.763	-0.44	-0.126	-0.036	0	+0.34	+0.799	+1.358

表 8-4　各种纯氯化物的分解电压　(V)

温度/℃	$MgCl_2$	NaCl	$CaCl_2$	KCl	$BaCl_2$
700	2.51		3.38		3.62
800	2.42	3.15	3.24	3.29	

从表 8-4 可以看出，电解上述盐类的混合物时，阴极上首先是镁析出。但是盐类的分解电压是可变的，它与盐的性质、温度和在熔体中的浓度有关，这些关系可以用能斯特（Nernst）方程来定量表达。对于电极反应 $M^{n+} + ne \rightarrow M$：

$$E = E^{\ominus} - \frac{RT}{nF}\ln\frac{1}{[M^{n+}]} \tag{8-3}$$

式中　$E^{\ominus}$——标准电极电位，也就是在 25℃ $[M^{n+}]=1$ 时的电极电位，V；

R——气体常数，$R = 1.987\text{cal}/(\text{mol}\cdot\text{K}) = 8.31\text{J}/(\text{mol}\cdot\text{K})$；

F——法拉第常数，$F = 96500\text{C}$（库仑）；

T——反应的绝对温度，K；

n——反应中得失的电子数；

$[M^{n+}]$——金属离子的活度，可近似地用物质的量浓度代替。

例如随着熔体中 $MgCl_2$ 的浓度降低，分解电压就会升高，当升高到一定程度时，就可能有其他离子（Na^+甚至 K^+）会与 Mg^{2+}离子同时析出。

在生产实践中与其他盐类混合在一起时，熔融 $MgCl_2$ 的分解电压要比纯 $MgCl_2$ 的高。例如当电解质中 $MgCl_2$ 的平均质量分数为 10% 时，氯化镁的分解电压为 2.736V。

8.1.2 电流效率和电能效率的计算

8.1.2.1 法拉第定律

电化学中，法拉第定律指出，当有 1 法拉第（6500 库仑）的电量通过任何电解质溶液（或熔液）时，就会在电极上获得 1mol 当量的电解产物，而与物质的本性无关。即：

1F = 96500C = 26.8A · h（安培 · 小时）

1C（库仑） = 1A · s（安培 · 秒）

1A · h（安培 · 小时） = 3600A · s（安培 · 秒） = 3600C（库仑）

对于镁电解来说，当电解槽每通过 26.8A · h 的电量时，在阴极上会析出 1mol 当量的金属镁，同时在阳极上会析出 1mol 当量的 Cl_2。

金属的电化当量定义为在阴极上通过 1A · h 的电量时所析出金属的质量（g）。也就是：

$$K(\text{电化当量}) = \frac{1\text{mol 当量的金属质量}}{26.8} = \frac{\dfrac{\text{金属的相对原子质量}}{\text{化合价}}}{26.8} = \frac{A}{nF} \tag{8-4}$$

式中　n——金属的原子价；

F——法拉第常数，A · h；

A——金属的原子量。

对于镁来说，原子量为 24.305，化合价为 2，故镁的电化当量为：

$$\frac{24.305/2}{26.8} = 0.4535\ \text{g/(A · h)}$$

它的物理意义是：每通过 1A · h 电量时可以在阴极上析出 0.4535g 金属镁。

8.1.2.2　电流效率和电解槽的生产能力

电解的主要技术经济指标是电解槽产量和电能单位消耗。电解的理论产量可以根据法拉第定律求出，即在 τ 小时内的理论产镁量为：

$$W_{\text{理论}} = KI\tau = 0.4535I\tau \tag{8-5}$$

式中　$W_{\text{理论}}$——镁的理论产量，g；

I——电解时的电流强度，A；

τ——时间，h。

由于在生产实践中镁有一定程度的损失，所以镁的实际产量（$W_{\text{实际}}$）总比根据法拉第定律求出的理论量 $W_{\text{理论}}$ 少。实际产量与理论产量的比值叫做电流效率：

$$\text{电流效率}(\eta) = W_{\text{实际}}/W_{\text{理论}} \times 100\% = \frac{W_{\text{实际}}}{0.4535I\tau} \times 100\% \tag{8-6}$$

若已知电流强度和电流效率，则 $W_{\text{实际}}$(kg) 为：

$$W_{\text{实际}} = \eta W_{\text{理论}} = \eta \times 0.4535I\tau/1000 \tag{8-7}$$

例如电解槽的电流强度为 36000A，电流效率为 90%，则每昼夜的镁产量应为：

$$W_{\text{实际}} = 0.9 \times \frac{36000 \times 0.4535 \times 24}{1000} = 353.03\text{kg}$$

如果 36000A 电解槽的昼夜实际产镁量为 340kg，则其电流效率为：

$$\eta = 340 \times 1000/(36000 \times 0.4535 \times 24) = 86.67\%$$

由电流效率的公式可见，在电流强度一定的条件下，电解槽的产量和电流效率成正比。电流效率越高，镁的产量越高。

如果知道阳极电流密度 D_a，阳极的工作高度 h_a，宽度 B_a，又一个电解槽的阳极个数为 n，则电解槽的产量(g/h)可按式 8-8 计算：

$$W_{实际} = 0.4535 D_a h_a B_a \cdot 2n\eta \tag{8-8}$$

槽底面积为 S，则单位槽底面积的生产率(g/(m^2 · h))为：

$$W_{槽底} = 0.4535 D_a h_a B_a \cdot 2n \cdot \eta / S \tag{8-9}$$

8.1.2.3 电能消耗和电能效率

电解时，在 τ 时间内的电能消耗为：

$$Q_\tau = VI\tau/1000 \tag{8-10}$$

式中 Q_τ——电能耗量，kW · h；

V——电解槽槽电压，V；

τ——时间，h。

一定时间内的电能消耗量，以同一时间内电解槽产量来除，则得到电能的单位耗量(kW · h/kg)：

$$Q_{实际} = \frac{Q_\tau}{W_{实际}} = \frac{\dfrac{VI\tau}{1000}}{\dfrac{\eta \times 0.4535 \times It}{1000}} = \frac{V}{\eta \times 0.4535} \tag{8-11}$$

电解槽的槽电压：

$$V = E + \frac{LD}{x} + IR \tag{8-12}$$

式中 E——$MgCl_2$ 的分解电压，V；

L——极间距，cm；

D——电解质中的电流密度，A/cm^2；

x——电解质的电导率，S/cm；

IR——电解槽外电路的电压降，V。

例如某电解槽的槽电压为 6.5V，电流效率为 88%，则单位电耗为：

$$Q_{实际} = 6.5/(0.88 \times 0.4535) = 16.28 \text{kW} \cdot \text{h/kg}$$

由上式可知，电能单耗和电流效率成反比，而与槽电压成正比。理论上电能应只消耗于 $MgCl_2$ 的分解上。但实际上输入电解槽的电能只有一部分消耗在 $MgCl_2$ 的分解上，而其余部分消耗在补偿电解槽的热损失上，使电解槽保持一定的工作温度。这样就有两个电能单耗数据，一个是理论单位电耗($Q_{理}$)，也就是直接用于分解 $MgCl_2$ 的电能，另一个是实际电解槽的单位电耗($Q_{实}$)，这两个数值的比率就是电能效率：

$$\eta_{电能} = \frac{Q_{理}}{Q_{实}} \times 100\% \tag{8-13}$$

理论耗电量是根据 $MgCl_2$ 在一定温度下分解成元素的反应热效应来确定的。

电解出 1kg 金属镁所需的理论电能量是：

$$Q_{理论} = \Delta H/(24.305 \times 860 \times 4.184) \tag{8-14}$$

式中 ΔH——$MgCl_2$ 的分解热，在 710 ~ 730℃时为 142500 kcal/mol = 596220kJ/mol；

24.305——镁的原子量；

860——1kW · h 电能的热当量，kcal；

4. 184——单位换算系数，1kcal = 4. 184kJ。

将式 8-14 中数据代入式 8-13：

$$\eta_{电能}=\frac{Q_{理}}{Q_{实}}=\eta\times\frac{596220\times0.4535}{V\times24.305\times860\times4.184}=\eta\times\frac{3.095}{V} \tag{8-15}$$

例如在电流效率 $\eta=88\%$，槽电压 $V=6.5V$ 时，$\eta_{电能}=\frac{0.88\times3.095}{6.5}=41.90\%$。

可见，电解炼镁过程的电能效率是不高的。由电能单耗的公式和电能效率的公式可以看出，在其他条件相同的情况下，镁电解槽的单位电能消耗量与电流效率成反比，而电能效率与电流效率成正比。由于电流效率对电解各项经济技术指标有重要影响，下面进一步讨论影响电流效率的诸因素。

8. 1. 3　各种因素对电流效率的影响

由于电流的空耗（如漏电、其他离子放电等）和镁的损失，电解过程的电流效率总是低于 100%。在正常条件下，造成电流效率降低的主要原因是镁的损失。镁的损失包括镁与氯反应的损失、镁与其他杂质作用的损失、燃烧损失和机械损失（如沉入渣中）。电解槽槽渣的含镁量约为 3% ~4%，渣率按 0. 2t/t 的话，渣中镁损失不到 1%。据研究，镁的燃烧损失在整个镁损失中占的比例也很低，约在 2% 以下。工业电解槽电解质中杂质含量不高，杂质直接与镁作用造成的损失也很小。故在正常电解情况下，镁的损失应以与氯作用造成的损失最为严重。理论研究及工业实践都表明，镁的分散度对镁与氯的作用影响最大。以下主要从这方面讨论各种因素对电流效率的影响。

8. 1. 3. 1　电解质成分的影响

电解纯的熔融 $MgCl_2$，由于其熔点高，电导率低，其他理化性质也不够理想，因此在技术、经济上是不合理的。镁电解的电解质实际上是由 $MgCl_2$-NaCl-KCl-$CaCl_2$ 组成的多元系混合熔体。影响镁汇集性能的电解质各物理化学性质中，最重要的是表面性质、密度和黏度。

A　电解质的表面性质

电解炼镁过程中，电解质与气相（氯气、空气）、固相（阴极、阳极、内衬、槽渣）和熔镁之间的界面张力具有重要的意义。由于镁能很好地在阴极上汇集长大，氯气能在阳极上附聚，以及镁能在电解质表面汇集并为电解质覆盖保护，是获得高电流效率的必要条件，因此，电解质与阴极、阳极、空气之间的界面张力具有特别重要的作用。在电解质表面，镁、电解质、空气三相共存的情况如图 8-1*a* 所示。平衡时，三相之间的界面张力有以下关系：

$$\sigma_{气-镁}=\sigma_{气-电解质}+\sigma_{镁-电解质}\cos\theta \tag{8-16}$$

即当 θ 小于 90°，$\sigma_{气-镁}>\sigma_{气-电解质}$时，镁能被电解质很好覆盖，将空气隔绝。由于浮力的作用，熔镁略高于电解质表面并呈扁平状，如图 8-1*b* 所示。

电解质主要成分与气相间的表面张力随温度变化，它随温度升高而降低。纯组分的表面张力依 $MgCl_2$→KCl→NaCl→$CaCl_2$ 的次序增大。在 NaCl-$MgCl_2$ 和 KCl-$MgCl_2$ 这两个二元系中，表面张力随 $MgCl_2$ 含量的增加而降低。从电解质对镁的保护来考虑，$MgCl_2$ 和 KCl 呈现良好的影响，而 NaCl 产生不利作用。尤其在 NaCl 和 $CaCl_2$ 含量都比较高时，镁将明

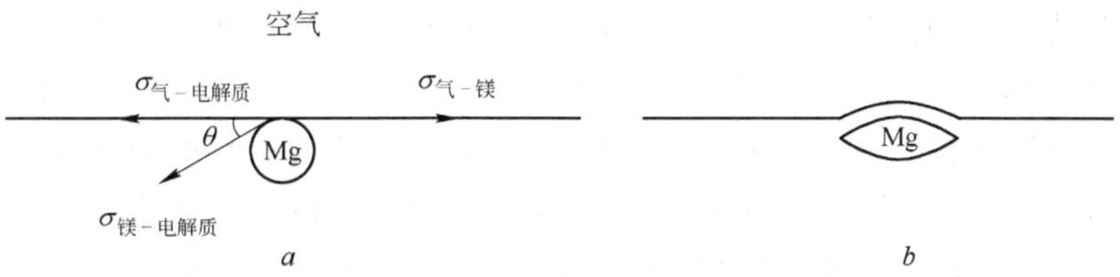

图 8-1 镁在电解质表面的状态

显露出电解质表面，得不到很好的保护。此时，镁的燃烧损失势必较大。

镁在阴极上和氯在阳极上析出时能否汇集得好，分别与电解质对钢阴极和石墨阳极的润湿性有很大关系。图 8-2 表示电解质-镁-阴极三相共存时的情况。当三相处于平衡时，相间张力符合下列关系：

$$\sigma_{Mg-阴} = \sigma_{电-阴} + \sigma_{电-Mg}\cos\theta \tag{8-17}$$

$$\cos\theta = \frac{\sigma_{Mg-阴} - \sigma_{电-阴}}{\sigma_{电-Mg}} \tag{8-18}$$

当 $\sigma_{Mg-阴} > \sigma_{电-阴}$，则 $\cos\theta > 0$，电解质能很好湿润阴极（如图 8-2*a* 所示）。相反，当 $\sigma_{Mg-阴} < \sigma_{电-阴}$，则 $\cos\theta < 0$，镁能很好湿润阴极（如图 8-2*b* 所示）。同样，对于氯气在阳极上的析出，若电解质对阳极的湿润性很好，则氯不能很好附聚；相反，若电解质对阳极的湿润性变差，则氯气能较好附聚。

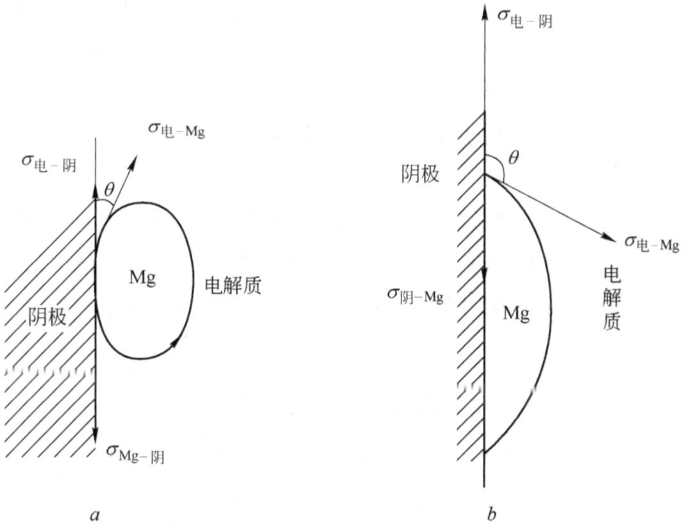

图 8-2 镁-阴极-电解质三相共存的状态

在镁电解质基本成分中，$MgCl_2$ 对钢阴极的湿润角较大，它能增大电解质与阴极的湿润角，从而有利于镁在阴极上的汇集长大。因此，$MgCl_2$ 浓度增大，应能使镁的分散度降低。此外，$MgCl_2$ 的表面张力较小，$MgCl_2$ 含量较高的电解质对电解质表面的镁层起着良好的保护作用。但是，$MgCl_2$ 含量高时，镁在电解质中的溶解度增大，电解质水解严重，导电性降低，挥发性增大；而 $MgCl_2$ 浓度过低，碱金属离子放电，也会使电流效率降低。根据电解原料和电解槽型的不同，目前工业电解槽电解质中 $MgCl_2$ 含量（质量分数）的波动范围较大，从加料前的 7% ~8% 至加料后的 15% ~16% 或 25%。

NaCl 能增大电解质与电极间的湿润角。当 $MgCl_2$ 含量一定，电解质与阴极的湿润角随 NaCl 与 KCl 的比值升高而增大，这对镁在电极上的汇集长大是极为有利的。此外，NaCl 还能提高熔体的导电性能。所以工业电解生产中，电解质 NaCl 一般含量（质量分数）较高，有的甚至达到 50% ~60%，$CaCl_2$ 与 $BaCl_2$ 能增加电解质的密度，起到增重剂的作用，使镁易于上浮，与电解质分离。但 $CaCl_2$ 和 $BaCl_2$ 也能使熔体黏度增加。而镁珠在熔体中的上升速度 v 和熔体与镁的密度差以及熔体的黏度都有关系：

$$v = 2\sqrt{\frac{d\ (\rho - \rho_0)\ g}{3f_s\rho}} \tag{8-19}$$

式中　d——镁珠直径，mm；

$\rho - \rho_0$——熔体与镁的密度差，g/cm³；

g——重力加速度，m/s²；

f_s——与熔体黏度有关的系数。

因此，$CaCl_2$ 的含量应从对密度和黏度的影响综合考虑。此外，为减少镁的氯化损失，上浮在电解质表面的镁珠不应露出电解质太高。镁珠露出电解质部分的体积 V 可由式 8-20 确定：

$$V = \frac{\rho - \rho_0}{\rho} \tag{8-20}$$

KCl 的表面张力较小，使电解质对阴极的湿润性能变好，故不利于镁在阴极上的汇集长大。但 KCl 能使电解质湿润镁层表面，起到较好的保护作用。KCl 还能减轻电解质的水解，并降低镁在电解质中的溶解度。权衡其利弊，若以不含 KCl 的氯化镁为原料时，电解质中可不添加 KCl，或让其含量保持在较低的范围内。

B　电解质的密度

电解质的密度随电解质成分和温度而变化。镁和电解质主要成分的密度如表 8-5 所示。$MgCl_2$ 和 $CaCl_2$ 使电解质熔体密度升高，而 KCl 使熔体密度降低。在含 10%（质量分数）$MgCl_2$ 的 $MgCl_2$-NaCl-$CaCl_2$-KCl 四元系熔体中，$CaCl_2$ 对熔体密度的增加起着最重要的作用。

表 8-5　镁和电解质主要成分的密度　　(g/cm³)

温度/℃	Mg	$MgCl_2$	KCl	NaCl	$CaCl_2$	$BaCl_2$	LiCl
651	1.65	—	—	—	—	—	—
700	1.54	—	—	—	—	—	1.454
722	—	1.686	—	—	—	—	—
742	—	1.668	—	—	—	—	—
750	1.47	—	1.539	—	—	—	1.434
772	—	—	1.515	—	—	—	—
800	—	—	—	1.547	2.05	—	1.414
814	—	—	—	1.541	—	—	—
850	—	—	—	—	2.03	—	—
1000	—	—	—	—	—	3.12	—

在现行镁电解槽中，镁液是浮在电解质熔体表面上的。为使镁珠很好地上浮，以便与电解质充分分离开，液镁与电解质熔体间应有一定的密度差，一般认为这一差值以0.09～0.15g/cm^3 为宜。此时镁呈近似球状浮在电解质表面上，但露出电解质表面不多。如果密度差过大，镁呈薄层状，且露出电解质表面过多，会使镁燃烧损失较严重。在通常的电解质成分中，$CaCl_2$ 和 $BaCl_2$ 能增加电解质的密度，而以 $BaCl_2$ 的作用更显著，且含 $BaCl_2$ 的电解质发生水解的可能性比含 $CaCl_2$ 的小。

C 电解质的黏度

电解质的黏度与电解质的成分和温度有关。电解质基本成分的黏度为：

电解质成分	NaCl	KCl	$MgCl_2$	$CaCl_2$
黏度/Pa · s	1.44×10^{-3}	1.30×10^{-3}	4.96×10^{-3}	4.92×10^{-3}
(CP)	(1.44)	(1.30)	(4.96)	(4.92)
	(821℃)	(810℃)	(751℃)	(800℃)

可见，在电解质基本成分中以 $CaCl_2$ 和 $MgCl_2$ 的黏度最大。在 $MgCl_2$-NaCl-$CaCl_2$-KCl 四元系电解质中，熔体黏度随 $CaCl_2$ 含量的增加而显著增大。在镁电解生产中，希望电解质熔体的黏度低一些为好，以便镁和槽渣能与电解质熔体很好地分离。

由于镁电解质的各种成分对电流效率的影响较为复杂，所以有人在结构与工业电解槽相似的实验室电解槽中研究了各种组成的电解质的电流效率，其结果列于表 8-6 中。从表 8-6 中可以看出，电流效率主要随 NaCl 含量的增加而提高，而同一电流效率可以在较宽的 $CaCl_2$ 浓度范围内出现。还可以看出，当极距较小时，电解质成分对电流效率的影响较大。

表 8-6 电解质组成对电流效率的影响

(D_a =0.91A/cm^2，h_a =100cm，$MgCl_2$ 含量 10%（质量分数）)

NaCl : KCl	电解质组成（质量分数）/%			不同极距时的电流效率/%			
	$CaCl_2$	NaCl	KCl	8cm	6cm	4cm	2cm
1 : 1	10	40	40	84.4	83.5	80.3	94.6
	20	35	35	82.5	—	—	—
	30	30	30	84.5	83.5	79.8	70.9
	45	22.5	22.5	88.1	85.3	81.2	77.3
3 : 1	10	60	20	83.1	81.0	78.1	73.2
	20	52	18	—	85.6	—	—
	30	45	15	92.0	92.2	90.8	85.2
	45	33	11	93.2	93.3	90.5	84.6
6 : 1	10	68	12	83.1	83.0	81.8	79.8
	20	60	10	84.1	84.1	80.8	—
	30	51.5	8.5	93.6	91.8	92.2	86.7
	45	38.5	6.5	94.5	94.1	92.5	90.9

必须指出，电解质成分是根据所采用的原料来选择的。当电解从钛生产过程中产生的 $MgCl_2$ 时，电解质成分可以在较宽的范围内调整。目前国外所用电解质成分如表 8-7 所示。

表 8-7　工业电解槽电解质成分（质量分数）　(%)

$MgCl_2$	NaCl	$CaCl_2$	KCl	MgF_2	原　料
15	50	35			日本东邦镁钛工艺的 $MgCl_2$
18 ~ 23	55 ~ 58	20 ~ 25		2	日本大阪镁钛工艺的 $MgCl_2$，无隔板槽
10 ~ 20	35 ~ 55	0 ~ 4	35 ~ 45		镁钛工艺的 $MgCl_2$
4 ~ 14	8 ~ 12	2 ~ 4	62 ~ 74		光卤石与镁钛工艺的 $MgCl_2$

8.1.3.2　杂质的影响

从杂质的行为可以知道，杂质造成镁损失的原因有三种：

（1）与镁反应；

（2）杂质本身或杂质与镁反应生成的 MgO 被镁吸附，妨碍镁的汇集，使镁分散，或使镁的密度增大，落入槽底；

（3）使阴极钝化，镁不能汇集好，易于氯化或氧化而损失。

在正常杂质含量范围内，以上三个原因以第二个为主。当电解质中杂质含量超出正常范围时，镁的损失显著增大，电流效率剧烈下降。例如：电解槽加料中含 1%（质量分数）的水分，电解槽在一段时间内将不产镁；电解质中含铁 0.1% ~0.5%（质量分数），电解槽也很长一段时间不产镁；电解质中含锰 0.02%（质量分数），电流效率由 81% 降至 76%；电解质中含硼 0.001% ~0.002%（质量分数），镁便强烈分散，电流效率降至 50% ~60% 等。故电解质或电解原料中杂质含量应限制在一定范围以内。将文献记载的杂质含量规定范围列于表 8-8 中。

表 8-8　镁电解槽加料或电解质的杂质含量（质量分数）　(%)

杂质								
H_2O	MgO	SO_4^{2-}	$FeCl_3$	B_2O_3	Mn	Ti	C	SiO_2
<0.1	<0.2	<0.05 (SO_2)	<0.04 (Fe)	<0.001 (B)	<0.1 ($MnCl_2$)	<0.005	<0.2	
<0.1	<0.5	<0.03 (SO_3)	<0.04	<0.002	<0.06	<0.008		
<0.1	<0.3	<0.03 (SO_3)	<0.04	<0.002				

8.1.3.3　温度的影响

为获得高的电流效率，镁电解时应有一最适宜温度。一般来说，温度过高，由于镁的分散更严重，分散的镁粒更细，因而镁的溶解面积增加，或者镁粒与氯气接触的机会增多；同时，镁的溶解度增大，电解质黏度变小，扩散速度加快，化学反应速度加快，因而镁的损失增加。温度过低时，熔体黏度增大，镁与电解质分离不好，也造成镁损失增加。因此温度过高或过低都不好。最适宜的温度与电解质的成分以及电解槽的结构、操作特点等有关。在有隔板电解槽中，一般为 700℃左右（650 ~730℃），显然操作略高于镁的熔点（651℃）和电解质体系的初晶温度。

8.1.3.4　添加剂的作用

为提高电流效率，工业电解槽电解质中常加入 2% ~3% CaF_2、NaF 或 MgF_2。氟化物的作用在于增加电解质与阴极间的界面张力，改善镁在阴极的析出条件。同时，氟化物还能溶解镁珠表面的氧化镁薄膜，使镁能更好汇集。当电解质中有硼存在时，氟化物的良好作用将被抵消。

8.1.3.5 电流密度和电解槽结构参数的影响

电解过程中，假如没有电流空耗和第二种离子放电，则电流效率主要取决于镁损失。显然，电流效率随阴极电流密度的增加而提高，可以用式 8-21 计算：

$$\eta = 1 - \frac{\Delta m}{Kd_{阴}} \times 100\% \tag{8-21}$$

式中 η——电流效率,%；

K——镁的电化当量，0.4535g/A · h；

$d_{阴}$——阴极电流密度，A/cm^2；

Δm——镁损失，$g/(cm^2 \cdot h)$。

实际电解过程中，镁的损失与镁氯分离的好坏有密切的关系，而镁氯分离的好坏与电解质、镁和氯气的运动特点有关。电解质、镁和氯气的运动特点又受阳极电流密度、极距和阳极工作高度的共同影响，如表 8-9 所示。

表 8-9 电流密度、极距和阳极工作高度对电流效率的影响

阳极电流密度 /$A \cdot cm^{-2}$	阳极工作高度 /cm	不同极距时的电流效率/%			
		2cm	4cm	6cm	8cm
0.7	80	86.4	91.6	92.0	93.0
0.5	100	86.3	90.8	93.0	92.7
0.6	100	86.8	91.5	92.8	93.3
0.7	100	86.3	91.0	91.1	91.8
0.8	100	86.7	91.8	92.1	—
0.3	120	71.4	74.9	80.3	81.5
0.45	120	79.2	79.5	81.5	82.2
0.6	120	80.1	81.0	82.0	83.0
0.7	120	79.6	81.0	82.0	—

阳极电流密度、极距、阳极工作高度对电流效率影响的实质在于它们影响电解质、镁、氯气的运动状况。图 8-3 是上插阳极镁电解槽纵剖面示意图。槽内物料按一定方式做循环运动，阳极析出的氯气带动电解质从Ⅰ区上升，氯气进入Ⅳ区后，通过电解质—气体界面离开电解质。由于表面张力的作用，氯气的逸出受到妨碍，故在此区内充满氯气泡。氯气泡有可能经隔板下沿进入Ⅱ区。电解质从Ⅰ区经阴极板斜面与隔板下沿进入Ⅱ区，然后经过Ⅲ区返回Ⅰ区。镁粒随电解质进入Ⅱ区后，由于密度小而上浮至电解质表面。固体物质则在Ⅲ区沉入槽底。部分镁粒可能进入Ⅳ区，在此与氯气反应。也有部分镁珠进入Ⅱ区后没有上浮而随电解质循环，然后在Ⅰ区与氯反应而消耗。由此可知，合理的结构参数应使电解质、氯气、镁、渣等都能按一定的路线运动，彼此很好分离。Ⅳ区的底界应刚好与隔板下沿相平，若高于隔板下沿，镁珠将积留在Ⅳ区内。同时，应使Ⅳ区内的 Cl_2 有足够的逸出速度，否则 Cl_2 会进入Ⅱ区。确定正确的循环取决于电流密度和 h_a、h_k、h_d、L_d 的值，以及比值 h_a/L_k、h_a/L_d 等。当 h_a/L_k 较高时，Ⅰ区（见图 8-3）内的电解质流动较

规则，随着 L_k 的增加，Ⅰ区电解质的流动愈来愈混乱，这就影响了镁、氯的分离。

8.1.3.6　阴极材料的成分和组织结构的影响

一些试验表明，阴极析出的镁对阴极的覆盖性能与钢阴极的碳含量有关。随着碳含量的增高，镁粒平均粒径减小，粒子数增加。这是由于随着碳含量的增加，钢的组织结构发生变化，铁素体相减少，珠光体相增加，因而使镁的湿润性变差。当钢中出现过剩的石墨相时，镁的湿润性更差。新阴极在使用过程中，由于镁与钢作用发生阴极脱碳现象，而在镁珠周围形成石墨薄膜。这层石墨薄膜会妨碍镁的汇集。阴极在使用过程中，与钢中组织结构发生变化的同时，铁素体晶粒长大。与原来晶粒细小、表面能较高的状态相比，较大的晶粒不易吸附不溶性固体杂质，因而使阴极不易钝化。由于钢阴极的脱碳及结晶长大，所以使用旧阴极启动电解槽时，启动周期可以明显缩短。

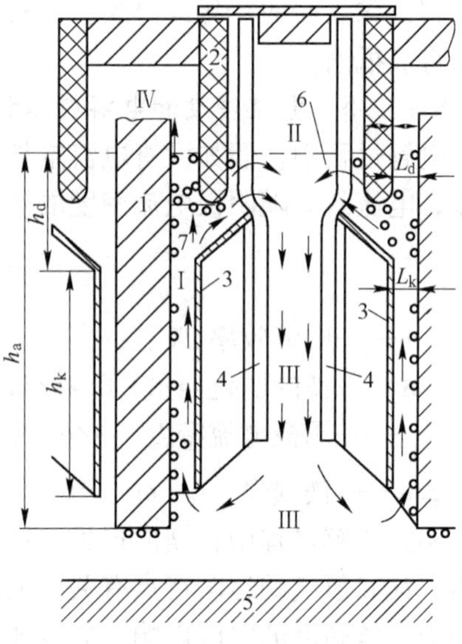

图 8-3　镁电解槽纵剖面示意图

Ⅰ—极间空间区；Ⅱ—集镁区；Ⅲ—沉渣区；Ⅳ—集氯区

1—阳极；2—隔板；3—阴极工作面板；4—阴极平衡杆；5—槽底；6—电解质水平；7—充满氯气泡的熔体下界

8.2　镁电解的主要设备

8.2.1　电解槽

镁电解过程是在电解槽中进行的。根据电解的原料不同，世界各国采用不同槽型的电解槽。对于用无水氯化镁为原料生产金属镁的过程，通常采用有隔板电解槽（IG 型）。近年来又发展了一种新的槽型——无隔板电解槽（Alcan 型）。我国目前生产上应用的是有隔板镁电解槽。新型的无隔板电解槽在加拿大、日本、美国等国已应用在工业生产上。我国在无隔板电解槽方面已进行了 7500A 和 36000A 和 64000A 的工业试验，取得了一定的成果，为进一步应用在工业生产上奠定了良好的基础。

8.2.1.1　有隔板电解槽

有隔板电解槽如图 8-4 所示。顾名思义，就是用隔板把阳极和阴极分开，避免阴极上析出的金属镁和阳极上析出的氯气发生逆反应。阳极从上部插入，固定在阳极室中，故又可称为上插阳极式有隔板电解槽（IG 型槽）。

电解槽上的阳极用石墨制造，固定在阳极室中。阳极的下部浸入熔融的电解质中，上端两侧由铜母线夹紧。外来的电流由直流输电母线经过软母线传至铜母线，再由铜母线传至石墨阳极。为了减少输电中不必要的电压损失，必须保证软母线与铜母线之间和铜母线与石墨电极之间的接触电阻尽可能地降低。通常要求铜—铝之间接触电压不大于 10mV，铝—铝之间不大于 15mV，铜—石墨之间不大于 15mV，铝—铁之间不大于 35mV。

A　阳极

阳极在工作时通过强大的直流电流，而且下部浸在 700℃ 的熔融电解质中，所以阳极的上部温度也很高，可以高达 200 ~ 300℃。在这样的温度下石墨很容易氧化，使阳极很

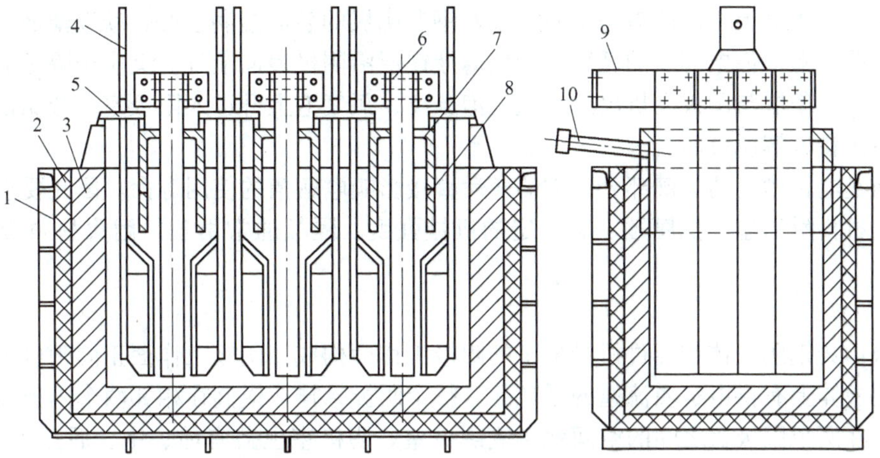

图 8-4 上插阳极有隔板镁电解槽

1—槽壳；2—保温层；3—耐火砖层；4—阴极；5—阴极支承杆；6—阳极；
7—阴极室；8—隔板；9—阳极母线；10—阴极氯气导管

快损坏。为了保护石墨，延长阳极的使用寿命，通常在制作拼装阳极前，将石墨板放在相对密度为 1.55 ~ 1.6 的正磷酸溶液中浸渍 10 昼夜，浸酸后的石墨板在 25 ~ 30℃的条件下干燥 7 ~ 8 昼夜，再在 100 ~ 120℃的干燥室中干燥 1 ~ 2 昼夜。经过这样处理的石墨板正磷酸渗入石墨的孔隙中，而在温度为 270 ~ 290℃时，正磷酸可以脱水软化为玻璃态的偏磷酸，这种玻璃态的偏磷酸充塞了石墨的孔隙，从而减慢了石墨在高温下的氧化过程。据报道，也有直接用偏磷酸浸渍石墨阳极的处理技术。阳极的外露部分还可以涂上以长石粉、辉绿岩粉与水玻璃混合组成的涂料。制作阳极用的石墨要求电阻率不大于 $11 \times 10^{-4}\Omega \cdot cm$，抗压强度不小于 16MPa（$160kg/cm^2$）。

B 隔板

在阳极盖的下部两侧安装隔板，用以分离阴、阳电极的电解产物。隔板浸入电解质中 20 ~ 25cm，形成液封。这样由阳极析出的氯气在电解质中垂直上浮进入阳极室空间，然后再从阳极室后部的陶瓷氯气导管离开电解槽。在电解进行时，阳极上 Cl^- 放电而生成微小的氯气气泡上升，在熔融电解质中带动电解质向上运动；同时，夹在阴、阳极之间的那部分电解质由于电流的加热作用，温度升高，密度变小，向上运动，而上部表面熔融电解质由于散热，温度有所下降，密度增加，又开始下沉。这个过程只要有电流通过就不断地继续，也就是在熔融电解质中存在一个电解质的循环。这个循环的存在使整个槽膛中的熔融电解质的温度和成分趋于均匀。图 8-5为电解质循

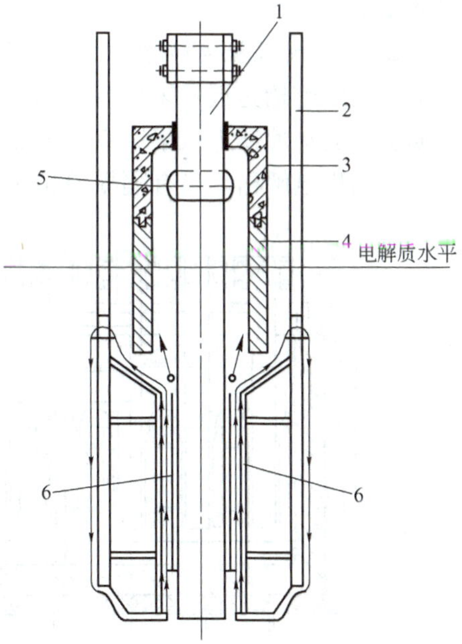

图 8-5 电解质循环示意图

1—石墨阳极；2—阴极体；3—阳极盖板；
4—阳极隔板；5—氯气出口；6—阴极工作面

环示意图。在阴极上析出的液态熔融镁如对钢制阴极的表面湿润性好，就以薄液镁层的形式附着在阴极上，借电解质的循环作用使薄液镁层沿阴极表面上升。又由于隔板的分离作用分别使薄液镁层与阳极上析出的小氯气泡分离，氯气泡上升进入阳极室，金属镁上升进入阴极室漂在电解质表面。

隔板是电解槽上的关键部分，它的寿命直接影响电解槽的使用寿命。因此要求制造隔板的耐火材料耐高温、抗腐蚀、有一定的机械强度。隔板通常由三块耐火材料板凹凸嵌接。

C 阴极

阴极由铸钢阴极体和经过机械加工的阴极工作面构成。阴极工作面正向阳极与阳极平行。在阴极体上有供电解质流通的循环孔。整个阴极悬挂在横搁在相邻两个阳极盖上的铸钢条上，在两个阳极盖之间的空间就形成阴极室。阴极室上盖有前、中、后三个阴极盖。打开阴极前盖就可以进行加 $MgCl_2$ 熔体、出镁、捞渣等工作。阴极后盖上有阴极气体排出口与排气系统相连。为了保护阴极不受氯气的腐蚀和高温的氧化，常在阴极的外露部分表面涂以长石粉水玻璃保护涂层。

D 槽壳和内衬

电解槽的槽壳通常由耐热钢板构成。其作用是容纳电解槽的内衬砌体，并承受内衬膨胀时的应力。槽壳的内壁贴有一层 5 ~ 10mm 厚的石棉板或硅酸铝陶瓷纤维板作为绝热层，然后砌一层硅藻土保温砖。这些绝热材料可以减少电解质在工作时的高温对周围环境散热造成热损失。在保温层的里面砌有耐火材料层，形成电解槽的槽膛空间，用以盛放电解质。由于在工作条件下电解质温度很高，而且熔融态的电解质在槽膛中还有循环，电解产生的阳极氯气又有强烈的腐蚀性，所以对槽膛的砌筑和对耐火材料质量都有严格的要求。

8.2.1.2 无隔板电解槽

无隔板电解槽是近年来出现的新型镁电解槽（见图 8-6），它有两种类型。一种是借电解质循环运动使镁进入集镁室的无隔板电解槽；另一种是借导镁槽使镁进入集镁室的阿尔肯型无隔板电解槽。与有隔板槽相比，后一种有不少优点：由于取消了隔板，电解室中

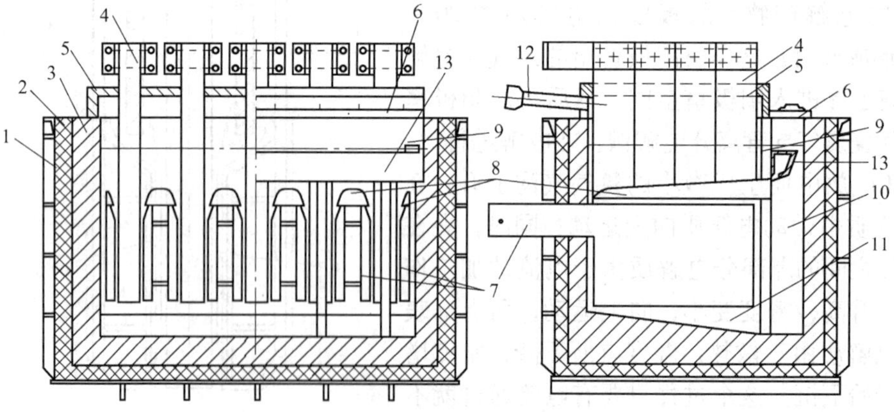

图 8-6 无隔板电解槽

1—槽壳；2—保温层；3—耐火砖层；4—阳极；5—阳极盖；6—集镁室盖；7—阴极；8—导镁槽；9—隔墙；10—集镁室；11—电解室；12—氯气出口管；13—集镁箱

没有阳极室和阴极室，所以它的槽体结构紧凑，阴、阳极间的极距减小，槽电压可以降低，且单槽产能大；阴极上析出的镁从阴极上部埋浸在电解质中的导镁槽导到集镁室中，金属镁的损失减少，使电流效率提高，电耗降低（吨粗镁可节电约3000kW·h）；另外由于采用整体槽盖，没有阴极排气，从而提高了氯气的产量和浓度；无隔板槽的工作状态稳定，操作方便，降低了操作人员的劳动强度，是一种有发展前途的新槽型。

无隔板电解槽与有隔板电解槽最大的不同，就是没有分隔阴极和阳极的隔板来分隔氯气和金属镁。无隔板槽的阴极是从纵墙插入槽内的，阴极采用框式结构，为了增大有效工作面。在无隔板电解槽中，阴极的上部安装有导镁槽。导镁槽和阴极工作面全部浸埋在熔融电解质中。顶部倾斜的导镁槽的一端在隔墙外开口。隔墙把电解槽的槽膛分为电解室和集镁室两部分。电解时镁珠在阴极上析出后就在电解质中上浮，进入顶部的导镁槽，然后沿着导镁槽离开电解室导入集镁室。从镁珠产生直到最终离开电解室进入集镁室的整个过程，都埋在熔融电解质中，这就减少了氯气与金属镁发生逆反应的可能性。

导镁槽的一端与集镁室相通，隔墙把电解槽分隔成电解室和集镁室，但其下部是相通的，这就形成了一个电解室和集镁室之间的循环通道。在进行电解的过程中，除了与有隔板槽相同的阴阳极之间的电解质循环外，还有由于室间温差和极间循环而产生的电解室和镁集室之间的电解质循环。这个循环的存在使电解室和集镁室中的电解质成分和温度趋于一致。

阳极从整体盖上插入电解室下端浸入熔融电解质中。整个电解室中电解质上部的空间是连通的，都密封在整体槽盖下。产生的阳极氯气从槽盖上部的后侧开孔排出槽外。整个电解过程中没有阴极气体。由于密封性较好，所以减少了氯气泄漏损失和热量损失，氯气的产量要比有隔板槽相应增加 150kg/t，氯气浓度也可提高到90% ~95%。

无隔板电解槽的槽底往往有一定的斜度向集镁室方向倾斜。电解过程中产生的槽渣可以从斜底进入集镁室底部，出渣时可以从集镁室把槽渣清出。集镁室的上部设有长方形倒置集镁箱，浸埋在电解质中。这样集中的金属镁就汇集在集镁箱中，一方面可以避免熔融金属镁与空气接触发生氧化；另一方面在集镁箱中汇集的熔融金属镁有一定的镁层厚度，埋浸在熔融的电解质中静置澄清，可以起到精炼的作用。整个电解过程中的重要操作，如加料、出镁、捞渣等工作，均在集镁室中进行，为操作机械化创造了条件。

过去一段时间，国际上在无隔板电解槽的结构方面做了不少工作。例如为了减少集镁室的热损失，有采用两边电解室、中间夹一个集镁室的槽型布置的；也有采用在阳极的两端面设置横阴极以增大电极的有效工作面积的；还有采用方框式阴极电解槽的。

随着企业规模的扩大，我国遵义钛厂和抚顺钛厂过去采用的 36kA 有隔板小型槽已不能满足生产需要而被淘汰，现采用进口的 105kA 和 110kA 大型无隔板电解槽。

8.2.2 氯压机和阳极氯气处理系统

8.2.2.1 阳极氯气处理系统

电解过程中，阳极上析出氯气。从理论计算，每生产 1t 金属镁能得到 2.6 ~2.75t 阳极氯气。这些阳极气体从每台电解槽的阳极气体支管导入氯气总管。在导出的气体中，除了氯以外还有从熔融电解槽表面挥发的氯化物，同时还有少量从环境中漏入的气体。阳极气体中含氯在 85% ~90% 左右。在电解槽阳极气体出口管处的温度可达 250℃以上。氯气出口管必须满足耐热、抗腐蚀和绝缘等条件，常采用陶瓷管或耐酸铸铁管。

阳极氯气离开电解槽后，温度就显著下降。这时从高温的电解质中挥发出来的氯化物就会冷凝成粉末状细粉，称为升华物。因此阳极氯气总管中安有链式刮板运输机，定期开动刮板运输机就可以把氯气总管中冷凝沉积下来的一部分升华物排走。

氯气总导管把阳极氯气引入布袋过滤器。布袋过滤器中的布袋用来过滤阳极气体中没有在氯气总管中冷凝沉降下来的那部分升华物细粉，使阳极氯气进一步净化。布袋常用石棉布或玻璃纤维布制作。布袋需定期清理，以维持过滤器不失效。

8.2.2.2　氯压机

在整个处理阳极氯气的流程中，阳极氯气的流动靠氯压机带动。氯压机（又称纳氏真空泵）把电解槽中生产的阳极气体抽出。前面已经过氯气总管（刮板运输机）和布袋过滤器，故进入氯压机的气体已除去绝大部分固体升华物粉末，减少了氯压机本身的磨损，经过氯压机压缩加压的阳极氯气再送到需要的地方去。在镁热法钛厂可利用此氯气生产 $TiCl_4$，以实现 Mg 和 Cl_2 循环；在以菱镁矿为原料的镁厂可利用此氯气生产氯化镁，供电解法生产金属镁用。因此氯压机在处理电解阳极氯气流程中是一关键设备。

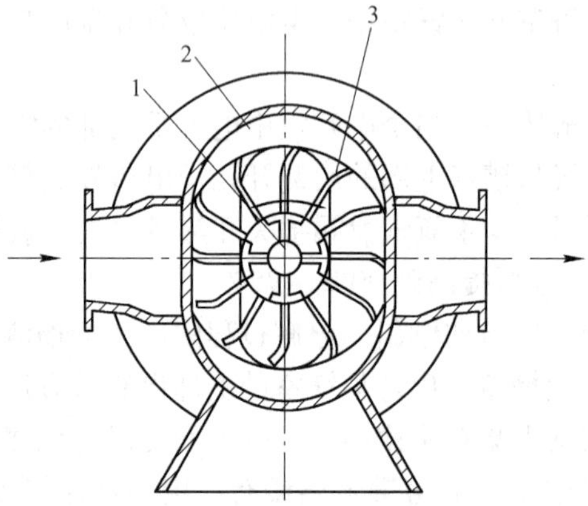

图 8-7　氯压机剖面图
1—泵轴；2—泵体；3—叶片

氯压机结构如图 8-7 所示。转子在椭圆形的外壳中转动，壳体内部充满浓硫酸，转子上的叶片把空间隔成许多小室，每个室的根部都有小孔，当转子转动时也带动了硫酸转动。由于离心力的作用，硫酸就贴在外壳的内壁上形成一层液层。

压缩机内壁是椭圆形的。在椭圆的长轴处硫酸液层紧贴外壁，在叶片的根部就形成了一个负压室。氯气就从小孔被吸进叶片根部的负压室。当转动到椭圆的短轴处，氯气又受到硫酸液层施加的压力从小孔压出去，进入压缩机的排气管。在这个循环过程中，硫酸起到了“液体活塞”的作用，把氯气不断地从进气管吸入，再从出气管排出。

在工作过程中，一部分硫酸随着氯气带出压缩机。该部分硫酸经酸分离器与氯气分离开来，经蛇管冷却器冷却后再送回氯压机循环使用。硫酸温度不高于 40℃。循环使用中，由于硫酸不断地吸取水分，所以浓度逐渐降低，到 93% 时就不能再继续使用。因为浓度低的硫酸对以铸铁为材料的氯压机构件具有强烈腐蚀性。这时应以新的浓硫酸更换，通常更换的硫酸浓度应为 98%。为了降低进入氯压机的氯气中的水分，可在氯压机前面设硫酸干燥塔，用硫酸淋洗阳极氯气，干燥后，含水分应不大于 0.06%（质量分数）。经干燥的氯气可减少对氯压机的腐蚀。在使用新氯气管道或大修后的氯气管道时，要先进行检查和清理，清除掉管道中的固体异物，如铁屑、焊渣等。否则当氯压机开动时，这些固体物被吸入氯压机会造成转子和叶片的损坏。

整个氯气管道系统要求尽量密封，这样可保证氯气的浓度和所含水分不致增高，同时又避免氯气外逸造成环境污染。氯气管道的密封程度要求是：管道检漏时要有约 1500Pa（150mmH_2O）的负压，在 3min 内压力下降不超过 1000Pa（100mmH_2O）。图 8-8 表示阳极氯气处理系统。

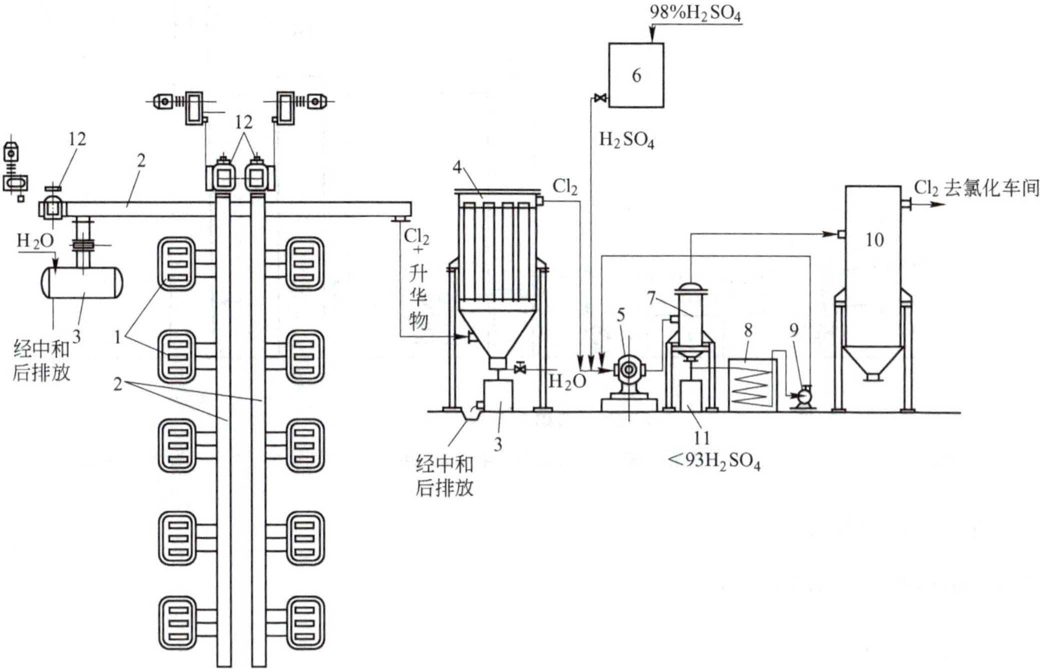

图 8-8　阳极氯气处理系统

1—电解槽；2—带刮板的氯气导管；3—升华物溶解槽；4—布袋除尘器；5—氯压机；6—硫酸高位槽；7—气液分离器；8—蛇管冷却器；9—酸泵；10—捕滴器；11—废酸槽；12—刮板运输机驱动机械

8.2.3 阴极气体处理系统

对于有隔板电解槽，从阴极室排出的气体中含有部分氯气和 HCl 气体。在隔板没有碎裂的情况下，阴极气体含有 0.4～0.6g/m^3 的 HCl。如果隔板稍有漏裂，含有的氯气和 HCl 就会更多（这种情况常发生在电解槽使用周期中的后期）。为了不使这样的气体逸入车间污染环境，必须从阴极室中不断地抽出这些气体。根据生产实践，阴极排气量在 150～250m^3/h 范围之内。通常采用离心风机通过阴极气体管道与各电解槽的阴极室相连接，抽取的阴极气体送至气体洗涤塔，用水或石灰乳洗涤，然后通过烟囱排入大气（见图 8-9）。

根据国家对环境保护的要求，必须对电解过程中产生的有害气体进行处理，然后才能排入大气。表 8-10 为国家规定的排放标准。

表 8-10　氯气、氯化氢气体排放标准

项　目	氯　　气					氯　化　氢				
排气筒高度/m	20	30	50	80	100	20	30	50	80	100
排放量/kg·h^{-1}	2.8	5.1	12	27	41	1.4	2.5	5.9	14	20

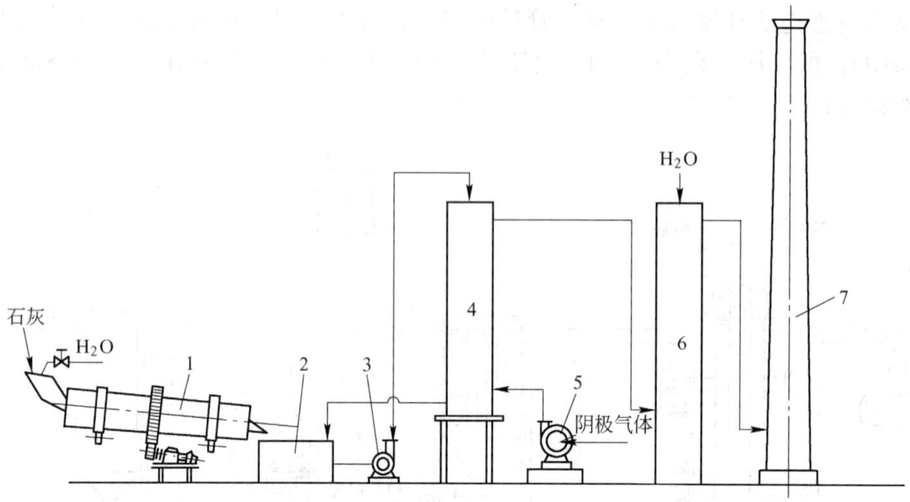

图 8-9　阴极气体清洗流程

1—回转式石灰消化器；2—石灰乳循环槽；3—离心泵；4—净气塔；5—风机；6—二次洗涤塔；7—烟囱

8.3　镁电解操作工艺

8.3.1　电解槽的烤槽和启动

8.3.1.1　*烤槽*

电解槽在砌筑完工后，必须经过严格的烤槽步骤才能投入使用。只有经过严格的烤槽才能彻底排除其砌体中的水分，这不但有利于延长电解槽的使用寿命，也可保证电解的正常进行。工业上通常采用镍铬电阻丝构成的烤槽器烤槽。在烤槽时必须严格地按烤槽升温曲线逐步升温。图 8-10 为烤槽升温曲线。

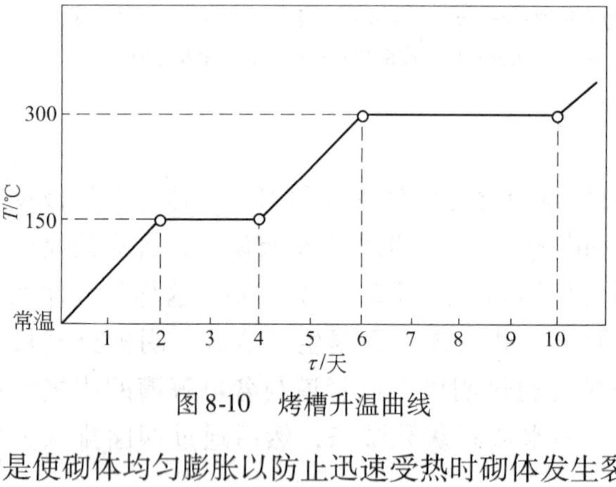

图 8-10　烤槽升温曲线

电解槽刚砌筑完工，砌体的灰浆中含有大量的水分，这些水分如迅速加热蒸发会使砌体开裂。故应让其自然干燥 1 ~ 3 天才开始烤槽。烤槽的目的是使砌体均匀膨胀以防止迅速受热时砌体发生裂纹和损坏。在烤槽过程中，要使槽温上升情况完全符合升温曲线是困难的，但应不使温度上升有显著波动，特别是不应使温度上升过急。

8.3.1.2　*启动*

当烤槽恒温阶段结束时可以准备启动。这时可以用烤槽器继续加热升温，速度可为 4 ~ 5℃/h。同时应准备一定数量的熔融电解质，其温度应保持在 700 ~ 800℃ 范围内，数量至少应为倒入空电解槽后能使电解质水平达到隔板以下 8cm 处。当槽温升到 700℃ 以上时，可以切断烤槽器电源，吊出烤槽器，然后立即倒入预先准备好的熔融电解质，立即向电解槽送电。这时应调整阴极至最大极距，有必要的话可以切断 1 ~ 3 块阳极，必要时还可以在电解质中插入木棒以尽快提高槽温。当电解槽中的熔融电解质温度稳定上升，并超过680℃时，可以逐渐添加熔融电解质，以提高槽中电解质的水平，直到达到隔板砖以上10～15cm的水平为止。这时可以通知开动氯压机。然后再逐步调整电解质水平和调整极距（如有切断的阴极可以再连入），使槽电压不超过10V，并逐步下降直到正常数值为止。

在启动阶段，槽底上不允许产生结壳。如出现难熔的黏性盐类混合物结壳，应尽快将它由电解槽中排除。在启动过程中，应经常检查阴阳极的接点状况，如果接点过热，就应将接点拧紧，或者是拆除接点，将接触点清理后再重新接上。同时还应该经常检查电解槽各构件的情况，特别是阳极室的密封情况，必要时可以用长石粉水玻璃胶泥堵漏。整个启动过程中，应特别注意不使电解质的温度低于651℃，否则金属镁会在阴极上以固态析出，造成电极短路现象。在这种情况下，电解槽上的电阻会急剧下降，造成电解质冷凝。

当电解槽达到正常工作条件（额定的电流值和正常的极距），能建立起热平衡和正常的生产能力时，就可以认为电解槽启动阶段结束。对于大修或中修后的电解槽，工业上常采用贫槽启动的方法。当烤槽温度达到400℃以上时，就取出烤槽器，接通直流电，并加入预先准备好的熔融电解质，其成分（质量分数）为：$MgCl_2$ 6%，$CaCl_2$ 45%，NaCl 47%，KCl 1.8%。

这样的成分在通过电流时发热量比较大。为了防止在贫槽期间阴极被烧坏，熔融电解质水平应在8h之内从隔板以下8cm升到隔板以上；平均上升速度为1～1.2cm/h；贫槽期间的电解质温度从680℃升到720℃以上；同时 $MgCl_2$ 的浓度不断降低，因此必须每0.5h取电解质试样进行 Ca^{2+}、Mg^{2+} 的快速分析。当 $MgCl_2$ 浓度降到0.5%以下时，应立即加入 $MgCl_2$ 熔体使其浓度达到13%（即正常组成）；同时保持电解质水平在隔板以上11cm左右。槽电压从8V降到7V，这样电解槽就转入了生产阶段（对36000A槽而言）。

采用贫槽启动可使电解质转入正常生产所需的时间缩短，而且转入正常生产后比用正常电解质组分启动的电解槽电流效率要高4%～8%。

贫槽启动的电流效率是可以提高的。其原因是在贫槽电解质中，阴极表面析出的镁形成电镀层样的镜面，使阴极工作面得到了改善。贫槽启动与正常电解质启动的电流效率 η 见表8-11。

表8-11 贫槽启动与正常电解质启动的电流效率 η

时 间	温度/℃	贫槽启动电流效率/%	正常电解质启动电流效率/%
第一个10天	702	82.82	78.21
第二个10天	689	88.29	85.15
第三个10天	689	93.93	87.0
30天平均	690	88.28	83.83

8.3.2 电解槽的加料和排废电解质

在电解进行过程中，随着金属镁的产出，电解质中 $MgCl_2$ 的含量逐渐下降。为了保证电解正常进行，必须定期加入 $MgCl_2$ 熔体。同时由于出镁、出渣和电解质在高温下挥发，电解槽中电解质的水平下降。随着电解的进行，$CaCl_2$、NaCl、KCl 等成分在电解槽中积累，使电解的合理成分发生改变。这样会导致电解的工作情况变坏，所以必须调整电解质成分，根据电解质的分析数据添加其他氯化物熔体，使其电解质成分保持在合理的范围内。另一方面，在调整过程中，电解质的水平逐渐上升。当电解质水平较高而含 $MgCl_2$ 较低，没有空间加入补充的 $MgCl_2$ 熔体时，就必须把槽中的废电解质排除一部分，腾出适当的空间来容纳 $MgCl_2$ 熔体。添加熔体 $MgCl_2$ 和排出废电解质这两个操作，一般均安排在出镁之后进行为宜。

加料时，应加 700～720℃的熔体氯化镁（含 $MgCl_2$ 90%以上）。在镁热法生产海绵钛的工厂，可把还原炉中放出的氯化镁熔体用密闭抬包尽快由还原厂房运来加入电解槽中。为了保证加入熔体料的温度，也可用加热设备升温，尽量不将固体 $MgCl_2$ 加入槽中。只有在特殊情况下才将冷凝的无水 $MgCl_2$ 固体碎块逐步加入槽中。加固体料不仅使槽温波动，而且浪费能源。因此应尽可能将固体 $MgCl_2$ 熔化后加入槽中。

排废电解质的操作，可用挂在天车上的离心泵从槽中把废电解质抽出。熔体离心泵插入电解槽阴极室前，应先清理干净泵和连接管道，并在阴极室表面预热一段时间，然后慢慢地把泵和管道插入熔体电解质。切忌未经预热的泵和管道插入熔体电解质。也可用经预热的真空抬包从电解槽中抽取废电解质。抽出的废电解液可以供给新的电解槽启动之用，也可以供给 $MgCl_2$ 的熔化槽作母液之用。

8.3.3　出镁

电解产出的熔融金属镁浮在电解质表面，有隔板电解槽的金属镁都集中在阴极室中；无隔板的金属镁集中在集镁室中。

出镁可以由人工出镁，也可以用机械出镁。人工出镁可用长把铁勺从电解质表面捞取，倒入铸镁模中。操作时必须把出镁和锭模预热，切忌用冷工具操作。捞取金属镁时，要把附带上来的熔体电解质沥漏干净，再倒入铸镁的锭模中。若金属镁在锭模中有表面燃烧现象，可以撒些磨细的电解质粉末。

机械化出镁大都采用真空抬包（参见图 6-6）。其原理是利用压力差把金属镁熔体从电解槽中吸出。使用真空抬包时，要先送电预热；然后装上抽吸管用天车吊到电解槽上方，接通真空管路使其达到 0.073～0.08MPa（550～600mmHg）负压；接着把抽吸管插入电解槽阴极室的电解质中，开启针形阀门反复抽取几次熔体电解质，使抬包的内壁充分预热和浸润后，再把抽吸管入口提到电解质表面的镁层处抽取熔融金属镁。根据真空抬包的液面指示计已确定装满镁时，就切断真空，把带上来的电解质放回电解槽。然后用天车把装有粗镁的抬包吊往精炼工段进行精炼。

8.3.4　出渣

随着电解过程的进行，在电解槽的底部会逐渐积累起黑色或黑褐色黏性沉淀物，这就是槽渣。形成槽渣的主要原因是，随着加料带入了一部分氧化镁以及氯化镁水解生成物，另外还有一些电解质中的杂质和副反应产物沉降到槽底。槽渣的大体成分见表 8-12。

表 8-12 槽渣的成分（质量分数） （%）

MgO	$MgCl_2$	Mg	$NaCl$	$CaCl_2$	KCl	酸沉淀物	水不溶物
27	9	4	24	31	6	0.5	31

每生产 1t 金属镁，往往产生 180 ~ 200kg 槽渣。沉积在槽底的渣，如果不定期排出，会引起电解槽发生短路现象，造成电解质和电极的局部过热。另外由于电解槽中电解质的循环，把槽渣中的氧化镁微粒带到阴极表面积存起来，从而影响了金属镁在阴极表面的附着，这就是所谓“阴极钝化”，这会使电流效率降低，因此槽渣必须经常定期地从电解槽中排出。槽底上积聚的渣层不得超过 8 ~ 10cm，通常可根据渣层的厚度每隔 3 ~ 7 天出渣一次。

出渣操作应在出镁后进行，以减少镁混入渣中的损失。

8.3.5 电解槽的温度和极距

电解槽的操作温度是电解操作的重要技术参数。正常的电解温度应在 680 ~ 720℃ 范围之内。电解的温度直接影响熔融电解质的物理化学性质，如导电性、黏度、密度、表面张力等，要取得高的电流效率、低的电能消耗和高质量的金属镁，必须使电解操作保持在正常的温度范围之内。温度太高，热损失就增大，金属镁烧损的可能性增大；温度太低，金属镁和电解质不易分离，会造成镁的损失，镁的质量也将受到影响。

维持正常的温度制度是镁电解槽取得高指标的一个重要条件。

电解槽的功率：

$$P = IV_{槽} \tag{8-22}$$

式中 I——电流强度，A；

$V_{槽}$——槽电压，V；

而

$$V_{槽} = V_{母} + V_{阳} + V_{阴} + V_{电解质} + V_{分} \tag{8-23}$$

代入式 8-22 得：

$$P = IV_{母} + IV_{阳} + IV_{阴} + IV_{电解质} + IV_{分} \tag{8-24}$$

τ 时间内的电能消耗为：

$$Q = P\tau = IV_{母}\tau + IV_{阳}\tau + IV_{阴}\tau + IV_{电解质}\tau + IV_{分}\tau \tag{8-25}$$

电流在通过母线、阳极、阴极与电解质时，电能就直接转化为热能，其中 $IV_{母}\tau$ 项的热没有加热电解槽，这部分热量损失于周围环境。而 $IV_{阳}\tau + IV_{阴}\tau + IV_{电解质}\tau$ 三项的能量均用于电解质的加热上。$IV_{分}\tau$ 项为分解 $MgCl_2$ 所耗电能。如果在电解质中电流效率为 100%，那么这项的电能就全部用于分解 $MgCl_2$ 上；如果电流效率小于 100%，则消耗于分解 $MgCl_2$ 的能量就是 $\eta IV_{分}\tau$，其差额为：

$$IV_{分}\tau - \eta IV_{分}\tau = (1 - \eta)IV_{分}\tau \tag{8-26}$$

从镁的损失机理来看，主要是镁与氯气发生逆反应造成的化学损失。该逆反应为放热反应，放出的能量（即式 8-26 之差额值）消耗于加热电解质上。

对于电解槽来说，供给的全部电能中，用于加热电解槽的那部分电能称为发热电能。发热电能的功率为：

$$P_{发热} = I[V_{阳} + V_{阴} + V_{电解质} + (1 - \eta)V_{分}] \tag{8-27}$$

对于给定的电解槽（结构确定后），$V_{阴}$ 和 $V_{阳}$ 的电压降是不变的，所以电解槽的发热功率的变化与电流强度（I）、电解质压降（$V_{电解质}$）和电流效率（η）有关。如果电流强度一定，电流效率一定，则电解槽的发热功率只与电解质的电压降有关。由于阳极和阴极的面积是个常数，所以电解质的电压降仅与电解质的电阻率和阴、阳极之间的极距有关。

$$V_{电解质} = \rho l D \tag{8-28}$$

式中　ρ——电解质电阻率；

l——极距；

D——电流密度的几何平均值。

根据电解槽的发热功率公式来看，随着电流效率的增高，电解槽的发热功率减少；而电流效率下降时，发热功率增加。因此在其他条件相同的情况下，电流效率高的电解槽有冷槽的趋向，而电流效率低时电解槽的温度会升高。因此发热功率的数据可作为调整电解槽温度的依据。由上述可知，要调节槽温可以调节极距。增大极距使 $V_{电解质}$ 增高，从而使发热功率增大，电解槽温度就会上升，因此在电解槽温度较低时，可以采取增大极距的措施。另一个调节槽温度的方法是改变阴极气体的排气量。由于阴极气体带走一定的热量，调节阴极气体量可以在 30 ~ 40℃ 范围内调整电解槽的温度。也可以通过调整电解质中 $MgCl_2$ 和 $CaCl_2$ 的浓度使电解质的电阻率 ρ 改变，来调整电解质的温度。

对于刚启动的电解槽，由于热收入小于热支出，所以温度低。这时可以临时去掉一二个阴极来增加电极的电流密度，从而使温度升高。

通过生产实践总结最适宜的电解条件是极距 7 ~ 9cm，阳极电流密度 0.5 ~ 0.7A/cm^2，阳极工作高度为 800 ~ 1000mm。

8.3.6　电解槽故障及消除方法

在镁电解过程中，常会出现几种不正常的现象，下面就分别讨论这些故障和消除方法。

8.3.6.1　热槽

电解过程中常会产生热槽现象。所谓热槽就是指电解槽的温度超过 730℃，这时电解质呈白亮色而且强烈挥发，镁珠在电解质中不是平静地浮在电解质的表面，而是在电解质中上下翻滚。发生热槽现象是由于阴、阳极极距大，阴极氯气排气量少或阴极管路堵塞，电解质成分不合理（电阻率太大），电流强度大，电流效率低等原因。这时候，电解出来的金属镁与氯气发生二次反应，产生的热量使槽温升高，电流效率大大降低。

在发生热槽时，可以根据发生的原因进行处理。如极距太大，可根据式 8-27 调整。当 l 大时，$V_{电解质}$ 就会因此而升高，从而导致发热功率增大，这时可以把极距调至正常或 6cm 以下。

如果由于阴极气体排气不通畅而引起热槽，可以清理阴极气体管路，增加阴极气体排气量，以增加从槽上带走的热量。如由于电解质电阻太大引起热槽，则可以增加 KCl、NaCl 等电阻率小的成分或降低 $CaCl_2$、$MgCl_2$ 等电阻率高的成分，以减少 ρ 值，降低发热功率。

当阳极损坏，阴极弯曲变形，或相应接点接触电阻高，致使电流不通畅，也会引起热槽。这时，可以清理接点，恢复正常状态。如是电极损坏，应更换损坏的阳极或阴极，换之以新制的阳极或经校正好的阴极。加入固体 $MgCl_2$ 也可使热槽趋于正常工作状态。

8.3.6.2 冷槽

所谓冷槽现象就是电解槽的温度低于 680℃。这时电解质呈暗红色，表面有结壳现象，出镁时，金属镁和电解质分离不好，镁液表面很脏。产生冷槽现象的原因是极距小于规定值，阴极排气量太大，阴、阳极短路或电流强度降低等。

在冷槽严重时（温度低于镁的熔点 651℃），镁在阴极表面以固态的“海绵镁”析出，而且由于海绵镁的生长会造成电极短路。这时，电解质电压降急剧下降，电解质温度就更降低。不及时清理沉积在槽底的槽渣，也会造成短路现象使温度降低。

可以根据冷槽的原因来纠正冷槽现象。如采用调大极距，减少阴极气体排气量，消除短路等处理方法。如果电解槽发生严重的冷槽现象，可以切断一二个阴极来增加发热量，或者另外用交流电加热电解质。

8.3.6.3 阴极钝化

电解槽的阴极常会发生钝化现象。这是由于悬浮在电解质中的 MgO 微粒在电解过程中吸附正电荷变成带电的 MgO^+ 离子而吸附在阴极上，在阴极上形成一层薄膜覆盖在表面。这样电解出来的金属镁就不易附着在阴极表面，而只能以分散的微粒镁形式停留在阴极表面，熔融镁珠的汇合就不好。发生阴极钝化现象时，镁的损失就增加，电流效率大大降低。发生阴极钝化必须及时处理。生产实践中可以采用以下措施：

（1）在电解质中加入适量的 CaF_2 或 NaF，并激烈搅拌电解质，使氟化物均匀分布在电解质中，从而改善镁珠的汇合条件；

（2）如果钝化现象严重，可以把阴极取出，用机械方法清理阴极工作表面（如用钢丝刷刷清表面），或用盐酸进行酸洗，清除表面覆盖的薄膜层；

（3）在特殊情况下，可切断电源，将电解质和槽渣全部排出，换之以其他正常工作电解槽中的电解质。

采用上述方法，往往可以迅速顺利地恢复正常的电流效率。

8.3.6.4 电解质中杂质的影响

镁电解质中常见的杂质有硫酸镁、炭粒、水分、氯化铁。存在于熔体中的 $MgSO_4$ 与 Mg 发生反应，引起镁的损失。反应式如下：

$$MgSO_4 + 3Mg = 4MgO + S \quad (8\text{-}29)$$

$$MgSO_4 + 4Mg = 4MgO + MgS \quad (8\text{-}30)$$

金属 Mg 还原 $MgSO_4$ 造成镁的直接损失，相应降低电流效率。当电解质中硫酸盐的质量分数不太大时（0.1%～0.2%），电流的损失量就大于根据式 8-29 和式 8-30 两个反应式的计算值。当硫酸盐的质量分数不大于 0.3% 时，就会造成强烈的沸腾状态。硫酸盐是电解质中害处最大的杂质，因此，电解质原料中硫酸盐的含量应当最少。

熔体中有炭粒存在也会对电解过程有不良影响。微小的炭粒在电解过程中随电解质循环至阳极附近，促使电解质中的氧化物氯化并产生大量气体，造成电解质加速循环。

$$SiO_2 + C + 2Cl_2 \longrightarrow SiCl_4 + CO_2\uparrow \quad (8\text{-}31)$$

$$3MgO + C + 3Cl_2 \longrightarrow 3MgCl_2 + CO\uparrow \quad (8\text{-}32)$$

$$2R_2O_3 + 3C + 6Cl_2 \longrightarrow 4RCl_3 + 3CO_2\uparrow \quad (8\text{-}33)$$

如果加入槽中的电解质含有炭粒，就会发生沸腾。在加入脏料后 0.5～1.5h，电流效率可以从正常的88.5%降到55% ~70%；阳极氯气浓度也会降到65% ~75%，阴极室中还会出现大量的浮渣（其组成为 SiO_2 0.09% ~0.1%，酸不溶物3.0% ~11.0%，酸不溶物主要为C）。

有人认为电解质中 $MgSO_4$ 和C是引起电解质沸腾的主要原因。所谓电解质沸腾是指电解质的循环十分激烈，其速度大大超过正常生产的电解质循环速度。沸腾的电解质循环速度可比正常速度大10~20倍，这时，电流效率可比正常值降低6% ~15%。

熔体中水分的存在也会对电解质产生不良影响。水分在槽中也会电解，在阴极上析出氢，消耗了部分电能。另外，水分与镁发生反应。存在于电解质中的水分呈Mg(OH)Cl形态，它与金属镁作用生成 $MgCl_2$ 和 H_2：

$$Mg + 2Mg(OH)Cl = 2MgO + MgCl_2 + H_2 \tag{8-34}$$

这就造成了镁的直接损失，降低了电流效率。而生成的氧化镁包覆了金属镁，在阴极上形成薄膜，也会使阴极钝化。

铁盐通常以 $FeCl_3$ 的形态存在于电解质中。它随原料混入及铁锈、氧化皮从工具上脱落带入。Mg和 $FeCl_3$ 发生反应析出海绵状铁：

$$3Mg + 2FeCl_3 \longrightarrow 3MgCl_2 + 2Fe \tag{8-35}$$

镁珠与铁盐反应产生海绵铁，使镁珠加重而下沉，混入于渣中造成镁的损失。

三价铁还会在阴极上还原成二价铁：

$$Fe^{3+} + e \longrightarrow Fe^{2+} \tag{8-36}$$

二价铁又在阳极上氧化为三价铁：

$$Fe^{2+} - e \longrightarrow Fe^{3+} \tag{8-37}$$

铁的这种交替还原和氧化使电流做无谓的消耗，大大降低了电流效率。

上述情况说明电解质不纯给电解过程中带来的不良影响。通过生产实践的总结，加入电解槽的原料中，杂质应不大于以下数据；

杂质	SO_4^{2-}	MgO	H_2O	C	Fe	$FeCl_3$	SiO_2	Al_2O_3	B_2O_3	F
质量分数/%	0.03	0.3	0.1	0.03	0.01	0.04	0.02	0.004	0.002	0.02

控制电解质中的杂质，可以获得较高的电流效率。在电解质中加入1.5% ~2.0%的氟化物（CaF_2 和NaF）会对电流效率产生良好的影响。氟化物能提高熔体与熔融金属镁界面上的界面张力，使电解质不易湿润镁珠，这样镁珠就比较容易汇集起来；同时，由于电解质不易湿润阴极表面，所以镁在钢制阴极上析出的条件也得到改善。加入 CaF_2 后15min就会开始产生良好的影响，并持续1~1.5h。

8.3.7　镁电解槽的节能

在海绵钛生产中，镁电解的电耗约占总电耗的1/2左右。在镁的生产成本中，电耗占了很大比例，比如在无隔板镁电解中，电耗约占总成本的1/3。因此，节能降耗是镁电解生产中的一个重要问题。

降低镁电解槽电耗的途径主要是：

（1）电解槽绝缘要好。电解设有多处绝缘，其中以电解槽、母线、阳极氯气管道、卫生排气管道对大地的绝缘为主。要勤检查，发现绝缘损坏要及时更换。

（2）杜绝电解槽槽壳、母线、阳极等与地坪之间的漏电。避免漏槽事故的发生，减少漏电现象。

(3) 降低电解槽的工作电压。由式8-11可知，要降低粗镁电解的直流电耗，可从提高电流效率和降低槽电压入手。表8-13列出了粗镁直流电耗与槽电压、电流效率之间的关系值。可以看出，每降低0.1V槽电压，可降低直流电耗约300kW·h/t，而提高1%电流效率，可降低直流电耗的210kW·h/t。在实际生产中，提高1%的电流效率十分困难，而降低0.1V槽电压比较容易实现。所以，在努力提高电流效率的同时，应尽可能降低槽电压。分析式8-12可知，要降低槽电压，可从降低 $V_{母线}$、$V_{接点}$、$V_{槽}$(即 IR)三方面入手，也就是应降低母线电压降、接点电压和外线路电压。

这些节电省能措施应在生产实践中贯彻执行，以求获得最佳电解指标，创造最大经济效益。

表8-13 粗镁直流电耗与槽电压、电流效率的对照关系 (kW·h/t)

电流效率	74%	75%	76%	77%	78%	79%	80%
4.60V	13707	13524	13346	13173	13004	12839	12679
4.70V	14005	13819	13637	13460	13287	13118	12954
4.80V	14303	14112	13927	13740	13570	13398	13230
4.90V	14601	14406	14217	14032	13852	13677	13506
5.00V	14899	14700	14507	14319	14135	13956	13782

8.3.8 镁电解的安全技术

在镁电解车间工作的人员，首先应防止触电。单个电解槽阴、阳极之间的电压在7V左右，但成系列的电解槽是相互串联的，所以系列端部电解槽之间电压数值就会很高(随系列的电解槽个数和母线长度而定)。如果电解槽的导电部分或直流母线通过人体接地时，就可能产生触电危险。

在设计建造电解车间时，都考虑到防止接地短路的措施。车间的地坪是由绝缘材料如沥青、红砖等铺面。电解槽的钢壳是安在铺有绝缘瓷砖的混凝土墩子上，而混凝土墩子又安装在瓷砖台基上。支流母线支承在绝缘瓷瓶上，绝缘瓷瓶应经常擦洗干净，使之处于良好的绝缘状态。电解车间的建筑结构、墙、基础、天车都要与地面绝缘。

在车间工作的全体人员均应遵守电解车间规定的特殊防电安全规程。在上槽操作时，必须穿干燥的毡靴和手扣子。所使用的金属工具均应放在规定地点；严禁金属工具与带电体和地面短路接触；禁止金属工具把阴、阳极短路。电解车间厂房和工作地点必须保持清洁干燥，必要时可在地面撒一层木屑以防潮湿触电；防止水分进入车间，减少电解原料的吸水潮解；保证绝缘不被破坏，以提高绝缘作用的可靠性；操作时所使用的工具必须经过严格预热，尤其是浇铸粗镁的锭模更需要预热；禁止把潮的、凉的工具放入熔融电解质中；在需要把工具插入熔融电解质中时，也必须慢慢将工具放入电解质中，否则会由于温度的突然变化而发生爆炸，溅起熔融电解质，造成烫伤事故。

出渣操作时必须把扒出的渣放在经预热后的渣箱中，禁止放在地上。渣箱里的渣在未凝固之前不准倒出来。浇铸在锭模中的金属镁在没有完全凝固前不准脱膜。

应定期进行绝缘检查，可用测定电解槽各元件对地的电阻的方法来确定电解槽的绝缘状况。如果发现接地短路或电阻值比规定的低时，应迅速采取措施消除这些不正常现象。在未消除前，禁止操作人员进入危险区。电解车间的直流母线，阴阳极带电部分对大地的绝缘电阻应不低于每一个系列直流电压有 1000Ω 电阻的数值。对于对大地有并联支路的部分(如槽壳的八个水泥墩子是对大地的并联支路)，应使对大地的总绝缘电阻最少不低于 0.1MΩ。

为防止发生事故时阳极氯气逸出而引起中毒的可能，在工作时电解操作人员必须戴好防毒面具。

镁电解的发展方向主要是采用新型的双极性电解槽电解工艺，它可使吨镁能耗从过去的 1.5 万 kW · h 以上降低到 1 万 kW · h 以下。

8.4　镁的精炼

电解槽产出的镁称为粗镁。粗镁中含有少量杂质。非金属杂质有 $MgCl_2$、NaCl、$CaCl_2$、KCl 和 MgO，其质量分数可达 2% ~3%，它们是出镁时混入的电解质和反应生成的氧化镁。金属杂质有钾、钠、钙、铁和硅，其中前三种是在电解过程中当 $MgCl_2$ 浓度下降时在阴极上析出的；铁的来源一部分是铁的构件(如阴极)在高温下溶解于金属镁中，另一部分是金属镁把以杂质状态混入的 $FeCl_3$ 还原出来所致；其中的硅是由于金属镁与电解槽槽衬中的 SiO_2 发生反应而引入。

这些杂质的存在对镁的质量有重大的影响。对用于海绵钛生产的金属镁，这些杂质如果不除去会直接影响海绵钛的质量。氯化物的存在降低了镁的抗蚀性能，使得成品镁锭不能长期保存，因为这些氯化物会吸收空气中的水分生成盐酸，从而造成镁锭的腐蚀。金属杂质(钠、钾、钙)的存在，使镁的力学性能大大变化，不适于压力加工。

由于以上原因，粗镁中的杂质应当清除，以利长期保管或供生产海绵钛使用。为此必须对粗镁进行精炼，使杂质含量达到冶金部部颁标准(见表 8-14)。

表 8-14　镁的分类及成分(质量分数)　　(%)

品 号	镁，不少于/%	杂质，不大于/%						
		Fe	Si	Ni	Cu	Al	Cl	杂质总计
Mg-1	99.95	0.02	0.01		0.005	0.01	0.003	0.05
Mg-2	99.92	0.04	0.01	0.001	0.01	0.02	0.005	0.08
Mg-3	99.85	0.05	0.03	0.002	0.02	0.05	0.005	0.15

注：Mg-1、Mg-2 中钠不大于 0.01%，钾不大于 0.005%，Mg-3 中钠不大于 0.02%，钾不大于 0.005%；镁热法生产海绵钛应使用 Mg-1 和 Mg-2。

净化除杂的主要方法有：

(1) 溶剂精炼法；

(2) 镁升华精炼法。

钛厂中精炼镁常用第(1) 种方法。第(2) 种方法比较复杂，成本也高，钛厂中较少采用。

采用熔剂精炼可以除去粗镁中的非金属杂质。其作用可以分为化学作用和机械作用，其原理可以从下列三方面说明：

(1) 熔剂的密度比镁大，有利于分层和氯化物杂质的分离，而且可以吸附机械性的混杂于熔融镁中的固体颗粒(如 MgO 等)，形成氯氧化合物：

$$MgO + MgCl_2 \longrightarrow Mg_2Cl_2O \tag{8-38}$$

或

$$5MgO + MgCl_2 \longrightarrow Mg_6Cl_2O_5 \tag{8-39}$$

(2) 熔剂与部分金属杂质及非金属杂质发生互相作用：

$$MgCl_2 + 2Na(K) \longrightarrow Mg + 2NaCl(2KCl) \tag{8-40}$$

$$2CaF_2 + SiO_2 \longrightarrow SiF_4 + 2CaO \tag{8-41}$$

(3) 在精炼温度下，熔剂为化学中性，不和镁作用，且其熔点比镁低，黏度小，流动性好，表面张力大，故在熔融金属镁的表面形成一层致密的薄膜，从而防止镁的氧化。

常用熔剂成分见表 8-15。熔剂中的 $MgCl_2$ 通过式 8-37 和式 8-38 生成复杂的氧氯化物，它润湿并吸附氮化物和其他非金属杂质沉于电解槽底。KCl 能降低熔点，并增加熔剂的表面张力。$CaCl_2$ 和 $BaCl_2$ 是增重剂。MgO 和 $CaCl_2$ 能增加熔剂的稠度，使之形成结实的壳皮。

表 8-15 常用的精炼熔剂成分

熔剂名称	化学成分(质量分数)/%					
	$MgCl_2$	KCl	NaCl	$CaCl_2$	$BaCl_2$	MgO
钙熔剂	38 ± 3	37 ± 3	8 ± 3	8 ± 3	9 ± 3	≤2
精炼熔剂	(90% ~94%)钙熔剂 + (6% ~10%)CaF_2					
撒粉熔剂	(70% ~80%)钙熔剂 + (20% ~25%)硫磺粉(粒度不超过 0.4mm)					

粗镁熔化和精炼在电阻炉或煤气炉内的精炼坩埚中进行。精炼炉系由衬以耐热材料的圆形外壳构成。如以电为能源，利用电阻丝敷设在耐热砌体的沟槽之中，其简图如图 8-11 所示。

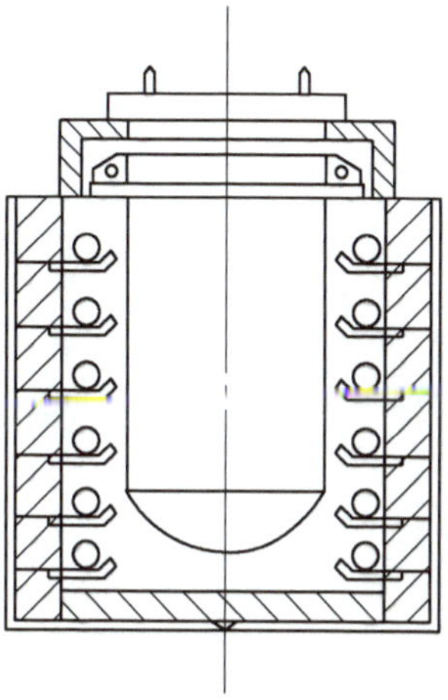

图 8-11 镁精炼电炉

炉产 800kg 电阻炉的功率为 140kW。用粗镁锭精炼时，可先在精炼坩埚中加入钙熔剂，然后加入粗镁锭升温熔化进行精炼。为了缩短时间和节省电能，可以直接把电解送来的熔融粗镁加入精炼炉。待精炼坩埚中的物料温度升到 710℃时，就可以加入精炼熔剂 20kg/t，边加边搅拌，搅拌时间 8 ~ 18min。这可由粗镁质量情况而定，质量差的粗镁精炼时间可以取长些。精炼完之后，可继续升温到 740 ~ 755℃，温度升高有利于氯化物杂质的分离，同时静置 10 ~ 15min 使残渣与镁分离完全。

为了降低铁在熔融镁中的含量，可将温度再度降到 710℃，并静置 5 ~ 10min，然后再进行浇铸或直接用真空抬包抽取送到还原工段，加入还原反应器中以生产海绵钛。

沉清时，为防止镁浮到表面燃烧，可撒上一薄层硼酸(对 1t 的精炼坩埚，撒入硼酸量为 300 ~ 500g)。如出现燃烧现象，再加入硼酸加硫黄的混合物(1∶1)。

如果粗镁中含铁较高，可采取低温熔剂精炼(685 ~ 710℃)，增加熔剂中 CaF_2 的质量分数(9% ~15%)，并延长精炼时间(30 ~40min)。

在需要浇铸镁锭的情况下，精炼浇铸可以用人工操作，也可以在连续铸锭机中进行。连铸机由翻转机和锭模传递机构成。翻转机内有电加热元件。使用时可把精炼坩埚吊入送电加热的翻转机中，并把铸造机的锭模预热到150℃以上，然后开动锭模传送机，待运转正常后再开动倾翻装置。倾翻速度和锭模传送机的速度应相互配合好，以保证锭模盛满镁并让镁锭凝固好。浇铸时为了防止镁的燃烧，应在熔融镁的表面和镁锭表面撒硫黄粉，当硫燃烧时产生二氧化硫保护气氛，减少镁锭的氧化。在锭模传送机运转的过程中，金属镁就在锭模中凝固并在传送机的末端脱模。

9　海绵钛生产中的“三废”处理和工业卫生

9.1　“三废”处理

海绵钛生产过程中产生的“三废”较多，对设备和建筑物的腐蚀比较严重，并且对人体有害。海绵钛生产的“三废”主要来源于氯化车间和镁电解车间的废渣、废气和废水。为防止造成环境污染，改善劳动卫生条件，保证职工健康，“三废”治理工作必须予以足够的重视。

9.1.1　废气和废渣的处理

在海绵钛生产过程中，特别是氯化工序的废气、废渣较多。通常把从沸腾氯化炉顶盖上出气管流出的含大量 $TiCl_4$ 蒸气的混合气体称为炉气；把淋洗冷凝 $TiCl_4$ 后的混合气称为尾气。尾气中有害成分除氯气外，还有一定含量的氯化物气体，如 HCl 气体、未淋洗下来的残余 $TiCl_4$ 及少量 $COCl_2$ 等，对这些有害气体必须加以处理。排泄废气的地方有下列几处。

9.1.1.1　氯化炉尾气

氯化炉尾气的主要成分有 CO、CO_2、O_2、N_2、HCl 和 Cl_2。当采用未煅烧焦时，则尾气含 HCl 的量较高。氯化炉尾气含氯量随炉况的正常与否而有较大的波动，工艺要求尾气含氯应小于 1%。日本东邦钛公司氯化炉烟囱排出口处的 HCl 浓度(体积分数)规定小于 0.005%(50ppm)，氯气浓度应小于 0.001%(10ppm)，该厂已达到 HCl 小于 0.0025%(25ppm)。前苏联钛氯化炉排出的废气组分为(体积分数/%)：Cl_2 余量，CO2 ~ 12，$CO_2$4.5 ~ 12，$O_2$7 ~ 9，HCl68 ~ 108mg/L，$COCl_2$ 痕量。

国内某钛厂沸腾氯化炉生产 $TiCl_4$ 的炉尾气(指淋洗塔出来去尾气处理系统的尾气)，比较有代表性的实测平均值如表 9-1 所示。

表 9-1　钛渣沸腾氯化炉尾气成分(体积分数)　　(%)

成分	CO	CO_2	Cl_2	O_2	N_2	$TiCl_4+SiCl_4+HCl$	备　注
含量	53.2	21.5	微量	12	8.8	16.7	炉料中用 3 号油焦
	14.36	11.70	3.68	0.17	53.76	16.33	炉料中用 3 号油焦
	16.00	17.43	3.70	1.68	56.30	4.89	3 号油焦和 1 号油焦各 50%

为除去氯化炉尾气中的 Cl_2、HCl 和 CO_2，通常是将尾气引入串联的洗涤塔。洗涤塔有水洗塔和石灰乳、碱液淋洗塔。首先用水除掉 HCl 和小部分 CO_2，然后用石灰乳和/或碱液中和氯及大部分 CO_2。水洗塔内淋洗水经石墨冷却器冷却循环便可得到浓度为 20% 左右(质量分数)的盐酸，在石灰乳淋洗塔内，当 CaO 的质量浓度低于 20 ~ 10g/L 时，就达不到彻底中和 Cl_2 的目的。因此，当 CaO 含量低于允许限度值时，就要从洗涤系统中排

出一部分石灰乳，再加入同样数量的 CaO 质量浓度为 95 ~ 105g/L 的新鲜石灰乳。

用石灰乳中和 Cl_2 时的反应如下：

$$2Ca(OH)_2 + 2Cl_2 = CaCl_2 + Ca(ClO)_2 + 2H_2O \tag{9-1}$$

而用碱液中和 Cl_2 时的反应是：

$$Na_2CO_3 + Cl_2 + H_2O = NaCl + NaClO + H_2CO_3 \tag{9-2}$$

或

$$2NaOH + Cl_2 = NaCl + NaClO + H_2O \tag{9-3}$$

也有些工厂采用 $FeCl_2$ 溶液来吸收 Cl_2，脱 Cl_2 效果也很好，其反应是：

$$2FeCl_2 + Cl_2 = 2FeCl_3 \tag{9-4}$$

$FeCl_2$ 淋洗液是预先将铁屑加入盐酸溶液中反应制得的，淋洗后生成 $FeCl_3$，$FeCl_3$ 再加铁屑又还原成 $FeCl_2$，可循环使用。

经洗涤处理后的尾气是用风机抽送到烟囱的。因尾气腐蚀使风机寿命不长。使用钛风机，价格较贵。现在钛厂中多半采用射流风机(见图 9-1)。来自洗涤塔的尾气，依靠硬聚氯乙烯塑料管喉部产生的负压被吸入管内，与高压风机送来的空气混合后进入烟囱排空。这种方法的优点是尾气不直接侵入风机，避免了对风机的腐蚀作用。同时尾气被空气稀释后才进入烟囱，也减轻了对烟囱的腐蚀。

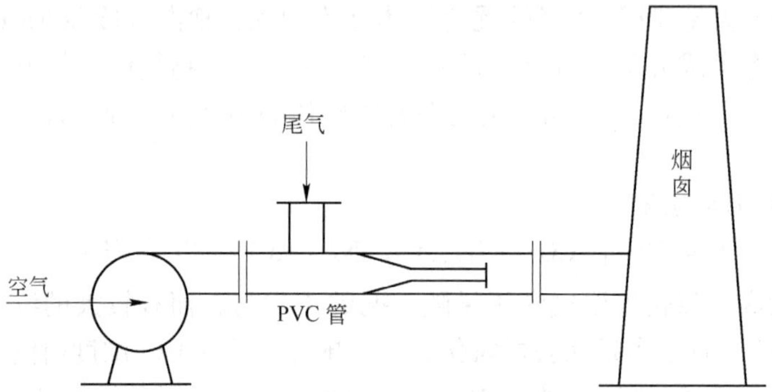

图 9-1　射流风机

9.1.1.2　氯化炉排渣时泄漏的气体

氯化炉排渣时泄漏的气体含 Cl_2 和 $TiCl_4$ 蒸气，在排渣时将随着炉渣一道由炉底排出。经改进后，现大多数厂家采用负压排渣法，可将这种泄漏的气体经排风机送往尾气淋洗系统一并处理。

9.1.1.3　冲洗氯化炉收尘渣时产生的气体

冲洗氯化炉收尘渣时产生的气体主要是收尘渣中少量 $TiCl_4$ 水解而产生的 HCl 气体。现在有的工厂采用与收尘器连接的双层翻板密封水冲措施，这样对产生的大量酸气，就可由排风机引入尾气淋洗系统处理，但由此产生的大量黑色酸性污水仍然是污染沟渠江河的有害物质。最好是采用干法捕集、消石灰中和为宜。

9.1.1.4　冲洗浓密机泥浆产生大量 HCl 酸气

冲洗浓密机泥浆产生大量 HCl 酸气，这是由于泥浆中含有50% ~ 60% $TiCl_4$(质量分数)的缘故。含大量 $TiCl_4$ 的泥浆，一遇水立即爆发性的产生大量 HCl 酸气，危害极大，既腐蚀厂房钢铁构件及设备，又腐蚀厂区排水沟道及建筑物，更危害人体健康。冲泥浆时，厂区沟道排出大量酸度较高的黑色带渣污水，严重污染环境，因此对浓密机泥浆的处理是海绵钛生产中必须加以解决的问题。对泥浆的处理，美国奥勒冈冶金公司采用电热盘式带耙齿的加热器处理。日本东邦钛公司则采用电热立式耙动加热器处理泥浆。我国天津化工厂研制用电感加热的双螺旋泥浆蒸发器来处理泥浆，1980 年遵义钛厂推广试用了这种设备。含有 $TiCl_4$ 50% ~65%（质量分数）的泥浆经电感双螺旋加热蒸发处理后，干渣中 $TiCl_4$ 的质量分数可降至 5% ~ 10%，这种干渣加入少量消石灰搅拌后可运至堆渣场堆放。

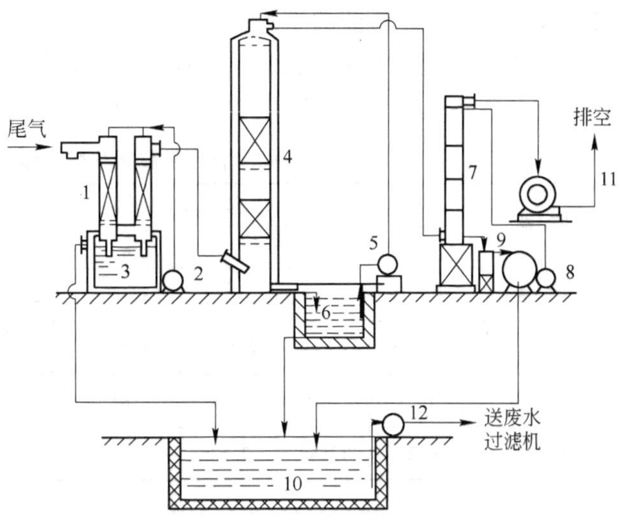

图 9-2 氯化尾气处理设备流程（日本东邦钛公司采用）

1—水洗塔；2—耐酸泵；3—储水槽；4—一次洗涤塔；5—衬胶泵；6—消石灰液池；7—二次洗涤塔；8—铸铁泵；9—碱液池；10—中和槽；11—风机；12—泵

图 9-2 表示氯化尾气处理的设备流程。

泥浆蒸发器是带双搅龙的电热蒸发器，安装在氯化车间浓密机的一侧。由浓密机底部的排泥浆螺旋间断地供给泥浆，进入泥浆蒸发器的一端，在电加热下经螺旋叶片带动泥浆沿搅龙向另一端方向移动。在移动过程中，泥浆中 $TiCl_4$ 因受热而不断蒸发出来，泥浆则逐渐变稠，最后变成干粉从蒸发器的另一端排出。蒸发出来的 $TiCl_4$ 用保温的管道将其接至氯化系统 $TiCl_4$ 淋洗塔的喷头处，借淋洗塔内喷淋产生的负压将其引入循环系统回收。泥浆蒸发器的设备结构如图 9-3 所示。

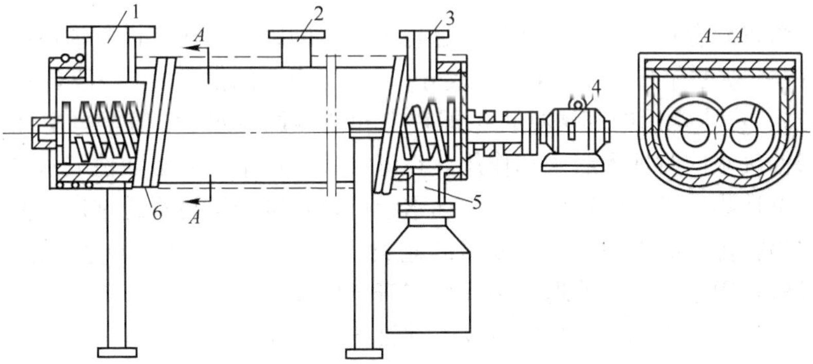

图 9-3 泥浆蒸发器结构图

1—进料管；2—$TiCl_4$ 蒸气引出管；3—通道口；4—电机；5—排渣口；6—加热电感线圈

从上述可知，造成氯化生产危害最大的乃是废渣的处理问题。废渣数量的多少与各厂家的生产工艺操作水平有很大关系。国内某厂氯化炉操作管理水平较好，用两广矿的钛渣制取 $TiCl_4$ 时，每产 1t 粗 $TiCl_4$ 要排出炉渣 44. 8kg，收尘渣 68. 7kg，泥浆 75. 8kg。详见表

9-2，这是该厂 6 天累计的平均值。由表 9-2 数据可见，炉渣量大，且主要含 C 及少量 TiO_2，可用摇床重力选分出油焦，干燥后返回氯化工序，TiO_2 返回氯化或干燥煅烧后作人造金红石（含 $TiO_2$85% ~90%（质量分数））用。

表 9-2　钛渣沸腾氯化炉废渣排出量和分析

名　称	废渣成分（质量分数）/%							渣量（以 $TiCl_4$ 计）/kg · t^{-1}
	Fe	Ti	Al	Mn	Ca	Mg	C	
炉　渣	0.703	6.72	0.287	3.3	1.26	2.53	57.8	44.8
1 号收尘器渣	18.55	1.42	0.688	11.03				47.7
2 号收尘器渣	16.7	2.55	1.080	11.85				21.0
泥　浆	9.34	13.48	2.12	2.74				75.8

以上废渣中泥浆早先是采用水冲的办法，这显然是违反环保规定的做法。后来国内各钛厂均先后采用电热螺旋蒸发器处理回收，目前也有采用将泥浆打回氯化炉处理的。利用炉内反应热将 $TiCl_4$ 加热蒸发，同氯化反应产生的 $TiCl_4$ 一起从炉气流出，泥浆残渣与氯化炉残渣一同放出。

9.1.1.5　排气和还原拆炉时冒出的气体

$TiCl_4$ 镁还原生产海绵钛过程中为控制炉压，排气时放出的含 $TiCl_4$ 的气体，以及还原拆炉时冒出较多的 $TiCl_4$（即 HCl）气体，应采取局部排风处理。

9.1.1.6　镁电解槽的阳极氯气

必须加强镁电解槽的工艺管理，保证阳极氯气的体积分数不低于 70%，送钛渣氯化炉与原氯混合使用，决不允许由烟囱自然排放。

9.1.2　废水和废液的处理

9.1.2.1　废水处理

在上述废渣得到合理处理后，钛生产过程中产生的废水，还有设备清洁的洗涤水和场地所用冲洗水（一般含有 HCl 和 $FeCl_3$ 等成分）、废气净制的淋洗水（一般含有 HCl 和一些固体杂质颗粒）。废水常用中和法处理，即在中和池内调废水 pH 值至呈中性。一般是将各种酸性和碱性废水同时加入起中和作用。在海绵钛生产中，通常酸性废水量较大，需要加石灰或其他碱性物质进行中和处理。中性水液可以直接经排污管道排走。但这种方法还不够彻底，因为在排走的水中还含有较多的盐类。最好是经过过滤净化，使水循环使用，但这样处理投资费用很大。经处理后的废水应符合排放标准。

我国工业“废水”排放 pH 值和最高容许排放质量浓度为：

pH 值	6 ~9
悬浮物（水力排灰洗煤水，尾矿水）	500mg/L
生化需氧量（5 天 20℃）	60mg/L
化学耗氧量（重铬酸钾法）	100mg/L
硫化物	1mg/L
挥发性酚	0.5mg/L

氰化物(以游离氰根计)	0.5mg/L
有机膦	0.5mg/L
石油类	10mg/L
铜及其化合物	1mg/L(按 Cu 计)
锌及其化合物	5mg/L(按 Zn 计)
氟的无机化合物	10mg/L(按 F 计)
硝基苯类	5mg/L
苯胺类	3mg/L

海绵钛厂废气、废水处理综合流程如图 9-4 所示。

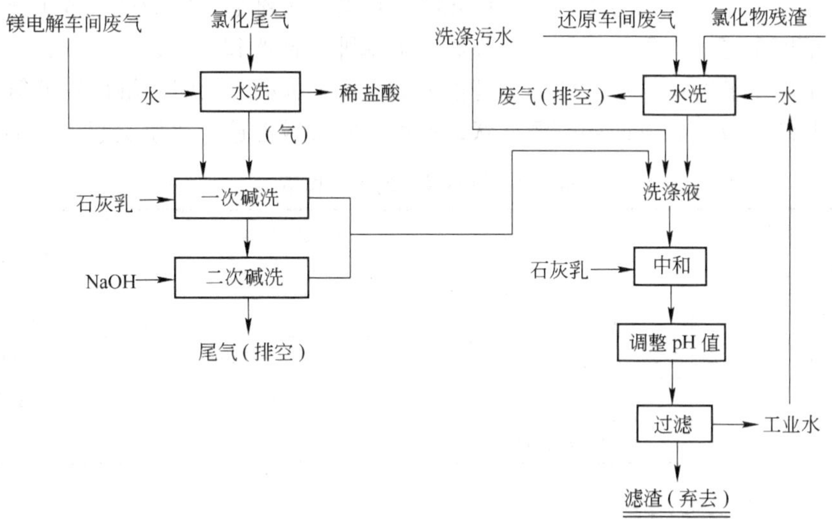

图 9-4 废气、废水处理综合流程图

9.1.2.2 废液处理

在粗 $TiCl_4$ 精制工序中还有一些废液需加以处理。

A 低沸点杂质馏出液

用浮阀塔精馏除硅时，其精馏馏出液约含 100 ~ 150g/L $SiCl_4$ 和 850 ~ 900g/L $TiCl_4$，还有其他一些杂质，应合理回收其有价成分。可采用再精馏的办法将 $TiCl_4$ 和 $SiCl_4$ 分离。

B 含铜废酸液中铜的回收

目前国内钛厂有的仍采用铜丝塔除钒工艺。铜丝表面黏附钒杂质后便影响除钒效果，需酸洗再生。通常用盐酸液洗涤，经再生后的铜丝水洗、烘干后可返回使用。而酸洗液里含有 $CuCl_2$ 和 $VOCl_2$。由于批量小，可集中处理。处理时为回收铜，以铁屑置换法较为简便。

9.2 工业卫生及安全

在海绵钛生产中，所有工序都可能涉及到运转设备、用电、粉尘、高温熔体或溶液、有害化学物质，稍有不慎，就可能造成安全事故，带来不幸。因此，每个操作工必须了解安全知识，遵守操作规程和安全规程。

9.2.1　氯和一些氯化物对人体的危害及安全知识

9.2.1.1　氯的危害

氯在常温下是黄绿色的刺激性气体，密度是空气的 2.5 倍，0.1MPa(1atm) 和 0℃时，Cl_2 的密度为 3.214kg/m³。

在 0℃时，液氯的密度为 1.4685kg/L，1L 液氯相当于 463L 的气体氯。

氯气进入人体呼吸道后，与水作用生成 HClO，HClO 又分解成 HCl 和新生态氧。它们对人体组织氧化和侵蚀，引起灼烧和局部粘膜的强烈刺激，危害极大。

轻度中毒可产生头痛、头晕、乏力、恶心、呕吐和流泪、流涕、打喷嚏、胸腔痛、咽痛、干咳等症状；中度中毒会引起连续性咳嗽，可有少量咯血，呼吸困难或不畅，声音嘶哑等症状；重度中毒，可引起气管炎、肺炎、肺水肿、昏迷和休克，甚至死亡。

空气中不同浓度的氯气对人体的危害程度如表 9-3 所示。长期接触低浓度氯气会引起上呼吸道、眼结膜及皮肤方面的刺激症状，慢性气管炎较普遍，个别会患上哮喘。

表 9-3　氯对人体的危害作用

空气中含氯量(质量浓度)/mg·L⁻¹	程　度	空气中含氯量(质量浓度)/mg·L⁻¹	程　度
0.003	可忍耐较长时间	0.08	引起咳嗽
0.01	已辨出臭味	0.12～0.18	短时间接触也较危险
0.012	可忍耐 0.5～1.0h	2.8	短时间窒息而死
0.04	对咽喉有刺激		

9.2.1.2　氯化物的危害

HCl 气体和盐酸对人体有强烈刺激作用，但比氯气弱些。它会刺激眼睛，使眼睛浮肿，且易患结膜炎；刺激鼻子和咽粘膜，严重者鼻子和齿龈出血，甚至会引起急性气管炎；HCl 气体可刺激皮肤引起皮炎；若长期与 HCl 气体接触，还可以引起牙齿酸蚀症。皮肤接触盐酸后，应立即用大量清水冲洗，否则皮肤会被灼伤，出现红斑或水疱。

在氯化和精馏的尾气系统中，常含有光气。它在生产场地空气中最大允许质量浓度为 0.5mg/m³。光气是一种气味难闻的窒息性有毒气体，就如腐烂的苹果或发霉的干草气味一样。光气($COCl_2$)的毒性比氯气约大 10 倍，且作用较持久，吸入后数小时至 48h 内发病，初期症状是失去嗅觉和味觉，恶心、精神不振、软弱无力等表现。严重时常引起肺水肿，恢复较慢。

一般金属氯化物，如 $TiCl_4$、$FeCl_3$、$AlCl_3$、$SiCl_4$、$VOCl_3$ 等对人体的危害稍轻。它们在空气中易潮解，释放出 HCl 气体。其中 $TiCl_4$ 是钛生产中的一个主要中间产品，数量很大，因此它的危害较大。以上氯化物潮解或水解析出的 HCl 气体，会引起操作人员患皮炎症和眼结膜炎、鼻炎、咽喉炎、支气管炎，甚至肺炎等。

9.2.1.3　空气含氯和氯化物的最高允许质量浓度

空气中含氯和氯化物浓度较低时，危害性不大。现将一些国家在劳动现场环境中允许的氯气、含氯物质等最高质量浓度和大致安全浓度列入表 9-4 中。

表 9-4 有害气体现场最高允许质量浓度

物 质	最高允许质量浓度/mg · m^{-3}				大致安全浓度
	中 国	前苏联	美 国	日 本	
$COCl_2$	0.5	0.5	0.4		0.0001%
Cl_2	2	1	3	3	0.0001%
HCl	15	5	7	7	
CO	30	20	55	110	0.01%
NH_3	30	20	18	70	0.01%
H_2SO_4、SO_3	2	1	1	1	1mg/m^3
SO_2	20	10	13	13	0.0005%
V_2O_5(烟)		0.1	0.05		
V_2O_3、V_2O_5(烟尘)		0.5	0.5		

9.2.1.4 氨(NH_3)的危害

在钛厂冷冻站，是用氨作冷却剂。在拆卸密封设备或是设备、管道泄漏时，氨可能逸散到生产场地的空气中。它的极限允许质量浓度是 20 ~ 30mg/m^3。因其正常沸点为 −33℃，所以在通常情况下，它呈蒸气状态。NH_3 蒸气是一种具有窒息性剧臭并带碱味的无色气体。它刺激呼吸道，并使人流泪不止。在室温和大气压下，它在空气中的爆炸混合极限是 14.5% ~26.8%(体积分数)，含量在此范围内，有爆炸的危险性。中毒急救措施是，迅速脱离有毒环境，呼吸新鲜空气，进行人工呼吸。预防措施是戴防毒面具。

9.2.1.5 防治措施

在海绵钛生产过程中接触较多的是 Cl_2、HCl 和 $TiCl_4$。为了防止这些气体对操作人员的危害，应使生产工艺连续化，并使物料在生产过程中处于密闭状态，以减少含氯物质的泄漏，积极治理“三废”，及时维修好设备，杜绝跑、冒、滴、漏；建立岗位责任制和环境监测制度、卫生防护和保健制度，防止产生中毒事故和职业病。可采取的措施有：

(1) 接触 Cl_2、HCl、$TiCl_4$、H_2SO_4 等物质操作时，须穿戴好劳保用品，在 Cl_2 浓度大的地区工作时还应戴好防毒面具等，以防止吸入或溅到眼睛里及皮肤上。发生烧伤事故时，若是被 $TiCl_4$ 或 $SiCl_4$、$FeCl_3$ 等溅在皮肤上，须用干布擦净后再用大量清水冲洗。若是盐酸，须立即用大量清水冲洗。

(2) 一旦 $TiCl_4$、HCl、Cl_2 等出现跑、冒、滴、漏时，除了积极维修设备外，应立即通风排除，$TiCl_4$ 逸至地面要立即用大量水冲洗排除。

(3) 运输和使用液氯必须小心谨慎。液氯瓶或其他高压容器(氧、氩气瓶)严禁接触高温、暴晒或撞击。氯气瓶一定要装有安全塞(熔点，65 ±2℃)，以防爆裂，每 1kg 液氯需 0.825L 以上的容积(充装系数≤1.21kg/L)。

(4) 患有支气管炎、支气管扩张、哮喘等病症者，不宜从事氯化作业的工作。

(5) 在有氯环境下的操作人员可服用适量含复方樟脑酊和复方甘草合剂配制的药水；在 $TiCl_4$ 环境下的操作人员可服用适量的止咳糖浆。

一旦发生氯气中毒时，应将患者移离现场安卧，可用 20g/$LNaHCO_3$ 溶液漱口洗眼，做喉头喷雾吸入。对胸闷及呼吸困难者须吸入氧气。咳嗽气急可用新针取穴：天突、丰隆、定喘，也可吸入异丙基肾上腺素，或皮下注射氨茶碱、麻黄素，并应严密观察病情，防止肺水肿。当发现喉头水肿时，应迅速将气管切开，注射抗菌素控制感染。

9.2.2　放射性物质的危害

由于某些钛铁矿含有微量的放射性物质，如国内两广钛铁矿放射性强度为3811Bq/kg即1.03×10^{-7}Ci/kg，（国家标准为1×7^{-7}Ci/kg），在制取的高钛渣和氯化残渣中就会含有微量放射性物质，氯化残渣放射性强度增至25049Bq/kg(6.77×10^{-7}Ci/kg)。在钛渣氯化制取$TiCl_4$的过程中，这些放射性物质大多生成高沸点的氯化物，富集并残留在炉渣中，故氯化炉渣的放射性剂量较高，约超过国家允许标准的6~7倍。

预防放射性物质对人体的危害必须贯彻“预防为主”的方针。对氯化炉炉渣应定期普查。对放射性物质超剂量的炉渣应规定专门地点堆放。摇选金红石排出的污水需经处理后再排放，回收得到的石油焦不能任意堆放，以防放射性物质扩散。

9.2.3　CO 的危害

在生产钛渣的矿热炉炉气和制取$TiCl_4$的氯化炉炉气中及油焦、焦炭的储仓常含有较多的CO气体，这是一种常见的窒息性气体，也是一种易燃易爆气体。因此，对氯化炉的操作和尾气处理操作都应加小心。

CO是一种无色无味气体，密度为1.25g/L，相对密度为0.96，易在空气中散布，人体吸入CO后，经肺在血液中与血红蛋白结合，其亲和力比氧大210倍，很快形成碳氧血红蛋白，使血失去运氧能力，引起缺氧窒息。由于中枢神经对缺氧很敏感，首先受害。人受CO中毒时引起的症状，轻者会头痛、眩晕、耳鸣、恶心、呕吐、全身乏力，重者会晕厥、昏迷以至死亡。空气中含CO $<0.01\%$(体积分数)时对人体无太大危害；当含CO $>0.01\%$(体积分数)时，便可引起人体中毒症状；当CO量达0.1%(体积分数)时，可引起人体神志不清、晕倒、痉挛。为了避免CO中毒事故的发生，应保持氯化车间通风良好。一旦出现CO中毒事故时，立即将患者抬至空气流通处，注意保暖。昏迷者最好送高压氧舱治疗。呼吸衰竭者应立即进行人工呼吸，吸入含5% CO_2(体积分数)的氧气较好，然后遵医嘱对症处理。

空气中含12.5%~74.2%(体积分数)CO的气体属爆炸性气体，点火后能引起爆炸。为预防氯化炉CO爆炸事故，除了在炉顶置有防爆孔外，在炉启动和停产时不要停止尾气引风机的运转。

9.2.4　安全防御措施

9.2.4.1　防火防爆和防高温熔体的烫伤

镁热法生产的海绵钛，由于爬壁钛黏附有钛粉和镁粉，产品在取出和吊运时受摩擦能自燃起火，甚至会烧毁钛坨，故在取出前，最好先铲除爬壁钛。在破碎、包装和运输中，对含低价氯化物的海绵钛均应细心操作。一旦海绵钛着火，只宜用氩气、石棉布、砂子等覆盖灭火，不宜用水和CO_2、CCl_4等其他灭火剂，应迅速将已着火的海绵钛隔开。平常应在海绵钛取出岗位旁设置灭火罩，破碎、混合、包装等操作岗位须配置灭火器材。

在精制车间采用铝粉除钒方法时，低价$TiCl_3$浆液的制备要用到高活性微细铝粉。它可能进入生产场地的空气中。细铝粉的着火点是640℃，发生爆炸的质量浓度下限是4.0g/m³。操作时需严格遵守操作规程，以免铝粉着火或爆炸。防范措施是：电器装置要安全防爆；无明火火源；设备要密封，并通氮气或氩气保护。操作细铝粉时，只能使用不产生火花的工具。

在钛渣熔炼车间，呈熔融状态的钛渣和生铁，以及熔盐氯化车间氯化炉的熔盐有很高的温度，溅落到人体上会引起长期难愈的烫伤和热化学烧伤。熔体与水切忌直接接触，否则会引起爆炸。防范措施是：穿戴好工作服、帽和筒靴，带特殊手套和防毒面具。

为防火灾，在有油焦粉尘和/或产生CO的地方不能有明火。

9.2.4.2 $TiCl_4$ 操作

由于 $TiCl_4$ 接触水或大气便强烈水解发热并产生大量盐酸雾，操作人员必须穿带劳保用品，不应裸露肤体，以防人体中毒和烧伤肤体。

9.2.4.3 氯气瓶的操作

A 注意事项

(1) 使用时必须注意配管时防止反应器内的气体、物质倒流到液氯钢瓶内；缓冲器是必须的，并应装上压力表及排污装置；

(2) 使用现场温度不应超过40℃；

(3) 不得使钢瓶受到碰击；

(4) 检查充填系数是否会大于1.21kg/L；

(5) 小钢瓶直立使用，0.5t、1t钢瓶水平使用，并使针形阀联线在铅垂方向，此时上部导管可放气体，下部导管放液体；

(6) 钢瓶放氯过慢不能满足需要时，可以并联几个同时放出，仍不够时可用温水(温度不高于45℃，一般用自来水)加热钢瓶；

(7) 钢瓶用毕时尚应保持0.03～0.05MPa(0.3～0.5kg/cm²)的残余压力，以1t钢瓶为例，应残留氯约6kg。

(8) 液氯瓶不能改装其他气体。

B 事故处理方法

(1) 钢瓶焊缝漏氯时，把部位向上用布或铁箍衬橡皮扎紧，尽快使用，处理漏气时，一定要把漏气部位向上；

(2) 漏气严重则投放入水、石灰或碱液池中，或用钟罩将瓶罩住负压抽入处理塔内以碱液处理；

(3) 安全塞漏气，一般轻轻用小锤把合金敲一敲，做上记号，迅速用完调换；

(4) 瓶头折断可用木针或铁针按紧，小心打入孔内堵漏，然后用处理器从安全塞处排放，尽快用完调换针形阀及安全塞；

(5) 处理事故时，人员应站在上风方向；对于急性吸入中毒者，应迅速离开现场，移到通风良好的地方，呼吸新鲜空气，及时治疗。

检查漏气最简单的方法是，用一敞口的氨水瓶，靠近各接缝处不断移动，如有泄漏，即产生氯化铵的白雾。

9.2.4.4 用电安全

生产工人常常要操作带电设备。通过人体的电流小于0.05A时是安全的。电流在

0.1A 以上，如果同时处于场地潮湿、人们的手脚出汗等不良情况下，则可能危及人的生命安全。当遭到电击(直接碰到带电体发生的电伤)时，要立即脱离电源，然后做人工呼吸。预防措施是：所有带电设备和金属构筑物必须可靠的接地。为防电弧、热辐射对眼睛的伤害，要注意戴防护眼镜。

9.2.4.5　防尘

在钛渣生产、氯化炉配料准备等工序生产场地的空气中，可能含有含钛物料和油焦、焦炭的粉尘，这些地方要通风良好。含钛粉料粉尘的最大允许质量浓度是 $10mg/m^3$，油焦粉尘的极限允许质量浓度为 $5mg/m^3$。这些岗位的操作工要注意戴防尘口罩或防毒面具。

附　　录

附表 1　常用钛化合物的基本性质

物　质	熔点/℃	沸点/℃	密度(25℃)/g·cm^{-3}	基本特征(常温下)
Ti	1668 ±4	3260 ±2	4.51	
$TiCl_2$	1027	1660	3.13	黑色结晶粉末
$TiCl_3$	840	960	2.656	紫色粉末
$TiCl_4$	-23.22	136.2	1.7195	无色透明液体
TiOCl	700(分解)	650(升华)	3.14	褐色至金黄色结晶
$TiOCl_2$	180(分解)		2.45	
Ti_2OCl_6	73(分解)			
$Ti_2O_3Cl_2$	分解			
TiO	1760	3227	4.958	金黄色物质
TiO_2(金红石型)	1855	3200	4.18 ~4.25	白色粉末
TiO_2(锐钛型)			3.84	白色粉末
TiO_2(板钛矿型)			4.17	白色粉末
Ti_2O_3	2127	3200	4.53	暗紫色粉末
Ti_3O_5(α)	1850		4.57	黑蓝色粉末
TiS	1780		4.050	暗红色粉末
TiS_2	1300(分解)		3.22	黄色粉末
Ti_2S_3			3.673	绿黑色结晶粉末
TiN	2930		5.22	黄色
Ti_3N	1050(分解)			
TiC	3450	4300	4.93	亮灰
TiH		640(分解)	3.79	
TiH_2		900(分解)	3.9(12℃)	灰色
$MgTiO_3$	1630		3.91	
$MnTiO_3$	1360		4.54	
$CaTiO_3$	1980		4.02	淡黄色
$FeTiO_3$	1370	分解	4.75	黄至黑色

附表 2　镁还原系各组分性质比较

物　质	Mg	$MgCl_2$	$TiCl_2$	$TiCl_3$	$TiCl_4$	Ti
相对密度(25℃) (800℃)	1.745 1.555	2.325 1.672	3.13	2.66	1.73	4.51
熔点/℃	651	714	1030	920	-23	1660
黏度/Pa·s		4.12×10^{-3} (808℃)			0.395×10^{-3} (110℃)	
表面张力/mN·m^{-1}	563 (681℃)	127 (800℃)			0.0234 (100℃)	

附表 3　$TiCl_4$ 及其中所含杂质的某些性质

化合物	国际相对分子质量	熔点/℃	沸点/℃	在 $TiCl_4$ 中的溶解度（质量分数）/%	在工业 $TiCl_4$ 中近似含量（质量分数）/%	含有少量混合物时的相对挥发度 α
$TiCl_4$	189.7	-23.22	136.2	—	—	—
$VOCl_3$	173.5	-77.0	126.8	无限	0.1~0.3	1.22
$SiCl_4$	169.9	-70.4	56.5	无限	0.1~1.0	9~10
CCl_4	153.8	-23.8	76.6	无限	≤0.05	4.5
Fe_2Cl_6	324.4	302	318	0.03(135℃)	~0.005	$(1/\alpha)14$
Al_2Cl_6	266.8	193.0	180.2	约 0.08(25℃)~6.0(125℃)	<0.5	≪1
$COCl_2$	98.8	-126.0	8.2	55(20℃)~1(90℃)	≤0.8	≫1
$TiOCl_2$	134.9	—	—	0.22(0℃), 0.44(20℃)	≤0.5	≪1
C_6Cl_6	284.8	227.0	309.0	1.0(20℃)	≤0.05	≪1
$POCl_3 \cdot TiCl_4$	343.2	105.7	143.2	0.45(20℃)	≤0.01	$(1/\alpha)1.28$
CS_2	76.1	-108.6	46.25	无限	≤0.01	≫1
COS	60.0	-138.0	-47.5	5.7(20℃)	≤0.004	≫1
SO_2Cl_2	135.0	-54.0	69.0	无限	≤0.005	≫1
SO_2	64.1	-72.7	-10.08	0.5(100℃), 1.6(40℃)	≤0.004	≫1
$SOCl_2$	119.0	-105.0	75.6	无限	≤0.002	≫1
CCl_3COCl	181.8	-72.7	118	无限	≤0.005	1.5
$CH_3ClCOCl$	112.9	-21.8	106	无限	微量	3.8
$CHCl_2COCl$	147.4	—	108	无限	微量	1.6
$MgCl_2$	95.2	712	1410	0.028(35℃), 0.037(75℃)	≤0.005	≪1
$MnCl_2$	125.9	650	—	0.008(50℃)	≤0.001	≪1
Cl_2	70.9	-101.3	-34.7	—	≤0.1	≫1
HCl	36.5	-114	-85	0.12(20℃)	≤0.06	≫1
CO_2	44.0	-56.6	-78.5	0.21(100℃), 1.3(23℃)	≤0.01	≫1
O_2	32.0	218.8	-183.0	—	≤0.0015	≫1
N_2	28	-210.0	-195.8	—	≤0.005	≫1
Si_2Cl_6	269.0	-1.0	147	无限	0.02	$(1/\alpha)2.5$
Si_3Cl_8	368	-67	216	无限	0.01	≪1
S_2Cl_2	185	-80.0	136.8	无限	0.002	约 1
SCl_2	103.0	-78	59	无限	0.002	≫1

附表 4　中国、美国、日本、前苏联海绵钛标准的主要技术指标

标准号	牌号	生产方法	化学成分(质量分数)/%												布氏硬度 HBW/10/14700/30 ≤	粒度/mm
			Ti ≥	杂质,≤										其他总计		
				Fe	Si	Cl	C	N	O	Mg	Mn	H	Ni	Na			
中国标准(GB/T 2524—2002)	MHT-100(0 级)	MD	99.7	0.06	0.02	0.06	0.02	0.02	0.06	0.06	0.01	0.005				100	0.83 ~25.4 和 0.83 ~127mm
	MHT-110(1 级)		99.6	0.10	0.03	0.08	0.03	0.02	0.08	0.07	0.01	0.005				110	
	MHT-125(2 级)		99.5	0.15	0.03	0.10	0.03	0.03	0.10	0.07	0.02	0.005				125	
	MHT-140(3 级)		99.3	0.20	0.03	0.15	0.03	0.04	0.15	0.08	0.02	0.010				140	
	MHT-160(4 级)		99.1	0.30	0.04	0.15	0.04	0.05	0.20	0.09	0.03	0.012				160	
	MHT-200(5 级)		98.5	0.40	0.06	0.30	0.05	0.10	0.30	0.15	0.08	0.030				200	
日本标准(JISH 2151—83)	TS-105M	MD	99.6	0.10	0.03	0.10	0.03	0.02	0.08	0.06	0.01	0.005				≤105	0.83 ~12.7 占 90% 以上
	TS-120M		99.4	0.15	0.03	0.12	0.03	0.03	0.12	0.07	0.02	0.005				106 ~120	>12.7 占 5% 以下
	TS-140M		99.3	0.20	0.03	0.15	0.03	0.03	0.15	0.08	0.05	0.005				121 ~140	<0.83 占 5% 以下
	TS-160M		99.2	0.20	0.03	0.15	0.03	0.03	0.25	0.08	0.05	0.005				141 ~160	

续附表 4

标准号	牌号	生产方法	化学成分(质量分数)/%													布氏硬度 HBW/10/14700/30 ≤	粒度/mm
			Ti ≥	杂质,≤											其他总计		
				Fe	Si	Cl	C	N	O	Mg	Mn	H	Ni	Na			
美国标准(ASTM 299—82)	MD-120	MD	99.3	0.12	0.04	0.10	0.020	0.015	0.10	0.08		0.010			0.05	120	≤12.7
	ML-120	ML	99.1	0.15	0.04	0.20	0.025	0.015	0.10	0.50		0.03			0.05	120	
	SL-120	SL	99.3	0.05	0.04	0.20	0.020	0.015	0.10			0.05		最大	0.05	120	
	GP-1	MH 或 ML,SL	—	0.25	0.04	0.20	0.025	0.020	0.15	最大		0.03			0.05		
美国国家储备和采购标准(P-97-R_6)	1	MD	99.5	0.08	0.04	0.10	0.020	0.010	0.10	0.08		0.005	0.02			100	
	2	ML	99.1	0.10	0.04	0.20	0.025	0.015	0.10	0.50		0.03	0.02			100	
	3	SL	99.3	0.04	0.04	0.20	0.020	0.015	0.10			0.05	0.02	0.19		120	
	4	E	99.6	0.04	0.04	0.10	0.020	0.008	0.07	0.08		0.02	0.02	0.01		120	
前苏联标准(ГОСТ 17746—79)	TT-90	MD	余量	0.06	0.01	0.08	0.02	0.02	0.04				0.05			90	-70 +12
	TT-100		余量	0.07	0.02	0.08	0.03	0.02	0.04				0.05			100	-12 +2
	TT-110		余量	0.09	0.03	0.08	0.03	0.02	0.05				0.05			110	-12 +5
	TT-120		余量	0.11	0.03	0.08	0.04	0.03	0.06				0.05			120	-5 +2
	TT-130		余量	0.13	0.04	0.10	0.04	0.03	0.08				0.05			130	
	TT-150		余量	0.2	0.04	0.12	0.05	0.04	0.10				0.05			150	
	TT-TB		余量	2.0	—	0.3	0.15	0.3									≤100

注:MD—镁还原真空蒸馏法;ML—镁还原水洗法;SL—钠还原水洗法;MH—镁还原氦气循环蒸馏法;E—电解法。

附表5　中国钛及钛合金牌号和化学成分(GB/T 3620·1—1994)

合金牌号	化学成分组	化学成分(质量分数)/%																					
		主要成分															杂质,≤						
		Ti	Al	Sn	Mo	V	Cr	Fe	Mn	Zr	Pd	Ni	Cu	Nb	Si	B	Fe	C	N	H	O	其他元素 单一	其他元素 总和
TAD	碘法钛	余量															0. 03	0. 03	0. 01	0. 015	0. 05		
TA0	工业纯钛	余量															0. 15	0. 10	0. 03	0. 015	0. 15	0. 1	0. 4
TA1	工业纯钛	余量															0. 25	0. 10	0. 03	0. 015	0. 20	0. 1	0. 4
TA2	工业纯钛	余量															0. 30	0. 10	0. 05	0. 015	0. 25	0. 1	0. 4
TA3	工业纯钛	余量															0. 40	0. 10	0. 05	0. 015	0. 30	0. 1	0. 4
TA4	Ti-3Al	余量	2. 0 ~ 3. 3														0. 30	0. 10	0. 05	0. 015	0. 15	0. 1	0. 4
TA5	Ti-4Al-0. 005B	余量	3. 3 ~ 4. 7													0. 005	0. 30	0. 10	0. 04	0. 015	0. 15	0. 1	0. 4
TA6	Ti-5Al	余量	4. 0 ~ 5. 5														0. 30	0. 10	0. 05	0. 015	0. 15	0. 1	0. 4
TA7	Ti-5Al-2. 5Sn	余量	4. 0 ~ 6. 0	2. 0 ~ 3. 0													0. 50	0. 10	0. 05	0. 015	0. 20	0. 1	0. 4
TA7 ELI	Ti-5Al-2. 5Sn (ELI)①	余量	4. 50 ~ 5. 75	2. 0 ~ 3. 0													0. 25	0. 05	0. 035	0. 0125	0. 12	0. 05	0. 3

续附表 5

合金牌号	化学成分组	化学成分(质量分数)/%																					
		主 要 成 分															杂质,≤						
																						其他元素	
		Ti	Al	Sn	Mo	V	Cr	Fe	Mn	Zr	Pd	Ni	Cu	Nb	Si	B	Fe	C	N	H	O	单一	总和
TA9	Ti-0. 2Pd	余量									0. 12 ~ 0. 25						0. 25	0. 10	0. 03	0. 015	0. 20	0. 1	0. 4
TA10	Ti-0. 3Mo-0. 8Ni	余量			0. 2 ~ 0. 4							0. 6 ~ 0. 9					0. 30	0. 08	0. 03	0. 015	0. 25	0. 1	0. 4
TB2	Ti-5Mo-5V-8Cr-3Al	余量	2. 5 ~ 3. 5		4. 7 ~ 5. 7	4. 7 ~ 5. 7	7. 5 ~ 8. 5										0. 30	0. 05	0. 04	0. 015	0. 15	0. 1	0. 4
TB3	Ti-3. 5Al-10Mo-8V-1Fe	余量	2. 7 ~ 3. 7		9. 5 ~ 11. 0	7. 5 ~ 8. 5		0. 8 ~ 1. 2										0. 05	0. 04	0. 015	0. 15	0. 1	0. 4
TB4	Ti-4Al-7Mo-10V-2Fe-1Zr	余量	3. 0 ~ 4. 5		6. 0 ~ 7. 8	9. 0 ~ 10. 5		1. 5 ~ 2. 5		0. 5 ~ 1. 5								0. 05	0. 04	0. 015	0. 20	0. 1	0. 4
TC1	Ti-2Al-1. 5Mn	余量	1. 0 ~ 2. 5						0. 7 ~ 2. 0								0. 30	0. 10	0. 05	0. 012	0. 15	0. 1	0. 4
TC2	Ti-4Al-1. 5Mn	余量	3. 5 ~ 5. 0						0. 8 ~ 2. 0								0. 30	0. 10	0. 05	0. 012	0. 15	0. 1	0. 4
TC3	Ti-5Al-4V	余量	4. 5 ~ 6. 0			3. 5 ~ 4. 5											0. 30	0. 10	0. 05	0. 015	0. 15	0. 1	0. 4
TC4	Ti-6Al-4V	余量	5. 5 ~ 6. 8			3. 5 ~ 4. 5											0. 30	0. 10	0. 05	0. 015	0. 20	0. 1	0. 4

续附表5

合金牌号	化学成分组	化学成分(质量分数)/%																				
		主要成分															杂质,≤					
		Ti	Al	Sn	Mo	V	Cr	Fe	Mn	Zr	Pd	Ni	Cu	Nb	Si	B	Fe	C	N	H	O	其他元素 单一 / 总和
																						单一 / 总和
TC6	Ti-6Al-1.5Cr-2.5Mo-0.5Fe-0.3Si	余量	5.5~7.0		2.0~3.0		0.8~2.3	0.2~0.7							0.15~0.40			0.10	0.05	0.015	0.18	0.1 / 0.4
TC9	Ti-6.5Al-3.5Mo-2.5Sn-0.3Si	余量	5.8~6.8	1.8~2.8	2.8~3.8										0.2~0.4		0.40	0.10	0.05	0.015	0.15	0.1 / 0.4
TC10	Ti-6Al-6V-2Sn-0.5Cu-0.5Fe	余量	5.5~6.5	1.5~2.5		5.5~6.5		0.35~1.0					0.35~1.0					0.10	0.04	0.015	0.20	0.1 / 0.4
TC11	Ti-6.5Al-3.5Mo-1.5Zr-0.3Si	余量	5.8~7.0		2.8~3.8					0.8~2.0					0.20~0.35		0.25	0.10	0.05	0.012	0.15	0.1 / 0.4
TC12	Ti-5Al-4Mo-4Cr-2Zr-2Sn-1Nb	余量	4.5~5.5	1.5~2.5	3.5~4.5		3.5~4.5			1.5~3.0							0.30	0.10	0.05	0.015	0.20	0.1 / 0.4

① ELI 表示为超低间隙。

参 考 文 献

[1] 莫畏，邓国珠，罗方承. 钛冶金(第2版)[M]. 北京：冶金工业出版社，1999.
[2] 吴贤，张健. 中国的钛资源分布及特点[J]. 钛工业进展，2006，23(6)：8～12.
[3] 邓国珠. 世界钛资源及其开发利用现状[J]. 钛工业进展，2002，19(5)：9～12.
[4] 《稀有金属手册》编委会. 稀有金属手册[M]. 北京：冶金工业出版社，1992.
[5] 《有色金属提取冶金手册》编委会. 有色金属提取冶金手册[M]. 北京：冶金工业出版社，1999.
[6] 王喜庆. 钒钛磁铁矿高炉冶炼[M]. 北京：冶金工业出版社，1994.
[7] 《攀西钒钛磁铁矿资源综合利用的规划研究》课题组. 关于进一步开展攀西钒钛磁铁矿资源综合利用的规划研究(四川省软科学研究报告)，1996(内部资料).
[8] 刘松利，杨绍利. 攀枝花高钛型高炉渣综合利用研究现状[J]. 轻金属，2007(7)：48～50.
[9] 彭毅. 降低攀钢高炉渣碳化电耗的途径[J]. 钛工业进展，2006，23(2)：37～41.
[10] 胡克俊，姚娟，席歆. 攀枝花钛资源经济价值分析[J]. 世界有色金属，2008(1)：36～42.
[11] 王向东，逯福生，贾翃，等. 2004年中国钛工业发展分析报告[J]. 钛工业进展，2005，23(2)：4～7.
[12] 李梁，孙健科，孟祥军. 钛合金的应用现状及发展前景[J]. 钛工业进展，2004，21(5)：19～24.
[13] 王向东，郝斌，逯福生，等. 钛的基本性质、应用及我国钛工业概况[J]. 钛工业进展，2004，21(1)：6～10.
[14] 胡清熊. 钛的应用及前景展望[J]. 钛工业进展，2003，20(4，5)：11～15.
[15] 韩永奇. 当前我国钛工业面临的机遇和挑战[J]. 钛工业进展，2006，23(1)：16～20.
[16] 王荣敏. 钛在航空领域应用[J]. 世界有色金属，2007(10)：65～67.
[17] 赵树萍，吕双坤. 钛合金在航空航天领域中的应用[J]. 钛工业进展，2002(6)：18～21.
[18] 邓炬. 钛与航空[J]. 钛工业进展. 2004，21(2)：6～15.
[19] 王镐，祝建雯，何瑜，等. 钛在航船领域的应用现状及展望[J]. 钛工业进展，2003，20(6)：42～44.
[20] 孟祥军，时锦. 漫谈钛合金在舰船上的应用[J]. 钛工业进展，2003，20(4，5)：23～26.
[21] 宁兴龙. 俄罗斯舰船用钛[J]. 钛工业进展，2003，20(6)：28～31.
[22] 宝鸡有色金属加工. 钛在纯碱、氯碱工业中的应用(论文集). 1995(内部资料).
[23] 宝鸡有色金属加工. 钛在湿法冶金行业中的应用(论文集). 1995(内部资料).
[24] 余存烨. 钛在炼油化工行业的应用前景[J]. 钛工业进展，2004，21(3)：9～13.
[25] 李中，雷让岐. 钛材在滨海电站的应用[J]. 钛工业进展，2003，20(4，5)：101～104.
[26] 詹文革. 医用钛及钛合金的研究、生产和应用[J]. 钛工业进展，2007，24(1)：4～7.
[27] 朱峰. 医用钛合金材料研究与应用的进展[J]. 世界有色金属，2007(8)：28～30.
[28] 马云凤，王向东，郝斌等. "十五"期间我国主要民用新建工程用钛量调查[J]. 钛工业进展，2003，20(4，5)：74～77.
[29] 王宪梅. 钛金属的商机——在工艺品中的应用[J]. 世界有色金属. 2007(11)：46～48.
[30] 陈正云，郝斌. 钛与建筑业[J]. 钛工业进展，2002，19(6)：22～24.
[31] 冯颖芳. 发展中的汽车用钛合金[J]. 钛工业进展，2002(3)：9～11.
[32] 王宝芝，李献民，李忠，等. 钛及钛合金在汽车工业中的应用及展望[J]. 钛工业进展，2006，

23(5)：32～35.
[33] 张大军，张凤杰. 钛合金在汽车轻量化中的应用[J]. 钛工业进展，2007，24(1)：32～35.
[34] 张延生. 钛及钛合金在汽车工业中的应用[J]. 钛工业进展，2004，21(1)：16～18.
[35] Гарматы В А. Титан——Свойство，Сыръевая База，физико-Химические Основы И Способы Получения[M]. Издателъство《Металлургия》，Москва，1983.
[36] Сергеев В В，Галицкий Н В，Киселев В Н. Металлургия Титана [M]. Издателъство《Металлургия》，Москва，1964.
[37] Родякин В В，Гегер В З，Скрыпнюк В М. Магниетермическое Производство ГуБчатую Титана [M]. Издателъство《Металлургия》，Москва，1971.
[38] 马慧娟. 钛冶金学[M]. 北京：冶金工业出版社，1982.
[39] 裴润. 硫酸法钛白生产[M]. 北京：化学工业出版社，1982.
[40] 温跃荣. 含钛矿物及富钛料生产工艺[J]. 贵州有色金属(镁钛专刊)，1991(2)：9～18.
[41] 张健，吴贤. 国内外海绵钛生产工艺现状[J]. 钛工业进展，2006，23(6)：7～14.
[42] 马勇. 人造金红石生产路线的探讨[J]. 钛工业进展，2003，20(1)：20～23.
[43] 黄诗才. 钛铁矿选择性沸腾氯化制取金红石[J]. 贵州有色金属(镁钛专刊)，1991(2)：19～25.
[44] 胡克俊，锡淦，姚娟，等. 还原—锈蚀法生产人造金红石技术现状及攀钢采用该工艺可行性研究[J]. 钛工业进展，2006，23(4)：17～22.
[45] 日本钛冶炼技术(考察报告). 北京：冶金工业出版社，1974.
[46] 美日钛和钛白(考察报告). 北京：冶金工业出版社，1980.
[47] 化工部涂料工业研究所钛白研究室六组. 盐酸浸取钛铁矿制人造金红石扩大试验[J]. 涂料工业，1979(3)：34～39.
[48] 自贡市煤炭冶金局，自贡东升冶炼厂，北京有色金属研究总院，成都科技大学，贵阳铝镁设计研究总院. 选—冶联合稀盐酸加压浸出攀枝花钛精矿制取人造金红石半工业试验报告，1984(内部资料).
[49] 田兆喜. 攀枝花钛精矿生产人造金红石的设计[J]. 贵州有色金属(镁钛专刊)，1991(2)：26～31.
[50] 中国钛公司遵义钛厂. 镁法生产海绵钛[M]. 遵义，1981(内部资料).
[51] Денисов С И. Электротермия Титановых Шлакв. Издателъство《Металлургия》，Москва，1970.
[52] БайБеков М К，Попов В Д，Чепров И М. Производство Четыреххлористого Титана. Издателъство《Металлургия》Москва，1980.
[53] 余代权. 影响钛渣电炉炉体寿命的因素及延长措施探析[J]. 钛工业进展，2005，22(4)：39～42.
[54] 胡克俊，锡淦，姚娟，等. 我国钛渣生产技术现状[J]. 世界有色金属，2007(5)：29～32.
[55] Надалъский А П. Расчет Процессов и Аппаратов Производства Тугоплвских Металлов. Изяателъство《Металлургия》，Москва，1980.
[56] 李大成，刘恒，周大利. 海绵钛冶金过程工艺及设备计算[M]，2008(内部资料).
[57] 梅炽. 有色冶金炉[M]. 北京：冶金工业出版社，1994.
[58] 《有色冶金炉设计手册》编委会. 有色冶金炉设计手册[M]. 北京：冶金工业出版社，2000.
[59] 李定元. 论大型沸腾氯化实践中的几个问题[J]. 贵州有色金属，1991(2)：40～43.
[60] 李大成，周大利，刘恒. 热力学计算在海绵钛冶金中的应用[M]，2008(内部资料).
[61] Barin I，Knacke O. Thermochemical Properties of Inorganic Substances. New York，1973.
[62] 叶大论. 实用无机物热力学数据手册. 北京：冶金工业出版社，1981.
[63] 成都科技大学《化工原理》编写组. 化工原理(第二版)[M]. 成都：成都科技大学出版社，1991.

[64] 郭宜祜，王喜忠. 流化床—基本原理及其工业应用[M]. 北京：化学工业出版社，1980.

[65] 上海化工学院. 基础化学工程(中册)[M]. 上海：科学技术出版社，1978.

[66] 梁德忠. 我国海绵钛生产现状及发展方向[J]. 钛工业进展，2002(1)：1～5.

[67] 方树铭，雷霆，朱从杰，等. 海绵钛生产工艺和技术方案的选择与分析[J]. 轻金属，2007(4)：43～49.

[68] 肖永华. 攀枝花钛矿富钛料氯化技术探讨[J]. 钛工业进展，2002，(5)：13～18.

[69] 吴全兴. 海绵钛的供求及生产技术和质量[J]. 钛工业进展，2006，23(3)：9～14.

[70] 严东. 钛沸腾氯化炉结构探析[J]. 钛工业进展. 2002(3)：20～22.

[71] 王汝臣. 苏联的钛渣熔盐氯化[J]. 钒钛，1993，(1～2)：73～75，83.

[72] 韩明堂. 熔盐氯化在钛工业中的研究和氯化[J]. 钒钛，1993，(3)：38～39.

[73] 张正端，邵洪福编. 蒸馏基本原理与操作[M]. 北京：燃料化学工业出版社，1975.

[74] 北京化工研究院"板式塔"专题组编. 浮阀塔[M]. 北京：燃料化学工业出版社，1975.

[75] 于静，陈天祥，章本. 粗四氯化钛除钒工艺现状及进展[J]. 贵州化工，2007，32(6)：22～24.

[76] 李亚军，孙虎民，许伟春. 粗四氯化钛除钒工艺现状及发展趋势[J]. 现代化工，2007，27(6)：24～26.

[77] 邓国珠. 去除 $TiCl_4$ 中钒杂质各种方法的比较评价[J]. 稀有金属，1993，17(3)：218～223.

[78] 李日辉，张碧田. $TiCl_4$ 除钒方法的研究[J]. 稀有金属，1990，13(1)：7～9.

[79] 汪珂，马慧娟. 粗 $TiCl_4$ 铝粉除钒工艺[J]. 钒钛，1994(4)：53～57.

[80] 邓国珠，刘水根. 一种以铝粉为直接还原剂除去四氯化钛中钒杂质的方法：中国，CN1927723A. 2007-03-14.

[81] 邓国珠，袁继维. 一种除去四氯化钛中钒杂质的方法：中国，CN101054201A. 2007-10-17.

[82] 刘洪贵. 21 世纪我国海绵钛工业面临的形势和对策[J]. 世界有色金属. 2000(11)：7～13.

[83] 祝永红. 海绵钛产量与反应器长度的关系[J]. 钛工业进展，2003，20(3)：28～30.

[84] 祝永红，欧阳全胜. 海绵钛还原蒸馏反应器的选择[J]. 钛工业进展，2004，21(6)：40～43.

[85] 李鸿斌. 还原加料对海绵钛结构的影响及改善措施[J]. 钛工业进展，2002(5)：39～41.

[86] 蔡增新，朱峰，刘建国. 海绵钛生产中多点加料工艺的探索与实践[J]. 钛工业进展，2005，22(3)：42～43.

[87] 达道安. 真空设计手册(第三版)[M]. 北京：国防工业出版社，2004.

[88] 祝永红，欧阳全胜. 试论克劳尔法生产海绵钛的最佳真空机组[J]. 钛工业进展，2005，22(6)：41～44.

[89] 李鸿斌. 海绵钛中杂质分布及其对产品质量的影响[J]. 钛工业进展，2006，23(3)：26～27.

[90] 宋洁，毛业桥，刘方明. 精镁中杂质对海绵钛质量的影响[J]. 钛工业进展，2007，24(4)：42～44.

[91] 汤平. 如何降低海绵钛杂质元素铁的含量[J]. 钛工业进展，2002，(3)：17～19.

[92] 刘方明，毛业桥. 反应器渗钛与海绵钛中铁含量关系的研究[J]. 钛工业进展，2006，23(3)：31～32.

[93] 程代松，汤平. 海绵钛生产过程中氯含量的控制[J]. 钛工业进展，2004，21(2)：45～47.

[94] 陈太武，刘建国，毛业桥. 浅谈海绵钛生产中杂质氮含量的控制[J]. 钛工业进展，2006，23(3)：28～30.

[95] 王向东，逯福生，贾翃，等. 2006 年中国钛工业发展报告[J]. 钛工业进展. 2007，24(2)：1～8.

[96] 郭胜惠，彭金辉，张利波. 海绵钛生产过程的能耗分析及新技术的提出[J]. 云南冶金，2002，31(2)：114～117.

[97] 唐帛铭. 有色金属提取冶金手册(能源与节能部分)[M]. 北京：冶金工业出版社，1992.

[98] George Z, Chen, D J Fray, et al. Direct Electrochemist Reduction of Titanium Dioxide to Titanium in Molten Calcium Chloride[J]. Nature, 2000, 407: 361~364.

[99] 高敬，郭琦. 降低钛生产成本的新工艺——电解法[J]. 稀有金属，2002，26(6)：483~486.

[100] 扈玫珑，白晨光，董凌燕，等. 电解 TiO_2 提取钛的研究进展[J]. 钛工业进展，2005，22(5)：44~48.

[101] 许原，白晨光，陈登福，等. 海绵钛生产工艺研究进展[J]. 重庆大学学报，2003，26(7)：97.

[102] 郭胜惠，彭金辉，等. 熔盐电解还原 TiO_2 制取海绵钛新技术研究[J]. 昆明理工大学学报，2004，29(4)：50.

[103] 徐春森，卢惠民. 低成本海绵钛生产新方法[J]. 钛工业进展，2004，21(5)：44~48.

[104] 徐日瑶. 镁冶金学[M]. 北京：冶金工业出版社. 1981.

[105] 徐日瑶. 金属镁生产工艺学[M]. 长沙：中南大学出版社. 2003.

[106] 许并社，李明照. 镁冶炼与镁合金熔炼工艺[M]. 北京：化学工业出版社. 2006.

[107] 严东. 100kA 无隔板镁电解槽热平衡测试及分析[J]. 钛工业进展，2006，23(1)：42~44.

[108] 姜宝伟，王建华，李宏伟. 镁法海绵钛生产工艺中大型无隔板电解槽的节能实践[J]. 钛工业进展，2007，24(3)：36~38.